石油教材出版基金资助项目

石油高等院校特色规划教材

石油仪器概论

（第二版）

赵仕俊　鄢志丹　陈　琳　编著

石油工业出版社

内 容 提 要

本书全面介绍了在石油天然气工业生产、科研、监测和分析检验中广泛应用的石油仪器的测试原理、实现方法和技术性能,具体包括油层物理实验仪器、地震勘探仪器、石油工程仪器、测井仪器、油气储运仪器和油气管道检测仪器。

本书可作为石油高等院校测控技术与仪器专业的专业课程教材,也可作为资源勘探、石油测井、石油工程、油气储运、石油机械等专业从事石油仪器设计的工程师和高级技术工人的参考书。

图书在版编目(CIP)数据

石油仪器概论/赵仕俊,鄢志丹,陈琳编著. —2 版. —北京:
石油工业出版社,2020.9
(石油高等院校特色规划教材)
ISBN 978-7-5183-4161-0

Ⅰ. ①石… Ⅱ. ①赵…②鄢…③陈… Ⅲ. ①石油化工-
化工仪表-高等学校-教材 Ⅳ. ①TE967

中国版本图书馆 CIP 数据核字(2020)第 144621 号

出版发行:石油工业出版社
    (北京市朝阳区安定门外安华里 2 区 1 号楼 100011)
    网 址:www. petropub. com
    编辑部:(010)64523693
    图书营销中心:(010)64523633
经 销:全国新华书店
排 版:三河市燕郊三山科普发展有限公司
印 刷:北京中石油彩色印刷有限责任公司

2020 年 9 月第 2 版 2020 年 9 月第 1 次印刷
787 毫米×1092 毫米 开本:1/16 印张:20.5
字数:510 千字

定价:42.00 元
(如发现印装质量问题,我社图书营销中心负责调换)

版权所有,翻印必究

第二版前言

本书是石油高等院校测控技术与仪器本科专业教材。第一版是作者在参考资源勘探、石油测井、石油工程、计量与测试技术等学科相关资料的基础上，结合自己从事石油仪器技术研究及其产品开发 30 多年的成果，根据专业课程教学的需要编撰而成。经过 10 年的教学应用，伴随着石油科技的迅猛发展，以及信息技术、网络技术和智能技术的巨大进步，部分内容已不合时宜，需要做较大的修改和补充，促使第二版的编撰见诸行动。

本书第二版在第一版的基础上，删除了第 6 章 "计量技术与误差分析" 和第 7 章 "现代仪器设计" 的内容，将第 6 章内容设置为 "油气储运仪器"，第 7 章内容设置为 "油气管道检测仪器"，其他章节的内容也有较大的补充和修改。例如，在第 1 章 "绪论" 中补充了石油天然气工业的基础知识，使学生可先了解石油天然气工业生产概貌，为石油仪器知识的学习做好铺垫；第 2 章 "油层物理实验仪器" 充实了油层物理知识，增加了数字岩心物理技术的内容；第 4 章 "石油工程仪器" 充实了随钻测量仪器相关内容，增加了天然气水合物实验仪器的内容；第 5 章 "石油测井仪器" 充实了 "随钻测井仪器" 的内容。这些都是近年石油天然气工业新技术发展的成果。

本书在体系结构上，根据石油天然气工业体系及其生产工艺过程，基于对石油仪器的定义，把涉及油层物理实验仪器、地震勘探仪器、石油工程仪器、测井仪器、油气储运仪器、油气管道检测仪器等石油仪器的测试原理、实现方法、技术性能等有关知识逐次介绍。全书所设置的内容在整体上具有系统性，在章节安排上又具有独立性。

第 1 章为绪论，首先介绍石油工业生产基础知识，然后给出了石油仪器的定义及其分类，讨论了石油仪器的研究内容，指出了石油仪器技术的发展趋势，说明了本课程的性质、任务和重要性。第 2 章为油层物理实验仪器，首先介绍了油层物理学的基础知识，然后分门别类地对相关实验仪器技术进行详细阐述，内容包括仪器的实验测试原理、仪器的实现方法、典型仪器结构和技术参数、仪器新技术等。本章内容为全书的重点，因为岩石物性参数方面的知识也是物探、测井、石油工程的基础。第3章为地震勘探仪器，从震源、检波、数据采集、传输到记录等各地震勘探环节的原理、方法和技术都做了介绍。没有介绍地震数据解释是因为这已不属于仪器技术的范畴。第4章为石油工程仪器，石油工程领域还没有把仪器作为重点研究内容，本章把钻井仪器、随钻测量仪器、录井仪、导流仪、示功仪等归类到石油工程仪器进行讨论。总体来说，石油工程仪器的发展相对滞后。第5章为测井仪器，全面介绍各种测井方法的原理、方法的实现和典型测井仪器。电阻率测井是基础，声波测井是重点，核磁共振测井是新路，随钻、成像测井是方向。第6章为油气储运仪器，本章介绍的仪器主要面向的是石油天然气计量与分析，教师在教授本章内容时，应先给学生介绍一些计量学方面的知识，重点介绍油品的静态计量和动态计量以及天然气计量。第7章为油气管道检测仪器，分为管道内检测和管道外检测，路由探测和泄漏检测技术为重点内容。每一章的后面都给出了复习思考题，可让学生用来检查课程学习的效果。

学生通过学习本教材，可以掌握石油仪器的测试原理、方法和典型技术，获得石油仪器技术领域的系统知识，了解石油仪器系统设计的工作内容与一般方法。事实上，这是一个石油仪器设计工程师应有的工程技术素质。

本书编撰过程中，中国石油大学（华东）冯其红教授、李晓东教授、耿艳峰教授给予了大力支持。中国石油（新疆）石油工程有限公司孙林港、中国石油辽河油田分公司勘探开发研究院孙美玲、中国石油渤海装备辽河重工有限公司张仲宜、中国石油中油国际管道公司徐建辉、徐工集团徐州重型机械有限公司刘思佳、苏州帝泰克检测设备有限公司孙中明、延安大学物理与电子信息学院薛晶晶、太原科技大学材料与工程学院赵才等石油工业生产和科研领域的专家为本书的撰写提供资料、补充内容、审校文稿。中国石油大学（华东）控制科学与工程学院研究生陈果、杨镇宇、王俊飞、徐文懑、殷雪等同学参与了资料收集、文字整理等方面的工作。谨向支持和参与本教材编著工作的所有同仁表示衷心的感谢。

本书编撰过程中广泛收集了大量参考资料，并已在参考文献中列出。在此谨向参考资料的所有作者表示深深的感谢。

在编著这本教材的过程中，作者尽管怀着满腔热情认真工作，然而由于学识疏浅，致使该教材仍有瑕疵所在，所以呈现给读者的这本教材尚需完善。拜望同仁和读者不吝赐教。

编著者

2020 年 3 月

第一版前言

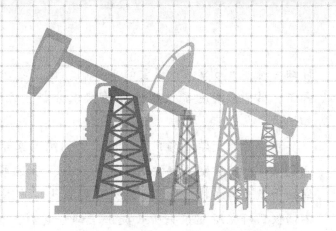

本书是针对检测技术与自动化装置本科专业课程"石油仪器技术"而编写的配套教材。作者在参考资源勘探、测井、石油工程、计量与测试技术等学科相关资料的基础上，综合自己从事石油仪器技术的研究及其产品开发 20 多年的成果，为满足"石油仪器技术"课程教学的需要编撰而成。

本书在内容安排上，力争通过有限的篇幅，把涉及油层物理实验仪器、石油工程仪器、勘探仪器和测井仪器等石油仪器的工作原理、测试方法、技术性能及其实现的有关知识介绍给读者。在突出石油仪器技术基础知识的学习和基本技能培养的同时，还介绍了计量与测试技术方面的基础知识，这是学好、用好、做好石油仪器的必备知识。为了培养学生的创新设计能力，为将来从事仪器产品设计工作奠定良好的基础，书中还介绍了一般仪器系统设计的设计思想、工作流程、技术要点等内容。因此，学生如果学好了计量与检测技术知识，掌握了石油仪器的工作原理、测量方法和典型技术，学会了从事仪器系统设计的一般方法，也就领略了石油仪器技术这一领域的系统知识。事实上，这是一个石油仪器设计工程师应有的工程技术素质。

本书在体系结构上，首先给出了石油仪器的定义及其分类、讨论了石油仪器的研究内容、对石油仪器的发展历史做了简要回顾，展望了石油仪器技术的发展趋势，说明了本课程的性质、任务和重要性；然后分门别类地对石油仪器技术知识进行了阐述，内容包括学习提要、仪器实验测试原理和方法、典型仪器结构和技术参数、石油仪器新技术等；进而介绍了计量与检测技术方面的知识，讨论了量与量纲、国际单位制、量纲分析方法、实验数据处理等问题；最后分析讨论了仪器系统设计的系统化方法、标准化方法和模块化方法，仪器系统设计的工作流程以及仪器设计的详细设计内容等，并列举了两个石油仪器设计的实例。本书在每一章的后面都给出了复习思考题。

本书第 1 章介绍了石油仪器的分类、发展历程和未来发展趋势，第 2、3、4、5 章分别就各类石油仪器的测试原理、系统结构、关键技术、性能参数等进行了详细讨论，第6章讨论了量的单位制、误差理论和数据处理以及测试理论方面的知识，第7章阐述了仪器设计的需求分析、方案设计、设计流程、技术设计等知识。

中国石油大学（华东）石油工业训练国家示范教学中心李晓东主任、中国石油大学信息与控制工程学院耿艳峰教授、于佐军教授、廖明燕教授为本教材的编写给予了大力支持；中国石油大学国家大学科技园迟善武研究员、中国石油大学石油仪器研究所邵东亮所长提供了部分资料，校阅了相关文稿；研究生白云风、孙美龄等校对了部分初稿；史永和做了大量的文字录入工作。在此，谨向为本书编著工作提供支持和帮助的所有同仁表示感谢。

"思如静水，想若流云"是作者的座右铭，足见作者在编著这本教材时的认真态度和满腔热情。然而由于作者水平有限，致使本书一定有它的不足之处，拜望同仁和读者不吝赐教，批评指正。

赵仕俊

2010 年 10 月

目 录

5 测井仪器 — 176

6 油气储运仪器 — 239

7 油气管道检测仪器 — 272

参考文献 — 319

1 / 绪论

1.1 石油天然气工业概述

1.1.1 石油的成因

石油是怎么来的？石油的成油机理是什么？目前有两种学说：其一是有机论，认为石油是数百万年前（或更早），古代海洋、湖泊和陆地上的动植物（有机体）死亡后，随泥沙被搬运到盆地底部形成有机淤泥，由于地壳运动使盆地下降，有机淤泥沉积下来，被泥沙层层覆盖并与空气隔绝，在这种缺氧的高压条件下，有机物通过细菌、温度、压力、催化剂等作用，发生复杂的物理化学变化，逐渐变成了石油。依此机理成油属于生物沉积变油，不可再生。其二是无机论，认为石油是由水和二氧化碳与金属氧化物发生化学反应而生成的，与生物无关，可再生。目前，学术界普遍接受有机成油论。

依有机成油论，天然气系古生物遗骸长期沉积地下，经慢慢转化及变质裂解而产生的气态碳氢化合物。

1.1.2 石油、天然气的定义及成分

"石油"的命名是北宋科学家沈括首次提出的。1983 年 9 月，第十一届世界石油大会对石油的定义是：石油是自然界中存在的气态、液态和固态烃类化合物以及少量杂质组成的复杂混合物。

石油主要由烃类化合物和非烃类化合物两类物质组成：

（1）烃类化合物：主要为各种烷烃、环烷烃、芳香烃等的混合物。

（2）非烃类化合物：主要是含硫、含氮、含氧的化合物以及一些胶状沥青质，如醛、酮、环烷酸等。

石油通过加工形成燃料油，同时也是许多化学工业产品（如溶液、化肥、杀虫剂和塑料等）的原料。

广义的天然气是指地壳中一切天然生成的气体，包括油田气、气田气、泥火山气、煤

层气和生物生成气等。通常所说的天然气是指存在于地下岩石储层中以烃为主体的混合气体的统称。天然气在石油地质学中，通常指油田气和气田气。

天然气是以甲烷为主的多种烃类和少量非烃类气体组成的气体混合物。天然气主要成分包括：

(1) 主要烃类组分，如甲烷和少量乙烷、丙烷等；

(2) 少量非烃类组分，如硫化氢、二氧化碳、氮气、水蒸气等；

(3) 微量稀有气体，如氦、氖、氩、氪、氙、氡等稀有气体。

天然气主要用作燃料，也用于制造乙醛、乙炔、氨、炭黑、乙醇、甲醛、烃类燃料、氢化油、甲醇、硝酸、合成气和氯乙烯等化工原料。

1.1.3 石油天然气生产环节

从寻找石油天然气到利用石油天然气产品，大致要经过四个主要环节，即油气勘探→油气田开发→油气储运→油气加工，如图1.1所示。

图 1.1 石油天然气工业生产环节

1.1.3.1 油气勘探

油气勘探就是为了识别勘探区域、探明油气储量而进行的地质调查、地球物理勘探、钻探及相关活动。油气勘探主要经过四个步骤：首先确定古代的湖泊和海洋（古盆地）的范围；其次从中查出可能生成石油的深凹陷；然后是在可能生油的凹陷周围寻找有利于油气聚集的地质圈闭；最后对评价最好的圈闭进行钻探，查证是否有石油或天然气，并搞清它有多少储量。

1.1.3.2 油气田开发

油气田开发就是依据油气勘探的详探成果和必要的生产性开发试验，在综合研究的基础上对具有工业价值的油气田，从油气田的实际情况和生产规律出发，制订出合理的开发方案并对油气田进行建设和投产，使油气田按预定的生产能力和经济效果长期生产，直至开发结束。

1.1.3.3 油气储运

石油天然气的储存与运输简称油气储运，主要指将合格的原油、天然气及其他产品，从油气田的油库、转运码头或外输首站，通过长距离油气输送管线、油罐列车或油轮等输送到炼油厂、石油化工厂等用户的过程。油气储运包括油气集输、管道输送和油气存储。

1.1.3.4 油气加工

油气加工包括预处理和深加工。预处理一般指油田内进行的石油天然气的粗加工，比如脱水、脱盐、脱硫、固液分离等初步处理，很少涉及化学反应，一般都是物理处理。而深加工指油气化工，是石油天然气的后处理，比如裂解、催化裂化以及后续产品（如丙烯等精细产品）的加工。

基于上述，在石油天然气工业生产中，首先要做的工作是利用石油地质学方面的知识，确定具有"生储盖，运圈保❶"这六大要素的地质构造；然后利用石油勘探工程上采用的地质方法、地球物理勘探方法（重力、磁力、电法、地震和地球物理测井）、地球化学勘探方法、钻井方法等勘探技术确定油气藏区域；通过勘探测井弄清楚储层的地质结构、油气储量、油气性质等，再基于石油工程的油气藏工程技术设计油气田开发方案，主要通过钻井工程技术、测井工程技术、开采工程技术得以实现；从井中产出的石油天然气，通过储运工程技术进行脱水、脱气、固相分离、有害物质分离等技术处理，到达石油、天然气产品的国家标准，最后汇集到储罐，然后通过管道、车辆、船舶等运输方式，将石油、天然气产品输送到用户目的地；石油天然气加工则是将是石油天然气产品经过加工处理，变成车船、航空使用的燃料或其他化工产品。

1.1.4 石油天然气工业体系

石油天然气工业分上、中、下游产业。上游产业涵盖石油地质、油气勘探；中游产业涵盖钻井工程、测井工程、油气田开发工程、油气开采工程和油气储运工程；下游产业为油气化工等。

1.1.4.1 石油地质

石油地质是以石油地质学为理论基础，研究石油及天然气、固体沥青的化学组成、物理性质和分类；石油成因与生油岩标志；储层、盖层及生储盖组合；油气运移，包括油气初次运移和油气二次运移；圈闭和油气藏类型；油气藏的形成和保存条件。借助工程地质的理论和方法，针对地下油气藏特定的地质环境，系统研究石油和天然气的现代成因理论及运移、聚集等油气成藏的基本原理，分析"三场"（地温场、地压场、地应力场）对油气藏形成全过程的影响；用油气藏（油气聚集的基本单元）形成机理剖析各类油气藏的形成条件及分布特征；然后逐步扩大到油气田、油气聚集带、含油气区及含油气盆地等各级油气聚集单元，并用系统论的观点将它们连成一个复杂的整体。最终的研究成果用以指导石油天然气生产和科学研究，做出含油气远景评价，科学地指出寻找油气宝藏的方向，为油田矿场工程设计、实施和管理等提供决策依据。

石油地质研究的内容包括：地面地质的观察和研究，井下地质的观察和研究，实验室的测定和研究，以及航空、卫星照片的地质解释等。

1.1.4.2 油气勘探

油气勘探是指为了寻找和查明油气资源，而利用各种勘探手段了解地下的地质状况，认识生油、储油、油气运移、聚集、保存等条件，综合评价含油气远景，确定油气聚集的有利地区，找到储油气的圈闭，并探明油气田面积，弄清油气层情况和产出能力的过程。目前主要的油气勘探方法有地质法、地球物理法、地球化学法和钻探法四类。

地球物理法简称"物探"，即用物理的原理研究地质构造和解决找矿勘探中问题的方法。它以各种岩石和矿石的密度、磁性、电性、弹性、放射性等物理性质的差异为研究基

---

❶ 生，生油层；储，储层；盖，盖层；运，生油层产生油气后运输到储层的机制；圈，储层和盖层组合成的圈闭；保，油气藏的保存，免遭后期破坏的因素。

础，用不同的物理方法和物探仪器，探测天然的或人工的地球物理场的变化，通过分析、研究所获得的物探资料，推断、解释地质构造和矿产分布情况。目前主要的物探方法有重力勘探、磁法勘探、电法勘探、地震勘探、放射性勘探等。依据工作空间的不同，又可分为地面物探、航空物探、海洋物探、井中物探等。

1.1.4.3　钻井工程

钻井工程是利用钻井设备从地面开始沿设计轨道钻穿多套地层到达预定目的层（油气层），形成油气采出或注入所需流体的稳定通道，并在钻进过程中和完钻后，完成取心、录井、测井和测试工作，取得勘探、开发和钻井所需各种信息的系统工程。根据破岩方式的不同，常用的钻井方法有冲击钻井法、旋转钻井法和旋冲钻井法，目前普遍使用的是旋转钻井法。

旋转钻井法是通过地面动力设备或井下动力钻具使连接在钻柱底部的钻头连续旋转，同时利用接在钻头上部的一段钻柱和钻铤的重力向钻头连续不断施加钻压，将岩石切削或碾压成碎屑，岩石碎屑由钻井液（俗称泥浆）不断地将其带到地面，并从钻井液中分离出来。

钻井设备主要包括石油钻机、钻井工具、钻井仪器和辅助设备等。钻井设备一般由动力与传动系统、旋转系统、井架及提升系统、钻井泵及钻井液循环系统、钻井控制系统和辅助系统等组成。

1.1.4.4　测井工程

通常把地球物理测井简称测井。测井工程是在井筒中应用地球物理方法，把钻过的岩层和油气藏中的原始状况及发生变化的信息，特别是油、气、水在油藏中分布情况及其变化的信息，由传感器感知并通过电缆传到地面，据以综合判断，确定应采取的技术措施。

在测井工程作业中，有专用的测井地面仪器、测井井下仪器、测井电缆、测井电缆绞车和辅助设备等。测井井下仪器在井中（1000～5000m）高温（80～150℃或更高）、高压（20～170MPa或更高）和移动的条件下测量，将采集到的电量（如岩石的电阻率）或非电量（如岩石的声波传播速度、放射性、井筒中流体的流速等）信息变成电信号，通过测井电缆输送到测井地面仪，以便记录测量电信号随井深变化的资料——测井曲线或图幅，再对测井资料进行处理解释，给出地质勘探、油藏工程、钻井工程、采油工程、井下作业等所需要的参数或图像。

测井贯穿于油气藏勘探与开发的全过程，测井资料为认识油气藏的地质特征和储层、产层性质，划分油、气、水层和水淹层，油、水井生产动态及其技术状况，为计算油气储量或剩余可采储量，制定和调整开发方案，采取增产措施，延长油、水井使用寿命和提高采收率等提供依据。测井工程与地质学、物理学、数学、化学、电子学、电工学、机械学和计算机以及遥控遥测技术密切相关。

1.1.4.5　油气田开发工程

油气田开发工程主要是认识油气藏，运用现代综合性科学技术开发油气藏，其基本内容是在油藏描述建立地质模型和油藏工程模型的基础上，研究有效的驱油机制及驱动方式，预测未来动态，提出改善开发效果的方法和技术，以达到提高采收率的目的。油气田开发工程可概括为以下几个方面：

（1）油气田的早期评价和开发可行性研究，还可做出若干开发试验的设计（又称先导性试验），为油气田是否全面开发提供依据。

（2）油气田的开发设计与全面开发，其主要内容有进行油气藏描述、选择合理的开采方式、合理划分开发层系、部署井网、确定油气田合理的开发速度及生产水平、采用油气藏数值模拟等方法进行各种开发方案的计算、确定油气田钻采工艺及测井技术、结合地面设施全面进行经济技术指标的分析和对比、选择出最佳的开发方案、制订方案实施细则等内容。

（3）方案的局部或全面调整等。

由于各个油田的地质情况不同，油藏类型与油气储量不同，以及原油性质不同，决定了油田开发方式的多样性。人们通过长期的实践和科学探索，目前对油田实行有效开发的方式方法很多，归纳起来大体有四种开发方式：一是保持和改善油层驱油条件的开发方式；二是优化井网有效应用采油技术的开发方式；三是特殊油藏的特殊开发方式；四是提高采收率的强化开发方式。

1.1.4.6　油气开采工程

油气开采是将埋藏在地下油层中的石油与天然气等从地下开采出来的过程。油气由地下开采到地面的方式，可以按是否需给井筒流体人工补充能量分为：自喷和人工举升。人工举升采油包括气举采油、抽油机有杆泵采油、潜油电动离心泵采油、水力活塞泵采油和射流泵采油等。在油气开采中，各种有效的修井措施，能排除油井经常出现的结蜡、出水、出砂等故障，保证油井正常生产；水力压裂或酸化等增产措施，能提高因油层渗透率太低，或因钻井技术措施不当污染、伤害油气层而降低的产能；对注入井来说，则是提高注入能力。

1.1.4.7　油气储运工程

油气储运工程是在油田上建设完整的油气收集、分离、处理、计量和储存、输送的工艺技术。油气储运工程是连接油气生产、加工、分配、销售诸环节的纽带，它主要包括油气田集输、长距离输送管道、车载和船舶运输、储存与装卸及城市输配系统等。

长距离输油管道由输油站（给油品加压、加热，分为首站、中间站和末站）、线路（管道、沿线阀室、穿越障碍物的构筑物等）和辅助配套设施（通信、监控、阴极保护、清管器收发、沿线工作人员生活设施等）组成。

长距离输气管道由首站、中间站和末站及干线管道与辅助设施组成。首站对进入管线的天然气进行分离、调压和计量。中间站分为接收站、分输站、压气站。末站接收管道来气、分离、调压、计量、向用户转输。

1.1.4.8　油气化工

油气化工指以石油和天然气为原料，生产油气产品和油气化工产品的加工工业。石油产品又称油品，主要包括各种燃料油（汽油、煤油、柴油等）和润滑油以及液化石油气、石油焦炭、石蜡、沥青等。生产这些产品的加工过程常被称为石油炼制，简称炼油。油气化工产品以炼油过程提供的原料油进一步化学加工获得。生产油气化工产品的第一步是对原料油（如丙烷、汽油、柴油等）和天然气进行裂解，生成以乙烯、丙烯、丁二烯、苯、甲苯、二甲苯为代表的基本化工原料；第二步是以基本化工原料生产多种有机化工原料

（约200种）及合成材料（塑料、合成纤维、合成橡胶）。这两步产品的生产属于石油化工的范围。

把预处理后的原油送到炼油厂进行加工，生产出汽油、煤油、柴油、润滑油及沥青等。各炼油厂的总流程不尽相同，有的简单些，有的复杂些，生产燃料用油的石油炼制流程中有三个主要装置，即蒸馏、裂化、焦化装置。生产润滑油的装置主要有四个，即丙烷脱沥青、溶剂脱蜡、溶剂精制和白土精制装置。

1.2 石油仪器定义、特点及发展

1.2.1 石油仪器的定义

在石油天然气生产的各个环节，包括陆地和海上的石油地质勘探、地球物理勘探、地球物理测井、石油开发、石油机械、钻井、采油、油气储运、炼化等方面使用的各种测试、检测、监测等仪器仪表都可以称为石油仪器。这些仪器种类繁多，功能各异，其中大部分是各个行业通用的常规仪器，被纳入通用仪器仪表的范畴。本课程讨论的石油仪器仅限于在石油行业使用的专门仪器。虽然"石油仪器"的定义尚未形成国家标准，但可以基于"仪器仪表"定义的国家标准对标定义"石油仪器"。

国家标准 GB/T 13983《仪器仪表基本术语》定义的"仪器仪表"是指用以检出、测量、观察、计算各种物理量、物质成分、物性参数等的器具和设备。广义来说，仪器仪表也可具有自动控制、报警、信号传递和数据处理等功能。仪器仪表技术的发展经历了机械（电磁）指针式、模拟式、数字化、智能化（包括 PC 仪器、虚拟仪器和网络仪器）这几个发展阶段。目前的仪器仪表以数字化为主流，网络化、智能化仪器是仪器仪表的发展方向。

"石油仪器"指在石油天然气勘探、开发、测井、储运和加工的各个生产环节及科学研究活动中使用的具有石油专门化特征的各种检出、测量、观察、实验、计算石油天然气及其相关物质的物理量、物质成分、物性参数等的器具和设备。依此定义，石油仪器仍然属于仪器仪表的范畴，既具有常规仪器仪表的普遍性，又具有石油仪器自身的特殊性，因此，石油仪器的发展与电子技术、传感器技术、计算机技术、信息技术和智能技术的进步密不可分。

仪器仪表是高新技术的前沿技术，是信息获取的主要技术手段，是信息技术的关键和基础，是信息产业的源头和重要组成部分。在现代化工业生产中，如果没有各种测量与控制仪器仪表的正常运行，发电厂、炼油厂、化工厂、钢铁厂、飞机和汽车制造厂等都不能维持稳定生产，更不会创造出巨额的产值和效益。仪器仪表的整体发展水平是国家综合国力的重要标志之一。在石油天然气工业生产中，离开石油仪器，石油天然气工业将处于停滞状态。

1.2.2 石油仪器的分类

按照石油仪器的用途，可把石油仪器分为基础与应用研究仪器和生产现场测量与检测仪器两大类，更详细的分类见图1.2。

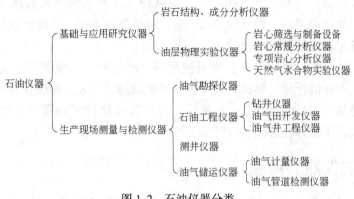

图1.2　石油仪器分类

基础与应用研究仪器主要指油层物理实验仪器，特别指岩心分析仪器。岩心分析仪器及设备可分为岩心筛选与制备设备、岩心常规分析仪器、专项岩心分析仪器等，此外还有地层流体的PVT分析仪器，天然气水合物（可燃冰）实验仪器近几年发展较快。

岩心常规分析主要研究测试岩石的基本物理性质、流体含量等。岩心常规分析仪器主要用于在常规条件下对全直径岩心、柱塞岩心、井壁岩心进行分析测试，包括孔隙度、渗透率、饱和度、碳酸盐含量、潜在产能描述、岩样质量指数、岩性描述、岩石结构分析、粒度分析等基本物性参数。

专项岩心分析主要研究测试岩石的微观特性，岩石与流体的相互关系及流体在岩石中的流动规律和保护油层的敏感性评价。例如，在油藏压力和温度条件下测试毛细管压力、岩电特性、孔隙体积压缩系数、润湿性、稳态和非稳态相对渗透率等岩石特性，以及岩石力学特性的静态测量，地层伤害、产层伤害和敏感性评价等。

根据仪器在石油天然气工业生产环节的使用情况，可把生产现场测量与检测仪器进一步划分为油气勘探仪器、测井仪器、石油工程仪器、油气储运仪器等。

油气勘探仪器指为了研究各种矿物的密度、磁性、电性、弹性、放射性等物理性质的差异，基于各种物理方法设计的仪器，用来探测天然的或人工的地球物理场的变化，通过分析、研究所获得的物探资料，推断、解释地质构造和矿产分布情况。油气勘探仪器主要指基于地震勘探方法的这类仪器。地震勘探仪器包括震源、检波器、记录仪、数据处理设备等。

测井仪器指用于定量测定井下钻穿地层的电、声、光、核、热、力等物理信息，用以判断地层岩性及流体的性质，确定油、气、水层的位置，定量解释油气层的厚度、含水饱和度和储层物性等参数，了解井下状况的成套设备。

钻井仪器是在钻井过程中对各种地面设备（主要是钻机）和井下设备的工作状态的实时参数以及钻井质量状态的实时参数进行感应、测量、传输和调节的设备及装置。钻井仪器可分为三大部分：信号监测部分、信号转换部分、指示和记录部分。

油气田开发仪器仪表主要指试井仪器仪表、抽油机示功仪、液面检测仪、原油含水分析仪等。试井仪器仪表又分为高压试井仪器仪表和低压试井仪器仪表。

油气井工程仪器是认识油气藏、进行油气藏评价、支撑剂评价、油田化学剂评价、生产井动态监测及评价完井效率的重要仪器设备。

油气储运仪器指在石油天然气生产中，对从油气井开采到地面的油气进行收集、储存、运输过程中使用的仪器，如井口分离装置、油罐测量系统、标准体积管流量计、管道腐蚀检测仪、管道在线泄漏检测仪等。

需要指出，油气集输储运中还会大量使用到自动化计量、检测与控制方面的仪器仪表，主要是油气产品的计量及储运自动化控制系统的测量仪表、控制仪表、执行仪表，目前普遍使用的是油气长输管道 SCADA 系统。虽然这些仪器仪表属于常规通用类仪器仪表，石油仪器仪表工程师也必须予以特别关注。

1.2.3 石油仪器的特点

由于石油天然气行业的特殊性，石油仪器有着它明显的技术特点，包括以下五个方面。

(1) 超宽测量范围：指仪器的测试范围要求非常宽，一般测试仪器很难满足这一要求。如岩心流动性实验中的流量测量，要求测量范围在 0.01~100mL/min，精度达到 0.1%；调剖堵水实验中，压力测量范围为 10Pa~60MPa。

(2) 极端测试条件：指实验条件非常苛刻。如油气成因模拟实验要求的模拟实验温度达到 1000℃，模拟工作压力为 100MPa。

(3) 工作环境恶劣：石油工业生产上使用的仪器，通常在露天、地下、水中、高温、高寒、高湿和腐蚀环境下工作，且环境空间受到限制。如井下仪器，要求在高温（≥175℃）、高压（≥40MPa）、高湿（≥95%）、高腐蚀性的几千米井下工作。

(4) 超长工作周期：很多石油仪器都要求能长期连续工作。如支撑剂导流能力实验，其实验测试周期长达 4 周以上，期间仪器若发生故障，将导致实验失败。

(5) 超大信息容量：信息量大、信息频带宽、动态范围大是石油仪器的又一特点。如地震勘探仪器，信息带宽为 0~500Hz，动态范围大于 120dB，通道数超过 10000 道，在几秒的时间内要获得若干 TB 的数据。

由于石油仪器的上述特点，使其研制技术难度大，开发投入资金大，容易形成技术和市场垄断，所以石油仪器一般都价格昂贵。

1.2.4 石油仪器的发展

1.2.4.1 油层物理实验仪器

岩心分析仪器的发展应能满足：（1）油层物理实验对高温、高压、低渗、全直径、多相介质等实验参数的要求；（2）建立大岩心实验方法和测量系统，形成大岩心实验方法、测量工艺及质量控制标准；（3）建立岩石物理数字模型及岩石物理学数值模拟平台，可以进行复杂孔隙结构的岩石物理模拟和流动性模拟；（4）研究适合中国储层地质特点（电、声、核、核磁共振）的岩石物理实验数据处理及分析方法、分析技术和质量控制标准。

数字岩石物理学是岩石物理学的重大革命。它是建立在孔喉尺寸级别上大量岩石物理实验的严格数值模拟技术。数字岩石物理学能够克服经验化的岩石物理数据、理想化的岩石物理模型以及不可能开展的实验室实验等种种限制，特别是利用数字岩石技术可以获得同一块岩心的几乎所有岩石物理特性以及它们之间的相互关系，而对于一组给定流动单元、流体相或者岩石类型的若干岩心，还可以通过使用高分辨率的成像、细分以及特征值的计算与处理，完全可以获得这些岩心的岩石物理特性的变化趋势或规律。

近几年，建立在孔喉尺寸级别上大量岩石物理实验的严格数值模拟技术不断涌现，包括成像、计算、模拟等，这不仅降低了钻井取心工作量，加快了低渗透岩石物理测量进度，提高了数据精度，也极大地提高了非常规复杂储层岩石物理研究水平和能力。预计未来数字岩石物理学理论及技术将在测井评价与分析方面发挥更重要的作用。

1.2.4.2　地震勘探仪器

随着地震勘探技术的进步，今后地震勘探将向着高密度、三维、全波场、高分辨率、超多道地震勘探等方向发展，因此新一代地震勘探仪的设计与制造，将具有节点式、单站单道、三分量、全数字、GPS定位与授时、自记存储式与无线通信方式结合、网络化、智能化以及便携式等方向发展。

（1）更大的实时采集道数。将来地震勘探要求的高覆盖、高密度、大偏移、宽方位和小道距施工，要求记录道数增加到十万道以上。

（2）节点式单站单道采集。节点采集是指单站单道作为一个采集节点，采集站就地采集地震记录，最后进行数据统一回收，A/D转换位数将提高到32bit或更高。

（3）自记存储式和无线通信方式结合。随着WiFi（基于IEEE 802·11标准的无线局域网技术）、Wimax（基于IEEE 802·16标准的无线城域网全球微波互联接入技术）等无线通信技术的快速发展，今后地震仪的数据通信方式如能采用存储式和无线通信方式相结合的数据通信方式，既能满足实时监测的要求，又能保证信号不失真，将大幅减少野外工作量。

（4）高密度全数字三分量信息采集。由于油气田勘探目标越来越复杂，高密度、全数字和三分量地震数据采集，不仅有利于复杂构造的分析，而且能够为岩性地震勘探、各向异性介质地震勘探等提供丰富的第一手资料，将成为今后地震勘探技术发展的一个必然趋势。

（5）高精度GPS定位与授时。GPS同步授时系统的精度可达纳秒级、位置定位精度达到厘米级，今后地震节点式采集站内置高精度GPS模块后，将确保多道采集站走时的一致性和较高的空间定位精度。

（6）复杂环境或地表的适应能力。随着地震勘探环境的恶化，勘探条件日趋复杂，为了满足不同探区的要求，地震勘探仪器不仅要具有良好的技术性能和物理特性，还应具有不同地表或复杂环境的适应能力。

1.2.4.3　钻井仪器

钻井仪器仪表的种类繁多，单个参数测量的仪表有泵压表、指重表、流量计等，而多参数的测量仪器能够获得多项钻井参数，提高钻井仪器仪表的使用效率。

钻井仪器可分为井场仪器和钻进仪器。井场仪器主要指对地面钻井设备工况参数进行检测的一类仪器。井场仪器技术的发展是以实现钻井自动化、智能化为目标，采用网络仪器方案，构建钻井现场局域网，对钻井生产过程进行实时监控，实现钻井工程的数字化管理。钻进仪器是钻具概念的延伸，是机械钻具的电子化、自动化和智能化。未来的钻进仪器，将对钻头工况、井底环境和井筒质量与方位参数等进行实时检测与采集，通过网络传输设备，将其传输至控制中心，通过对数据的分析和专家确认，远程监控指挥钻井施工，保证安全、高效、顺利地完成油气井钻进任务。通过控制中心和钻井施工现场的网络连接，实现施工数据的双向传输，达到数据共享的效果，在同一时刻，控制中心能够指挥多口井的钻探施工，更好地完成钻井施工任务。

1.2.4.4 测井仪器

在石油仪器发展过程中，测井仪器技术发展最快，新技术应用最多，技术水平最高。近几年，测井仪器技术发展趋势表现在以下五个方面：

（1）地面系统综合化、便携化、网络化。未来的地面系统要具有多种作业功能，不仅可以挂接成像测井仪器和常规测井仪器，进行裸眼井测井，还能挂接生产测井、测试、射孔、取心等工具，进行套管井测井，满足全系列测井服务的要求。

（2）井下仪器集成化、高分辨、深探测、高可靠、高时效、低成本。井下仪器测量探头阵列化，变单点测量为阵列测量以适应地层非均质的需要，为储层评价提供丰富信息，奠定提高储层饱和度测量精度的基础。阵列感应测井、阵列侧向测井和阵列声波测井是测井技术发展主流。以方位侧向、多分量感应和交叉偶极子声波测井为代表的储层各向异性测井，不但实现了三维测井，也为突破薄储层测井评价的瓶颈技术指明了方向。因此，井下仪器阵列化和集成化已经成为测井技术发展的主流，储层物性各向异性测井技术研究是单项测井技术发展的方向。核磁共振测井技术更趋成熟，在地层物性参数测量和地层成像方面发挥着重要作用。

（3）随钻测井小型化、集成化，应用范围和测量项目日益完善。目前，随钻测井已能进行几乎所有的电缆测井项目，其应用范围在不断扩大。国外，在海上，几乎所有的裸眼测井作业都采用随钻测井技术；在陆地上，特别是大斜度井和水平井，以采用随钻测井技术为主。所以说，随钻测井技术日益成熟，地质导向和地层评价作用越来越大。另外，随钻测井方法的多样化，如随钻声、电、核、核磁共振、地层测试等方法都已出现，随钻地层评价全面替代电缆测井是必然结果。

（4）生产工程测井逐渐向油藏动态监测方向发展和完善。过套管电阻率测井为油田三次开发提高采收率提供了新的监测方法，井下永久传感器使得油藏生产开发状态的监测工作由长周期定期测试向全面实时动态监测方向发展。

（5）测井解释软件综合化、网络化、可视化。当以各种地球物理方法为基础的阵列传感器进入全向探测、全向解析的新层次，通过电缆的数据传输经优化和压缩达到 10Mb/s 以上的速率，甚至利用光纤达到千兆波特（多通道实时"可视"），基于大规模集成的 SOC 技术、千亿次车载计算平台和 64 位操作系统的成熟应用，所有这些必将使测井装备在信息获取和处理方面进入一个崭新的阶段，人们真正清楚地了解井下地层的时代可能已经不远了。

1.2.4.5 储运仪器

随着计算机技术、信息技术和自动化技术的进步，油气储运生产运行逐步实现了自动化，然而，储运仪器一直面临"大罐、大流量、大管路"的相关测量问题。

（1）大罐体积测量，要准确测量石油储罐的储量，需要精确测量罐内的油高、水高和空高。这"三高"测量目前基本上还是手工操作，费时费力。已有采用雷达技术、声波技术、激光技术的仪器问世，但使用效果均不理想。

（2）大流量测量，包括对液相、气相和油水混相的流量测量。在测量方法上，有超声波测量、质量测量、光纤传感器测量和阵列传感器测量等新测量技术的应用。在信息处理方面，流量计算机实现了数据的自动采集处理，信息远传、远控和故障诊断处理。大流量的测量精度亟待提高。

（3）大管路测量，包括管道网络探测，管道寿命检测和管道腐蚀、漏点检测。管道网络探测方面有基于不同原理研制的探管雷达，但管道埋深和地理环境对探测的可靠性影响较大。管道腐蚀、漏点检测的方法较多，但检测仪器的准确性不高。管道寿命检测仪器几乎是空白。

1.3　先进仪器技术

1.3.1　传感技术

传感技术是仪器仪表实现检测与控制的基础。所谓传感技术必须感知三方面的信息，即客观世界的状态和信息、被测控系统的状态和信息，以及操作人员需了解的状态信息和操控指示。传感技术主要是对客观世界有用信息的检测，涉及各学科的基础理论、遥感遥测、新材料等技术；信息融合技术，涉及传感器分布、微弱信号提取（增强）、传感信息融合、成像等技术；传感器制造技术，涉及微加工、生物芯片、新工艺等技术。

1.3.2　系统集成技术

系统集成技术直接影响仪器仪表和测量控制科学技术的应用广度和水平，特别是对大工程、大系统、大型装置的自动化程度和效益有决定性影响，它是系统级层次上的信息融合控制技术，包括系统的需求分析和建模技术、物理层配置技术、系统各部分信息通信转换技术、应用层控制策略实施技术等。在操作人员为多种不同岗位的操作群体情况下，还包括各级操作人员需求分析技术。

1.3.3　智能控制技术

智能控制技术是通过测控系统以接近最佳方式监控智能化工具、装备、系统达到既定目标的技术，是直接涉及测控系统效益发挥的技术，是从信息技术向知识经济技术发展的关键。智能控制技术可以说是测控系统中最重要和最关键的软件资源。智能控制技术包括仿人的特征提取技术、目标自动辨识技术、知识的自学习技术、环境的自适应技术、最佳决策技术等。

1.3.4　人机界面技术

人机界面技术主要为方便仪器仪表操作人员或配有仪器仪表的主设备、主系统的操作员操作仪器仪表或主设备、主系统服务。人机友好界面技术包括显示技术、硬拷贝技术、人机对话技术、故障人工干预技术等。考虑到操作人员从单机单人向系统化、网络化情况下的许多不同岗位的操作人员群体发展，人机友好界面技术正向人机大系统技术发展。此外，随着仪器仪表的系统化、网络化发展，识别特定操作人员、防止非操作人员的介入技术也日益受到重视。

1.3.5　可靠性技术

仪器仪表和测控系统的可靠性技术，除了测控装置和测控系统自身的可靠性技术外，同时还要包括受测控装置和系统出现故障时的故障处理技术。测控装置和系统可靠性包括故障的自诊断与自隔离技术、故障自修复技术、容错技术、可靠性设计技术、可靠性制造技术等。

1.3.6　智能化与网络化

随着自动控制理论的进步和自动控制技术的成熟，以 A/D（数字/模拟转换）环节为基础的数字式仪器得到快速发展。伴随着计算机、通信、软件和新材料、新技术等的快速发展与成熟，人工智能、在线测控成为可能，使得数字化、网络化、智能化成为 21 世纪现代科学仪器发展的主流与方向。

数字化是智能仪器、虚拟仪器、网络仪器的基础，是计算机技术进入测量仪器的前提，广泛应用于计算机、数控技术、通信设备、数字仪表等方面。

基于 Internet 和 Intranet 的网络仪器是计算机技术、虚拟技术、网络技术的完美结合，代表了当前和今后仪器仪表领域的发展潮流，已在测量与测控领域内显现。如网络化流量计、网络化传感器、网络化示波器、网络化分析仪和网络化计量表等。网络化仪器可实现任意时间、任何地点对系统的远程访问，实时获得仪器的工作状态；通过友好的用户界面，不仅可对远程仪器进行功能控制和状态检测，还能将远程仪器测得的数据快速传递给本地计算机。网络仪器已成为现代仪器仪表发展的突出方向。

智能仪器更应该称为智能化的网络仪器。它是把一个微型计算机系统嵌入到数字式电子测量仪器中，可进行自动测试、分析判断、互联互通的仪器设备。嵌入的计算机系统可以是芯片级，也可以是系统级。因此，智能仪器在结构上即可自成一体独立工作，也可与其他应用人员和仪器设备联网协同工作。

1.4　石油仪器研究方法

1.4.1　以系统化思想为指导

一个仪器系统免不了有信息感知与转换、信息处理与传输、状态检测与控制这三大部分，是一种既相互联系又相互独立的关系。很多现代石油仪器虽然功能强大，技术先进，系统复杂，但如果把它解剖开来，从"微观"上看，它仍然是电子技术、信息技术、控制技术、通信技术、传感器技术的融合共生，本质上是这些技术与石油技术的系统集成产物。当把这些基本技术组合起来，从"宏观"上看，它的系统构成和工作原理与其他仪器相比又大不相同。

研究石油仪器不应该单纯从电子技术或其他角度去分析仪器的局部问题，而应该把这些技术与石油仪器的原理紧密结合起来，基于系统工程的思想，为了保证应用对象对石油仪器的技术要求，着重研究仪器系统应由哪些模块组成？各个模块之间有什么联系和影响？整机系统对各个模块的外部功能和技术指标应分别提出什么要求？各模块的性能对整机的性能有什么影响？各模块之间应采取什么样的通信接口？仪器的工作参数应怎样选择才能发挥仪器的效率并提高工作效益？诸如此类的问题就是仪器整机系统的基本理论及应用问题。如果不解决好这些问题，即使会分析和计算仪器的几个具体电路和技术参数，设计几种算法和软件，那也只能是舍本求末，顾小失大。

在石油仪器的研究与设计中，务必自始至终贯彻标准化、模块化、系统化思想，整体把握仪器的系统结构和升级换代问题，尽可能采用标准化文件和结构器件，合理组织模块结构，优化模块设计。

1.4.2 以基础技术做支撑

石油仪器的特点是类型多样化，以地震仪为例，突出特点就是型号多、更新快，所采用的具体电路和使用的器件差别较大。尽管如此，地震勘探仪器整机系统的原理基本相同而且没有太大变化。如果掌握了整机系统的基本原理，利用所学的电子、信息、控制、通信、传感器等方面的理论与技术基础，对地震勘探仪器进行操作使用、技术维护乃至研究创新是完全可能的。

就系统组成而言，现代地震勘探仪器的结构十分复杂，技术含量高，属于典型的高新技术产品。地震勘探仪器就内部信号而言，有地震信号和控制信号两个信息流。把地震信号所通过的各个模块连接起来就形成地震信号通道。把控制信号所通过的各个层次连接起来就构成了一个层次型的控制网络。地震勘探仪器系统实际上就是在控制网络的控制信号作用下，地震信号在地震信号通道的有序流动。其中，地震信号通道是地震勘探仪器的核心，控制网络则是为地震信号通道服务的。

1.4.3 以专业需求为目标

石油仪器始终是为石油服务的，研究石油仪器必然以石油需求为目标。石油仪器发展遵循着普遍的规律，石油仪器技术是随着石油天然气工业的发展而发展的。真正决定石油仪器具体发展内容的要素又因时代背景、技术条件和经济环境等因素的不同而不同。从宏观上看，影响未来石油仪器技术发展的决定因素仍然有限。对石油仪器的技术要求也是一个逐次递进的过程，通过持续完善现有技术特性与使用特性来不断满足石油仪器技术发展的需求，并越来越多地通过应用最先进的计算机技术、传感器技术、网络通信技术、工艺材料技术、电子工程技术等来实现系统的创新，将一直主导石油仪器技术的发展。

1.4.4 以高新技术做引领

未来石油仪器系统发展的决定因素与其发展内容的关系应该是：以满足石油天然气开发研究和生产应用的需求为目标，以先进的计算机技术、网络通信技术、传感器技术、电子工程技术、工艺材料技术为基础，以完备的个性化软件技术为核心，以创造性地引用或集成有关新技术为补充，以完善和扩展当前系统的综合性能为内容，将现代高新技术适时引入石油仪器中永远是石油仪器技术研究和发展的主题。

1.5 课程学习目的

　　本课程是石油院校测控技术与仪器专业学生的专业基础课，也可作为控制理论与控制工程专业、石油开发工程专业、油气储运工程专业等其他类专业本科生学习石油仪器技术的一门选修课。本课程讲授石油天然气工业生产及科学研究活动中使用的石油仪器的基本测试原理、测试方法和测试技术。学生在学习本课程之后能达到以下目的：

　　（1）掌握石油天然气工业生产及科学研究活动中典型参数的测量原理、测量方法和测试技术，以及石油仪器的测量原理和仪器的系统组成。

　　（2）熟悉测试与检测中有关的共同性理论问题，具备根据石油天然气工业生产及科学研究活动中具体测试对象、测试要求和测试环境，合理选择和使用测量仪器的能力。

　　（3）了解石油天然气工业生产及科学研究活动中的实验测试技术，具备一些对测试与检测中所获数据、信号的分析与处理能力。

　　（4）根据石油天然气工业生产及科学研究活动中具体测试对象、测试要求和测试环境，具有简单测试系统的设计能力。

　　（5）为后续专业课程的学习，从事工程技术工作与科学研究打下理论与技术基础。

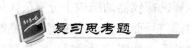 复习思考题

1. 简述石油天然气生产工艺。

2. 仪器仪表是如何定义的？简述其发展趋势。

3. 石油仪器是如何定义、如何分类的？

4. 石油仪器有什么典型特征？

5. 石油仪器研究方法的要点是什么？

6. 就你的了解，哪些新技术可能在石油仪器上得到应用？

7. 学习本课程应达到的目的是什么？

2 / 油层物理实验仪器

2.1 油层物理基础知识

2.1.1 地球构成与岩石

2.1.1.1 地球构成

地球的内部结构如图2.1所示，为一同心状圈层构造，由地心至地表依次分化为地核、地幔、地壳。地核、地幔和地壳的分界面，主要依据地震波传播速度的急剧变化推测确定。

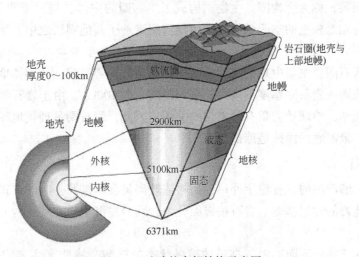

图2.1 地球的内部结构示意图

地壳是固体外壳，平均厚度约17km，大陆部分平均厚度约33km，高山、平原地区（如青藏高原）地壳厚度可达60~70km；海洋地壳较薄，平均厚度约6km。地壳厚度的变化规律是：地球大范围固体表面的海拔越高，地壳越厚；海拔越低，地壳越薄。地壳的物质组成除了沉积岩外，基本上是花岗岩、玄武岩等。地壳上层为沉积岩和花岗岩层，主要由硅—铝氧化物构成，因而也称硅铝层；下层为玄武岩或辉长岩类组成，主要由硅—镁氧化物构成，称为硅镁层。海洋地壳几乎或完全没有花岗岩，一般在玄武岩的上面覆盖着一层厚约 0.4~0.8km 的沉积岩。地壳温度一般随深度的增加而逐步升高，平均深度每增加 1km，温度会升高 30℃。

地幔是介于地表和地核之间的中间层，厚度将近 2900km，主要由致密的造岩物质构成，这是地球内部体积最大、质量最大的一层。它的物质组成具有过渡性。靠近地壳部分，主要是硅酸盐类的物质；靠近地核部分，则同地核的组成物质比较接近，主要是铁、镍金属氧化物。

地核又称铁镍核心，其物质组成以铁、镍为主，又分为内核和外核。

地球各层的压力和密度随深度增加而增大，物质的放射性及地热增温率，均随深度增加而降低，近地心的温度几乎不变。

地球外圈分为四个圈层，即大气圈、水圈、生物圈和岩石圈。

大气圈是地球外圈中最外部的气体圈层，它包围着海洋和陆地。大气圈没有确切的上界，在 2000~16000km 高空仍有稀薄的气体和基本粒子。在地下，土壤和某些岩石中也会有少量空气，它们也可认为是大气圈的组成部分。地球大气的主要成分为氮、氧。由于地心引力作用，几乎全部气体集中在离地面 100km 的高度范围内，其中 75% 的大气又集中在地面至 10km 高度的对流层范围内。根据大气分布特征，在对流层之上还可分为平流层、中间层、高层大气等。

水圈包括海洋、江河、湖泊、大气中的小水滴和小冰晶、沼泽、冰川以及地下水等，它是一个连续但不很规则的圈层，地球上的液态水和固态水都属于水圈。

现存的生物生活在岩石圈的上层部分、大气圈的下层部分和水圈的全部，构成了地球上一个独特的圈层，称为生物圈。生物则构成了生物圈的主体，是一个非常活跃的圈层；其他圈层都具有相对独立的空间结构，而生物圈则渗透于其他圈层之中，形成一个特殊的结构。

对于地球岩石圈，主要由地壳和地幔圈中上地幔的顶部组成，从固体地球表面向下穿一直延伸到软流圈。岩石圈厚度不均一，平均厚度约为 100km。由于岩石圈及其表面形态与现代地球物理学、地球动力学有着密切的关系，因此，岩石圈是现代地球科学中研究得最多、最详细、最彻底的固体地球部分。

2.1.1.2 岩石

岩石是由天然产出的具有稳定外形的矿物或玻璃集合体按照一定的方式结合而成，是构成地壳和上地幔的物质基础。岩石按成因分为岩浆岩、沉积岩和变质岩。

1. 岩浆岩

岩浆是存在于地壳下面高温、高压的熔融状态的硅酸盐物质（主要成分是 SiO_2，还有其他元素、化合物和挥发成分）。岩浆内部的压力很大，它不断向压力低的地方移动，以至冲破地壳深部的岩层，沿着裂缝上升，喷出地表；或者当岩浆内部压力小于上部岩层压力时迫使岩浆停留下，冷凝成岩。因此，岩浆岩是由高温熔融的岩浆在地表或地下冷凝所形成的岩石，分为侵入岩和喷出岩（火山岩），主要包括花岗岩、闪长岩、辉长岩、辉绿岩、玄武岩等。

2. 沉积岩

沉积岩是在地表和地表下不太深的地方形成的地质体，它是在地表或接近地表温度和压力条件下（-70~200℃，0.1~2MPa），由风化物质、火山碎屑、有机物及少量宇宙物质经流水、风、冰川及其他外力搬运，最后在海洋、低地或海陆之间的过渡地带沉积下来，在经受亿万年的压缩、变化之后，胶结在一起形成的坚硬的层状岩石，如图 2.2 所示。

图 2.2　沉积岩

沉积岩占地壳体积的 7.9%，但在地壳表层分布甚广，约占陆地面积的 75%，而海底几乎全部为沉积物所覆盖。沉积岩主要包括有石灰岩、砂岩、页岩等。沉积岩中所含有的矿产，占全部世界矿产蕴藏量的 80%。沉积岩的主要特征是：

（1）富含次生矿物、有机质，具有显著的层理构造，层与层之间有明显的界面（层面），通常下面的岩层比上面的岩层年龄古老。

（2）沉积岩中常含古代生物遗迹，"石质化"的古代生物遗体或生存、活动的痕迹——化石，它是判定地质年龄和研究古地理环境的珍贵资料。

（3）具有碎屑结构与非碎屑结构之分，有的具有干裂、孔隙、结核等。通常情况下沉积岩由岩石碎屑、矿物碎屑、火山碎屑及生物碎屑等构成，其中包括砾、砂、粉砂和泥等不同粒级的物质。各粒级沉积物使沉积岩具有砾状结构、砂状结构、粉状结构或泥状结构。

以物质来源为主要考虑因素分类，沉积岩被分成三类，即由母岩风化物质、火山碎屑物质和生物遗体形成的不同沉积岩。

母岩风化产物形成的沉积岩是最主要的沉积岩类型，包括碎屑岩和化学岩两类。碎屑岩根据粒度细分为砾岩、砂岩、粉砂岩和黏土岩；化学岩根据成分又可以分为碳酸盐岩、硫酸盐岩、卤化物岩、硅岩和其他一些化学岩。

碎屑岩主要由碎屑物质和胶结物质两部分组成，如图 2.3 所示。碎屑物质又可分为岩屑和矿物碎屑两类。岩屑成分复杂，各类岩石都有。矿物碎屑主要是石英、长石、云母和少量的重矿物。胶结物主要是化学沉积形成的矿物，它们充填在碎屑之间起胶结作用，主要有硅质矿物、硫酸盐矿物、碳酸盐矿物、磷酸盐矿物及硅酸盐矿物。碎屑岩的孔隙是储存地下水及油、气的对象，研究碎屑岩对寻找地下水及油气矿床有实际意义。

生物沉积岩是由生物体的堆积造成的，如花粉、孢子、贝壳、珊瑚等大量堆积，经过成岩作用形成。

沉积岩按成分又分为：

（1）砾岩：由直径大于3mm的砾和磨圆的卵石及其他物质胶结而成；

（2）砂岩：由2~0.05mm直径的砂粒胶结而成；

（3）页岩：由颗粒细小的黏土矿物组成；

（4）石灰岩：由方解石为其主要成分，硬度不大。

沉积岩中蕴藏着大量的沉积矿产，如煤、石油、天然气、盐类等，油气资源储存于地下储油气层中，储存油气的岩石和其中的流体构成油气储层。储层岩石以沉积岩为主。储层岩石既能储存油、气、水等流体，又能为油、气、水等流体提供流动通道。

3. 变质岩

地壳中的原岩（包括岩浆岩、沉积岩和已经生成的变质岩），由于地壳运动、岩浆活动等所造成的物理和化学条件的变化，即在高温、高压和化学性质活泼的物质（水气、各种挥发性气体和热水溶液）渗入的作用下，在固体状态下改变了原来岩石的结构、构造甚至矿物成分，形成一种新的岩石，称为变质岩，如图2.4所示。

图2.3　碎屑岩　　　　　　　　　　　　图2.4　变质岩

变质岩是组成地壳的主要成分，一般变质岩是在地下深处的高温（要大于150℃）高压下产生的，后来由于地壳运动而出露地表。变质岩分为两大类，一类是变质作用作用于岩浆岩形成的变质岩成为正变质岩；另一类是作用于沉积岩生成的变质岩为副变质岩。岩石在变质过程中形成新的矿物，所以变质过程也是一种重要的成矿过程，如中国鞍山的铁矿就是前寒武纪火成岩形成的一种变质岩，这种铁矿占全世界铁矿储量的70%。此外如锰钴铀共生矿、金铀共生矿、云母矿、石墨矿、石棉矿都是变质作用造成的。

2.1.2　油气藏

2.1.2.1　地层与岩层

地层是指在一段地质时期内在地壳中形成的一套沉积物的统称。在漫长的地质历史发展过程中，一方面，同一地区在不同地质时期所形成的地层是不同的，是有规律地变化的；另一方面，在同一时期的不同地区，由于所处的地理环境不同，形成的地层也是不同的，也是有规律地变化的。所以，地层研究的主要内容就是通过对各个不同地区地层的描述来对比和研究它们的相互关系，说明它们各自的特征，确定它们的形成规律。

岩层是指两个平行或近于平行的界面所限制的由同一岩性组成的地质体。通常由一个层或若干个层组成，是沉积圈的基本地层单位和岩性单位。岩层的上下界面称为层面，上为顶面或上层面，下为底面或下层面。

岩层是指由两个平行或近于平行的界面所限制的同一岩性组成的层状岩石，而地层是指地质历史上某一时代形成的一套岩层，包含时间概念。地层好比是记录地球历史的一本书，地层中的岩石和化石就像这本书中的文字。岩层主要有石灰岩、泥质灰岩、泥质页岩、页岩、花岗岩等。

2.1.2.2　油气藏定义

能够储存石油与天然气的地层称为储集层，也称储层。除了具有孔隙的砂岩与砾岩等以外，含有孔洞的石灰岩和各种含有裂缝的岩石都可以形成储集层。沉积岩、岩浆岩、变质岩三大岩类都具有储油气性能。

如图 2.5 所示，油气藏是由油气储层、隔层、夹层和盖层等特定层序组成的地质构造，是地壳上油气聚集的基本单元，是油气在单一圈闭（指受单一要素控制，流体具有统一的压力系统和统一的油气水边界）中的聚集，具有独立压力系统和统一的油水界面的聚集。

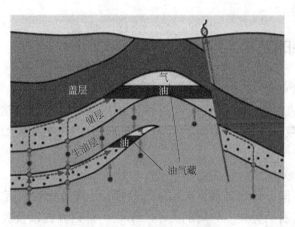

图 2.5　油气藏结构示意图

油气藏形成要具备四个基本条件：一是具有充足的油气来源；二是具备有利的生储盖组合；三是具备有效的圈闭；四是具备必要的保存条件。

2.1.2.3　油气藏描述

油气藏描述是一项利用获取的地下信息来研究和定量描述油气藏开发地质特征，并进行评价的新技术，简称 RDS（reservoir description service）技术服务。它描述的主要内容包括油气藏构造形态、储层沉积特征及非均质性、储层物性及空间结构、流体性质及渗流特征等。不同勘探开发阶段，其描述内容有所差别和侧重，但都要围绕油气藏具体特点和生产需要来进行。

油藏是指可以值得作为单元开发对象的含油体，可以是一个油层，也可以是一组性质近似的几个油层。一个油藏可以是一个油田，而一个油田也可以包含几个油藏。油藏类型是决定油田开发方式的基础和依据，而开发方式不仅要适应油藏的不同特点，而且要随着开发进程的变化而变化。以圈闭条件为基础划分油藏类型，可分为构造油藏、地层油藏和岩性油藏。构造油藏的基本特点在于聚集油气的圈闭是由于构造运动使岩层发生变形和移位而形成的。它的类型也还可以细分，其中最主要的有背斜油藏和断层油藏。地层油藏是指因为地层因素造成遮挡条件，在其中聚集油气而形成的油藏。在地层油藏类型中又有地层超覆油藏和地层不整合油藏的区别。岩性油藏主要是像由砂岩被泥岩所包围，而形成一个岩性尖灭圈闭和透镜体圈闭，在其中聚集油气而形成的油藏。例如我国的任丘油田，其下面是碳酸盐岩油藏，上还有砂岩油藏，是一个多油藏的油田。油田开发工程，一般是以油藏为单元来考虑的。因为有时同一个油田内的若干个油藏的地质条件、原油性质相差悬殊，既然是不同类型的油藏，就应该区别对待，对不同油藏应有不同的开采方式和开发井网。

2.1.2.4 油气藏物性

油气藏物性指油气储层的岩石物理性质、储层内流体的物理化学性质及其在地层条件下的相态和体积特性，以及岩石—流体的分子表面现象和相互作用，油、气、水的驱替机理等。研究油气藏物性为油气田开发设计、开发动态分析，以及提高最终采收率提供参数和依据，是油气田开发重要研究课题之一。油层物理实验仪器就是为研究油气藏物理性质专门设计的实验仪器。

2.1.3 油层中的岩石与流体

2.1.3.1 岩石结构

岩石具有特定的密度、孔隙度、渗透性、抗压强度和抗拉强度等物理性质，是各种矿产资源赋存的载体，不同种类的岩石含有不同的矿产。图 2.6 是储层岩石的微观结构。

1. 岩石的骨架

岩石是由性质不同、形状各异、大小不等的砂粒经胶结物胶结而成的。由砂粒和胶结物构成的构架称为岩石的骨架。碎屑的大小、形状、排列方式以及胶结物的成分、数量、性质、胶结方式都会影响岩石的性质。

2. 岩石的孔隙性

孔隙性是储层岩石最重要的物性参数之一，它决定一个油藏的储油特征和丰度。

（1）孔隙。岩石的空隙是指岩石中未被碎屑颗粒、胶结物或其他固体物质充填的空间。碳酸盐岩中可溶成分受地下水溶蚀后会形成空隙；火成岩由于气体逸出而形成空隙；岩石受力后产生裂缝构成空隙。上述空隙按几何尺度可以分成孔隙、空洞和裂隙（缝）。砂岩中的空隙空间主要由孔隙构成。碳酸盐岩的空隙空间通常是由孔隙、裂缝或孔隙—空洞—裂隙构成。

一般将碎屑颗粒包围的较大的空间称为孔隙，在颗粒间连通的狭窄部分称为喉道。砂岩岩石的孔隙空间主要由喉道和孔隙组成。图 2.7 是孔隙与喉道分布示意图。

砂岩孔隙的大小和形态依赖于砂粒的相互接触关系以及成岩后作用的强弱。孔隙大小、形态决定岩石的储集能力；喉道大小、形态控制孔隙的储集和渗透能力；颗粒的形态、大小及分选性等也直接影响孔隙及喉道的性质。

图 2.6 储层岩石的微观结构

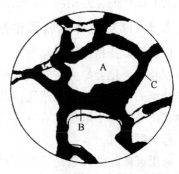

图 2.7 孔隙与喉道分布示意图
A—颗粒；B—孔隙；C—喉道

（2）孔隙结构。岩石的孔隙结构是指岩石中孔隙和喉道的几何形状、大小、分布及其相互连通关系。研究表明，岩石的孔隙结构与颗粒的大小、分选性、颗粒接触方式等密切相关。

2.1.3.2 储层岩石的物理性质

岩石的物理性质包括物质成分（颗粒本身的性质）、结构（颗粒之间的联结）、构造（生成环境及改造、建造）、现今赋存环境（应力、温度、水）这几个方面。

石油和天然气是流体，具有极强的流动性。要形成油气藏，油气就必须先从生油层运移到储油岩石的孔隙、孔洞和裂缝中。因为油气生成在很深的地下，对于寻找海洋、沙漠、田野和城市地下的石油，只能是把地下的岩石通过钻井取心搬运到地面上来让人们看看，就可知道地下有没有石油了。取岩心就是在钻探过程中用特殊的取心钻具从地下取出岩石样品。岩心就是按顺序搬运到地面上的地层。

岩心是研究油砂体的真实形态、内部结构和构造的最重要的直接资料。人们可以通过粒度分析、岩心薄片的观察鉴定、电子显微镜观察等技术手段认清油砂体的特征。这对油气勘探开发有着重要的指导作用。

岩心是实验室用于油层物理实验的岩石。储层岩石必须具有储油空间和使流体可以通过的能力，定量描述这种能力的物理参数就是岩石的物理性质。储层岩石的物理性质包括孔隙度、渗透率、饱和度、可压缩性等。

储层岩石中孔隙体积占总体积的百分比，称为油藏的孔隙率。

在孔隙体积中，油、气、水所占的体积百分比，称为饱和度（如含油饱和度、含水饱和度等）。

储层中总存在一部分原生的水，称为束缚水或共存水。它在开采过程中实际上并不流动。储层岩石允许流体通过能力的量度，称为渗透率。

岩石的孔隙度、渗透率、饱和度、可压缩性等，这些都是储层岩石最基本的物理参数，为开发油气田所必需。利用岩心研究油层的性质，用岩心孔隙度、渗透率、含油饱和度测定来划分油层有效厚度并推断油层中含有多少石油和油层的好坏等，可以获得勘探与开发的重要信息。受地质条件的影响，这些参数不仅随油层的部位而异（非均质性），而且随油田开采的进展而发生变化。这些参数主要是在实验室内用专门的石油岩心分析仪器测试岩心取得的，并用测井和试井等间接方法进行校核。

2.1.3.3 储层流体的物理性质

储层流体，指储存在储层岩石孔隙中的天然气、石油和地层水。石油是指以气相、液相或固相碳氢化合物为主的烃类混合物。在地层温度和压力条件下，以气相存在并含有少量非烃类的气体，称为天然气；以液相存在并含有少量非烃类的液体，称为原油；在地层温度和压力条件下以气相存在，当采至地面，在常温常压条件下可以分离出较多的凝析油，称为凝析气。

储层流体物性参数是石油工程的基础数据。由于储层深埋于地下，储层流体处于高温、高压状态下，因此，地下流体的性质与其在地面相比有较大的差异。所以，储层流体性质的研究是油层物理学研究的重要内容。

天然气的高压物性参数，包括组成、相对密度、压缩因子、黏度等。

原油的高压物性参数，包括溶解气油比、密度和相对密度、体积系数和收缩率、等温压缩系数、黏度等。

地层水是油层水（与油同层）和外部水（与油不同层）的总称。油层水包括底水、边水、层间水和束缚水等；外部水包括上层水、下层水以及夹层水等。在油藏中，油水按一定规律分布。边水和底水分别位于含油区的边部和底部。束缚水（不可动水）是指油藏形成时留下的不能被油驱走的水，它们分布在油层岩石的孔隙中。

研究地层水的性质，对油气田的勘探、开发、提高采收率和油气层保护等具有重要的意义。通过分析地层水的类型，可以了解、认识地层成因和地下水动力场的活动特征，判断地层水（边水、底水）的流向及油层的连通情况；通过分析与地层水的配伍性，可以确定注入水水源以及入井流体中的添加剂等。

地层水的高压物性参数，包括地层水矿化度和硬度、天然气在地层水中的溶解度、地层水的体积系数、地层水的等温压缩系数、地层水的黏度等。

2.1.4 油层物理实验

在石油勘探阶段，岩心能够真实地反映地层的年代。有没有油层，油层的深度和厚度是多少，储油性能怎样，油、气、水层的相互关系怎样等问题，都可以从岩心得到答案。通过多口钻井岩心的比较分析，还可以了解储油构造的形态、断层的性质和分布规律及其对油田的影响，油、气层分布的规律和面积。在油田开发中，通过岩心可以了解油层的开采状况，可以在实践过程中不断修改和调整开发方案，把地下更多的石油开采出来。还可以用岩心来模拟地下条件，进行各种开发实验，得出合理开发油田的依据。

油层物理实验为油气田勘探开发提供各类油气藏岩石和流体的物性参数，对不同开发方式的渗流机理及物理化学变化进行实验研究，为油气田开发及开发方案调整、提高采收率及增产增注提供科学依据。

油层物理实验研究涉及油田开发地质学、油气藏渗流力学、油气藏物理学、油层化学、储层地球物理学、岩石力学等学科。

油层物理实验技术包括岩石物性分析、流体性质分析、综合驱替实验。实验研究中，主要的、决定性地位的油层物性参数是岩心的成分、结构、沉积结构、几何形态；次要的、从属性地位的油层物性参数包括岩心孔隙度、渗透率、饱和度、体积密度、电阻率、自然电位、放射性、声波时间等，是属于具有潜在性作用的油层物性参数。

2.1.4.1 储层评价

综合应用薄片技术、自动图像分析技术以及压汞资料和润湿性等资料，对油田一些比较特殊的储层在孔隙结构特征、原始含油饱和度分布规律等方面进行系统研究，为储层的分类和评价提供大量基础资料。

2.1.4.2 储层敏感性评价

储层敏感性实验研究可建立有效的评价储层伤害方法，通过水敏、速敏、酸敏、盐敏、碱敏以及系列流体滤液的敏感性评价，提出油气层保护措施和建议。

2.1.4.3 注水水质标准及其对储层影响研究

通过大量实验研究，提出适合于特殊油藏的一些水质标准，同时研究注入水悬浮颗粒与油层孔隙结构的匹配关系及其地层水的配伍等。

2.1.4.4 水驱油效率及其影响因素的研究

在探讨驱油效率影响因素的基础上，对提高油田水驱效率进行系统研究，提出改善水驱油效率的措施和建议。

2.1.4.5 地层原油物性及相态特性的研究

对地层原油物性及相态特性的研究，用以解决恢复原始气藏状态等问题。对稠油高压物性以及凝析气相态特性的研究，为稠油藏、凝析气藏开发方案编制提供必要参数。

2.2 岩心前处理设备

岩心前处理设备包括岩心伽马测量仪、岩心成像设备、岩心除油清洗设备、岩心制备装置和岩心油水饱和度实验装置等。

在钻探过程中用特殊的取心钻具从地下取出的岩心，在未破坏岩心原位特性的前提下要先完成地质学、矿物学方面的分析测试，然后才用于油层物理学方面的实验。这是因为储层岩心非常珍贵，油层物理实验属于破坏性实验，所以，很少用整段岩心直接实验。在进行油层物理学方面的实验前，要根据实验需要在原始岩心上按一定规格尺寸钻取岩心柱，其标准尺寸为 $\phi25mm \times (25 \sim 80)mm$、$\phi65mm \times (65 \sim 100)mm$、$\phi105mm \times 110mm$，然后按实验要求进行打磨、抛光、成像、洗油、饱和等预处理，最后进行有关油层物理学方面的实验。有时为了节省储层岩心，还采用成分配比、人工制作的方法制造岩心用于实验。

2.2.1 岩心伽马测量仪

岩心中含有铀、钍、钾等放射性元素，岩心在地层中的深度越深，其形成历史越久，放射性元素的衰变越严重，放射性强度就越小。岩心伽马测量就是测量这些放射性元素的总量和放射性强度。

如图 2.8 所示,岩心伽马连续测量系统是一种用于对钻井取心进行连续伽马射线总强度测量的专用测量系统。仪器主要由 NaI (Th) 伽马探头、深度传感器、交流电动机、机械减速传动装置、岩心传送台、计算机、测量系统软件和绘图仪等组成。

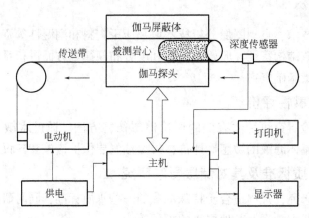

图 2.8　岩心伽马测量仪系统流程图

岩心伽马连续测量系统的主要技术参数为:测量范围计数率 $0 \sim 9999s^{-1}$;传动带速 $150mm/min$;岩心伽马强度 $0 \sim 400API$;测量误差 $0.5m$;岩心直径 $50 \sim 120mm$。

岩心自然伽马测量数据对于岩心归位和岩心岩性特征解释有重要的意义。岩心归位是指将钻井所取岩心的钻井深度进行校正,验证取心漏失段,使所取岩心按照对应深度进行归位。对岩心进行地面自然伽马测试,用所测曲线与测井自然伽马曲线进行对比,即可使岩心归位。这种方法受人为因素干扰较小,准确度有很大提高,且方便快捷。

2.2.2　岩心成像设备

2.2.2.1　岩心照相设备

通常在自然光和紫外线下,用一个标准光标尺给岩心照相。对岩心进行自然光照相,可以显示岩性、沉积结构及其他岩心描述特征。对含油岩心可在紫外光下照相,根据含油岩心中不同密度的原油在紫外光下所反映荧光颜色的不同重点显示含油区,依此来判断油质轻重,反映岩心含油情况。

2.2.2.2　X 射线成像设备

X 射线直接照射在岩心上,由于自身的穿透性、荧光效应和摄影效应,以及岩心具有孔隙结构的差异,其穿透岩心时被吸收的程度不同,到达荧屏或胶片上的 X 射线量体现出差异,从而得到可观察岩心内部结构的图像及常规岩心分析的基础数据,包括 X 射线照片、荧光检测图像、计算机层析 X 射线成像 (CT) 等。岩心 X 射线成像设备的原理和结构与医用的基本相同。

2.2.2.3　核磁共振成像设备

核磁共振成像 (nuclear magnetic resonance imaging,NMRI) 是随着计算机技术、电子

技术、超导技术的发展而迅速发展起来的一种磁学核自旋成像技术。它是利用磁场与射频脉冲使岩心内部的氢（H⁺）原子核在进动❶过程中，当外加交变磁场的频率等于拉莫频率❷时原子核就发生共振吸收，吸收与原子核进动频率相同的射频脉冲，去掉射频脉冲之后，原子核磁矩又把所吸收的能量中的一部分以电磁波的形式发射出来（称为共振发射）。共振吸收和共振发射的过程称为"核磁共振"。当把岩心放置在磁场中，用适当的电磁波照射它，使之共振产生射频信号，经计算分析处理，就可以得知岩心内部的氢原子核的分布位置，据此可以绘制出岩心内部的精确立体图像。

核磁共振成像设备主要由磁铁系统、探头和谱仪三大部分组成。磁铁系统的功用是产生一个恒定的磁场和交变磁场；探头置于磁极之间，用于探测核磁共振信号；谱仪是将共振信号放大处理并显示和记录下来。

核磁共振测量与成像技术将在第 5.5 节和第 5.6 节有更多介绍。

2.2.3 岩心除油清洗设备

2.2.3.1 岩心热解除油仪

用热解方法，按需要的升温速度设定好加热程序，对置于热解炉内的含油岩样进行连续加热，岩样孔隙中的原油经过挥发、裂化分解、暗火燃烧等一系列反应，全部清除岩样中的原油。

2.2.3.2 直接加压溶剂洗油设备

岩样装在承受上覆压力作用的钢筒内或装在可以使溶剂从岩样介质中流过的夹持器中，根据岩样渗透率大小选择施加的压力，根据岩样中烃类及溶剂类型选择所需的溶剂量，在室温（或加热）条件下加压，将一种或几种溶剂注入岩样，清洗岩样中的烃和盐。

2.2.3.3 离心机岩心洗油装置

离心机装有特殊设计的转头，从蒸馏容器向装在离心机头部的岩样上喷射清洁的热溶剂。热溶剂在离心力的作用下流过岩样，驱替并洗去岩样中的油和水。

2.2.3.4 气驱溶剂抽提洗油仪

利用溶解气驱的原理将溶有气体的溶剂在加压条件下注入岩心夹持器中，使溶剂与岩心中的原油混合。在降压过程中，气体由于降压作用将溶有原油的溶剂排除。对岩心内部进行重复溶解气驱，直到把原油全部驱替干净，然后用烘箱干燥或蒸馏法排除岩心中存留的溶剂和水。

2.2.3.5 岩心蒸馏抽提仪

选配各种溶解原油能力较强的有机溶剂，通过索氏抽提器蒸馏抽提过程，对亲油岩心、亲水岩心和含沥青基的岩心进行循环清洗，从而洗净岩样中所含的原油。

---

❶ 一个自转的物体受外力作用导致其自转轴绕某一中心旋转，这种现象称为进动。

❷ 在磁共振现象中，特定自旋在一定主磁场强度 B_0 下会具有的共振频率，数学关系可以简单写为：$f_0 = \lambda \times B_0/(2\pi)$，其中 f_0 为拉莫频率，以赫兹表示；B_0 为主磁场强度，以特斯拉表示；λ 为旋磁比。

2.2.4 岩心制备设备

2.2.4.1 岩样取心器

具有冷却套和夹钳、可钻取具有代表性岩心柱塞岩样的一类岩心制备设备。

2.2.4.2 岩心切磨机

用于岩心的切割、端面磨正、岩片抛光等一类岩心预处理设备。

2.2.4.3 全岩心剖切机

用于全岩心纵向剖切或横向剖切的一类专用设备，适用于为长期保存而制作岩心标本的切制工作。

2.2.4.4 人造岩心制备装置

人造岩心主要有常规人造岩心和非常规人造岩心两种。其中，常规人造岩心包含胶结岩心和疏松岩心。胶结岩心采用胶结剂（环氧树脂是应用比较广泛的胶结剂）胶结石英砂压制烘烤而成，胶结程度较好；疏松岩心以填砂管岩心、黏土胶结石英砂制作的岩心为主，胶结程度差，结构疏松。

（1）仪器组成。人造岩心制作装置由模具主体、液压单元、机架和辅助工具组成。装置最长可以压制500mm长的岩心，既可做长岩心来满足长岩心实验的要求，又可以利用分隔垫块一次压制多个短岩心。

（2）主要技术参数。压力为10MPa；压制岩心长度为25~500mm，可以整块成型，也可分隔成型；压制岩心直径为25.4mm。

2.2.5 岩心油水饱和实验装置

岩心油水饱和实验装置是在抽空饱和液体的基础上，模拟地层压力，使岩心在油（或盐水）中达到充分的液相饱和，可广泛应用于孔隙度测量、相对渗透率测量、采油化学剂模拟评价实验、岩心流动性敏感性实验等所需饱和岩心的制备。对开发地质实验中准确获取相关的实验数据有非常重要的意义。

2.2.5.1 工作原理

用真空泵先把储样容器腔体、储液罐中的饱和液及岩心毛细孔道中的空气抽净，然后注入饱和液进行真空饱和，再用加压泵给储样容器加压以模拟地层压力，利用液体介质（通常为油和水）的高压渗透原理，在规定的时间内保持压力使岩心达到完全饱和。

2.2.5.2 仪器组成

仪器由抽真空单元、岩心高压饱和容器及岩样盘、储液单元和加压单元组成。高压饱和容器材料为优质不锈钢，耐腐蚀性强，耐压40MPa，容积800mL左右，一次可饱和多块岩心样品。储液单元主要由两个有机玻璃制成的储液罐组成，容积为2000mL左右，可以储存两种液体，每种液体可做两次实验。储液罐采用透明材料，便于看清剩余液体量。加压单元包括手摇加压泵、压力表、加液杯及连接流程的管线和阀门等。

2.2.5.3 主要技术指标

储样容器工作压力为40MPa；工作温度为常温；储样容器容积为800mL；适用介质为

中弱腐蚀性液体（油或盐水）；储液罐容积为 2000mL；加压泵工作压力为 50MPa；真空泵排量为 2L/s；饱和度为 95%~98%。

2.3 常规岩心分析仪器

2.3.1 常规岩心分析概念

常规岩心分析通常指在常温常压（不对岩心所在地层压力、温度进行模拟，但实验流体介质仍需在一定压力下通过岩心）下对岩心进行分析，获取孔隙度、渗透率、碳酸盐含量及饱和度、粒度分布、自然伽马性质等基本物性参数，所使用的的仪器统称为常规岩心分析仪器。这类岩心分析实验主要是描述岩石本身孔隙空间大小；各种流体在孔隙空间内占有多大比例；各种流体在储层内发生流动时，它的流动速度与流体性质及岩石特性之间的关系。

2.3.2 岩心流体饱和度测量仪

2.3.2.1 流体饱和度概念

流体饱和度指储层岩石孔隙中某一流体的体积与孔隙体积的比值，常用百分数或小数表示，用公式表示为

$$S_L = \frac{V_L}{V_p} = \frac{V_L}{\phi V_f} \tag{2.1}$$

式中　V_L——孔隙中流体的体积，cm^3；

　　　V_p——孔隙体积，cm^3；

　　　V_f——岩石外表体积，cm^3；

　　　ϕ——孔隙度；

　　　S_L——流体饱和度。

从成藏角度分析，岩石孔隙中最初饱和的是水，石油和天然气是后期运移到这些孔隙中的，并将孔隙中大部分水驱替出来。由于岩石孔隙结构的复杂性、岩石—流体系统的物理化学关系，以及油、气、水运移的过程、次数等因素的影响，岩石孔隙中的水不可能被全部排驱干净。通常储层岩石孔隙中含有两种或两种以上流体，如油—水、水—气或油—水—气。

（1）含油饱和度。储层岩石孔隙中油的体积与孔隙体积的比值称为含油饱和度，用公式表示为

$$S_o = \frac{V_o}{V_p} = \frac{V_o}{\phi V_f} \tag{2.2}$$

式中　V_o——岩石含油体积，cm^3；

　　　S_o——含油饱和度。

（2）含水饱和度。储层岩石孔隙中水的体积与孔隙体积的比值称为含水饱和度，用

公式表示为

$$S_w = \frac{V_w}{V_p} = \frac{V_w}{\phi V_f} \qquad (2.3)$$

式中　V_w——岩石含水体积，cm^3；

　　　S_w——含水饱和度。

（3）含气饱和度。储层岩石孔隙中气体的体积与孔隙体积的比值称为含气饱和度，用公式表示为

$$S_g = \frac{V_g}{V_p} = \frac{V_g}{\phi V_f} \qquad (2.4)$$

式中　V_g——岩石含气体积，cm^3；

　　　S_g——含气饱和度。

很显然，储层流体饱和度间存在如下关系：

$$S_o + S_w + S_g = 1 \qquad (2.5)$$

2.3.2.2　流体饱和度的测定方法

目前，流体饱和度的测定方法分为实验室方法和矿场方法。实验室方法主要是常压干馏法和蒸馏抽提法等；矿场方法主要有以测井技术为基础的方法、井下示踪剂方法和以油藏工程方法为基础的方法。

2.3.2.3　蒸馏抽提法油水饱和度测定仪

图2.9是蒸馏抽提法油水饱和度测定仪示意图。

该方法的测定原理是加热蒸馏出岩心样品中的水分，经冷凝收集在刻度管中，可获得水的体积 V_w。将密度小于水、沸点高于水、不溶于水，且溶解洗油能力强的溶剂（如甲苯，相对密度为 $0.897g/cm^3$，沸点为 110℃）注入烧瓶，电炉加热烧瓶，使溶剂蒸气向上经冷凝管冷却后，回流到岩心室，溶解清洗岩心中的原油。当岩心室充满液体时，虹吸作用使得含油溶剂向下流入烧瓶，由于油的沸点高于溶剂，在烧瓶持续加热过程，原油留在烧瓶中，干净的溶剂蒸气再次向上循环。经循环充分洗油后，将岩样清洗烘干，称其质量，并比较该岩样抽提前后的质量差，减去蒸馏水分的质量，即可获得岩心中油的质量 W_o。再根据水体积求出油的体积，即可以获得岩心的含油和含水饱和度：

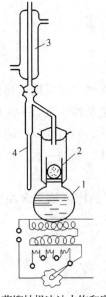

图2.9　蒸馏抽提法油水饱和度测定仪
1—长颈烧瓶；2—岩心杯；
3—冷凝管；4—水刻度管

$$S_o = \frac{V_o}{\phi V_f} = \frac{V_o \rho_a}{\phi (m_2 - m_3)} \qquad (2.6)$$

$$S_w = \frac{V_w}{\phi V_f} = \frac{V_w \rho_a}{\phi (m_2 - m_3)} \qquad (2.7)$$

$$V_o = \frac{(m_1 - m_2) - V_w \rho_w}{\rho_o} \qquad (2.8)$$

式中　m_1——岩心杯和抽提前岩样质量，g；

m_2——岩心杯和抽提后干岩样质量，g；

m_3——岩心杯质量，g；

ρ_o——油的密度，g/cm³；

ρ_w——水的密度，g/cm³；

ρ_a——岩样的视密度，g/cm³；

ϕ——岩样的有效孔隙度。

蒸馏抽提法用于柱塞岩心、旋转井壁取心和全直径岩心岩样的流体饱和度测定。优点是精度高，缺点是测试时间长。因此，这种方法常作为基准来对比和校正其他方法。

2.3.2.4 干馏法油水饱和度测定仪

1.测定原理

该方法是将岩样放入钢制的岩心筒内加热，通过干馏将岩样中的油、水蒸出，再经过冷凝收集于量筒中，读出油、水分层后各自的体积，分别计算饱和度。干馏法所用岩样的标准质量为 100～125g。如图 2.10 所示，将岩样放入钢制岩心筒，通电加热（50～650℃）。当温度高于水的沸点时，干馏出水和原油中的轻质馏分；继续加热，使温度升高，直到干馏出原油的重质馏分；经冷凝管冷凝为液体，流入收集量筒中。由此得到油、水体积，再由其他方法测出岩石孔隙体积，按式（2.9）和式（2.10）分别计算出岩心的油、水饱和度：

$$S_o = \frac{V_o}{\phi V_f} \tag{2.9}$$

$$S_w = \frac{V_w}{\phi V_f} \tag{2.10}$$

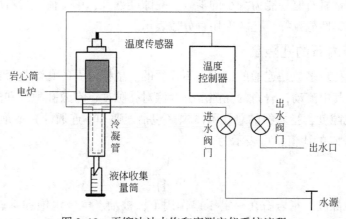

图 2.10 干馏法油水饱和度测定仪系统流程

常压干馏法的优点是测量速度快。缺点是干馏过程中由于蒸发、结焦或裂解等原因，会导致原油体积减小；高温将引起岩石矿物中结晶水的析出，造成水饱和度的升高。

2.仪器组成

实验室使用的干馏法油水饱和度测定仪如图 2.10 所示。仪器由岩心筒（可以多个并联）、加热和控温单元、冷凝单元、计量单元组成。岩心筒由不锈钢制成，耐高温，上盖有螺纹，与密封垫一起形成对岩心筒的密封。加热和控温单元是一个筒式电炉罩，加热温度由温度传感器和温控仪来测量与控制。冷凝单元由冷凝座、冷凝管、散热片组成，冷凝管内有循环水流动。装有岩样的岩心筒冷却后，流出的油、水用量筒计量。

2.3.3 岩心孔隙度测量仪

2.3.3.1 孔隙度的概念

储层岩石的孔隙度是指岩石孔隙体积与其外表体积的比值。岩石的外表体积、骨架体积与孔隙体积的关系如图 2.11 所示。

(a) 外表体积   (b) 骨架体积(孔隙透明)   (c) 孔隙体积(骨架透明)

图 2.11　岩石外表体积与孔隙体积的关系

岩石的外表体积 V_f 可以分解成骨架体积 V_s 和孔隙体积 V_p，即

$$V_f = V_s + V_p \tag{2.11}$$

则储层岩石的孔隙度为

$$\phi = \frac{V_p}{V_f} = \frac{V_p}{V_s + V_p} = \frac{V_f - V_s}{V_f} \tag{2.12}$$

孔隙度是度量岩石储集能力大小的参数。孔隙度越大，单位体积岩石所能容纳的流体越多，岩石的储集性能越好。孔隙度用百分数表示。

2.3.3.2 储层岩石的孔隙度

储层岩石的孔隙多数是连通的，也有不连通的。根据岩石的孔隙是否连通和在一定压差下流体能否在其中流动，岩石的孔隙度分为绝对孔隙度、有效孔隙度和流动孔隙度。

(1) 绝对孔隙度，指岩石的总孔隙体积（包括连通和不连通的）或绝对孔隙体积 V_{aP} 与岩石外表体积 V_f 的比值，可表示为

$$\phi_a = \frac{V_{aP}}{V_f} \tag{2.13}$$

(2) 有效孔隙度，指岩石在一定压差作用下，被油、气、水饱和且连通的孔隙体积 V_{eP} 与岩石外表体积 V_f 的比值，可表示为

$$\phi_e = \frac{V_{eP}}{V_f} \tag{2.14}$$

(3) 流动孔隙度，指在一定的压差作用下，饱和于岩石孔隙中的流体流动时，与可动流体体积相当的那部分孔隙体积 V_{LP} 与岩石外表体积 V_f 的比值，可表示为

$$\phi_L = \frac{V_{LP}}{V_f} \tag{2.15}$$

岩石流动孔隙度与作用压差的大小有关，压差越大，岩石孔隙中参与流动的流体体积越大，流动孔隙度越大。

上述三种孔隙度的关系是：$\phi_a > \phi_e > \phi_L$。

在油田生产中，只有相互连通的孔隙和毛细管孔隙才有实际意义。因为它们不仅能储集油气，而且油气可以在其中渗流。那些不连通的孔隙和毛细管孔隙，即使能储集油气，但在目前的开采工艺条件下无法将其采出，实际上是没有意义的。

石油企业广泛采用的测定孔隙度的方法，如饱和流体法和气体膨胀法，均是测定岩石的有效孔隙度。矿场资料和文献上不特别标明的孔隙度均指有效孔隙度。

2.3.3.3 孔隙度测量方法

实验室可以通过多种仪器测定岩石的外表体积、骨架体积和孔隙体积，从而获得岩石的孔隙度。

1. 外表体积测量方法

测定岩石外表体积 V_f 的方法有尺量法、浮力测定法（封蜡法、液体饱和法）和体积置换法等。

（1）尺量法。用游标卡尺直接测量岩心几何尺寸，适合形状十分规则的岩心。

（2）浮力测定法。浮力测定法基于浮力原理，放入液体中的岩心浮力等于它排开等体积液体的重力。浮力测定法包括封蜡法和液体饱和法两种。

① 封蜡法。干岩心测重，并在外表封蜡后，分别测量空气中、浮于水中的重量，即可得到岩心外表体积：

$$V_f = \frac{m_2 - m_3}{\rho_w} - \frac{m_2 - m_1}{\rho_p} \qquad (2.16)$$

式中　m_1——干岩心重量；

　　　m_2——封蜡岩心在空气中重量；

　　　m_3——封蜡岩心在水中重量；

　　　ρ_w——水的密度；

　　　ρ_p——蜡的密度。

当岩心有较大孔、洞、裂缝时，可用石蜡、塑料、橡皮泥等材料堵住，然后涂蜡。封蜡法适用于任何形状的岩心。

② 液体饱和法。用已知密度的液体（一般用煤油）饱和岩心后，擦掉表面液体，测量饱和岩心在空气中的重量，再测量饱和岩心浮于同样液体中的重量，即可得到岩心外表面积：

$$V_f = \frac{m_1 - m_2}{\rho_L} \qquad (2.17)$$

式中　m_1——饱和岩心在空气中重量；

　　　m_2——饱和岩心在液体中重量；

　　　ρ_L——液体的密度。

液体饱和法适用于任意形状的岩心，不适于有溶洞的岩心。

（3）体积置换法。利用连接水银泵的岩心室，先测量水银注满空岩心室的体积，接着放入岩心，测量水银注满岩心室其余空间的体积，两者之差即为岩心的外表体积。体积置换法适用于任何形状，中低渗透的均质岩心，不适于有裂缝、溶洞的岩心。

2. 骨架体积测量方法

测定岩石骨架体积的方法有比重瓶法、沉没浮力法。

3. 孔隙体积测量方法

岩石孔隙体积可以用气体膨胀法、饱和称重法、压汞法等直接测量。这三种方法测得的是岩石的有效孔隙体积。

2.3.3.4　气体孔隙度测量仪

1. 测量原理

岩心孔隙度通常指有效孔隙度。根据气体波义耳定律的等温膨胀原理，仪器分别利用岩心室测量岩心的颗粒体积（又称岩样固体体积），利用夹持器测量岩心的孔隙体积，按式(2.18)、式(2.19) 或式(2.20) 计算岩心的孔隙度：

$$\phi = PV/BV \times 100\% \tag{2.18}$$

$$\phi = PV/(PV+GV) \times 100\% \tag{2.19}$$

$$\phi = (BV-GV)/BV \times 100\% \tag{2.20}$$

式中　ϕ——岩心孔隙度，用百分数表示；

　　　PV——岩心孔隙体积，cm^3；

　　　BV——岩心总体积，cm^3；

　　　GV——岩心颗粒体积，cm^3。

仪器以气体为测试介质，对样品没有污染，测试精度较高。

岩心的气体膨胀式颗粒体积测定原理如图 2.12 所示。

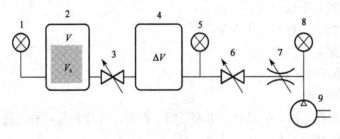

图 2.12　气体膨胀式颗粒体积测定示意图

1,5,8—压力表；2—样品室；3,6—阀门；4—标准室；7—压力调节器；9—气源

已知样品室容积为 V，放入岩心后剩余容积为 $V-V_s$，样品室压力为大气压 p_a，关闭阀门 3；标准室容积为 ΔV，打开阀门 6，调节压力调节阀 7，通过气源向标准室充压至压力 p_2（相对），然后关闭阀门 6；打开两室之间的阀门 3，使标准室压力向岩心室膨胀，最终压力平衡于 p_1（相对），若该过程为等温过程，由波义耳定律可得

$$\Delta V p_2 = (V-V_s+\Delta V)p_1$$

$$V_s = V - \frac{\Delta V(p_2-p_1)}{p_1} \tag{2.21}$$

岩心的孔隙体积测定原理如图2.13所示。标准室A的容积为V_2，岩心室B的容积为V_1；C、D为阀门，其中C与标准室、容积室相连，D与真空泵、岩心室、水银压力计相连。实验前仪器系统压力为大气压力p_a，将已知外表体积为V_f的岩样置于B室内，关闭阀门C；打开阀门D，并抽真空，通过水银压力计读数，直到B室内压力降至约20mmHg（绝对压力）时关闭阀门D；精确测出B室的压力p_b；然后打开阀门C，使A、B两室连通，系统压力降至p_0；设岩样的连通孔隙体积为V_p，则

$$p_a V_2 + p_b (V_1 - V_f + V_p) = p_0 (V_2 + V_1 - V_f + V_p)$$

$$V_p = V_f - V_1 + V_2 \frac{p_a - p_0}{p_0 - p_b} \qquad (2.22)$$

式中 V_2——标准室A的容积，cm^3；

V_1——岩心室B的容积，cm^3；

V_f——岩样的外表体积，cm^3；

V_p——岩样的孔隙体积，cm^3；

p_a——大气压力（绝对），MPa；

p_b——B室真空压力（绝对），MPa；

p_0——A、B室平衡压力（绝对），MPa。

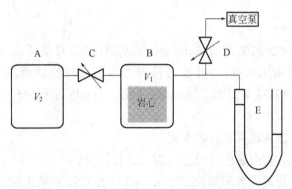

图2.13　气体膨胀式孔隙体积测定示意图

A—标准室；B—岩心室；C、D—阀门；E—水银压力计

2. 仪器组成

用气体测岩心孔隙度的仪器有全自动正压孔隙度仪、全自动负压孔隙度仪和正压手动孔隙度仪。孔隙度测定仪主要由气源、压力调节器、基准室（又称标准室、参比室）、岩心室、夹持器、压力传感器、真空泵、计算机测控单元组成。

3. 技术参数

负压孔隙度仪压力范围为0~0.1MPa（绝对压力），正压孔隙度仪压力范围为0~1MPa；压力计量精度为0.1%；岩样尺寸为ϕ25mm×25mm或不规则小岩样（要求有一平面）；孔隙度范围>2%；孔隙度测量精度≤1%。

2.3.3.5　压汞法岩心孔隙度测量

1. 测量原理

压汞法，又称汞孔隙率法，是测定部分中孔和大孔孔径分布的方法。基本原理是，汞

对一般固体不润湿，欲使汞进入孔需施加外压力，压力越大，汞能进入的孔半径越小。测量不同外压力下进入孔中汞的量即可知相应孔的大小和孔体积。图 2.14 为某岩样孔隙体积与压力的关系曲线。

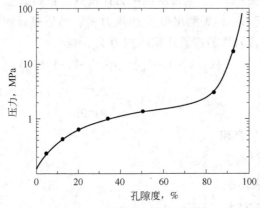

图 2.14　压汞法孔隙体积曲线

实验中，将经过抽提、洗油、烘干的岩样放入岩样室中，在高压下压入汞，测定在不同压力下压入岩心中汞的体积，经过系数校正后，即可求出不同压力下岩心有效孔隙体积。

2. 仪器结构和性能

美国 Micromeritics 公司生产的 AutoPore Ⅳ 9520 型全自动压汞仪，该压汞仪是全自动运行、计算机控制汞压入/挤出过程的孔隙率仪，孔径测量范围 30nm～1000μm，最大压力 414MPa，包括四个低压站，两个高压站。AutoPore Ⅳ 9520 型全自动压汞仪主要性能及特点：

（1）具有进汞、退汞硬件和计量配置。

（2）测试校正包含空白膨胀计校正、膨胀计计算校正等。

（3）膨胀计进汞与退汞体积精度小于 0.1μL（注意：不是指膨胀计的体积精度及加工精度）。

（4）低压站使用 1 个压力传感器和 1 个真空传感器，高压站使用两个压力传感器，量程为 0～35MPa 和 35～230（420）MPa。

（5）多至 2500 个压力点的测量，压力传感器配备高灵密度 A/D 模数转换器（16bit），系统软件在线校正压力传感器，不需要内部或者外部专门的仪器校正。

（6）采用不挥发性的油密封保证汞的安全性。汞进入膨胀计前经过 sprayer 喷雾器抽真空，脱气后保证汞的纯净，配有排汞、高液面、过流三个传感器。汞液面过高，仪器切断电源，所有阀门关闭。过流阱和汞储舱均接到排汞池，末端接封闭的放汞管，一旦汞过量，仪器封闭，可以通过此管放掉多余的汞。

（7）分析操作模式为快速扫描和平衡加压模式。快速扫描（持续升压或降压）即未知样品的快速测试连续加压模式，设置时间平衡（逐步设定时间升压平衡，平衡时间 0～1000s）。平衡加压模式设置速度平衡（压力不变），入汞量增加到停止变化或降到定值。方便无孔压力区或初始填充压力区的快速充汞（最大 100.000μL/s）。

（8）软件具有进汞采集点、退汞采集点在线操作控制，以及数据采集、数据处理功能。压力和注入体积的数据点数目可自由确定。用户可根据自己的工作需要设立多种压力表。可测定注入和退出曲线并计算相关参数以实时的图形直观显示实验状态和控制过程，实时监测平衡点和进汞、退汞速率。

（9）软件分析管理全部测量过程。输出内容包含数据表格、曲线、孔体积、面积、尺寸分布、真密度（多孔固体颗粒扣除了内部孔隙后的密度）、堆积密度（把颗粒物自由填充于某一容器中，在刚填充完成后所测得的单位体积质量）、孔隙体积、颗粒尺寸分布、孔形状、孔弯曲度和弯曲因子、孔喉比等参数。可输出多种分析报告，可以将 8 种分析结果叠打在一张报告上，或 8 个样品的分析结果叠打在一张报告上。

上述方法主要用于实验室测量，在现场测井中，测定岩石孔隙度的方法常用中子测井方法、γ 射线测井方法等。采用测井方法间接测定地层岩石孔隙度的精度取决于岩石电学性质、声学性质及放射性等基础参数。这些参数必须在实验室中测出。由于不同地层岩石的电学、声学等性质不同，用测井方法解释地层的孔隙度参数时就必须根据不同的地层岩石的特点测定其电学、声学等参数，来修正经验公式。

2.3.3.6　其他方法和仪器

（1）液体饱和法岩心孔隙度测量装置。它是将干的柱塞岩样在空气中称重，用已知密度的液体在抽真空和加压的作用下充分饱和岩样。依据阿基米德原理，将饱和岩样分别在空气中及饱和液体中称重。根据干岩样质量、饱和岩样质量、浸没质量和液体密度计算出柱塞岩心孔隙度。

（2）CT 法岩心孔隙度测量仪。它是利用单能量 X 射线的衰减和光电吸收特性，对岩心某一横向断面做相对旋转扫描，每个位置可采集到一组一维的投影数据，再结合旋转运动，就可得到许多方向上的投影数据。衰减系数构成一个多元一次方程组，经过迭代运算，得到衰减系数的断面分布图，经过经验数据处理，即可得到岩心的孔隙度（也可处理得到密度及饱和度等参数）。

（3）全直径岩心孔隙度测量仪。它是采用各种有效的技术和方法，分别测量全直径岩心的总体积、颗粒体积、孔隙体积中的任意两项，计算得到全直径岩心的有效孔隙度。

2.3.4　岩石孔隙体积压缩系数测量仪

2.3.4.1　储层岩石的压缩系数

岩石存在弹性或压缩性。岩石所承受的压力来自两个方面：一是岩石孔隙内液体传递的地下流体系统压力，称为孔隙压力或内压力，该压力作用于岩石孔隙内壁或内表面；二是储层上覆岩层的压力，称为上覆压力。

储层岩石和储层流体的弹性或压缩性虽然很小，但当地层水动力系统范围较大，而储层压力很高时，由于孔隙压力下降后引起孔隙内流体的膨胀及孔隙体积的缩小，就可以从油层中把相当数量的液体排驱到油井中去。

1. 岩石压缩系数 C_f

储层岩石的压缩系数是指在等温条件下，单位表面体积的岩石孔隙体积随有效压力的变化率，用公式表示为

$$C_f = -\frac{1}{V_f}\left(\frac{\partial V_p}{p}\right)_T \qquad (2.23)$$

式中 C_f——岩石的压缩系数，MPa^{-1}；

p——有效压力，指上覆压力与孔隙压力的差值，MPa；

$\left(\dfrac{\partial V_p}{p}\right)_T$——等温条件下岩石孔隙体积随有效压力的变化值，$cm^3/MPa$。

公式中的负号表示岩石孔隙体积随有效压力的增加而减小。

2. 孔隙压缩系数 C_p

孔隙压缩系数是指在等温条件下，单位孔隙体积的岩石孔隙体积随有效压力的变化率，用公式表示为

$$C_p = -\frac{1}{V_p}\left(\frac{\partial V_p}{p}\right)_T \qquad (2.24)$$

由式（2.23）和式（2.24）可得，岩石压缩系数与孔隙压缩系数的关系为

$$C_f = \phi C_p \qquad (2.25)$$

3. 岩石的综合压缩系数 C

岩石的综合压缩系数指油藏有效压力每降低 $1MPa$ 时，单位体积油藏岩石由于岩石孔隙体积缩小、储层流体膨胀而从岩石孔隙中排出油的总体积，用公式表示为

$$\begin{cases} C = C_f + \phi C_L \\ C = C_f + \phi(S_o C_o + S_w C_w) \end{cases} \qquad (2.26)$$

式中 C——岩石的综合压缩系数，MPa^{-1}；

C_f——岩石的压缩系数，MPa；

ϕ——岩石的孔隙度，以百分数表示；

C_L——流体的压缩系数，MPa^{-1}；

C_o——油的等温压缩系数，MPa^{-1}；

C_w——水的等温压缩系数，MPa^{-1}。

当加外压建立模拟压力时，可采用气体和液体两种介质加压。由于气体的可压缩性，两种测量过程存在着相应的差异。

（1）气态法岩石孔隙体积压缩系数仪。建立模拟压力，保持孔隙压力不变逐点增高覆盖压力，使净有效覆盖压力增加，孔隙体积减小。根据波义耳定律，用孔隙度测量仪测得不同净覆盖压力下岩样的孔隙体积，记录净有效覆盖压力及孔隙体积的变化，计算岩石孔隙体积压缩系数。

（2）液态法岩石孔隙体积压缩系数仪。建立模拟压力，保持孔隙压力不变逐点增高覆盖压力，或者保持覆盖压力不变逐点降低孔隙压力，使净有效覆盖压力增加，孔隙体积减小，记录净有效覆盖压力及孔隙体积的变化，计算岩石孔隙体积压缩系数。

2.3.5　气体渗透率测量仪

2.3.5.1　渗透性概念与达西定律

1. 渗透性与渗透率

储层岩石中多数孔隙是相互连通的，在一定的压差作用下，流体可以在孔隙中流动，岩石的这种性质称为渗透性。工程上用渗透率值来定量描述岩石的渗透性。渗透率大则渗透性好，表征储层流体流通性好，便于油气开采。渗透率太低则属于低渗油气藏，开发低渗油气藏是油田开发中的一个难题。

2. 达西定律

1856 年法国人亨利·达西用未胶结砂充填一直管模型做水流渗滤实验，如图 2.15 所示。达西实验装置为一开口圆筒，两端装有水银压力计，筒内填充长度为 L 的一段砂样，水自筒的左端引入，通过溢流管保持一定高度的水位，以形成稳定压头，通过右端的出液管控制流过砂体的水的流量，在圆筒的两端保持一稳定压差。通过实验，达西得到如下关系：

$$Q \propto \frac{p_1 - p_2}{L} \times A \tag{2.27}$$

在式（2.27）中添加系数 K_ϕ 后，得到

$$Q = K_\phi \frac{\Delta p}{L} A \tag{2.28}$$

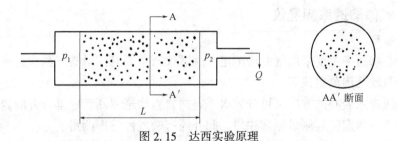

图 2.15　达西实验原理

达西关系式又称达西定律。实验研究表明，达西定律也适用于其他的流体，这时，系数 K_ϕ 应改写为 K/μ，这里 μ 是流体的黏度，K 则是表征岩石性质的系数，称为渗透率。

油层物理实验中，达西定律的通用形式为

$$Q = \frac{10KA(p_1 - p_2)}{\mu L}$$

或

$$K = \frac{Q \mu L}{10A(p_1 - p_2)} \tag{2.29}$$

式中　K——岩石的渗透率，μm^2；

　　　μ——流体的黏度，$mPa \cdot s$；

　　　p_1——上游岩心端面处压力，MPa；

　　　p_2——下游岩心端面处压力，MPa；

ρ——液体的密度，g/cm^3；

Q——通过岩心液体的流量，cm^3/s；

A——岩心的截面积，cm^2；

L——岩心的长度，cm。

式(2.29)表明，通过岩心的流量与岩心的渗透率、岩心的截面积、岩心两端面处的压力差成正比，与流体的黏度、岩心的长度成反比。

在利用式(2.29)测定岩石的渗透率时，需要满足以下条件：

(1) 岩石在压力作用下的变形可忽略不计；

(2) 岩石孔隙空间100%被某一种流体所饱和；

(3) 流体不与岩石发生物理化学反应；

(4) 流体在岩石孔隙中的渗流为层流。

基于上述假设，式(2.29)又称为一维稳定渗流达西定律。在这种条件下得到的渗透率仅与岩石自身的物理性质有关，而与所通过的流体性质无关，此时的渗透率称为岩石的绝对渗透率。

达西公式也可写成微分形式，即

$$Q = -\frac{KA}{\mu}\frac{\mathrm{d}p}{\mathrm{d}L} \tag{2.30}$$

因为沿流动方向压力降低，$\mathrm{d}p/\mathrm{d}L$为负值，式中为保证Q为正值而添加一个负号。

岩石渗透率的测量方法主要分为两类：一类是以达西定律为基础的实验测定方法（直接法），另一类是测井方法或油藏工程方法（间接法）。

2.3.5.2　气体渗透率测量仪

1. 测量原理

常规岩心渗透率主要采用气测法测定，测试仪器主要有流量管气测渗透率仪、高低渗透率仪、全自动孔渗测定仪等。

根据气流进入岩心的方向又可分为水平方向岩石渗透率测定、垂直方向岩石渗透率测定和径向渗透率测定，其测量原理相似。此外还有裂缝渗透率测量。

稳态法岩心气体（空气）渗透率测定仪又称低压测试流程装置。在岩心柱塞两端建立合适的压差，流体在压力作用下从岩心的一端流向另一端，流动处于稳定状态，流体通过岩心的流量与岩心截面积、两端压差成正比，与流体的黏度、岩心长度成反比。测量岩心两端的压力以及通过岩心的流量，利用一维稳定渗流达西定律公式计算出柱塞岩心的气体渗透率。

在前面的讨论中，用液体测量岩石渗透率，由于施加在样品两端的压力差较小，液体的压缩性可以忽略，液体的体积流量在岩心两端及岩心中任意截面上是按常数处理的。气体却不同，气体的体积流量随压力和温度的变化而变化。由于气体在岩石中渗流时，在岩石长度的每一断面的压力不同，因而，流过岩石的气体体积流量在岩石内各点上是变化的，它沿着压力下降的方向不断膨胀、增大。因此，气体在岩石中任一点的流动状态必须用达西定律的微分形式表示，即

$$Q = -\frac{K_{\mathrm{g}}A}{\mu}\frac{\mathrm{d}p}{\mathrm{d}L} \tag{2.31}$$

如果气体流过各断面上的质量流量不变，那么根据波义耳—马略特定律，在等温条件下气体体积流量随压力的变化关系可表示为

$$Q = \frac{Q_0 p_0}{p}$$

式中，Q_0、Q 分别为 p_0 和 p 压力下的气体体积流量。因此

$$K_g = -\frac{Q_0 p_0 \mu}{A} \frac{\mathrm{d}L}{p \mathrm{d}p}$$

分离变量后积分，并考虑到量纲关系可得

$$K_g = \frac{Q_0 p_0 \mu L}{5A(p_1^2 - p_2^2)} \tag{2.32}$$

式中　K_g——气测渗透率，μm^2；

　　　p_1——进口压力，MPa；

　　　p_2——出口压力，MPa；

　　　p_0——大气压力，MPa；

　　　μ——气体黏度，mPa·s；

　　　Q_0——p_0 压力下气体的体积流量，cm^3/s；

　　　A——岩石样品的截面积，cm^2；

　　　L——岩石样品的长度，cm。

2. 测试流程

气测渗透率仪的流程如图 2.16 所示。

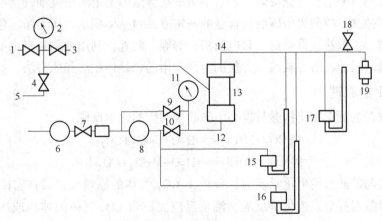

图 2.16　气测渗透率仪流程图

1、3、4、7、9、10、18—阀门；2、11—压力表；5—气源；6、8—压力调节阀；12—进口；
13—岩心夹持器；14—出口；15、16、17—压力计；19—孔板流量计

该方法通过加压气体在被测岩石两端建立压差，测量出口的气体流量，并利用式(2.32) 计算岩石的渗透率。

实验室覆压渗透率测量是以气体达西定律为理论基础，采用标准岩心与待测岩心比较的方法测试岩心的渗透率。待测岩心的围压可达60MPa，在模拟地层压力条件下完成岩石的渗透率测量。

3. 主要技术参数

岩心规格为 $\phi 25.4mm \times (25 \sim 75)mm$；工作压力为 $0.2 \sim 0.6MPa$；上覆压力为 $2 \sim 60MPa$；上覆压力控制精度为 $\pm 0.1MPa$；压力测试精度为 0.1%；渗透率测试范围为 $(0 \sim 10000) \times 10^{-3} \mu m^2$，相对误差 $<2\%$。

2.3.5.3 其他气体渗透率测量方法与仪器

（1）稳态点式岩心气体渗透率测定仪。探头放置在设置好的岩样测试点上，气体由探头流向岩心切片表面（或非切片的整个岩样、可渗透的岩石露头等），然后气体由岩样流出，排向大气。当压力和流速达到稳态时，根据压力、流量等参数计算柱塞岩心的气体渗透率。

（2）脉冲衰减法岩心气体渗透率测定仪。夹持器两端装有定容容器，两个容器和岩心同时注入气体，并达到热力和压力平衡。增加前端容器压力，从而产生一压力脉冲通过岩心，开始测量瞬时压力，根据压力和时间等参数计算柱塞岩心的气体渗透率。

（3）非稳态法岩心气体渗透率测定仪。前端定容容器与夹持器相连，后端与空气相通。容器和岩心同时注入一定压力的气体，并达到平衡。打开出口阀产生压力瞬变，当上游压力衰减达到初始压力的 20% 左右时，在整个岩心长度上建立了连续平滑的压力变化，记录选择的压力和对应的时间，可根据公式计算出柱塞岩心的气体渗透率。

2.3.6 岩心碳酸盐含量分析仪

碳酸盐岩是重要的油气储集岩，岩石中碳酸盐含量的测定对研究油气储层和油气增产措施具有重要意义。碳酸岩中碳酸盐含量的测定方法包括体积法、压力法、色谱法、库仑仪法、滴定法、扩散法、重量法、双电极法，等等。此外，利用地震资料也可反演地层中的碳酸盐含量。目前，岩心碳酸盐含量测定最常用的仍是体积法和压力法。

2.3.6.1 测量原理

碳酸盐含量的测定基于盐酸与岩心中碳酸盐产生的化学反应：

$$CaCO_3 + 2HCl \Longrightarrow H_2O + CaCl_2 + CO_2 \uparrow$$

$$MgCO_3 + 2HCl \Longrightarrow H_2O + MgCl_2 + CO_2 \uparrow$$

根据盐酸与碳酸盐发生化学反应，释放出 CO_2 气体的原理，仪器在密闭的反应器中加入盐酸，投放岩样后发生化学反应，测量反应完成后 CO_2 气体的体积或压力，即可计算岩样中的碳酸盐含量。

2.3.6.2 压力法碳酸盐含量分析仪

1. 工作原理

在定体积容器中，当岩石样品与盐酸进行反应时，因岩石样品的碳酸岩含量不同，所产生的 CO_2 气体的压力也不同。在同温条件下，容积相同的容器内，用一定量的样品与盐酸反应，反应后产生的气体使容器内的压力增加，这个压力与标准样品和定量盐酸反应的压力进行对比，即可算出岩样中碳酸盐的含量：

$$X_c = m_s C_a p_c / (m_c p_s) \tag{2.33}$$

式中 X_c——岩样的碳酸盐含量（质量分数），%；

m_s——标准条件下碳酸钙的质量，g；

C_a——标准碳酸钙的含量（质量分数在99%以上），%；

p_c——岩样与盐酸反应释放的CO_2气体压力，kPa；

m_c——干岩样的质量，g；

p_s——标准碳酸钙与盐酸反应释放的CO_2气体压力，kPa。

2. 仪器结构

如图2.17所示，压力法碳酸盐含量分析仪由面板、压力测量显示单元、磁力振动单元、反应单元组成。

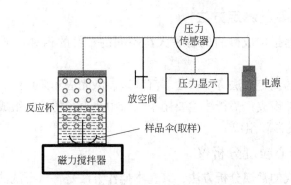

图2.17 压力法碳酸盐含量分析仪工作流程

控制面板上安装有开关和显示仪表，用于整个仪器的操作；测量显示单元由压力传感器和二次显示仪表组成，用于测量和显示反应杯内气体的压力；磁力振动单元的作用是带动反应杯往复振动，使得样品和盐酸充分接触，加快样品与盐酸的反应速度，缩短实验时间；反应单元包括样品投放机构、样品伞和反应杯。

3. 技术参数

电源为220V AC±10%，50Hz；使用环境为温度0～40℃，湿度<85%，连续工作；样品反应器有2个，独立使用；样品质量为100～400mg；总含量测量范围为0～99%，钙含量测量范围0～99%；分辨率为0.1%；测量精度（称重，环境影响除外）为±2%。

2.3.6.3 体积法碳酸盐含量分析方法

体积法岩心碳酸盐含量分析，是利用过量的盐酸与岩心中碳酸盐产生化学反应，计量所释放出的CO_2气体体积含量，从而计算出岩心中碳酸盐含量，样本的碳酸盐含量以碳酸钙的质量分数表示：

$$X_c = \frac{pV}{RT}\frac{M}{m}\times10^{-3} = \frac{p(V_1-V_2-V_0)}{RT}\frac{M}{m}\times10^{-3} \tag{2.34}$$

式中 X_c——岩样的碳酸盐含量（质量分数），%；

p——大气压力，kPa；

V_0——反应前气体量管内气体体积，mL；

V_1——反应后气体量管内气体体积，mL；

V_2——加入盐酸溶液体积，mL；

R——CO_2 气体常数，8.254J·K^{-1}·mol^{-1}；

T——气体量管温度，K；

M——碳酸钙的摩尔质量，100.09g/mol；

m——样品质量，g。

2.3.7 岩心粒度分析仪

2.3.7.1 粒度组成及其测定方法

砂岩的粒度组成是指构成砂岩的各种大小不同的颗粒的相对含量，通常以质量分数表示。

常用的粒度组成的测定方法有筛析法、沉降法、激光法和薄片法。薄片法主要用于分析测定较大直径的砂粒组成；筛析法主要用于分析中小直径的砂粒组成；沉降法主要用于分析粒径小于 40μm 的砂粒组成。

2.3.7.2 筛析法岩心粒度分析仪

筛析法是粒度组成的常规分析方法，其基本操作方法是将岩石洗油、烘干，称取已知质量的分散岩样，振动岩样使其通过一系列孔眼逐渐变小的筛网。称出留在每个筛网上的岩样质量，以筛孔尺寸和剩余岩样的百分比来表示粒径的分布规律。根据振筛机的振动方式可分为机械振动式和声波振动式两种。图 2.18 是筛析装置示意图。

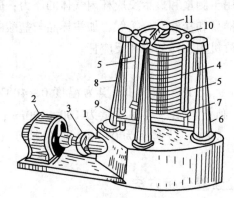

图 2.18　筛析装置示意图

1—机座；2—电动机；3—连接器；4—筛子；5—导柱；6—底盘；

7—横梁；8—立轴；9—底梁；10—顶盖；11—振击器

筛析法所用套筛的筛孔有两种表示方法：一种是以筛孔孔眼大小表示；另一种是以单位长度上的孔数表示，称为目或号。套筛的孔眼大小有国家标准规定，相邻的两级筛孔孔眼的级差为 $\sqrt{2}$ 或 $\sqrt[4]{2}$。

2.3.7.3 沉降法岩心粒度分析仪

沉降法的原理是通过测定颗粒在介质中的沉降速度，间接获得颗粒的粒度组成。依据

斯托克斯（C. J. Stokes）公式，颗粒的沉降速度为

$$v = \frac{gd^2}{18\mu}\left(\frac{\rho_s}{\rho_L} - 1\right) \tag{2.35}$$

式中　v——直径为 d 的颗粒在液体中的沉降速度，cm/s；

　　　d——颗粒直径，cm；

　　　ρ_s——颗粒密度，g/cm^3；

　　　μ——液体的运动黏度，cm^2/s；

　　　ρ_L——液体的密度，g/cm^3；

　　　g——重力加速度，一般取 980cm/s^2。

　　式(2.35) 有一定的应用范围。当颗粒直径为 $10\sim50\mu$m 时，测定值有足够的精度。同时，用沉降法分析时，岩石颗粒的质量分数不应超过 1%。

　　根据不同大小的岩样颗粒在水中沉降速度各不相同的原理，将先后下落的颗粒分别称重，记录沉降时间，由沉降经验公式对不同粒级的沉降时间进行采集处理，从而获得岩心粒度资料及各种相关参数和图样。

2.3.7.4　激光法岩心粒度分析仪

　　岩样颗粒在装有液体或气体的容器中分散成适当浓度，从激光器发出的激光束经显微物镜聚焦、针孔滤波和准直镜准直后，变成一定直径的平行光束。激光束照射到待测颗粒上，发生了散射现象。散射光经傅里叶透镜，照射到多元光电探测器阵列上。由于光电探测器处在傅里叶透镜的焦平面上，因此探测器上的任意一点都对应于某一确定的散射角。光电探测器阵列由一系列同心环带组成，每个环带是一个独立的探测器，能将投射到上面的散射光线性地转换成电压，经信号放大、A/D 转换，由计算机采集、处理。由于散射角与颗粒的直径成反比，散射光的能量分布与颗粒直径的分布相关，通过接受和测量散射光的能量分布可以得出颗粒的粒度分布特征。

　　激光粒度仪由 He-Ne 激光器、傅里叶（或反傅里叶）光路单元、光电探测器阵列、干法（或湿法）进样单元、样品池和数据采集处理单元等组成。

2.3.7.5　薄片法岩心粒度分析仪

　　制备岩心薄片，用偏光显微镜目测或用图像分析系统分析单个颗粒的大小，以体积频率为基础来计算粒度分布。

2.4　专项岩心分析仪器

2.4.1　岩心流动性实验仪

2.4.1.1　液体渗透率测量原理

　　根据达西定律，如图 2.19 所示，液流的全部流线都是互相平行的，在与流动方向垂直的每一个截面上所有各点的渗流速度平行且相等。

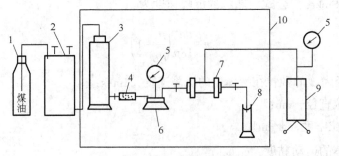

图 2.19　流动性实验流程图

1—储油瓶；2—恒速泵；3—容器；4—过滤器；5—压力表；6—六通阀；

7—岩心夹持器；8—量筒；9—环压泵；10—恒温箱

由式(2.30)得微分形式的达西公式：

$$Q = -K \times \frac{A}{\mu} \frac{\mathrm{d}p}{\mathrm{d}L}$$　(2.36)

分离变量后积分，并考虑到量纲关系得

$$Q = K \times \frac{10A(p_1 - p_2)}{\mu L}$$

或

$$K = \frac{Q\mu L}{10A(p_1 - p_2)}$$　(2.37)

式中　K——液测渗透率，μm^2；

　　　p_1——进口压力，MPa；

　　　p_2——出口压力，MPa；

　　　μ——液体黏度，mPa·s；

　　　A——岩石样品的过流断面面积，cm^2；

　　　L——岩石样品的长度，cm；

　　　Q——液体的流量，cm^3/s。

由式(2.37)可知，在岩心的两端建立合适的压差，流体在压力作用下从岩心的一端流向另一端，流体通过岩心的流量与岩心的截面积及其两端的压差成正比，与流体的黏度和岩心的长度成反比。

式(2.37)是岩心的液体渗透率计算式。液体渗透率实验习惯上称为流动性实验，因此，式(2.37)也是设计岩心流动性实验仪的理论依据。岩心流动性实验流程如图 2.19 所示。通过环压泵对岩心加围压模拟油藏覆压压力，用恒温箱模拟油藏温度，该方法近似地模拟了地层中油气的运移过程，且流动过程基本发生在连通孔隙。利用该方法可以完成一大类专项岩心实验，可以进行酸敏、碱敏、盐敏、水敏、速敏、正反向驱替、渗透率梯度和系列流体的连续接触实验，也可以用来评价钻井液、完井液对岩心的影响等。

通过岩心流动性实验（动态方法）也可以分析岩石的束缚水饱和度。其原理是在一定的压力、温度和流量条件下，用油或气体驱替 100%饱和水的岩心，将从岩心中驱出的水收集起来，用以计算岩心中的束缚水饱和度。如图 2.20 所示为由岩心流动性实验方法得到的岩心含水饱和度与注入孔隙体积倍数的关系曲线。

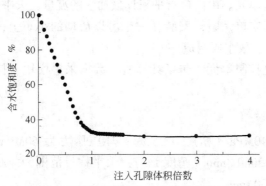

图 2.20　含水饱和度与注入孔隙体积倍数关系曲线

2.4.1.2　仪器工作原理

　　岩心流动性实验装置是对岩心进行多种驱替实验的一种智能化的流动性实验仪器。该仪器利用电子天平称量渗出岩心的液体质量，用压力传感器测量渗透压力，通过计算机系统定时采样，实时计算岩心的渗透率。还可通过模拟油气藏的温度、上覆压力、地层压力、流动状况等地层参数，并通过精密的测量手段对驱替所产生的变化进行记录和数据处理，进行多种驱替实验研究，为实际生产提供施工指导。主要能完成的实验包括基础流动性实验（梯度实验）、油水相对渗透率实验、岩心敏感性评价实验和采油化学剂评价实验。

2.4.1.3　仪器组成

　　（1）动力源。该装置提供两台平流泵和一台高黏度泵作为系统驱替实验的动力源，一台流量范围在 0~20mL/min，压力范围在 0~20MPa，另一台流量范围在 0~10mL/min，压力范围在 0~40MPa，这样总的压力范围将在 0~40MPa，总的流量范围在 0~20mL/min，能很好地满足实验需要。

　　（2）储液单元。实验中可能用到某种实验溶液以及油和水，因此该装置配备三只 1L 容积的容器调换使用。考虑到实验中要用到腐蚀性流体，因此该装置另配两只容积 200mL 的小型活塞式中间容器，用于小剂量的腐蚀性流体段塞实验。

　　（3）实验流程。该装置实验流程设计为双夹持器可并可串式流程，可以模拟非均质状况下的驱替情况及注入情况（双夹持器高渗、低渗并联），也可以与双夹持器串联使用。

　　（4）岩心夹持器及填砂模型。配备有两只 ϕ25mm×75mm 岩心夹持器，用来做流动实验，两只 ϕ25mm×500mm 填砂管，用来做填砂实验。该仪器还配有一只 ϕ25mm×500mm 梯度夹持器，带 3 个测压孔，用来做梯度实验。

　　（5）油藏环境模拟单元。恒温箱工作温度为 0~200℃，控温精度在 ±1℃，围压泵最高压力为 50MPa，泵体容积为 200mL，分手动、电动和自动三种运行方式，可实现高、中、低三挡速度。

　　（6）压力自动识别及计量单元。采用压力传感器组计量工作压力，为保证每个测压点的压力测量精度，在每一测压点上配备两只传感器，组成一个传感器组。两只传感器采用串联连接，系统可自动选择满足量程的传感器进行计量。

（7）油水出口计量单元。由两台天平来计量油水的流量，天平称量400g，感量1mg。

（8）真空单元。真空单元整体安装在一个可以活动的小车上，主要由真空泵、缓冲容器、真空表、放空阀、放水阀组成。

（9）数据采集处理控制单元。包括计算机、数据采集模块、打印机以及数据采集处理与控制软件。

2.4.1.4 主要技术参数

系统工作压力为40MPa（精度0.25%）；环压压力为60MPa；工作温度为室温至150℃；流量范围为0~20mL/min（精度1%）；天平称量范围为400g，感量为1mg；岩心尺寸为 ϕ25mm×(25~500)mm。

2.4.2 相对渗透率测量仪

2.4.2.1 相对渗透率概念

岩心中100%被一种流体所饱和时测定的渗透率称绝对渗透率。绝对渗透率是岩石的物理特性，与通过岩石的流体性质无关。

当两种或两种以上流体通过岩石时，所测出的某一相流体的渗透率称有效渗透率或相渗透率。它是描述岩石—流体相互作用的动态参数。同一岩石的有效渗透率之和总是小于该岩石的绝对渗透率。

某一相流体的相对渗透率是指该相流体的有效渗透率与绝对渗透率的比值。绝对渗透率可能是空气绝对渗透率 K_a、100%饱和地层水的水测渗透率 K 或束缚水饱和度下的油测渗透率 K_{swo}，因此相对渗透率有以下几种表达形式：

$$\begin{cases} K_{ro} = K_o/K_a \\ K_{rw} = K_w/K_a \\ K_{ro} = K_o/K \\ K_{rw} = K_w/K \\ K_{ro} = K_o/K_{swo} \\ K_{rw} = K_w/K_{swo} \end{cases} \tag{2.38}$$

2.4.2.2 相对渗透率测试原理

岩心相对渗透率实验分为稳态法和非稳态法两种。稳态法是将油、水按一定流量比例同时恒速注入岩样，测定岩样进口、出口压力及油、水流量，由达西定律计算岩样的油、水有效渗透率及相对渗透率值，并计算相应的平均饱和度值。根据不同含水饱和度时的油、水相对渗透率值，绘制出岩样的油、水相对渗透率曲线。非稳态法是以一维水驱油理论，按照模拟条件的要求，在油藏岩样上进行恒压差或恒速度的水驱油实验，在岩样出口端记录每种流体的产量和岩样两端的压力差随时间的变化，经数据处理得到油、水相对渗透率，并绘制出油、水相对渗透率与含水饱和度的关系曲线。

岩心油气相对渗透率测定是以一维两相渗流理论和气体状态方程为依据，利用非稳态恒压法进行注气驱油实验，记录气驱油过程中岩样出口端各个时刻的产油量、产气量和两端压差，计算岩样的油、气相对渗透率和对应饱和度，并绘制出油、气相对渗透率曲线。

岩心气水相对渗透率测定，其稳态法测量是将气、水按一定流量比例同时恒速注入岩样，测定进、出口压力及气、水流量，并测定岩样含水质量，计算气、水有效渗透率和相对渗透率以及岩样含水饱和度，绘制出气、水相对渗透率与岩样含水饱和度关系曲线。非稳态法是以一维两相渗流理论和气体状态方程为依据，利用非稳态恒压法进行岩样气驱水实验，记录气驱水过程中岩样出口端各个时刻的产气量、产水量和两端压差等数据，计算岩样的气、水相对渗透率及对应的含水饱和度，绘制出气、水相对渗透率曲线。

2.4.2.3 实验流程

相对渗透率测量实验流程如图 2.21 所示。该实验流程设计中，稳态法是采用天平循环法流程，它是将两台泵的吸入管分别与天平上液罐里的油水体连通，形成两种流体介质的封闭循环，电子天平计量的增量就是驱出的饱和液量；非稳态法使用计量管差压法流程，它是在出口连接一个油水分离器，分离的水回注到岩心，驱出的饱和液会使分离器上的差压值发生变化，从而可以计算出驱出的饱和液量。在流程出口设有回压以及冷凝装置，以便在高温实验时避免汽化，低温实验时可绕开该部分。除去出口部分，实验流程均可耐压 40MPa。回压器压力为 20MPa（正反方向），膜片采用高分子聚酰亚胺材料。

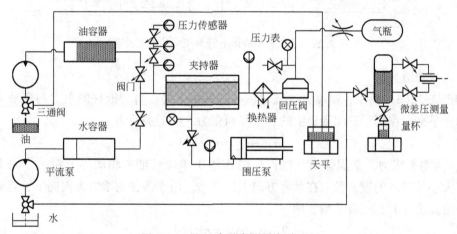

图 2.21　相对渗透率测量实验流程

2.4.3　毛细管压力测量仪

2.4.3.1　油藏岩石的毛细管

油藏岩石的孔隙极小，流体在其中的流动空间是一些大小不等、彼此曲折相通的复杂小孔道，这些孔道可看成是变断面且表面粗糙的毛细管，因而可以将储层岩石看成是一个相互连通的毛细管网络，流体的基本流动空间是毛细管。

2.4.3.2　毛细管力概念

1. 毛细管上升现象

如图 2.22(a) 所示，将两端开敞、洁净的玻璃毛细管插入盛有两相流体（油—水或气—水）的烧杯中，毛细管穿过两相流体界面，下端在密度大的流体中，上端浸没于密度小的流体中，在毛细管中两相流体的弯液面呈现以下三种形式：

（1）如图 2.22(a) 所示，相对于密度小的流体，毛细管中两相流体界面呈凹液面，且高于管外流体界面。毛细管越细，则液面上升高度越大。这是毛细管管壁对水的附着张力与毛细管管中液柱的重力平衡的结果。

（2）如图 2.22(b) 所示，毛细管中两相流体界面与管外流体界面平齐。

（3）如图 2.22(c) 所示，相对于密度大的流体，毛细管中两相流体界面呈凸液面，且低于管外流体界面。毛细管越细，则液面下降高度越大。

毛细管中弯液面的形状和位置依赖于毛细管壁之间分子内聚力和黏附力的相对大小。当接触角小于 90°时，密度大的流体优先润湿毛细管壁，如图 2.22(a) 所示。当接触角为 0°时，分子力平衡，两流体对毛细管壁的润湿程度相同，如图 2.22(b) 所示。当接触角大于 90°时，密度小的流体优先润湿毛细管壁，如图 2.22(c) 所示。

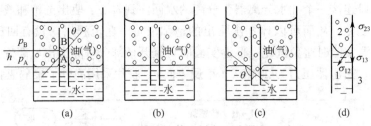

图 2.22　毛细管中液体上升与压力的相互关系

2. 毛细管力计算

如图 2.22(d) 所示，密度大的流体在毛细管中上升，直到液柱的重力与弯液面的附加压力差平衡。作用于三相周界上的各个界面张力之间的关系为

$$\sigma_{23} - \sigma_{13} = \sigma_{12}\cos\theta \tag{2.39}$$

$\sigma_{23} - \sigma_{13}$ 为附着张力，是固体对水柱产生的作用于单位长度三相周界上对水柱向上的拉力，其大小等于水的表面张力在垂直方向上的分力。由于液柱的重力方向向下，当液面上升至一定高度 h 时，二者平衡，即

$$2\pi r\sigma_{12}\cos\theta = \pi r^2 h\rho g \tag{2.40}$$

式中　　σ_{12}——水的表面张力，N/cm；

θ——水对管壁的润湿角，(°)；

r——毛细管半径，cm；

h——水柱上升高度，cm；

ρ——水的密度，g/cm³；

g——重力加速度，cm/s²。

由式（2.40）可得

$$h = \frac{2\sigma_{12}\cos\theta}{r\rho g} \tag{2.41}$$

在图 2.22(a) 中，设 B 点压力为 p_B；A 点的压力为 p_A；A 点的压力又等于 p_B 加上 h 高的水柱产生的压力：

$$p_A = \rho gh + p_B \tag{2.42}$$
$$p_c = \rho gh \tag{2.43}$$

式中，p_c 为毛细管压力（简称毛细管力），单位为 MPa，它是指毛细管中弯液面两侧两种流体（非湿相流体与湿相流体）的压力差，是附着张力与界面张力的共同作用对弯液面内部产生的附加压力，因而其方向是朝向弯液面的凹向，大小等于管中液柱产生的压力，如图 2.23 所示。

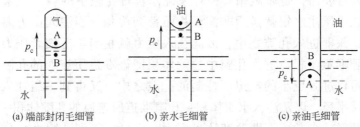

(a) 端部封闭毛细管　　　　(b) 亲水毛细管　　　　(c) 亲油毛细管

图 2.23　弯液面对其凹侧产生附加压力的示意图

将式(2.41) 代入式(2.43) 得

$$p_c = \rho gh = \frac{2\sigma_{12}\cos\theta}{r} \tag{2.44}$$

式(2.44) 为玻璃毛细管和水—气系统的毛细管力公式。

同理可求得玻璃毛细管和油—水系统的毛细管力公式为

$$p_c = (p_w - p_o)gh = \frac{2\sigma_{12}\cos\theta}{r} \tag{2.45}$$

由式(2.45) 可以看出，玻璃毛细管和油—水系统的毛细管力等于 h 高的水柱在油中产生的压力。

对比式(2.44) 及式(2.45)，两者具有相同的形式

$$p_c = \frac{2\sigma\cos\theta}{r} \tag{2.46}$$

式中　σ——两互不相溶的流体间的界面张力，N/cm；

　　　θ——湿相对固体表面的润湿角，(°)。

由式(2.46) 归纳如下：

(1) 毛细管力 p_c 与 $\cos\theta$ 成正比。$\theta < 90°$，p_c 为正值，弯液面上升，如图 2.23（b）所示；$\theta > 90°$，p_c 为负值，弯液面下降，如图 2.23（c）所示。

(2) 毛细管力 p_c 和两相界面的界面张力 σ 成正比。

(3) 毛细管力 p_c 和毛细管半径 r 成反比，毛细管半径越小，则毛细管力越大，毛细管中弯液面上升（或下降）高度越大。

2.4.3.3　压汞法岩心毛管压力测量仪

1. 压汞法测量原理

实际岩石是由无数大小不等的孔隙组成，孔隙与孔隙之间有的是有一个或数个喉道所连接，而有的孔隙与其他孔隙之间根本不连通。对于一定的流体，一定半径的孔隙喉道具有一定的毛细管压力。在用非湿相驱替湿相的过程中，毛细管力是阻力，只有当外加压力

等于或超过喉道的毛细管压力时，非湿相才能进入孔隙，把湿相从孔隙中赶出，使非湿相饱和度增加，湿相饱和度减小。此时的外加压力就相当于喉道的毛细管力。随外力的增大，非湿相就可以通过更小的喉道进入其所连通的孔隙，将湿相排出，使非湿相饱和度进一步增加，湿相饱和度进一步减小。这样，一定的非湿相饱和度就会对应一定的孔隙体积，但不是指与喉道半径一样大小的孔隙的体积，而是指等于或大于该半径喉道所连通的所有孔隙体积。

汞不润湿岩石表面，是非湿相，相对来说，岩石孔隙中的空气或汞蒸气就是润湿相。往岩石孔隙中压注水银就是用非润湿相驱替润湿相。当注入压力高于孔隙之内的毛细管压力时，汞即进入孔隙之中，因此注入压力就相当于毛细管压力，所对应的毛细管半径即孔隙喉道半径，进入孔隙中的汞体积即该喉道所连通的孔隙体积。提高注入压力，汞就可以进入更小的喉道所控制的孔隙之中，又得到一组注入压力—毛细管压力—孔隙喉道半径，以及注入水银体积—孔隙喉道所连通的孔隙体积—岩石中的非湿相饱和度等相关联的参数。不断改变注入压力，就可以得到孔隙大小分布曲线和毛细管压力曲线。

在压汞法获得毛细管压力曲线的实验当中，随压汞进程达到终点最高压力以后，再逐步降压使压入岩石的汞退出，便得到一条"退汞曲线"，由于岩石的孔隙结构特性，退汞曲线和压汞曲线不重合。

压汞—退汞的研究有助于进一步揭示储层岩石的孔隙结构，退汞效率的研究则有助于了解油藏的采收率。

压汞法岩心毛细管压力测量仪器通常称为压汞仪。在实验室条件下，利用汞对岩心的非润湿性及表面张力和润湿接触角比较稳定等特性，用加压泵将汞注入被抽真空的待测岩心内。根据岩心毛细管压力与孔径间的关系式，可确定孔隙喉道半径、进入孔隙中的汞体积。在每个恒定的压力点记录注入压力与汞注入量，可得到毛细管压力曲线、与其对应的汞饱和度及孔隙大小分布。

对于汞，界面张力 $\sigma = 4.8 \times 10^{-3}\text{N/cm}$，接触角 $\theta = 140°$，则毛细管压力为

$$p_c = \frac{2\sigma\cos\theta}{r} = \frac{2 \times 4.8 \times 10^{-3} \times \cos140°}{r} = \frac{-0.07354}{r}(\text{MPa}) \qquad (2.47)$$

式中　r——毛细管半径，cm。

2. 仪器组成

仪器主要包括压力计量模块、高压动力模块、高压岩心室、汞体积计量模块、补汞模块、真空模块和计算机实时数据采集处理与控制模块。

3. 技术参数

可测孔隙直径范围为 0.03 ~ 750μm；工作压力为 0.002 ~ 50MPa；真空度 ≤0.005mmHg；压力传感器精度≤0.25%；汞体积分辨率≤30μL；真空维持时间≥5min；可测定压力点数目≥100 个；压力平衡时间≥60s；最低退出压力≤0.002MPa。

2.4.3.4　离心机法毛细管压力测量仪

依靠离心机高速旋转所产生的离心力，代替外加的排驱压力，实现饱和非润湿相（润湿相）驱替润湿相（非润湿相），不同转速下两相流体的离心压力差就等于毛细管压力，记录不同压力下驱出的流体体积，便可绘制出毛细管压力曲线。

2.4.3.5　半渗隔板法毛细管压力测量仪

采用抽真空或加压的方法，在岩样两端建立驱替压差，把润湿相液体从孔隙中驱替出来所需的压力等于对应孔隙的毛细管压力，根据一系列毛细管压力和润湿相饱和度的对应关系作图可得到毛细管压力曲线。

2.4.4　岩心比面测量仪

2.4.4.1　岩石的比面

比表面积是表示分散介质或岩石粗细程度的一种重要指标，许多物理化学现象都涉及物体的分散度，因此，比表面积是研究分散介质（如水泥等物质）的性能和研究岩石吸附特性及孔、渗、饱物性的重要指标，它广泛应用于建筑材料和地质工程。

比表面积简称比面，是指单位质量物料所具有的总面积（单位为 m^2/g）或单位体积物料所具有的总面积（单位为 m^{-1}）。岩石的比面用公式表示为

$$S = \frac{A}{V} \tag{2.48}$$

式中　S——岩石的比面，m^{-1}；

　　　A——岩石颗粒的总表面积，m^2；

　　　V——岩石骨架的体积，m^3。

理想岩石模型的比面主要受颗粒直径的影响，随颗粒直径变小，比面变大。砂岩骨架颗粒的粒级分布范围很广，因此，实际岩石的比面很大，主要粒级分布为 $0.10 \sim 0.01mm$ 的泥岩，比面大于 $2300m^{-1}$。岩石的比面越大，说明其骨架的分散程度越大，构成骨架的颗粒越细。

岩石中泥质含量越多，岩石的比面越大，因为泥质颗粒非常细小，对比面的贡献非常大。

砂岩骨架颗粒是表面极不规则的多面体，岩石骨架颗粒的形状（或球度）对岩石比面的影响也很大。岩石骨架颗粒越不规则，岩石比面越大。

2.4.4.2　岩石比面测定原理

岩石比面的求取方法分为直接法和间接法。直接法是以 Kozeny-Carman 方程（1927）为基础建立的。对于圆柱形岩石，比面的计算公式为

$$S_b = 14 \sqrt{\frac{\phi^3}{(1-\phi)^2}} \sqrt{\frac{A}{L}} \sqrt{\frac{H}{Q}} \sqrt{\frac{1}{\mu}} \tag{2.49}$$

式中　S_b——以岩石骨架体积为基数的比面，cm^{-1}；

　　　ϕ——岩心的孔隙度；

　　　A——岩心的截面积，cm^2；

　　　L——岩心的长度，cm；

　　　Q——通过岩心的空气流量，cm^3/s；

　　　μ——空气的黏度，$20℃$ 时为 $1.79 \times 10^{-5} Pa \cdot s$；

　　　H——空气通过岩心时的稳定水柱压头，cm。

2.4.4.3　岩石比面测定仪器

通常采用气体吸附法（如氮气法、水蒸气法）或液体吸附法（如甘油法、乙二醇法、乙二醇乙醚法）、压汞法等方法测量单位质量岩石的总孔隙内表面积。图2.24为岩石比面测定仪系统流程示意图。

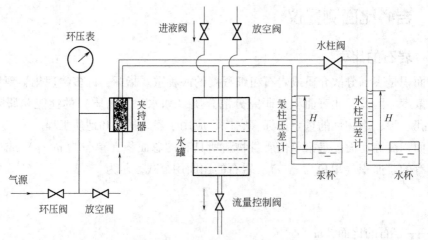

图2.24　岩石比面测定仪系统流程

岩石比面测定仪主要由岩心夹持器和水罐组成。测定时，打开排水开关，水从水罐中流出，瓶内压力降低，空气从进气孔经岩样进入水罐内。当压差计上的水柱高 H 一定时，进入的空气量等于排出的水量，用量筒量出相应压差下流出的水量，便可按公式(2.49)计算岩样的比面。

主要技术参数：岩心尺寸为 $\phi25\text{mm} \times (25 \sim 70)\text{mm}$；孔隙度>15%；渗透率>15× $10^{-3}\mu\text{m}^2$；比面范围为 $30 \sim 2250\text{m}^{-1}$。

2.4.5　岩心润湿性测量仪

2.4.5.1　岩石润湿性

在存在非混相流体的情况下，把某种液体延伸或附着在固体表面的倾向性称为润湿性。润湿现象存在于三相体系中，一相为固体，另一相为液体，第三相为另一种液体或气体。一种液体对固体的润湿性是相对另一种液体或气体而言的。

在固体表面滴一滴液体，液滴可能沿固体表面散开，我们就说这种液体润湿固体表面。如图2.25所示，水滴在玻璃板上是散开的，水对玻璃具有润湿性。

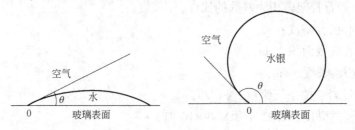

图2.25　液体对固体表面的润湿性

在固体表面滴一滴液体，液体可能以它的液滴状态存在于固体表面，我们就说这种液体不润湿固体表面。如图 2.25 中，水银滴在玻璃板上仍然呈液滴状，水银对玻璃不具有润湿性。

液体对固体的润湿程度通常用润湿角（接触角）θ 表示，如图 2.25 所示。润湿角是在三相体系中，三相交界点处润湿相切面与固相切面之间的夹角。

油—水—岩石系统的润湿性分以下几种：

当 $\theta < 90°$ 时，岩石表面亲水，水是润湿相，油是非润湿相；

当 $\theta = 90°$ 时，岩石中性润湿；

当 $\theta > 90°$ 时，岩石表面亲油，油是润湿相，水是非润湿相；

当 $\theta = 180°$ 时，岩石表面亲水。

由于油藏岩石润湿的复杂性，准确测量岩石的润湿性比较困难，目前普遍使用的方法主要是间接测量方法。

2.4.5.2 自吸法岩石润湿性测量仪

在毛细管压力作用下，润湿流体具有自发吸入岩石孔隙中并排驱其中非润湿流体的特性。通过测量并比较油藏岩石的残余油状态（或束缚水状态）下，毛细管自吸油（或自吸水）的数量和注水驱替排油量（或注油驱替排水量），定性判别油藏岩石对油（水）的润湿性。

自动吸水排油量 V_{o1} 与离心吸水排油量 V_{o2} 代表了总的水驱毛细管体积。润湿程度则采用自动吸水量与总的可驱替的毛细管体积之比值（水湿指数 W_w）来判断，即

$$W_w = \frac{V_{o1}}{V_{o1} + V_{o2}} \qquad (2.50)$$

将残余油状态下的岩心放入油中 20h，测自动吸油排水量 V_{w1}，再放入油中，在离心条件下吸油排水，测离心吸油排水量 V_{w2}，则油湿指数 W_o 为

$$W_o = \frac{V_{w1}}{V_{w1} + V_{w2}} \qquad (2.51)$$

2.4.5.3 接触角法岩石润湿性测量仪

水、油、固体系统中的三相交接处，其表面能的平衡关系符合杨—裘比公式：

$$\cos\theta_c = \frac{\sigma_{os} - \sigma_{ws}}{\sigma_{ow}} \qquad (2.52)$$

式中 σ_{os}——油和固体间的界面张力，mN/m；

σ_{ws}——水和固体间的界面张力，mN/m；

σ_{ow}——油和水之间的界面张力，mN/m；

θ_c——接触角，(°)。

通过测量油、水和岩石系统的接触角，可以确定油、水对岩石的润湿性。

2.4.5.4 离心机法岩石润湿性测量仪

用离心机毛细管压力测量数据在直角坐标上绘制水驱油和油驱水两个过程的毛细管压

力曲线，比较同一块岩石样品油驱水和水驱油毛细管压力曲线同饱和度坐标轴所围面积的大小，计算润湿指数，并判别岩样对油（水）的润湿程度。

2.4.6 其他物性参数测量仪器

2.4.6.1 岩心电阻率测量仪

在油层温度和上覆压力下，夹持器中的岩样夹在两个（或多对）电极之间，应用电极补偿测量电路，测量通过电极流经岩样的电流和电极之间的电压，从而实现岩石电阻率的直接测量。岩心的电阻率定义为

$$R = \frac{UA}{iL} \tag{2.53}$$

式中　R——岩心电阻率，$\Omega \cdot m$；

U——测量岩心两极间的电压差，V；

A——测量岩心截面积，m^2；

i——流过测量岩心的电流，A；

L——测量岩心两极间的长度，m。

2.4.6.2 岩心声波测量仪

固定于夹持器中的岩样可绕轴心转动，岩样轴心平行于声波入射方向，对岩样进行加热升温。采用超声脉冲透射法，测量纵波或横波沿岩样长度方向的传播时间，计算岩样的纵、横波速度；测量、比较声波幅度随岩样长短的变化，或根据岩样与参考样品中的声波幅度相对变化，计算纵、横波的衰减系数。

2.5　地层流体分析仪器

地层流体指存在于岩石孔隙中的液态物质，如地层油、地层水、地层天然气等。地层流体的物理性质测定是油田开发的基础研究工作。

2.5.1 地层油物性

地层油处于地层的高温、高压下，且溶解有大量的气体，因而与地面油有较大的差异。从原因上分析，化学组成是烃类物质物性复杂多变的内因，高温、高压是烃类物质物性变化的外因。地层油有以下物性参数。

2.5.1.1 地层油的溶解气油比

地层油中溶有天然气，不同类型油藏的地层原油溶解天然气的量差别很大。溶解气油比是衡量地层油中溶解天然气的物理参数。通常把地层油在地面进行一次脱气，将分离出的气体标准体积（20℃，0.1MPa）与地面脱气油体积的比值称为溶解气油比。用公式表示为

$$R_s = \frac{V_g}{V_s} \tag{2.54}$$

式中 R_s——溶解气油比（20℃，0.1MPa）；

   V_g——一次脱气分离出的天然气体积（20℃，0.1MPa），m^3；

   V_s——地面脱气油体积，m^3。

2.5.1.2 地层油的密度和相对密度

地层油的密度是指单位体积地层油的质量，其数学表达式为

$$\rho_o = \frac{m_o}{V_o} \tag{2.55}$$

式中 ρ_o——地层油密度，kg/m^3；

   m_o——地层油质量，kg；

   V_o——地层油体积，m^3。

地层油的密度是由其组成决定的。地层油组成中轻烃组分所占比例越大，则其密度越小，反之其密度越大。由于溶解气的关系，地层油密度比地面脱气油密度要低几个甚至十几个百分点。地层油的密度随温度的增加而降低。

2.5.1.3 地层油的体积系数

地层油的体积系数 B_o 又称原油地下体积系数，定义为原油在地下的体积与其在地面脱气后的体积之比，用公式表示为

$$B_o = \frac{V_f}{V_s} \tag{2.56}$$

式中 V_f——地层油的体积，m^3；

   V_s——V_f 体积的地层油在地面脱气后的体积，m^3。

一般情况下，地下原油的体积受溶解气、热膨胀和压缩性三个因素影响。由于溶解气和热膨胀对原油体积的影响（使之变大）大于弹性压缩对原油体积的影响（使之变小），因而，地层油的体积总是大于它在地面脱气后的体积，即地层油的体积系数大于1。

2.5.1.4 地层油的等温压缩系数

地层油的弹性大小用等温压缩系数 C_o 表示。地层油等温压缩系数定义为在等温条件下单位体积地层油体积随压力的变化率，用公式表示为

$$C_o = -\frac{1}{V_f}\left(\frac{\partial V_{of}}{\partial p}\right)_T \approx -\frac{1}{V_{of}}\frac{\Delta V_{of}}{\Delta p} \tag{2.57}$$

式中 V_f——地层油体积，m^3；

   $\left(\dfrac{\partial V_{of}}{\partial p}\right)_T$——等温条件下，体积随压力的变化率，$m^3/MPa$。

由于 $\left(\dfrac{\partial V_{of}}{\partial p}\right)_T$ 项中 V_f 与 p 的变化关系相反，为保证 C_o 为正值，式（2.57）中加负号。

2.5.1.5 地层油的黏度

原油的黏度反映在流动过程中原油内部的摩擦阻力,定义为单位面积上内摩擦力与速度梯度的比值。地层原油黏度影响其在地下的运移、流动及其在管道中的流动能力,当原油黏度过大时,将导致油井无法正常生产。原油黏度的变化范围很大,可以从零点几个毫帕秒到上万毫帕秒。

原油的黏度取决于它的化学组成、温度、溶解气油比和压力等条件,写成等式为

$$\tau = \frac{F}{A} = \mu \frac{\mathrm{d}v}{\mathrm{d}y}$$

或

$$\mu = \frac{\tau}{\mathrm{d}v/\mathrm{d}y} \tag{2.58}$$

式中 μ——动力黏度,mPa·s;

τ——剪切应力,N/m²;

$\mathrm{d}v/\mathrm{d}y$——速度梯度,s⁻¹。

2.5.2 原油高压物性分析仪

原油高压物性实验系统(PVT 分析仪)是测定原油高压物性的分析装置。可以测量地层原油的体积系数、饱和压力、压缩系数、黏度、密度、溶解气油比等。

2.5.2.1 工作原理

(1)绘制地层油的体积随压力的关系曲线,在泡点压力前后,曲线的斜率不同,拐点处对应的应力即为泡点压力。

(2)使 PVT 筒内的压力保持在原始压力,保持压力不变将 PVT 筒内一定量的地层油放入分离瓶中,记录放出油的地层内体积,记录分离瓶中分出的油、气的体积,便可计算地层油的溶解气油比、体积系数等数据。

(3)在地层条件下,钢球在光滑的盛有地层油的标准管中自由下落,通过记录钢球的下落时间,则原油的黏度为

$$\mu = k(\rho_1 - \rho_2)t \tag{2.59}$$

式中 μ——原油动力黏度,mPa·s;

t——钢球下落时间,s;

ρ_1、ρ_2——钢球和原油的密度,g/cm³;

k——黏度计常数,与标准管的倾角、钢球的尺寸及密度有关。

2.5.2.2 仪器组成

如图 2.26 所示,原油高压物性实验系统主要由高压釜主机、转样装置、温度控制系统、电动摆动装置等组成。高温高压落球黏度计由主体系统、测控系统组成。

2.5.2.3 技术参数

工作压力为 0~50MPa;压力传感器精度为 0.1%;控温范围为室温至 150℃;温度传感器精度为 0.1%;流速为 0.001~45mL/min。

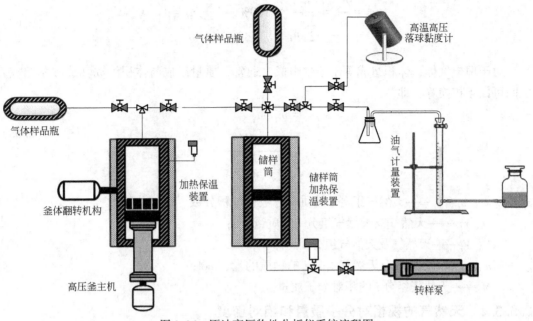

图 2.26 原油高压物性分析仪系统流程图

2.5.3 地层天然气物性

天然气是从地下采出的可燃气体。天然气的高压物性参数，如组成、相对密度、压缩因子、黏度等，是石油工程的基础数据。

在天然气的组分中，甲烷（CH_4）占绝大部分，还有少量的乙烷（C_2H_6）、丙烷（C_3H_8）、丁烷（C_4H_{10}）、戊烷（C_5H_{12}）及少量非烃类气体，如硫化氢（H_2S）、二氧化碳（CO_2）、一氧化碳（CO）、氮气（N_2）、氧气（O_2）、氢气（H_2）和水蒸气（H_2O）等。

天然气中有时含有微量的稀有气体，如氦气（He）和氩气（Ar）等。

2.5.3.1 天然气的组成

构成天然气的各组分及其在天然气中所占的数量比值（常用百分数表示），称为天然气的组成。天然气的组成有三种表示方法：质量组成、体积组成和摩尔组成。

天然气的质量组成为

$$w_i = \frac{m_i}{m} = \frac{m_i}{\sum\limits_{i=1}^{k} m_i} \times 100\%, \quad \sum\limits_{i=1}^{k} w_i = 1 \tag{2.60}$$

天然气的体积组成为

$$v_i = \frac{V_i}{V} = \frac{V_i}{\sum\limits_{i=1}^{k} V_i} \times 100\%, \quad \sum\limits_{i=1}^{k} V_i = 1 \tag{2.61}$$

天然气的摩尔组成为

$$v_i = \frac{n_i}{n} = \frac{n_i}{\sum\limits_{i=1}^{k} n_i} \times 100\%, \qquad \sum_{i=1}^{k} n_i = 1 \tag{2.62}$$

对于理想气体，体积组成等于摩尔组成。通常，质量组成与体积组成（或摩尔组成）之间可以互相换算，即

$$\begin{cases} n_i = m_i/M_i \\ y_i = \dfrac{w_i/M_i}{\sum\limits_{i=1}^{k}(w_i/M_i)} \end{cases} \tag{2.63}$$

式中　w_i、v_i、y_i——天然气组分 i 的质量分数、体积分数、摩尔分数；

m、m_i——天然气及天然气组分 i 的质量，g；

V、V_i——天然气及天然气组分 i 的体积，mL；

n、n_i——天然气及天然气组分 i 的物质的量，mol；

M_i——天然气组分 i 的相对分子质量。

2.5.3.2　天然气的视相对分子质量和相对密度

天然气是多组分混合物，不能像纯组分气体那样由分子式计算出相对分子质量。为了工程计算方便，参照物理学概念，将标准状况（20℃，0.1MPa）下 1mol 天然气的质量定义为天然气的"视相对分子质量"或"平均相对分子质量"。根据 Kay 混合法则，有

$$M_g = \sum_{i=1}^{k} y_i M_i \tag{2.64}$$

式中　M_g——天然气的视相对分子质量，g/mol。

天然气的相对密度定义为：在标准状态（20℃，0.1MPa）下，天然气密度与干燥空气密度的比值，即

$$\gamma_g = \rho_g/\rho_0 \tag{2.65}$$

式中　γ_g——天然气的相对密度；

ρ_g——天然气的密度，kg/m³；

ρ_0——干燥空气的密度，kg/m³。

如果将天然气和干燥空气视为理想气体，则天然气的相对密度为

$$\gamma_g = \frac{M_g}{M_a} = \frac{M_g}{28.97} \approx \frac{M_g}{29} \tag{2.66}$$

式（2.66）表明，天然气的相对密度与其相对分子质量成正比。

2.5.3.3　压缩因子状态方程

目前在石油工程中广泛应用的是压缩因子状态方程。压缩因子状态方程的实质是引入压缩因子用于修正理想气体状态方程，即

$$pV = nZRT \tag{2.67}$$

式中　T——气体的温度，K；

p——气体的压力（绝），MPa；

V——气体的体积，m³；

R——通用气体常数，$MPa \cdot m^3/(kmol \cdot K)$。

压缩因子的物理意义为：在给定温度和压力条件下，实际气体所占有的体积与理想气体所占有的体积之比，即

$$Z = \frac{V_{实际}}{V_{理想}} \tag{2.68}$$

压缩因子反映了相对于理想气体，实际气体压缩的难易程度。当 $Z=1$ 时，实际气体相当于理想气体；当 $Z<1$ 时，实际气体比理想气体易于压缩；当 $Z>1$ 时，实际气体比理想气体难于压缩。

2.5.3.4 天然气的体积系数和膨胀系数

油气开采工艺和油气集输设计中常常遇到气体状态换算。例如，油气藏条件下和地面标准状态下气体体积的换算，地面标准状态下的气体流速换算成某一压力温度下输气管道内气体流速或某一压力、温度下油管内气体流速等。

1. 体积系数 B_g

体积系数 B_g 定义为地面标准状态（$20℃$，$0.1MPa$）下单位体积天然气在地层条件下的体积，其数学表达式为

$$B_g = \frac{V_g}{V_{sc}} \tag{2.69}$$

式中　B_g——天然气的体积系数；

　　　V_g——地层条件下摩尔气体的体积，m^3；

　　　V_{sc}——地面标准状态下摩尔气体的体积，m^3。

地面标准状态下的天然气体积可用理想气体状态方程表示，即

$$V_{sc} = \frac{nRT_{sc}}{p_{sc}} \tag{2.70}$$

地层条件下的天然气体积可用压缩因子状态方程表示，即

$$V_g = \frac{ZnRT}{p} \tag{2.71}$$

将上述两式代入式（2.69），并取标准状态 $p_{sc} = 0.1MPa$，$T_{sc} = 273+20$，由于 $T = 273 + t$，则

$$B_g = \frac{p_{sc}TZ}{pT_{sc}} = Z\frac{p_{sc}(273+t)}{p(273+20)} = 3.413 \times 10^{-4} Z \times \frac{273+t}{p} \tag{2.72}$$

式中　t——地层温度，$℃$。

2. 膨胀系数 E_g

天然气的膨胀系数定义为体积系数的倒数，即气体的地面体积与地下体积的比值，其数学表达式为

$$E_g = \frac{1}{B_g} \tag{2.73}$$

由式（2.72），式（2.73）可变换为

$$E_g = 2929.974 \times \frac{p}{Z(273+t)} \tag{2.74}$$

式中 E_g——天然气膨胀系数。

2.5.4 天然气压缩因子测量仪

压缩因子不仅与温度、压力有关，而且与气体的性质有关。天然气是多组分混合物，其压缩因子的求取方法主要受其组成的影响。图2.27是压缩因子测量装置原理图。

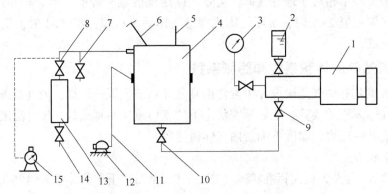

图2.27 压缩因子测量装置原理图

1—计量泵；2—水银储存器；3—压力表；4—PVT筒及加热套；5—温度计；6—PVT筒顶部阀；
7—放空阀；8—气样瓶上部阀；9—计量泵阀；10—PVT筒下部阀；11—摇动连杆；
12—电动机；13—气样瓶；14—气样瓶下部阀；15—气量计

实验求取天然气压缩因子的方法是将一定质量的天然气样品装入高压物性实验装置的PVT筒中，在恒温条件下测定天然气压力和体积的关系，然后利用式（2.71）计算不同压力下的天然气的压缩因子。

2.6 数字岩心技术

2.6.1 概述

油层物理性质研究在油田勘探开发中发挥着重要作用，促进了时移地震油气监测、地震岩性识别、储层流体识别等油层物性检测技术的发展。油层物理研究包括实验室测量和理论模拟两个领域。实验室测量即是所谓的油层物理实验，它是通过实验方法测量特定温压条件下岩心样品的岩石物理参数特征及其变化规律，应用统计方法建立岩石物理弹性参数与储层参数关系的经验模型，给出由储层参数估算弹性参数的近似算法和公式。理论模拟是通过一定的假设条件把实际的岩石理想化，通过内在的物理学原理建立通用关系。

作为对实验和理论方法的补充，岩心成像与数值模拟相结合的方法——数字岩心技术成为一种新方法。它是首先利用束扫描电镜（FIB-SIM）和CT成像技术，获取岩心的小尺度（微米级）精细构造，然后利用数值模拟获得岩石物理参数（渗透率、电阻率、弹性模量）。数字岩心的建立极大节约了岩石物理研究的成本，数字岩心一旦构建完成就可以重复进行各种数值模拟实验，还可以根据研究者的需求进行各种实验条件约束。数值模拟方法与传统岩石物理实验方法相比，不仅节约成本，还可以开展微观尺度上的岩石物理属性影响因素分析，而且对于传统油层物理实验无法直接测量的物理性质（如三相相对渗透率等），岩心物理数值模拟具有重要的应用价值和理论意义。

2.6.2 数字岩心原理及应用

2.6.2.1 数字岩心原理

基于岩心图像和数值模拟算法的数字岩石物理技术（digital rock physics，DRP）已成为当今岩石物理学研究的重要手段。DRP 是利用高分辨率成像技术和现代数学方法在计算机上以三维图像的形式还原出来，获得岩心的微观三维数字图像，即数字岩心；然后将还原的数字岩心进行图像处理和数值模拟分析，在三维可视化状态下实现孔隙几何形态、连通状态分析；利用计算仿真技术将物理实验在计算机上重现，主要包括压汞实验、渗透率测量、岩电测量和地震波传播速度测定，得到储层岩石的各种性质，如孔隙度、渗透率、地层因素、核磁共振性质等。

相对于传统的实验室测量，DRP 达到了孔隙尺度的观察和测量，提高了测量精度，揭示了微观尺度的物理机制，极大缩短了测试时间（如对于相对渗透率的测量等）从而降低了测量成本。同时，结合实验室数据可分析和研究更多的储层岩石物理性质，从而更有效地为油藏描述和油气田开发提供指导。

如图 2.28 所示，三维数字重构数字岩心以及后续数值实验（仿真计算），需要如下几个步骤：数据采集→图像处理→体/面网格划分→仿真计算。

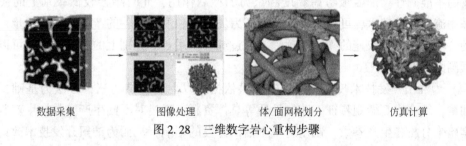

数据采集　　　　　图像处理　　　　　体/面网格划分　　　　仿真计算

图 2.28　三维数字岩心重构步骤

数字岩心技术是在地质条件约束下，利用现代数学方法与成像技术，建立数字岩心；在数字岩心之上开展多种物理场数值模拟，计算等效物理参数，研究岩石微观结构、物质组成与宏观等效性质之间的关系，建立岩心物理模型应用于实验、测井和地震资料的解释。数字岩心物理的理论与技术主要包含以下几个方面：

（1）真实岩心扫描成像；

（2）数字岩心建模；

（3）孔隙结构分析；

（4）渗流仿真实验；

（5）岩电仿真实验；

（6）弹性参数、地震波速度仿真测试；

（7）孔、渗、电、声参数相关分析；

（8）数字岩心物理、实验、测井和理论岩心物理综合分析；

（9）岩心物理建模。

2.6.2.2　数字岩心技术的应用

数字岩心技术在微观尺度上研究油层物理性质，是提高原油采收率技术的基础和关键，在油田开发中将有广泛的应用前景，主要有以下几个方面：

（1）微观渗流机理研究及宏观传导性预测。数字岩心技术可以充分考虑岩石的组成、微观结构、润湿性对多相渗流的影响，通过微米级研究可能对微观孔隙中的渗流机理产生新的认识，并预测宏观传导性质，以反映岩石的本质特征。此外，对于裂缝中的多相流和考虑速度效应等复杂渗流过程的研究也是数字岩心技术的重要应用领域。

（2）驱替机理研究及驱油剂应用效果评价。从微观角度研究驱替过程中岩石润湿性的变化、驱油剂在多孔介质内部的分布形态及具体的位置有助于认识驱替机理。通过模拟计算，可以对驱油剂的应用效果进行评价，继而可以针对某种类型的岩石、流体组成优选驱油剂以指导生产。

（3）油藏生产动态的模拟和预测。该技术包括孔隙级（微米）模拟、岩心级（厘米）模拟、网格级（米）模拟和油藏级（百米或千米）模拟。在整个应用过程中，各个级别的模拟同时进行，其输入输出资料相互限制、相互印证、相互利用。孔隙级模拟考虑毛细管压力的控制作用，通过对一些具有代表性的岩石类型和结构进行模拟得到典型的毛细管压力和相对渗透率，从而决定岩心级的各种性质。岩心级、网格级模拟采用标准的基于网格的有限差分法，该级别上的模拟考虑毛细管压力、黏度和重力的重要作用，并且可以对饱和度场、压力场变化剧烈的区域进行详尽的描述，这将克服油藏级模拟时采用粗网格描述的不准确性。油藏级考虑黏度和重力的控制作用，此时结合较低级别上的模拟结果，采用流线模拟技术，可对整个油藏的压力场、饱和度场、井的产油量和产水量、整个油田的含水量等进行快速的模拟和预测。通过综合运用各个级别上的模拟技术，可以提高开发预测的准确性。

（4）为油田开发技术政策界限制定提供依据。以上述提供的三种方法为基础，针对具体油藏，结合岩石微观特征、流体性质等具体资料，通过对不同生产参数、生产制度的数值实验来分析各生产参数、制度对整个油田开发的影响，从而为油田开发技术政策界限的制定提供依据。

2.6.3　数字岩心重建

数字岩心的重建方法有物理实验法和数值重建法。前者是借助于高精度的光学仪器获取岩心的平面图像，后者是利用各种重建算法获取三维数字岩心，重建算法利用较少的图像资料就可以获取反映孔隙结构的三维数字岩心。

X 射线 CT 扫描技术是一种无损的非侵入式三维成像技术。就目前的技术而言，X 射线立体成像法是建立数字岩心的最准确方法，通过该方法以纳米级分辨率扫描岩心直接建立其数字模型，使得模型的重建方便易行、准确度大幅提高。通过该技术获取的三维数字岩心图像能够真实地反映岩心内部微观结构，通过一定的图像处理方法可以获取岩心内部孔隙空间的特征（如孔喉大小及分布、孔隙连通性和孔隙形态特征等），从而为特殊岩心分析（special core analysis, SCAL）提供另一种方法和途径。

2.6.3.1 图像导入

图像获取有很多方法，主要是使用扫描设备获得图像的数字信息，生成各种不同格式的文件。X 射线 CT 扫描基于辐射衰减原理，它是由 X 射线源发出 X 射线，从多个角度照射物体，然后从多个角度探测 X 射线的衰减信号，将其数字化后经过一系列的数学计算得到该物体各单位体积的吸收系数。这些吸收系数组成不同的数学矩阵，经过一定的数学方法转换后，可以在计算机上显示出物体的三维图像，其工作原理如图 2.29 所示。

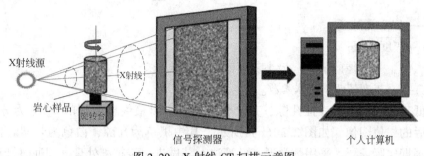

图 2.29　X 射线 CT 扫描示意图

如用美国 Xradia 公司生产的 MicroXCT-400 采集岩心三维图像，其最高采样分辨率可达 1μm。实验样品为直径约 8mm 的圆柱体砂岩，一个样品可获取 983 张 980×1005 像素的二维 CT 切片图，空间分辨率为 2.1μm/体素，将这些二维切片图依次叠加组合便得到岩样的三维灰度图像。图 2.30(a) 为其中一张切片的灰度图，灰色、白色的岩石骨架（高密度）和黑色的孔隙（低密度）在图像中清晰可辨。

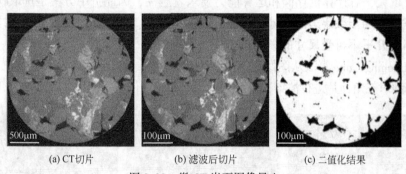

(a) CT切片　　　　　(b) 滤波后切片　　　　　(c) 二值化结果

图 2.30　微 CT 岩石图像导入

2.6.3.2 图像处理

图像处理分为预处理和正式处理两步。预处理需要对图像进行缩放、填补、剪裁（自动收缩剪裁）以及镜像、平移和旋转、倾斜校正等处理。正式处理即是对图像做分割处理，主要将孔隙和岩石区分开来，之后做平滑处理。

微 CT 扫描获得的岩心灰度图像中存在各种类型的系统噪声，降低了图像质量的同时也不利于后续的定量分析，因此图像处理第一步是通过滤波算法增强信噪比。针对三维图像，比较常用的滤波算法有低通线性滤波、高斯平滑滤波及中值滤波，岩心灰度图像经中值滤波器进行滤波处理之后，孔隙和岩石骨架之间的过渡变得自然，边界也变得平滑，同时也尽可能地保留了图像的重要特征信息，如图 2.30(b) 所示。但为了更好地区分及量化孔隙和骨架，还需采用图像分割方法对灰度图像进行合理的二值划分。图像二值化的关键在于分割阈值的选取，以实测孔隙度为约束寻求分割阈值 k^* 的公式为

$$f(k^*) = \min\left\{ f(k) = \left| \phi - \frac{\sum\limits_{i=I_{\min}}^{i=I_{\max}} p(i)}{\sum\limits_{i=I_{\min}}^{i=I_{\max}} p(i)} \right| \right\} \tag{2.75}$$

式中　ϕ——岩心孔隙度；

　　　k——灰度阈值；

　　　$I_{\max}$、$I_{\min}$——像的最大、最小灰度值；

　　　$p(i)$——灰度值为 i 的体素数。

灰度低于阈值的体素表征孔隙，其余代表骨架。以最终搜寻到的 k^* 作为分割阈值，得到分割后的二值图像，如图 2.30(c) 所示，其中黑色为孔隙，白色为骨架。在此基础上，还可根据实际需要，采用数学形态学算法对其做进一步精细处理，即通过开运算移除孤立体素，通过闭运算填充细小孔洞，连接邻近体素。

完成上述图像处理后，需对图像做三维可视化处理，即图像渲染，甚至做动画处理，用于成果展示。

2.6.3.3　3D 体表面结构重建

理论上数字岩心尺寸越大，就越能准确表征岩石的微观孔隙结构和宏观特性，然而数字岩心尺寸越大，对计算机存储和运算能力要求就越高，因此折中方案是选取代表元体积（REV），试验表明当数字岩心大小为 200×200×200 体素时，其物理性质（比如孔隙度、弹性模量等）几乎不再受尺寸的影响。

采用 Marching Cube 算法从图像处理结果的 REV 三维数据体中提取表面的三角面片集，再用光照模型对三角面片进行渲染，进而形成岩心的三维体表面图像，如图 2.31 所示。

  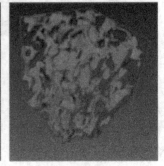

(a) 孔隙和骨架　　　　　　(b) 骨架(孔隙透明)　　　　　　(c) 孔隙(骨架透明)

图 2.31　数字岩心模型

2.6.4　数字岩心物理实验

在数字岩心的基础上，通过各种形态学算法及数值模拟手段，可以统计、计算多种岩

石物理参数，这就是所谓的数字岩心物理实验。通过数值图像计算，可以得到数字岩心的孔隙率、孔隙介质结构描述和重构、孔隙网络模型创建、生成，甚至物性的计算（包括综合弹性模量、渗透系数、热传递系数、电导率等）。

2.6.4.1　孔隙结构量化及表征

基于上述步骤所建数字岩心的孔隙模型中，如图2.31(c)所示，大部分孔隙与孔隙之间接触紧密，很难区分单个孔隙的边界，这不利于后期定量统计孔隙体积分布及孔径分布。为此，需要识别出每个孔隙的边界，并对其进行标记。采用快速分水岭算法进行孔隙边缘检测，其基本原理是把图像看作地学上的拓扑地貌，图像上每一像素点的灰度值表示该点海拔高度，每一个局部极小值及其影响区域称为集水盆地，集水盆地的边界则形成分水岭。通过该算法每个孔隙都能清楚地识别，类似于都贴上了独有的标签，如图2.32(a)所示，可以很方便地对号提取以进行定量分析。一旦每个孔隙体积确定，可以统计出孔隙体积的分布，还可以根据下面公式计算孔隙度：

$$\phi = \frac{\sum V_{\text{pore}}}{\sum V_{\text{voxel}}} \tag{2.76}$$

式中　　ϕ——孔隙度；

　　V_{pore}——单个孔隙体积，pix^3；

　　V_{voxel}——总体素的体积，pix^3，pix 是指一个像素，取 $2.1\mu m$。

(a)孔隙标记图　　　　　　　　　　　(b)孔隙网络模型

图2.32　孔隙结构量化及表征

通过计算得到的孔隙度19.2%，实测的孔隙度20.6%，计算所得孔隙度略低于实测孔隙度，误差来源主要是图像处理平滑造成，剔除掉的一部分小孔对计算孔隙度应有所贡献。

为了更加简明直观地展示孔隙空间的拓扑结构，在数字岩心的基础上，采用形态学细化算法获取孔隙空间中轴线，并将中轴线节点定义为孔隙，节点之间的连接线定义为喉道，由此建立了能够简化表征孔隙空间拓扑结构的等价孔隙网络模型，如图2.32(b)所示，图中球体表征孔隙，管束表征喉道。球体体积与相应位置的孔隙体积近似相等，每个孔隙的等效孔径则可通过下式确定：

$$D_{eq} = \sqrt[3]{\frac{6V_{pore}}{\pi}} \qquad (2.77)$$

式中，等效孔隙直径 D_{eq} 单位为 pix。

2.6.4.2 绝对渗透率数值模拟

岩石的绝对渗透率衡量的是饱和单相流体通过其孔隙空间的能力，这就要求岩石内部必须存在相互连通的有效孔隙，才能提供相应渗流路径。因此，在绝对渗透率的数值模拟中，为保证数值模拟能顺利进行并较快收敛，首先需对数字岩心的孔隙空间进行连通性测试，移除不连通的孤立死孔，然后再对孔隙空间进行四面体网格剖分及优化，最后通过有限元求解器实现数值模拟，如图 2.33 所示。

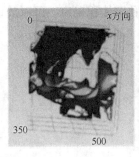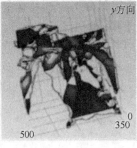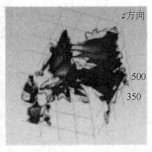

图 2.33　速度场分布

采用 Comsol 软件的不可压缩 Navier-Stokes 方程模块来完成孔隙空间的微流动模拟，流体基本属性按常态下水的参数赋值，模型中相对立的两面分别作为速度入口及压力出口边界，其余流动边界及孔壁视为无滑移壁面（流速为 0）。据此分别模拟了 x、y、z 三个方向的渗流特性，模拟得到三个方向的速度场分布及流线图。

在数值模拟结果中，由出口或入口边界上对流动速度进行积分，可以得到通过岩样的体积流量，再代入达西定律公式（2.78）中即可求得绝对渗透率：

$$K = \frac{Q\mu L}{10A\Delta p} \qquad (2.78)$$

式中　K——计算所得渗透率，μm^2；

Q——流量，cm^3/s；

A——岩心截面积，cm^2；

L——岩心长度，cm；

μ——流体黏度，$mPa \cdot s$；

Δp——压差，MPa。

三个方向的渗透率模拟结果见表 2.1。分别计算三者的算术平均值、几何平均值、调和平均值并与实验室气测、液测结果进行对比，发现计算结果均低于气测值，且看不出有明显的联系，这是由于气体滑脱效应的存在，同一岩石的气测渗透率为液测结果的 3~5 倍不等，而通过与液测结果的对比可以看出：三个方向渗透率的几何平均与实验结果较为接近。

流向	渗透率	平均渗透率			实测渗透率	
		算术平均	几何平均	调和平均	气测	液测
x 方向	137					
y 方向	90	81.7	60.5	40.6	228	54.7
z 方向	18					

表 2.1　渗透率结果对比　　　　　　　单位：$10^{-3}\mu m^2$

2.6.4.3　弹性参数数值模拟

岩石的弹性参数（体积模量、剪切模量等）在地球物理勘探与测井领域发挥着重要作用。从结构上看，岩石是由骨架和孔隙流体组成的复合介质，岩石的弹性实则是各组分弹性性质综合而成的有效弹性。多孔岩石的弹性参数不仅取决于固体骨架的弹性性质，岩石中孔隙的大小、几何形状以及孔隙流体性质都会对岩石总体弹性参数产生一定的影响。流体替换 Gassmann 方程是研究孔隙饱和流体对岩石声波速度影响常用的理论，对比验证证实了数值模拟复杂孔隙岩石有效弹性参数可靠性较高。针对高黏度物质或固相充填孔隙的近似 Gassmann 公式：

$$K_{sat} \approx \frac{\phi\left(\dfrac{1}{K_B}-\dfrac{1}{K_A}\right)+\left(\dfrac{1}{K_B}-\dfrac{1}{K_{dry}}\right)}{\dfrac{\phi}{K_{dry}}\left(\dfrac{1}{K_B}-\dfrac{1}{K_A}\right)+\dfrac{\phi}{K_B}\left(\dfrac{1}{K_B}-\dfrac{1}{K_{dry}}\right)} \tag{2.79}$$

式中　K_{sat}、K_B、K_A、K_{dry}——有效体积模量、基质矿物体积模量、孔隙充填相体积模量、干岩石体积模量，GPa；

ϕ——孔隙度。

公式（2.79）是一个近似固相替换方程，其准确度依赖于岩石的孔隙结构。

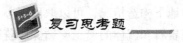 复习思考题

1. 什么是储层？试描述储层岩石的结构和性质。

2. 油层物理实验包括哪些内容？

3. 岩心孔隙度是如何定义的？气体膨胀法测量孔隙度的实验主要测量哪些参数？如何实现的？

4. 岩心流动性实验的原理是什么？用岩心流动性实验可以做哪些方面的研究工作？

5. 采用量纲分析方法推导出岩心气体渗透率的量纲。

6. 相对渗透率测量有几种方法？说明它的测量原理。

7. 试述毛细管力的性质，如何计算汞在岩石喉道的毛细管力？

8. 原油物理性质包括哪些内容？

9. 说明数字岩心技术的原理及应用。

3 / 地震勘探仪器

3.1 概述

3.1.1 油气勘探方法

油气勘探主要有地质法、地球物理勘探方法和钻探法三种方法。油气勘探一般按照"地质铺路、地震先行、钻井居后"的顺序综合利用各种方法。

地质法主要通过露出地面的地层、岩石，来推断地下地质构造，进而推测油气藏的位置。在地下地质构造比较复杂的地区，仅依据露出地面的地层、岩石来进行推断，精度很低。

钻探法通过钻井直接获得地下构造情况，可以取出岩心进行油层物理实验检测，也可以通过测井仪器获得关于储层岩石和流体的信息。钻探法获得的信息真实直接，但往往只能在物探法提供井位上钻探，无法全面掌握地下油气藏情况。

在油气勘探领域，地球物理勘探是发现油气田的主要勘探方法。地球物理勘探简称"物探"，它是以各种岩石和矿物的密度、磁性、电性、弹性、放射性等物理性质的差异为研究基础，用不同的物理方法和物探仪器，探测天然的或人工的地球物理场的变化，通过分析、研究所获得的物探资料，推断、解释地质构造和矿产分布情况。目前主要的物探方法有重力勘探、磁法勘探、电法勘探、地震勘探等，依据工作空间的不同，又可分为地面物探、航空物探、海洋物探、井中物探等。

重力勘探是通过观测不同岩石引起的重力差异来了解地下地层的岩性和起伏状态的方法，应用重力勘探可以确定油气生成的沉积盆地的范围。

磁力勘探是通过观测不同岩石的磁性差异来了解地下岩石情况的方法。在沉积盆地中，往往分布着各种磁性地质体，磁力勘探可以圈定其范围，确定其性质。

电法勘探是通过观测不同岩石的导电性差异来了解地下地层岩石情况的方法。与油气有关的沉积岩往往导电性良好（电阻率低），应用电法勘探可以寻找和确定这类地层。

地震勘探是用人工方法激发地震波，研究地震波在地层中传播的规律，以查明地下的地质情况，为寻找油气田或其他勘探目的服务的方法。与其他物探方法相比，地震勘探具有精度高、分辨率高、勘探深度大等优点，因此，已成为石油勘探中一种最有效的勘探方法。在西方发达国家，石油勘探方面总投资的90%用于地震勘探。在我国，自大庆油田发现以来，新发现的油田有90%是用地震勘探方法找到的。目前在我国的石油物探队伍中，绝大部分是地震队。

地震勘探可分为野外数据采集、室内资料处理、地震资料解释三个阶段。每一个阶段都需要使用一定的设备，才能完成预期任务。没有这些设备作为工具和手段，地震勘探理论再完善也不能付诸实施，当然也就达不到勘探的目的。地震勘探装备种类很多，涉及的范围很广。其中直接用于野外地震数据采集的专用设备，称为地震勘探仪器。地震勘探仪器的任务是在地表激发地震波并把返回地表的地震波接收和记录下来。地震勘探第一阶段即野外数据采集阶段的最终成果，就是地震勘探仪器产生的野外地震记录，这些野外地震记录是地震勘探的资料处理和资料解释的原始依据与工作基础。地震勘探仪器本身性能好坏和使用是否恰当，直接影响地震记录质量，也就必然影响到后期资料处理和资料解释工作，最终势必影响地震勘探效果。所以，地震勘探仪器是地震勘探装备中最基础的设备，也是最关键最重要的设备。

3.1.2 地震勘探仪器技术要求

地震勘探仪把返回地表的地震波记录下来，为勘探工作者提供推断地下地质情况的依据。为了保证勘探工作者能准确、细致地推断地下的地质情况，就要求地震仪尽可能真实地把地震波的各种特征如实地记录下来，既不丢失有用的信息也不增添任何不需要的成分，这是衡量一个地震仪性能好坏的标准，也是设计和制造地震勘探仪的基本要求。综合起来，地震勘探对仪器的技术要求包括以下八方面内容。

3.1.2.1 放大作用

人工激发的地震有效波在地面引起的振动位移非常微小，只有微米量级，要求地震仪器必须具有足够的放大能力，将微弱地震信号放大。

3.1.2.2 动态范围

地震仪允许输入的幅度范围简称仪器的动态范围。动态范围必须大于需要记录的地震信号的幅度范围。需要记录的地震信号的最大幅度是从震源直接传到离震源最近的检波点的直达波幅度，它与偏移距的大小有关，需要记录的地震信号的最小幅度是最深目的层反射波传到地表时的幅度，由勘探深度要求决定。目的层越深，反射信号越弱，当反射信号幅度比外界环境噪声的幅度还小时，就会被外界环境噪声淹没。因此，一般认为需要记录的地震信号最小有意义幅度是外界环境噪声的幅度。目前通过地震资料的数字处理，有可能从环境噪声背景中提取幅度仅有环境噪声幅度点的弱信号。因此人们希望把需要记录的地震信号的最小幅度再降低20dB，这就是说，需要记录的地震信号幅度范围要增加到120dB左右。

3.1.2.3 自动增益控制

因来自浅层和深层的地震波能量相差悬殊，可达到10万倍（100dB），为了能在同一张记录纸上记录或者显示来自不同深度的地震波，要求地震仪器具有自动增益控制的功能，自动将大信号压缩，小信号放大。

3.1.2.4　多道接收

为了提高生产效率，要求在施工测线上大量的物理点同时观测地震波。就是说，地震仪器应该具有多道接收能力。最早的地震仪是单道的，为了便于进行波的对比和提高野外生产效率，后来发展成为多道地震信号同时记录。随着多次覆盖技术的推广和覆盖次数的提高，要求进一步增加道数。高分辨率的地震勘探要求缩短道距至 25m、10m 甚至 5m，而为了保持一定的排列长度，自然也要求道数多一些。特别是近年来，在三维地震勘探方法的应用日益增多的情况下，更要求地震仪的道数不断增加。因此增多道数是地震仪发展的一个总趋势。

3.1.2.5　地震道一致性

在每个观测点上记录地震波，都必须经过检波器、放大系统和记录系统三个基本环节，它们连在一起总称"地震道"。为了提高生产效率并便于识别地震波，每次人工激发地震波时都在许多观测点上同时接收，所以地震仪一般是多道的。为了便于解释记录，地震仪中还设有不包括检波器在内的专用辅助地震道。地震勘探是用各道地震波的到达时间和波形差异识别波的类型，进行资料和地质解释。因此，在多道记录的情况下，要求各地震道对同一地震波的响应应该是相同的。也就是说，要求仪器的所有地震道在信号接收时间、接收信号的幅度和相位方面具有高度的一致性。道与道之间的相互干扰（即道间串音）应很小（一般要求小于-80dB）。

施工期间，要求每天对地震仪器进行日检，如采集站和检波器的脉冲响应一致性测试，就是对同一炮内所有地震道的幅度特性和相位特性的一致性检查，而遥爆系统 TB（起爆时间同步信号）延迟时间的测试，本质上是一台仪器对放的所有炮的时间的一致性检查。

3.1.2.6　频率选择作用

地震波包含有效波和各种干扰波，一般它们的频率特性是有差别的，比如在石油地震勘探中，需要记录的地震信号最低频率由勘探深度要求决定，可能需要延伸到 10Hz 或 10Hz 以下。需要记录的地震信号最高频率由勘探分辨率要求决定。通常，面波在 20Hz 以下的频率范围内，而反射波在 10~100Hz 范围内。因此，要求地震勘探仪器的记录系统和回放系统具有选频滤波作用。在有效波频率范围内没有畸变，而对干扰波频率应有最小的放大。这就涉及仪器的通频带、低通滤波器、高通滤波器、50Hz 工业交流电陷波滤波器等技术性能和指标要求。一般来说，在进行地震普查时取 125Hz 就可以了，进行地震详查时应取 250Hz，高分辨率勘探可能需要取到 500Hz，甚至更高。

3.1.2.7　分辨能力

地下不同地层反射的地震波可能接连而来，但仪器系统（包括检波器）的固有特性决定它总是存在固有振动。当仪器的固有振动延续时间不大于相邻界面地震脉冲到达的时间差时，两个波形能够分开，否则就较难分开。因此，要求仪器具有良好的分辨能力，就是说仪器固有振动延续时间应尽可能小。这个要求除了地震仪器的主机系统外，另一个关键就是检波器的性能，特别是检波器的阻尼特性。数字地震仪把地震信号从模拟量转换为数字量时，应该有足够高的转换精度（高于 0.05%），在把地震数据记录到磁带上时，丢错码的概率应该足够小，一般要求小于 10^{-10}。

3.1.2.8 其他性能要求

地震仪器是一种十分复杂的电子系统，除上述指标外，还有很多其他重要技术指标要求，如记录长度、时标精度、谐波畸变、系统噪声、增益精度、误码率（对数字仪器）等。这些技术要求有些存在内在关系，不是完全独立的，有时候是从不同角度提出的，有时候是为了强调某一方面提出的。

地震仪长年在野外工作，工作环境与室内仪器大不相同。由于野外环境条件差，造成仪器发生故障的外部原因很多。而地震仪一旦发生故障，轻者影响地震记录的质量，重者使整个地震勘探队的工作陷于停顿，所以特别要求地震仪有很高的稳定性和可靠性，并且具有一定的自检能力和野外监视功能。除此之外，体积小、重量轻、耗电省、操作简便、易于维修也是应尽可能满足的基本要求。

地震勘探对地震仪器的技术要求，是随着科学技术的发展而不断提高的，因此技术性能和技术指标的要求都是相对的。

3.2 地震勘探仪器技术

3.2.1 地震波基础知识

3.2.1.1 地震波的定义

地震波是由震源向四处传播的振动，从震源产生向四周辐射的弹性波。如图 3.1 所示，地震发生时，震源区的介质发生急速的破裂和运动，这种扰动构成一个波源。由于地球介质的连续性，这种波动就向地球内部及表层各处传播开去，形成了连续介质中的弹性波。

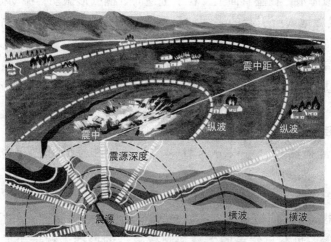

图 3.1　地震波的传播示意图

地震勘探的主要内容之一就是研究地震波所带来的信息。地震波是一种机械运动的传播，产生于地球介质的弹性。它的性质和声波很接近，因此又称地声波。但声波通常是在空气中传播，而地震波是在地球介质（非均匀介质）中传播，所以要复杂得多。

波是振动在介质中的传播，按照波的产生机理，可以分为机械波和电磁波。通常所说的地震波、声波、超声波都是由机械振动产生的，均属于机械波。当波传播时介质中各质元受弹性回复力而振动时，称为弹性波。地震波是由天然地震或通过人工激发的地震而产生的弹性振动波在岩石中由介质的质点依次向外围传播的。

3.2.1.2　地震波的类型

1. 按传播方式分类

地震波主要分为两种，一种是表面波，一种是实体波。表面波只在地表传递，实体波能穿越地球内部。

实体波在地球内部传递，又分成 P 波和 S 波两种。

P（Pressure）波：为一种纵波，粒子振动方向和波前进方向平行。在所有地震波中，前进速度最快，也最早抵达。P 波能在固体、液体或气体中传递。P 波是推进波，地壳中传播速度为 5.5~7km/s，它使地面发生上下振动，破坏性较弱。

S（Shear）波是一种横波，前进速度仅次于 P 波，粒子振动方向垂直于波的前进方向。S 波只能在固体中传递，无法穿过液态地核。S 波是剪切波，在地壳中的传播速度为 3.2~4.0km/s，第二个到达，它使地面发生前后、左右抖动，破坏性较强。

纵波比横波的速度快，所以天然地震中纵波比横波先到达地面震中，人们先感受到上下晃动，然后才感受到左右晃动。由于 P 波和 S 波的传递速度不同，利用两者之间的走时差，可作简单的地震定位。

表面波指沿着地球表面或岩层分界面传播的地震波，是纵波和横波在自由界面或分层介质界面相遇后激发产生的混合波，主要有纵向滚动传播的勒夫波（勒夫波指粒子振动方向和波前进方向垂直，但振动只发生在水平方向上，没有垂直分量，类似于 S 波，差别是侧向振动振幅会随深度增加而减少）和横向振动传播的瑞利波（瑞利波又称为地滚波，粒子运动方式类似海浪，在垂直面上，粒子呈逆时针椭圆形振动，振动振幅一样会随深度增加而减少）。浅源地震所引起的表面波最明显。表面波有低频率、高振幅和频散的特性，只在近地表传递，是最有威力的地震波。

表面波又称 L 波，速度低于实体波，其波长大，频率低，振幅强，它只能在地表面传播，使得地层岩石交错、起伏形变，是天然地震中造成建筑物强烈破坏的主要因素。

2. 按传播路径分类

地震波根据传播路径，可以分为直达波、反射波、折射波和透射波，如图 3.2 所示。

3. 有效波和干扰波

通常，检波器接收到的地震波有震源激发所产生的一次反射波、折射波、面波、声波、多次反射波等，也有自然界的微震和测线附近的振动干扰，如工业交通的振动干扰等。

一般说来，能够解决某一特定地质任务的一类波称为有效波，而一切妨碍分辨这些有效波的其他波统称为干扰波。有效波和干扰波是相对的，在进行折射波法地震勘探时，折射波是有效波，但在进行反射波法地震勘探时，折射波就是干扰波。

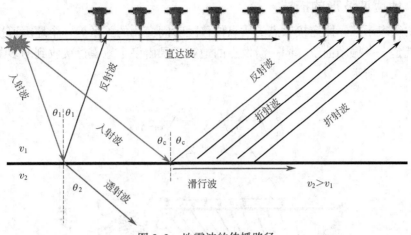

图 3.2　地震波的传播路径

3.2.1.3　地震波的特征

1. 震源效应和地层效应

对同一地层来说，通过人工方法激发的地震波，如果震源和激发条件不同，它所产生的激发波波形也不同，那么到达地面的地震波波形也就会不同；另一方面，在两个工区即使震源和激发条件完全相同，但由于地下地质情况不同，到达地面的地震波波形也不会相同。我们把震源及其激发条件对激发波波形的影响称为"震源效应"，把地震波在地层中传播时受到的各种影响统称为"地层效应"，到达地面的地震波波形便可认为是"震源效应"和"地层效应"共同作用的结果。

按信号与系统观点，若将地层看作一个线性系统，如图 3.3 所示，其冲击响应函数用 $h(t)$ 表示，震源产生的激发波 $X(t)$ 看作系统输入，到达地面的地震波 $Y(t)$ 看作系统输出，则关系为

$$Y(t) = X(t) * h(t) \tag{3.1}$$

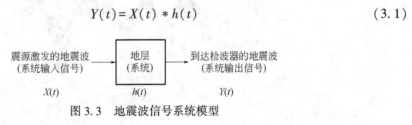

图 3.3　地震波信号系统模型

2. 运动学特征和动力学特征

运动学特征是与反射波到达时间有关的特征，如到达时间、速度等，称为运动学特征。理论上，如果通过观察获得了一个界面的反射波时距曲线，就有可能利用时距关系，求出界面深度和倾角，推测出界面的位置和形态。

地层的构造和岩性将决定着反射波的形状。地震波的波形特征，称为地震波的"动力学特征"。如果地震仪在记录地震信号时，能将其波形不失真地记录下来，即完好地保留地震波的动力学特征，那就有可能设法从仪器得到的地震记录上测定出各界面的反射系数、相邻反射之间的振幅衰减，从而推测出界面两侧的岩性，甚至可直接确定在该地层中是否有油气存在，这种勘探称为"岩性勘探"或"直接找油找气"。

3.2.1.4 地震波波形的描述

振动曲线表示某一固定接收点的质点位移随时间变化的关系。一个地震道接收到的地震波信息就是一条振动曲线，同一激发点的地震记录由多个地震道接收到的多条振动曲线组成，如图3.4所示。

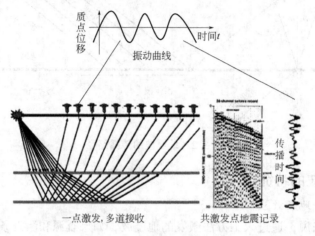

图 3.4　地震波的振动曲线

理想的振动曲线是正弦曲线，可以由周期、频率、振幅、相位来表示。地震波是非周期曲线，如图3.5所示，参数前面加"视"。

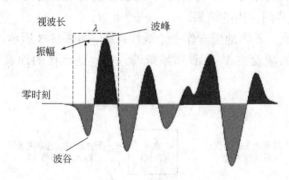

图 3.5　地震波形的描述

傅里叶变换是处理地震波形的工具，可将地震波形分解为若干频率不同、振幅不同、相位不同的正弦曲线之和，可以利用傅里叶变换计算地震波的振幅和相位频谱，从而分析地震信号的性质。

3.2.2　地震勘探原理

3.2.2.1 基本原理

地震勘探基本上可分为野外数据采集、室内资料处理、地震资料解释三个阶段。图3.6是地震勘探原理图。地震勘探的基本原理是利用人工激发的地震波在弹性不同的地层内的传播规律来勘探地下的地质情况。在地面某处激发的地震波向地下传播时，遇到不同弹性的地层分界面就会产生反射波或折射波返回地面。通过人工地震在地层产生振动信号，在激发点周边按照距离远近布置传感器（即地震检波器）接收振动信号，然后对接收到的振动信号进行处理、解释，根据信号的频率、振幅、速度等信息分析不同深度地层的属性、构造的形态等，从而初步判断是否具备生油、储油条件，最后提供钻探的井位。地震勘探是勘探含油气构造甚至直接找油的主要物探方法，也可以用于勘探煤田、盐岩矿床、个别的层状金属矿床以及解决水文地质、工程地质等问题。

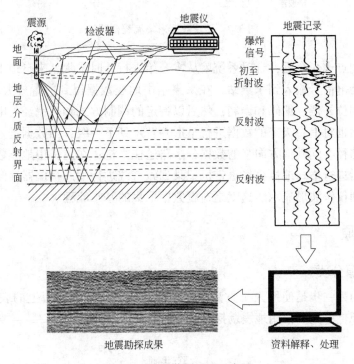

图 3.6　地震勘探原理示意图

用于野外地震数据采集的专用设备称为地震勘探仪器。地震勘探仪器的任务，是在地表激发地震波并把返回地表的地震波接收和记录下来。地震勘探仪器包括震源、检波器、地震仪三个主要部分。其中，震源激发地震波，检波器接收地震波并把它转换为电信号，地震仪对电信号进行放大、滤波处理，再把它记录下来，记录下的信号称为野外地震记录。

野外地震记录是地震勘探资料解释、资料处理的原始依据和工作基础，地震勘探仪器的性能直接影响野外地震记录质量，必然影响资料的解释、处理，最终影响地震勘探结果。因此，地震勘探仪器是地震勘探中最基础、最关键的设备。

3.2.2.2　工作流程

地震数据的采集过程从时序上看是一个开环链路数据接力传输流程，即从炮点能量激发开始仪器便进入采集状态，此时地震波经检波器输入到采集站，地震数据就经由每一个相关环节源源不断地传到主机并记录到磁带直到完成整个记录长度，其基本流程如图 3.7 所示。

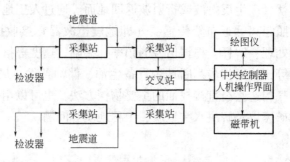

图 3.7　地震数据采集流程框图

当仪器收到点火命令后，计时系统就从零开始进行计时采集，来自地下的地震波便经由检波器转换为电信号输入到采集站；在采集站中地震数据得到前置放大、采样、模/数转换、滤波、相位补偿、编码和调制，然后以特定的调制方式和速率经由电缆发送到下一级，同时采集站也对上一级来的数据进行整形并转发到下一级；当数据进入交叉站时便根据预先设定的路径会同其他方向来的数据分多路送往主机；在主机中地震数据首先得到校验和整理，然后进行格式编排再经磁带机记录到磁带或进行固态存储器存储，同时也按一定精度送往绘图仪作波形显示。这就是地震数据采集的基本流程。

3.2.3　震源

3.2.3.1　震源分类

地震勘探的第一步是使用人工方法激发地震波。由于陆上和海上的表层激发条件不同，常用的震源也不同。常用地震勘探震源分类如图 3.8 所示。

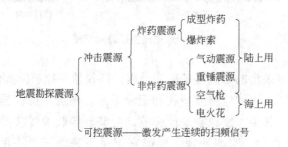

图 3.8　常用地震勘探震源分类

地震勘探震源可分两大类，一类可激发持续时间很短的高功率信号，如爆炸和冲击震源；另一类可激发持续时间很长的低功率信号，如可控震源。陆地勘探主要使用炸药震源，其次是可控震源，有时也使用重锤、陆地空气枪、气动震源以及适于浅层高分辨勘探的可控震源。海上勘探主要使用空气枪以及适于浅层高分辨勘探的电火花震源。

3.2.3.2　爆炸和冲击震源

1. 炸药震源

炸药震源有成型炸药和爆炸索两种。成型炸药是预先封装成一定形状和重量的炸药包，激发方式有井中爆炸、水中爆炸、坑中爆炸、空中爆炸等几种。井中爆炸是在地面钻一口井，把炸药包装上电雷管压入井中，电雷管引线通过专用双绞线接到爆炸点火装置的点火接线端上，当爆炸机接到地震仪点火命令时，雷管通电，引爆炸药。井中爆炸是效果最好、最常用的激发方式。爆炸索为细长索状结构，中心装炸药，外面绕两层特制棉线，最外面为一层强韧塑料。爆炸索埋在一定深度，通过雷管从一端引爆。我国目前陆上大部分地区仍采用井中爆炸的激发方式。

2. 非炸药震源

气动震源的震源发生器是由高强度金属构成的，侧壁可伸缩的密闭圆柱体，内部形成爆炸室。运载车辆卸下震源发生器后，抬起后部压于震源发生器上，与其自身重块一起将震源发生器底部压至紧密接触地面。将可燃气体导入爆炸室，通过电火花引爆，爆炸产生的地震波由底板传至地下。

重锤震源也是车载机械装置，将装有加速度传感器的平行六面体铁锤举至高处，让其坠落，冲击地面激发地震波。当重锤冲击地面突然减速时，加速度传感器接收的信号就作为震源激发信号。

气动震源和重锤震源属于低能量表面震源，每一激发点需进行多次脉冲激发，对多次脉冲进行叠加，并采用多台震源同时激发的组合，以提高信噪比，增大穿透力。

空气枪是海上勘探应用最广的震源。如图 3.9(a) 所示，空气压缩机把高压空气经左上方的进气管打进气室，推动活塞向下活动，活塞中心有一孔道将高压空气引入储气室。上下储气室内的压强虽然相同，但上活塞顶面积大于下活塞底面积，合力向下推动活塞关闭储气室，气枪处于待发状态。激发时触发电磁阀，高压气经引发气室推动上活塞向上运动。当活塞向上高速运动滑过排气口时，极速打开排气口，储气室中的高压空气便通过四个排气孔极速喷入水中产生高压气泡，气泡在静水压力下将产生胀缩震荡，形成向外传播的弹性波，如图 3.9(b) 所示。气枪激发的地震波的能量谱主要集中在地震勘探有效波的频率范围内，因此能量的利用率较高。

电火花震源是利用高压电极在水中的放电效应激发地震波的装置。激发前，高压整流电路先使高压电容充电到几十千伏，高压电容通过放电电缆和放电开关与放置于海水中的一对电极相连。

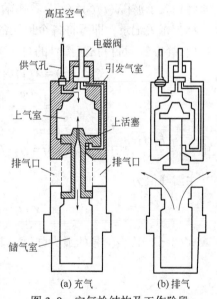

图 3.9 空气枪结构及工作阶段

激发时，放电开关接通，电极突然获得几十千伏的高压，电极间水介质中形成十几万安培的放电电流，瞬间产生出几十万焦耳的热能，使海水汽化，对海水产生巨大的冲击力，激发地震波。

电火花震源能产生 50~500Hz 的宽带信号，且每分钟能产生几十次激发。但它所能激发的地震波能量仅为其充电能量的一小部分。

3.2.3.3　可控震源

1. 可控震源信号分析

如 3.2.1 节所述，震源实质上可看作激发波 $X(t)$ 的信号发生器。上述爆炸与冲击震源，产生的激发波持续时间很短，类似冲激脉冲；频带较宽，某些频率成分会成为无用干扰；波形无法控制，无法用固定的时间函数关系式表示。

可控震源可产生持续时间较长的激发波，带宽有限，波形可控制，以满足某一固定时间函数关系式，一般是线性扫频信号，可表达为

$$X(t) = A\sin2\pi\left[f_1 + \frac{(f_2-f_1)t}{2T}\right] \quad (0 \leqslant t \leqslant T) \tag{3.2}$$

式中，f_1 和 f_2 分别为扫描起始频率和终止频率，T 为扫描长度。

可控震源激发波的持续时间远大于地层各界面反射回波的时差，因此相邻界面反射波形在地震记录上互相重叠，无法分辨开来。由于 $X(t)$ 是已知的，因此可以通过相关器对原始记录 $Y(t)$ 进行处理。

$$\begin{aligned}
Y_r(t) &= Y(t) \otimes X(t) \\
&= [X(t) * h(t)] \otimes X(t) \\
&= [X(t) \otimes X(t)] * h(t)
\end{aligned} \tag{3.3}$$

式中，$[X(t) \otimes X(t)]$ 为 $X(t)$ 的自相关函数，通常称为相关子波。

将相关子波 $[X(t) \otimes X(t)]$ 看作输入的激发波，则输出信号 $Y_r(t)$ 可看作一种地震记录，称为相关记录，即可将各个地层的反射波由长扫描信号压缩为短反射脉冲。

由式（3.2）可得扫频信号的自相关函数为

$$\begin{aligned}
X_r(\tau) &= X(t) \otimes X(t) \\
&= \frac{A^2 T}{2} \cdot \frac{\sin(\pi\Delta f\tau)}{\pi\Delta f\tau} \cdot \cos2\pi\left(f_0 + \frac{\Delta f\tau}{2T}\right)\tau
\end{aligned} \tag{3.4}$$

式中，$f_0 = \dfrac{f_2+f_1}{2}$ 为中心频率，$\Delta f = |f_2 - f_1|$ 为频带宽度。

主瓣峰值为

$$X_r(0) = \frac{1}{T}\int_0^T X^2(t)\,\mathrm{d}t = \frac{A^2 T}{2} \tag{3.5}$$

式（3.5）代表信号的最大强度，其主瓣宽度为

$$\Delta\tau = \frac{2}{\Delta f} \tag{3.6}$$

只要选择合适的扫频宽度 $\Delta f = f_2 - f_1$，使得 $\Delta\tau$ 小于相邻界面反射时差，则相关记录上相邻界面的反射波便能分辨开来。但在相关记录上，只有相关子波峰值时刻被认为是反射波到达时间，这与冲激震源记录是不同的，幅度跳变时刻被认为是反射波到达时间。

2. 系统组成

可控震源的系统组成如图 3.10 所示。仪器车通过震源同步系统发出震源激发指令，震源车收到这一指令后，启动扫描发生器（扫频正弦函数发生器）产生特定的扫描信号。该扫描信号经伺服放大器、控制阀后，形成控制和驱动伺服系统的信号，使高压油流交替

进入振动器液压缸的上下腔，推动活塞及与其相连的底板振动，底板紧贴地面（利用震源车辆的重量将底板压在地面），引起地面振动。为保证底板严格按照扫描信号的波形运动，在底板安装加速度传感器，加速度信号经双重积分变成位移反馈信号，与扫描发生器的输出信号相位进行比较，伺服阀控制及驱动电路根据比较结果自动调整，使底板运动与扫描信号趋于一致。仪器车上的扫描发生器产生的扫频信号由地震仪记录下来，与采集系统得到的原始信号做相关运算，即可形成相关记录。

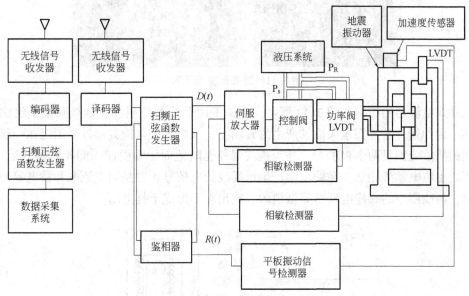

图 3.10　可控震源系统组成框图

3.2.4　检波器

地震检波器本质上是一种用于地质勘探和工程测量，将地面或水中的地震波转换为电信号的专用传感器，或者说是将机械能转化为电能的能量转换装置。

地震数据采集系统主要由传感器（又称检波器）和数字地震仪组成。检波器埋置于地面，把地震波引起的地面振动转换成电信号并通过电缆将电信号送入地震仪；数字地震仪将接收到的电信号放大、经过模/数转换器转换成二进制数据、组织数据和存储数据。

常规地震检波器有电动式、压电式和涡流式，新型的有微机电系统（MEMS，micro-electro-mechanical system）数字检波器、光纤检波器、多分量检波器等。与常规的相比，新型检波器具有高频响应好、动态范围宽、抗电磁干扰和灵敏度高的特点，因此是未来检波器发展的主流。目前陆上地震勘探普遍使用电动式检波器，海上地震勘探普遍采用压电式检波器。常用的地震检波器外形如图 3.11 所示。

3.2.4.1　电动式检波器

电动式检波器是陆上地震勘探常用的一种检波器，其结构由外壳、磁钢、弹簧片和线圈四部分组成。磁钢与外壳连在一起，线圈通过弹簧片固定到外壳上。工作时把检波器放在地面，当地面产生振动时，检波器外壳将随地面一起振动，线圈则由于惯性而相对外壳运动，切割磁力线，在线圈中产生感应电动势，把地面振动转化为电信号输出。

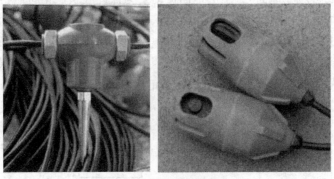

图 3.11　地震检波器外形

电动式检波器的结构如图 3.12 所示。上、下两个线圈绕制在铝制线圈架上组成一个惯性体，由弹簧片悬挂在永久磁铁产生的磁场中，永久磁铁与检波器外壳固定在一起。两个线圈的接法应满足两个要求：一是当检波器外壳随地面振动引起线圈相对磁铁运动时，两线圈的感应电动势相加，在输出端产生地震波的电信号；二是当交流电和雷电等外磁场干扰时，两线圈中的感应电动势是抵消的，输出端不形成干扰电压。

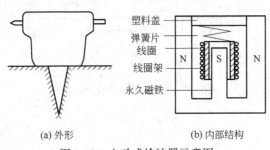

(a) 外形　　　　　　(b) 内部结构

图 3.12　电动式检波器示意图

通过分析线圈受力情况和电动式检波器内各部分的运动关系，可以导出电动式检波器输出电压与检波点地面运动的关系。图 3.13 表示电动式检波器内各部分的运动关系。

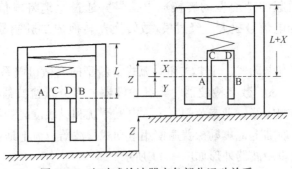

图 3.13　电动式检波器内各部分运动关系

用 AB 代表线圈的位置，CD 代表磁铁的位置，并认为电动式检波器静止时 AB 与 CD 重合。地震波传到地面后，假设地面相对其原来位置产生一个向上的位移 Z。如果不考虑检波器与地面的耦合问题，即认为检波器外壳与地面一起运动，那么地面的位移就是检波器外壳的位移，而磁铁又是同外壳固定在一起的，所以此时磁铁也相对其原位置产生一个向上位移 Z。根据力学和电磁学原理可以得出运动方程为

$$M\frac{\mathrm{d}^2X}{\mathrm{d}t^2}+\mu\frac{\mathrm{d}X}{\mathrm{d}t}+\frac{S^2}{R}\frac{\mathrm{d}X}{\mathrm{d}t}+KX=-M\frac{\mathrm{d}^2Z}{\mathrm{d}t^2} \tag{3.7}$$

化成一般形式得

$$\frac{\mathrm{d}^2X}{\mathrm{d}t^2}+2h\frac{\mathrm{d}X}{\mathrm{d}t}+\omega_0^2X=-\frac{\mathrm{d}^2Z}{\mathrm{d}t^2} \tag{3.8}$$

$$h=\frac{\mu+\dfrac{S^2}{R}}{2M} \tag{3.9}$$

$$R=R_c+R_o \tag{3.10}$$

$$\omega_0=\sqrt{\frac{K}{M}} \tag{3.11}$$

衰减系数与自然频率之比称为阻尼系数，记为 D：

$$D=\frac{h}{\omega_0} \tag{3.12}$$

式中 Z——磁铁相对其原位置产生一个向上位移，cm；

M——惯性体质量，g；

K——弹性系数，N/cm；

X——弹簧被拉长，即线圈相对磁铁有一个向下的位移，cm；

S——机电转换系数；

R_c——线圈内阻，Ω；

R_o——线圈负载电阻，Ω；

μ——比例系数，N·s/cm；

h——衰减系数；

ω_0——自然角频率，$\omega_0=2\pi f_0$。

式（3.7）反映了线圈运动与地面运动的关系，称为电动式检波器的运动方程。在它的基础上可进一步导出电动式检波器输出电压与地面运动的关系——输出电压方程，即

$$\begin{cases} \dfrac{\mathrm{d}^2V}{\mathrm{d}t^2}+2h\dfrac{\mathrm{d}V}{\mathrm{d}t}+\omega_0^2V=-G_0\dfrac{\mathrm{d}^3Z}{\mathrm{d}t^3} \\[2ex] G_0=\dfrac{R_0}{R}\times S \end{cases} \tag{3.13}$$

电动式检波器的性能参数包括阻尼、自然频率、灵敏度、非线性、绝缘电阻。

电动式检波器的固有振动、幅频特性都与阻尼系数有关，可见阻尼系数是电动式检波器的一个很重要的参数。普遍认为 $D=\sqrt{2}/2$ 为最佳阻尼。

在反射法地震勘探中使用的电动式检波器的自然频率通常为 8Hz、10Hz 或 14Hz。自

然频率 4Hz 或更低的检波器只用于折射法地震勘探和其他特殊用途。

由于制造工艺上的种种原因，电动式检波器也多少存在一定的非线性，检波器的非线性与地震仪器的非线性一样会造成地震信号的畸变，因此希望它越小越好。国产电动式检波器的谐波失真小于 0.2%。

电动式检波器线圈及其接线必须与外壳绝缘，如果绝缘不好，外界的工频电网和天电干扰形成的地电流就通过线圈与地面之间的漏电阻而进入仪器，从而对地震信号形成干扰。因此，电动式检波器的绝缘电阻应为数十兆欧。

3.2.4.2　压电式检波器

海上常用的压电式检波器是利用压电效应将地震波引起的水压变化转变为电信号的一种机电转换装置。压电效应是指某些晶体或陶瓷材料，当沿着一定方向对其施力而使它变形时，内部就产生极化现象，同时在它的两个表面上便产生符号相反的电荷（作用力方向改变时，电荷的极性也随着改变）。当外力去掉后，又重新恢复不带电状态。常见的压电材料包括天然的石英晶石和人造的压电陶瓷。

1. 压电传感器原理

当压电片受力时，两个极板上产生电荷，电荷量相等，极性相反。两极板间聚集电荷，中间为绝缘体，使其成为一个电容器，如图 3.14 所示。

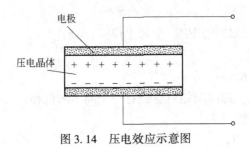

图 3.14　压电效应示意图

压电传感器相当于一个电荷源（静电发生器），所以是一种典型的有源传感器。两极板间的电容为

$$C_a = \frac{\varepsilon_r A}{4\pi k d} \qquad (3.14)$$

式中　A——极板面积；

　　　ε_r——压电材料的相对介电常数；

　　　k——静电力常量；

　　　d——两极板间距离。

聚集电荷量 Q 与极板因振动或冲击受到的力 F 成正比

$$Q = K \times F \qquad (3.15)$$

式中，常数 K 与压电材料的介电常数及传感器的结构尺寸有关。

聚集电荷在此电容上产生的电压为

$$V_c = \frac{Q}{C} \qquad (3.16)$$

当传感器的几何尺寸与材料确定后，V_c 为振动或冲击受到的力 F 的函数。

2. 常用压电式检波器

目前应用于地震勘探的压电式检波器有两种，压电压敏检波器和压电加速度传感器，目前海上和沼泽常用的大多是压电压敏检波器。

1）压电压敏检波器

压电压敏检波器是以压电晶体为转换元件，输出与所受压力成正比的压力/电压转换装置。它主要由本体、弹性敏感元件和电压转换元件组成。可视为单自由度二阶力学系统，其运动状态的微分方程为

$$m\frac{\mathrm{d}^2x}{\mathrm{d}t^2}+c\frac{\mathrm{d}x}{\mathrm{d}t}+kx=F(t) \qquad (3.17)$$

压电压敏型检波器的有阻尼谐振频率为

$$f=\frac{1}{2\pi}\sqrt{\omega_\mathrm{n}^2-c^2} \qquad (3.18)$$

其中

$$\omega_\mathrm{n}=\sqrt{\frac{k}{m}}$$

式中 m——质量；

k——组合刚度；

c——阻尼系数。

压电压敏检波器的灵敏度 K_Q 定义为输出电荷 Q 与被测量的压力 p 之比：

$$K_\mathrm{Q}=\frac{Q}{p} \qquad (3.19)$$

2）压电加速度检波器

压电加速度传感器以压电晶体为转换元件，输出与加速度成正比的加速度/电压转换装置。通常用于工程振动测量。它是在压电转换元件上，以一定的预紧力安装惯性质量块，惯性质量块加预紧螺母（或弹簧片）就可以组成一个简单的压电加速度检波器，如图 3.15 所示。

可视为单自由度二阶力学系统，其运动状态的微分方程为

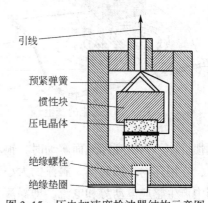

图 3.15　压电加速度检波器结构示意图

引线
预紧弹簧
惯性块
压电晶体
绝缘螺栓
绝缘垫圈

$$M\left(\frac{\mathrm{d}^2x}{\mathrm{d}t^2}+\frac{\mathrm{d}^2y}{\mathrm{d}t^2}\right)+cx+kx=0 \qquad (3.20)$$

式中 M——惯性块质量；

c——阻尼系数；

k——弹性系数；

$\dfrac{\mathrm{d}^2x}{\mathrm{d}t^2}$——惯性块相对于壳体的位移；

$\dfrac{\mathrm{d}^2y}{\mathrm{d}t^2}$——机座的加速度。

压电加速度检波器的灵敏度可以描述为电荷灵敏度 K_Q，定义为输出电荷 Q 与被测量

的振动或冲击加速度 a 之比：

$$K_Q = \frac{Q}{a} \qquad (3.21)$$

也可描述为电压灵敏度 K_V，定义为输出电压 V_C 与被测量的振动或冲击加速度 a 之比：

$$K_V = \frac{V_C}{a} = \frac{K_Q}{C} \qquad (3.22)$$

压电加速度检波器的压电片也可以多片并联，能够提高检波器的电荷灵敏度，但并联后电容增加，因此不能提高电压灵敏度。

压电加速度检波器的主谐振频率理论值可由下式求得

$$f_n = \frac{1}{2\pi}\sqrt{\frac{k}{m}} \qquad (3.23)$$

由于 k 可以做得很大，而 m 可以做得很小，因此压电加速度传感器有很好的频率响应。

3.2.4.3 涡流式检波器

涡流式检波器是利用涡流电磁感应进行机电转换的一种加速度型检波器，主要用于油气田高分辨地震勘探。

把金属导体放在变化的磁场中，或使其在固定的磁场中运动，金属导体中就会感应出一圈圈自由闭合的电流，称为涡流，如图 3.16 所示。

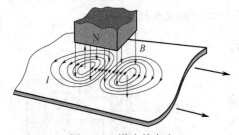

图 3.16　涡流的产生

涡流式检波器的原理是利用惯性体与固定在机壳里的永久磁场的相对运动产生涡流，涡流又使固定在机壳里的线圈感应出电压和电流，其内部结构是一个固定的圆柱形磁铁沿中轴安装在机壳内，线圈固定绕在永久磁铁外，非磁性可运动的铜环由弹簧悬挂在磁铁和线圈间构成惯性体。当机壳随地面震动时，铜环对固定在机壳内的永久磁铁做相对运动而切割磁力线，在铜环内形成涡流。涡流的大小和方向是变化的，又引起次生的磁场变化，在固定线圈中产生感应电动势和电流，即涡流式检波器的输出电压和电流。

设检波器外壳的向上位移为 z，悬挂在弹簧上的铜环为惯性体，其向上位移为 y，由于惯性，$y<z$，所以惯性体相对外壳有一个向下的位移为 x，则 $x=z-y$。根据检波器惯性体运动受力情况，参考电动式检波器运动方程建立原理，可推出涡流式检波器的运动方程是关于惯性体位移 x 与检波器外壳绝对位移 z 的二阶微分方程：

$$\frac{d^2x}{dt^2} + 2h\frac{dx}{dt} + \omega_0^2 x = \frac{d^2z}{dt^2} \qquad (3.24)$$

$$h = H/(2m)$$

$$\omega_0 = \sqrt{K/m}$$

式中　h——阻尼常数；

　　　ω_0——自然频率；

　　　H——电磁阻尼系数；

m——惯性块质量。

为了建立检波器固定线圈感应电动势 e 与检波器外壳绝对位移 z 的关系，还需推出惯性体位移 x 与固定线圈感应电动势 e 的关系。设铜环的涡流为 I，产生的磁通量为

$$\phi_i = C_j I \tag{3.25}$$

式中　C_j——比例常数。

这个磁通穿过固定线圈（其匝数为 n），根据电磁感应定律，固定线圈感应电动势应为

$$e = n \frac{\mathrm{d}\phi}{\mathrm{d}t} = nC_j \frac{\mathrm{d}I}{\mathrm{d}t} \tag{3.26}$$

由于涡流电流 I 与惯性体的相对位移速度成正比，即

$$I = C_i \frac{\mathrm{d}x}{\mathrm{d}t} \tag{3.27}$$

式中　C_i——比例常数。

由式（3.26）及式（3.27）可得

$$e = nC_j C_i \frac{\mathrm{d}^2 x}{\mathrm{d}t^2} = G \frac{\mathrm{d}^2 x}{\mathrm{d}t^2} \tag{3.28}$$

即感应电动势 e 与惯性体相对位移的二阶导数成正比，G 为比例常数。对式（3.28）求二阶导数，将式（3.24）代入，得

$$\frac{\mathrm{d}^2 e}{\mathrm{d}t^2} + 2h \frac{\mathrm{d}e}{\mathrm{d}t} + \omega_0^2 e = G \frac{\mathrm{d}^4 z}{\mathrm{d}t^2} \tag{3.29}$$

将检波器外壳向上运动的加速度 $\dfrac{\mathrm{d}^2 z}{\mathrm{d}t^2}$ 作为输入激励信号，对式（3.29）求拉氏变换，得传递函数

$$H(\mathrm{j}\omega) = \frac{E(\mathrm{j}\omega)}{Z''(\mathrm{j}\omega)} = G \frac{\omega^2}{\omega_0^2 - \omega^2 - \mathrm{j}(2h\omega)} \tag{3.30}$$

其振幅特性为

$$H(\omega) = |H(\mathrm{j}\omega)| = \frac{G\omega^2}{\sqrt{(\omega_0^2 - \omega^2) + 4h^2\omega^2}} \tag{3.31}$$

其相位特性为

$$\phi(\omega) = \pi - \arctan \frac{2h\omega}{\omega_0^2 - \omega^2} \tag{3.32}$$

涡流式检波器与电动式检波器同样作为电磁感应式传感器，存在三点主要的不同：

（1）电动式检波器本质是速度传感器，而涡流式检波器的铜环内涡流的大小与惯性体和永久磁场的相对运动速度成正比，从式（3.32）可看出，其本质是加速度传感器。

（2）涡流式检波器的惯性体与线圈分别固定在外壳两端，且之间没有电路连接，可靠性极大提高。

（3）涡流式检波器的感应电动势随频率的增加按 6dB/oct（dB 为分贝，oct 为倍频程）的斜率上升，这种特性可以部分补偿地震信号因大地吸收衰减而造成的高频损失，因此可以提高地震勘探的分辨率。

3.2.4.4 MEMS 数字检波器

MEMS 数字检波器是利用单晶硅为主材料，采用生产大规模集成电路的加工技术，集微传感器、微执行器、微机械机构、信号处理和控制电路、高性能电子集成器件、接口、通信和电源等于一体的微型器件或系统。MEMS 检波器主要由微电子技术加工的电容性机械振动系统 MEMS 和带有闭环反馈的信号转换控制系统 ASIC（application specific integrated circuit）两部分组成。MEMS 检波器具有微型化、低成本、集成化的特点，传感器的总体性能有了大幅度提高。

1. MEMS 的机械系统结构

MEMS 机械振动系统如图 3.17 所示，由质量体、弹簧、端盖、框架构成，质量体的两面镀有金属导电物，在端盖与质量体相对的面上，也就是顶盖和底盖上也镀有金属，这样就形成了一个差动电容，加上相应的电路就可以成为电容式加速度传感器，即检波器。该系统由四片独立的光刻硅晶片组合而成，采用高真空型封装模式，大幅度消除气体阻尼和气体布朗运动引起的白噪声。MEMS 传感器的核心是弹簧和运动的质量体，质量体作为差动电容器的中间极板被弹簧悬挂及支撑而处于中间的平衡位置，改变弹簧的弹性系数，可使谐振频率达到千赫兹，超出地震信号的频带。当其工作于谐振频率下时，传感器体现加速度特性。

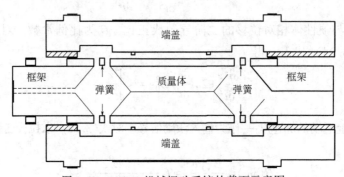

图 3.17   MEMS 机械振动系统的截面示意图

2. MEMS 传感器的工作原理

MEMS 检波器本质上是检测地震引起的质量块或振动块的振动加速度，通常由弹性元件将敏感质量块悬挂于参考支架上，加速度对敏感质量块起作用，通过测量敏感质量块的位移、质量块对框架的作用力或保持其位置不变所需要的力来得出加速度值。

质量体的上下表面镀有导电层，固定帽上下表面也有镀有金属层，由此在质量体和固定帽之间形成可变电容，如图 3.18 所示。每块 MEMS 由 4 个独立硅晶片组成，质量体的上下表面是电容器的负极，上下两个极板是电容器的正极。

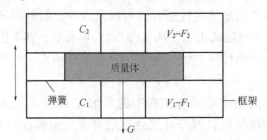

图 3.18   MEMS 传感器工作原理示意图

其下端盖与质量体之间的电容为 C_1，施加的电压为 V_1，其上端盖与质量体之间的电容为 C_2，施加的电压为 V_2。未加电压时传感器处于休眠状态，重力 G 下拉质量体，此时 $C_1>C_2$；施加电压时，两个电容极板之间的电场力分别为 F_1 和 F_2，调整电压 V_1 与 V_2 的大小，改变 F_1 和 F_2，直到满足 $F_1+F_2=G=Mg$，使传感器达到平衡状态，准备接收和转换信号，当地震波沿着运动轴向传来时，传感器接收到此信号，质量体就开始从其平衡位置偏离一个位移 ΔX，振动的强度越大，其偏离平衡位移就越大。同时 C_1 和 C_2 的值被持续不断地采样测量，它们的比例随着质量体移动而不停变化，偏离平衡位置后，经过力平衡反馈回路，调整电压 V_1 和 V_2 的大小，激励可移动的电容极板回到平衡位置。

设两电容（C_1，C_2）极板间距分别为 X_1 与 X_2，静态时 $X_1=X_2=X_0$。当质量体受外力作用而产生位移（ΔX）时，电容比率为

$$\frac{C_1}{C_2}=\frac{X_1}{X_2}\approx 1+\frac{2\Delta X}{X_0} \tag{3.33}$$

3. 数字检波器原理分析

带闭环反馈的信号转换控制系统（ASIC），如图 3.19 所示，图中 V_{REF} 是直流标准电压。

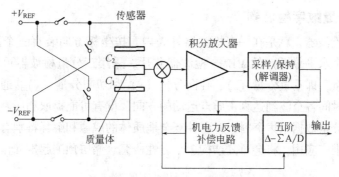

图 3.19　数字检波器原理框图

机电力反馈补偿电路提供力平衡反馈信号，强制质量体回到平衡位置；同时五阶 $\Delta-\Sigma\text{A/D}$ 转化器将该反馈信号转换成二进制数字量。积分放大器则将差动电容的变化转换成输入电信号的变化。采样/保持电路输出的信号反应质量体的位移，该信号作为质量体力平衡控制的依据提供给机电力反馈补偿电路。积分放大器电路输出电压可表示为

$$V_0(\text{j}\omega)=-\left(\frac{C_1}{C_0}+\frac{C_1+C_0}{C_0}\times\frac{C_2}{C_2+C_0}\right)V_\text{i}(\text{j}\omega)\approx -\left(2+\frac{\Delta C}{C_0}\right)V_\text{i}(\text{j}\omega) \tag{3.34}$$

其中，$C_1=C_0+\Delta C$，$C_2=C_0-\Delta C$。

由式（3.33）可得

$$\frac{\Delta C}{C_0}\approx\frac{2\Delta X}{X_0} \tag{3.35}$$

代入式（3.34）得

$$V_0(\text{j}\omega)\approx -2\left(1+\frac{\Delta X}{X_0}\right)V_\text{i}(\text{j}\omega) \tag{3.36}$$

地面振动的加速度为 $a(t)$，根据牛顿第二定律：$Ma(t) = K\Delta X$（K 为弹簧的弹性系数），代入式(3.36)，得

$$V_0(j\omega) \approx -2\left[1 + \frac{M}{KX_0} \times a(t)\right]V_i(j\omega) \tag{3.37}$$

由此可以看出，检波器输出电压的大小与地面振动的加速度呈线性关系。

4. MEMS 数字检波器的性能特点

（1）失真小，可达 90dB 以上；

（2）动态范围宽，可达 105dB 以上的矢量保真度；

（3）具有超低噪声，且具有极高的向量保真度；

（4）线性频率响应好，在 0~800Hz 范围内始终保持平直；

（5）具有超低输入口噪声；输出为 24 位数字信号，不受外界电磁信号干扰影响，也减少了信号衰减。

MEMS 数字检波器能获得高质量的全波数据，能对复杂的地下构造、地层岩性、流体类型，以及接触面有更清晰的描述，提高了成像质量，为地震数据的应用提供了可靠的保证。

3.2.4.5　三分量数字检波器

三分量数字检波器，就是在一个检波器外壳内，按坐标方向装有三个互相垂直的（一个垂直分量、两个水平分量）的 MEMS 检波器芯片。采用三分量检波器可同时记录地面质点运动的三个分量，即垂直分量（z）、径向分量（x）和切向分量（y）。通过计算机处理就可以恢复出不同时间各个波到达真正质点运动的方向，就有可能提取和压制来自各个不同方向的波。利用三分量数据采集资料，对各种复杂地质体的成像和解释特别有用。地面三分量检波器的出现及推广应用，将会对复杂构造、岩性研究、储层预测起推动作用。

1. 基本结构

三分量数字检波器由 3 部分构成：

（1）LP 板：负责电源支持和数据传输；

（2）V 板：接收垂直分量的地震信号（z 分量）；

（3）IC 板：接收水平分量的地震信号（x、y 分量）。

三分量数字检波器的 V 板和 IC 板都是由微机电系统（MEMS）和用于力反馈用途的集成电路（ASIC）构成的。三分量数字检波器实物与内部构造如图 3.20 所示。

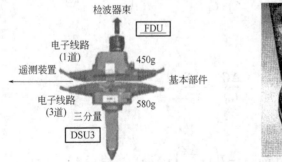

图 3.20　三分量数字检波器的实物与内部结构示意图

2. 三分量数字检波器的方向性

三分量数字检波器具有一定的方向性。它由两个水平分量（x、y）和一个垂直分量（z）组成。在同一个工区施工中，每一个水平分量的方向必须保持一致。因为三个分量的方向两两垂直，所以只要有一个水平分量的方向一致，那么另外一个水平分量的方向也会自动归于一致。因此，在三分量数字检波器上只标出了 x 分量的方向。三个分量的示意如图3.21所示。

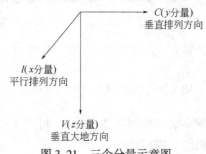

图 3.21　三个分量示意图

以法国 SERCEL 公司 428XL 系列地震仪器的三分量数字检波器 DSU3 为例。在三分量数字检波器内部，三个分量的道序分别是 V、I、C。道序分布如图3.22所示。在每一串 DSU3 采集链上都包含有 4 个三分量数字检波器。每个采集链的方向都是可逆的，也就是说链本身没有方向性，而仅仅是三分量数字检波器具有方向性。因此在同一工区施工中，只要把 DSU3 按测线的同一方向摆正即可。

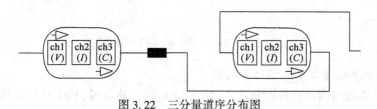

图 3.22　三分量道序分布图

3. 抗电磁干扰分析

DSU3 是以 MEMS 技术为核心的数字检波器，这种检波器只响应重力的变化即势能到动能的转换。其简化的结构包括质量体、弹簧、控制电路等，而且质量体是整个装置的核心。基本工作原理是以质量体为传感介质，以介质电容变化为反馈，再以控制介质恒定位置的电压变化为输出。当外部振动迫使质量体位移时，通过反馈电容变化而调整的控制电压就迫使质量体保持原位不动。由于电容变化量线性取决于外力变化量，而控制电压量线性取决于电容变化量，因此控制电压的变化曲线就实时跟踪外力的变化曲线，这便是检测地震加速度信号的基本原理。由于控制电压变化直接来自 A/D 转换器输出，也即检波器的响应输出直接就是数字信号，所以地震道电路一开始就是数字信号电路。外加应用 MEMS 技术的数字检波器不再有任何连接到地震道的电感线圈，所以也就不再受任何环境电磁干扰信号的影响。因此对全数字式仪器，外部的任何电磁干扰都不影响地震勘探资料的品质。因此，以 MEMS 技术为核心的数字检波器是高精度、高动态、宽响应而且完全抗电磁干扰的数字检波器。

4. 三分量数字检波器的特征曲线分析

三分量数字检波器幅度频率响应如图 3.23 所示。可以看出 DSU3 在 800Hz 以内的幅频特性十分平坦。

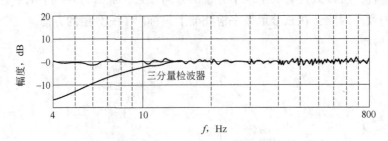

图 3.23　DSU3 幅度频率响应曲线

三分量数字检波器相位频率响应如图 3.24 所示。可以看出 DSU3 在 100~800Hz 范围内，始终保持平直，而输出相位为零相位。

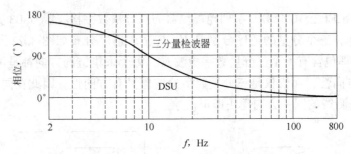

图 3.24　DSU3 相位频率响应曲线

5. 三分量数字检波器的主要性能指标

（1）数字检波器内部具有微化的 24 位 A/D 电路，直接输出 24 位数字信号；

（2）动态范围可达到 120dB，比传统检波器的动态范围至少高出 50~60dB；

（3）谐波畸变指标小于 0.003%，比传统检波器的谐波畸变至少低一个数量级；

（4）数字检波器输出的幅频特性十分平坦，在 1~800Hz 范围内，始终保持平直，而输出相位为零相位；

（5）超低噪声特性；

（6）极高的向量保真度；

（7）不受外界电磁信号干扰的影响，如天电、工业高压线或地下电缆等干扰；

（8）系统加电后 DSU3 能自动进行倾斜度和重力测试。

3.2.5　数据采集

地震勘探仪器最基本的功能就是进行地震信号的采集和记录，数据采集系统的性能基本决定了地震勘探系统的主要性能。地震数据采集系统一般是指用于对检波器送来的地震模拟信号进行放大、滤波和数字转换的所有电路，由于系统的总体化发展趋势，常常也将地震检波器包括在内，将涉及的地震信号传感和采集装置统称为地震数据采集系统。

3.2.5.1　地震数据采集系统组成

地震数据采集系统是由检波器、前置放大、滤波、主放和模/数转换等电路组成。常规地震仪和遥测地震仪等各类数字地震仪采集系统的基本组成与工作原理基本相同，其基本组成如图 3.25 所示。采集系统与检波器相连的部分称为"前放"电路，它主要用于消除检波器连线上引入的共模干扰和对输入信号按固定增益放大。高通、陷波、低通三种滤波器分别用于消除地震信号中存在的低频干扰、交流电干扰和高频干扰。多路转换开关的功能好像一个旋转周期为 T_s 的单刀 m 开关，每个采样周期 T_s 都依次对 m 道经前放滤波电路的输出采样一遍，这样就将 m 路并行输入的连续信号变为一路串行输出的周期性按道序排列的离散子样脉冲。浮点放大器将每个子样幅值放大 2^G 倍，G 为按子样幅值选定的整数，通常称为阶码。模数转换器把经浮点放大后的子样幅值转换成二进制数码 D。D 称为尾数，阶码 G 和尾数 D 组成的浮点二进制数 $N = 2^{-G}D$，代表子样脉冲的幅值，幅值的正负用符号位表示。每个子样的浮点二进制数码由子样数据暂存器暂时寄存一下后便送往记录系统记录到磁带上。常规地震仪的采集系统位于仪器车上，通过模拟"大线"电缆与排列上的检波器相连，一道检波器经由大线电缆中的一对双绞线与采集系统中的一道前放滤波电路相连。仪器的记录道数也就是仪器车上的采集系统中前放滤波器的道数 m。图 3.25 中由多路转换开关、浮点放大器和模数转换器组成的电路称为模拟—浮点数转换电路，m 道经前放滤波后的地震模拟信号集中由一个公用的模拟—浮点数转换电路转换成一系列的浮点二进制数。这些数据由子样数据暂存器直接送往记录系统。

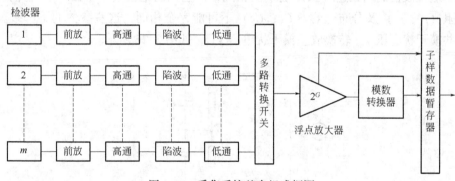

图 3.25　采集系统基本组成框图

遥测地震仪的采集系统位于每个采集站内，通过"小线"与附近的检波器相连。每个采集站内都有一个模拟-浮点数转换电路，但只有一道或几道前放滤波电路，负责采集附近的一道或几道检波器送来的地震模拟信号。采集后的地震数据由子样数据暂存器通过数字传输系统送往仪器车上的记录系统记录下来。遥测地震仪的记录道数等于每个采集站的采集道数与用于数据采集的采集站个数的乘积。

3.2.5.2　前置放大器

检波器送到采集系统的地震信号，面临以下几方面问题：

（1）人工激发的地震有效波在地面引起的振动位移非常微小，只有微米量级，因此检波器输出的地震信号非常微弱，只有微伏至毫伏级。能量微弱的信号若不预先放大，在通过后面电路时，易被固有噪声影响，造成信噪比降低乃至被淹没。

（2）被接收的地震波常伴随各种干扰波和外界噪声，若不预先滤波，也会造成信噪比降低。

（3）当地震信号的高频成分大于采样频率的 1/2 时，会引入假频干扰，必须预先将造成假频干扰的高频成分滤除。

（4）由于多道接收方式，检波器通过大线连接，输出信号在长线传输中能量衰减，同时由于远震源点和近震源点大线长度不同造成衰减程度差异，必须预先进行阻抗匹配。

鉴于以上原因，检波器输出信号必须进行前置放大及滤波，主要任务是：对微弱信号进行幅度放大；滤除高、低频及工频干扰；对与之相连接的前后线路进行阻抗匹配。

1. 高共模抑制比

每道检波器都分别通过两根绝缘导线与对应的前放滤波电路相连，由这两根连线送至每道前放的两个输入端的电压包括两部分：一部分是检波器送来的地震信号电压，此信号电压经由两根连线加至前放的两个输入端之间，故称为差模信号电压。一般说来，地震信号电压比较微弱，大不过几毫伏，小不到 $1\mu V$。另一部分是干扰电压。干扰电压的来源主要有三个方面：风沙或雪粒与连线碰撞摩擦产生的静电干扰；工频电网通过连线的天线效应以及连线对地的漏电电阻和分布电容等途径，进入连线形成的交流电干扰；雷电产生的强大的电磁波，即使在几百千米远处，也能在连线上感应出峰值达好几伏的脉冲电压。这些干扰电压以两种方式存在：一种方式是同时存在于两根连线之间，称为差模干扰；另一种方式是同时存在于两根连线与地之间，称为共模干扰。

同一道检波器的两根连线虽然基本上相同，但它们的电阻（R_1、R_2）和它们对地的漏电电阻（r_1、r_2）及分布电容（C_1、C_2）不可能完全相同，这些参数的不一致就会使一部分共模干扰电压 V_{nc} 转换成差模干扰电压 V_{nd}，如图 3.26 所示。

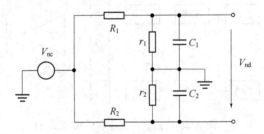

图 3.26　共模电压转换成差模电压

$$V_{nd} = V_{nc}\left(\frac{Z_1}{R_1+Z_1} - \frac{Z_2}{R_2+Z_2}\right) \qquad (3.38)$$

其中

$$Z_1 = \frac{1}{j\omega C_1 + \dfrac{1}{r_1}}, \quad Z_2 = \frac{1}{j\omega C_2 + \dfrac{1}{r_2}}$$

综上所述可知，加在前放两个输入端上的电压包括三部分：差模信号电压 V_{sd}，差模干扰电压 V_{nd}，共模干扰电压 V_{nc}，如图 3.27 所示。

若前放的差模增益为 K_d，共模增益为 K_c，则前放输出电压 V_o 为

$$V_o = V_{os} + V_{on} \qquad (3.39)$$

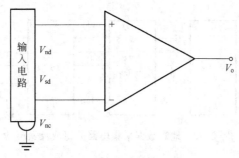

图 3.27　前放及其输入电压

式(3.39) 中，信号电压 V_{os} 为

$$V_{os} = V_{sd}K_d \tag{3.40}$$

干扰电压 V_{on} 为

$$V_{on} = \sqrt{(V_{nc}K_c)^2 + (V_{nd}K_d)^2} \tag{3.41}$$

因此输出信号与噪声比为

$$\frac{S}{N} = \frac{(V_{sd}^2 K_d)}{(V_{nc}K_c)^2 + (V_{nd}K_d)^2} = \frac{V_{sd}^2}{V_{nd}^2 + \left(\dfrac{V_{nc}}{CMRR}\right)^2} \tag{3.42}$$

其中

$$CMRR = \frac{K_d}{K_c} \tag{3.43}$$

式中　$CMRR$——共模抑制比。

由于交流电特别是雷电产生的干扰电压主要是以共模形式出现在两根连线上，其峰值远大于地震信号电压的幅度，而且仅有小部分因连线不对称而转换成差模干扰电压，所以由式(3.42) 可见，提高前放输出信噪比，关键在于减小共模干扰和差模干扰，增大前放的共模抑制比 $CMRR$。高共模抑制比是对前放的最基本要求，抑制共模干扰是前放的首要任务，一般要求其 $CMRR$ 大于 10^5。

2. 低噪声放大

由于电路内部有这样或那样的噪声源存在，使得电路在没有信号输入时，输出端仍输出一定幅度的波动电压，这就是电路的输出噪声。把电路输出端测得的噪声有效值 V_{on} 除以该电路的增益 K，即得到该电路的等效输入噪声 V_{in}：

$$V_{in} = V_{on}/K \tag{3.44}$$

假设系统内部各个互不相关的噪声源产生的输出噪声有效值分别为 $V_{oni}, i = 1, 2, \cdots, m$，那么这些不相关的噪声加在一起将使系统总的输出噪声为

$$V_{on} = \sqrt{\sum_{i=1}^{m} V_{oni}^2} \tag{3.45}$$

图 3.28 为地震数据采集电路的结构框图。前置放大器、滤波器、多路转换开关、浮点放大器和模数转换器这五个部件产生的噪声，可视为采集电路内部五个互不相关的噪声源。此噪声折算到前置放大器输入端即得到采集电路的总的等效输入噪声 V_{in}：

$$V_{in} = \frac{V_{on}}{K_1 \cdot K_4} = \sqrt{V_{in1}^2 + \left(\frac{V_{in2}}{K_1}\right)^2 + \left(\frac{V_{in3}}{K_1}\right)^2 + \left(\frac{V_{in4}}{K_1}\right)^2 + \left(\frac{V_{in5}}{K_1 \cdot K_4}\right)^2} \tag{3.46}$$

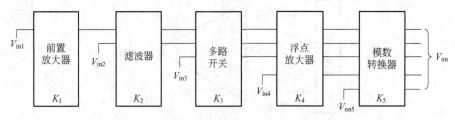

图 3.28　地震数据采集电路的组成及噪声

由式(3.46)可见，由于前放产生的噪声被后面各级放大，因此，仪器的噪声主要由前置放大器的噪声决定。要降低仪器的噪声，关键在于减小前放部分的噪声。然而，如果不设置前置放大器的话，虽然可减小输出噪声，但等效输入噪声则变为

$$V'_{in} = \left[V_{in2}^2 + V_{in3}^2 + V_{in4}^2 + \left(\frac{V_{in5}}{K_4} \right)^2 \right]^{1/2} \tag{3.47}$$

将式(3.47)代入式(3.46)得

$$V_{in} = \frac{\left[(V_{in1}^2 K_1)^2 + V'^2_{in} \right]^{1/2}}{K_1} \tag{3.48}$$

很容易证明，只要前置放大器的输入噪声 V_{in1} 满足

$$V_{in1} < V'_{in} \sqrt{1 - \frac{1}{K_1^2}} \tag{3.49}$$

就可使 $V_{in1} < V'_{in}$。

式(3.49)表明，前放的增益 K_1 必须大于 1，即具有放大能力，而且它的输入噪声必须低于后级的输入噪声，也就是说它必是低噪声放大器。同样用比较的方法还可证明低噪声放大器必须前置即设置在采集电路前端才能降低输入噪声。设置低噪声前置放大器后虽然会增大总的输出噪声，但却降低了总的等效输入噪声，增强了仪器接收弱信号的能力。考虑到在不同情况下，地震信号强弱不同，低噪声前置放大器的增益还应该分几挡以供选择。

3. 阻抗匹配

输入电路处于传感器与前置放大器之间，它的另一重要作用是阻抗匹配，即要求输入电路具有足够高的输入阻抗和足够低的输出阻抗，这样才能将传感器输出的信号电压最大限度地输入到仪器。输入电路与前后级等效电路如图 3.29 所示，r_0 为传感器等效输出电阻，E_0 为传感器开路输出电压，V_{i1} 为输入电路的输入信号，R_{i1} 为输入电路的等效输入电阻，R_{o1} 为输入电路的等效输出电阻，V_{o1} 为输入电路开路输出电压，V_{i2} 为前置放大器的输入信号，R_{i2} 为前置放大器的等效输入电阻，V_{i1} 和 V_{i2} 分别表示为

$$V_{i1} = \frac{R_{i1}}{R_{i1} + r_o} \times E_o \tag{3.50}$$

$$V_{i2} = \frac{R_{i2}}{R_{i2} + R_{o1}} \times V_{o1} \tag{3.51}$$

由式(3.50)和式(3.51)可以看出，当输入电路具有足够高的输入阻抗时（$R_{i1} \gg$

r_o），$V_{i1} \approx E_o$；当输入电路具有足够低的输出阻抗时（$R_{o1} \ll R_{i2}$），$V_{i2} \approx V_{o1}$。若输入电路 1:1 传输，则 $V_{o1} \approx V_{i1}$，所以 $V_{i2} \approx E_o$，即输入电路满足阻抗匹配条件时，传感器的开路输出电压被有效传输到前置放大器。

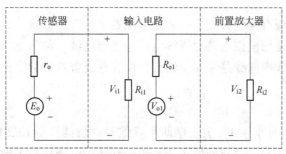

图 3.29　输入电路与前后级等效电路

另外，仪器输入电路应采用适当的隔离、屏蔽和接地方式，尽量减小共模干扰和差模干扰的影响。

4. 动态范围

地震仪允许输入的幅度范围称为地震仪的动态范围 L_I，通常用其最大允许输入幅度 V_{Imax} 与最小允许输入幅度 V_{Imin} 之比的分贝数表示，即

$$L_I = 20\lg \frac{V_{Imax}}{V_{Imin}} \tag{3.52}$$

当检波器送来的地震信号比采集系统的等效输入噪声还低时，那么，这个地震信号就势必被采集系统内部噪声所淹没。因此通常把采集系统的等效输入噪声定为地震仪的最小允许输入幅度，即 $V_{Imin} = V_{in}$。

3.2.5.3　滤波器

通常意义下，滤波器是指一种能允许一些频率的信号通过而阻止另一些频率的信号通过的装置。根据滤波器的频率选择特性，常见的滤波器可以分为低通滤波器、高通滤波器、带通滤波器和带阻滤波器。

1. 滤波器的传输函数

滤波器的传输函数定义为其输出信号频谱 $V_o(j\omega)$ 与其输入信号频谱函数 $V_i(j\omega)$ 之比

$$H(j\omega) = \frac{V_o(j\omega)}{V_i(j\omega)} = K(\omega) e^{j\phi(\omega)} \tag{3.53}$$

式中　$K(\omega)$——幅频响应或幅频特性；

　　　$\phi(\omega)$——相频响应或相频特性。

实际可实现的滤波器传输函数是一个有理函数，即

$$H(S) = \frac{V_o(S)}{V_i(S)} = \frac{a_m S^m + a_{m-1} S^{m-1} + \cdots a_1 S + a_0}{b_n S^m + b_{n-1} S^{n-1} + \cdots b_1 S + b_0} \tag{3.54}$$

其中　　　　　　　　　　　　$m \leqslant n$，$S = j\omega$

式中，a_0，$a_1 \cdots$，a_m，b_0，$b_1 \cdots$，b_n 为实常数；分母多项式的次数称为滤波器的阶数。

一个高阶的传输函数可分解为若干个低阶的传输函数的乘积。比较常见的分解形式是：阶数 n 为奇数时，分解成一个一阶与若干个二阶传输函数的乘积；n 为偶数时，分解成若干个二阶传输函数的乘积。这样，一个高阶滤波器的设计就归结为一阶或二阶滤波器的设计。

实际的滤波器实现有两种方式：一种是采用数字运算的方式，通过计算机来实现，称为数字滤波；另一种是用模拟电路对连续电信号进行滤波，称为电滤波。在地震仪的采集系统和监视系统中，频率滤波是采用电滤波，而在地震资料的数字处理阶段，频率滤波则采用数字滤波。

2. 滤波器参数

图 3.30 中所给出的 A_c、A_s、f_c、f_s 四个参数是评价滤波器性能的几项技术指标，描述滤波器幅频曲线的陡度，只要知道了这些指标和选用的滤波器类型，就可用查表或套公式的办法计算出满足这些指标的滤波器的各个元件值。

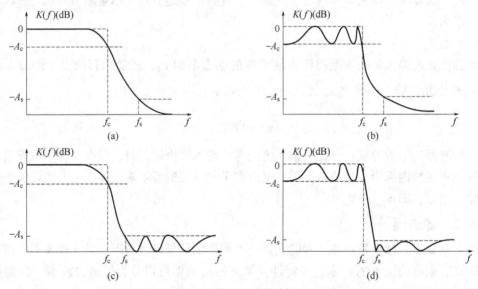

图 3.30　四种低通滤波器特性 （$n=6$）

3. 地震数据采集系统对滤波器的要求

地震波除了有效波外还有干扰波，它们都会被检波器接收下来转换成电压形式送到采集系统的输入端，因此采集系统输入电压中真正的信号电压只是地震有效波经检波器机电转换成的电压。干扰波（如面波、声波、环境噪声等）经检波器机电转换成的电压应归属于差模干扰电压。差模干扰电压中既包含地震干扰波通过机电转换形成的电压，也包含交流电、雷电通过漏电和感应引入的电压。图 3.31 示意性地画出了反射信号和一些常见干扰的频谱。

在频谱图上通常把频谱尖峰处的频率称为主频，因为波的能量大部分集中在主频附近。由图 3.31 可见，相对于反射波来说，面波的主频较低，属于低频干扰；天电干扰、环境噪声、声波等频率较高，属于高频干扰，交流电与反射波的主频比较接近。

利用信号与干扰的主频差异可以通过频率滤波来压制干扰，突出有效波，提高信噪比。但是，从图 3.31 可以看到，信号和干扰的频谱并不是完全分开的，有一部分频率是重叠在一起的。

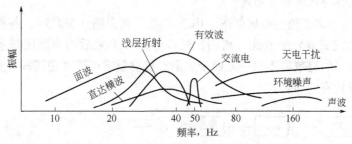

图 3.31　有效波与干扰波的频谱

　　因此在滤除干扰的同时就免不了也滤掉有效信号频谱中与干扰频率相同的频率成分；相反，要保留有效信号就免不了使干扰中与有效信号频率相同的频率成分也跟着被保留下来。频率滤波的这个弊端在设计和使用地震仪中的电滤波器时一定不要忘记。

3.2.5.4　多路转换开关

1. 多路转换开关的基本功能

　　能够按照控制指令对模拟电压或电源进行通断控制的器件称为模拟开关。具有公共输出端的多个模拟开关的集合称为多路开关（MUX）。最简单的一种 MUX，其开关组态如图 3.32（a）所示。它在接收多道地震信号的采集系统中常被用作采样开关，它的多个输入端分别与对应道的前放滤波器输出端相连，公共输出端与浮点放大器输入端相连。在对某一道信号采样时，该道所连接的开关便导通，其他道的开关全都断开，在一个采样周期 T_s 内，依次对滤波器输出的各道信号均采样一次。因此多路开关的输出是一连串周期性按道序排列的采样脉冲，如图 3.32(b) 所示。这些采样脉冲称为子样。图中 a_{ij} 代表第 i 道的第 j 次采样（$i=1,2,3\cdots m$；$j=1,2,3\cdots n$），或者说第 j 个采样周期对第 i 道采样所得的子样，这里 m 为采集系统的道数，n 为每一道的采样次数。

$$n=\frac{T}{T_s} \tag{3.55}$$

式中　　T——采集过程的持续时间，s；

　　　　T_s——采样周期，s。

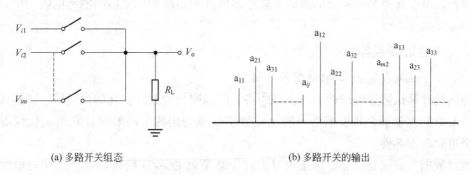

(a) 多路开关组态　　　　　　　　　　　(b) 多路开关的输出

图 3.32　多路开关及其输出波形

　　由图 3.32 可见，多路开关的功能是将多路并行输入的连续信号转换成一路串行输出的离散子样。因此多路开关又称为多路转换开关。

2. 道间一致性与道间串音问题

图 3.33 所示为地震道的组成框图。由图可见，在多路开关之前，各地震道信号所通过的电路（称为地震道）是彼此分离的，而在多路开关之后的电路则是各道公用的。由于大多数采集系统的道数都不只一道而是多道，这样就有必要考虑道间一致性和道间串音这两个多道系统特有的问题。

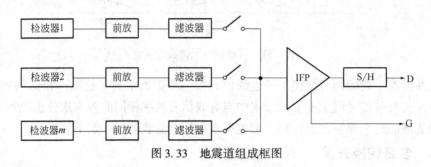

图 3.33　地震道组成框图

（1）道间一致性。所谓道间一致就是说，各地震道不仅组成结构完全相同，而且传输特性（振幅特性、相位特性）也没有任何差异。只有在这个前提下，才可以认为磁带上记录的各道地震信号间的差异完全是因为到达各检波点地震信号的差异而造成的，所以，道间一致性是地震勘探对多道地震数据采集系统的一项基本要求。

通常所说地震仪的道间一致性主要是指多路开关及前放滤波电路的一致性。一般要求：在给采集系统各道前放同时输入相同的测试脉冲时，各道测试记录的振幅差应小于 ±0.2%，时间误差应小于 ±0.5ms。

（2）道间串音。由图 3.33 可见，各地震道电路本来是彼此分离的，但是因为某些原因还是会出现某一道的地震信号串漏到别的地震道中去的现象，这种现象称为道间串音。

集中采集型地震仪的大线电缆芯线又多又长，而且还靠紧在一起，各道检波器连线间相互感应容易造成串音。此外，由图 3.33 可见，采集系统中各道采样开关的输出端并接在一起，是最可能造成串音的部位，因此对多路转换开关最基本的要求就是要尽可能减少道间串音。减少每个采集系统的道数，减小多路开关前级即滤波器的输出电阻，增设回零开关都可以减少串音。

3.2.5.5　模数转换器

1. A/D（analog/digital）转换器的作用

为满足计算机数据处理的要求，必须将时间和幅值均连续变化的模拟信号转换成数字信号，A/D 转换器就是将模拟信号转换成数字信号的集成电路器件。它是现代仪器系统的一个重要功能部件。

地震数据采集仪器性能好坏最重要的一个环节就是 A/D 模数转换。以往的模数转换器一般是 12 位或 16 位（96dB），对于地震信号动态范围是 120dB，用低分辨率的 A/D 转换器覆盖更大的动态范围就必须使用瞬时浮点放大器（IFP），其原理是根据输入电压的大小自动改变放大倍数，以最佳放大系数适应 A/D 转换器的需要。传统的瞬时 IFP 组成的数据采集系统中，主要由覆盖开关、前放、陷波、高低通滤波、主放、A/D 转换、自动调零和辅助测试与参数设置等几个功能部分有机结合的复杂电路。采用 IFP 技术，成功地解决了短字长表示大动态范围的技术问题，但同时带来了系统复杂、体积大、放大系数变换产生的畸变，大器件多产生的噪声也大，这些都是瞬时浮点放大器难以克服的困难。

2. 模数转换的类型

模数转换器的种类很多，一般可分为直接型 A/D 转换器和间接型 A/D 转换器。直接型 A/D 转换器将输入的模拟量直接转换成数字量代码，不需要增加任何中间变量；而间接型 A/D 转换器则要借助于时间、频率、脉冲宽度等中间变量才能完成 A/D 转换。并联直接比较型、逐次逼近型属于直接型 A/D 转换器，双积分型、V-F-D 型、压控振荡型属于间接型 A/D 转换器。

自从 20 世纪 90 年代推出了 24 位 $\Sigma-\Delta$ 式 A/D 转换器后，很快就将它应用到地震勘探仪器中。由于它的动态范围已超过 120dB，用它组成的数据采集系统只保留下了前放和 A/D 两部分，由前放来满足与不同灵敏度传感器（检波器）的匹配，24 位 A/D 器件作为模数转换，使系统器件减少，增强了技术指标的稳定性、一致性和可靠性，功耗的下降也降低了系统噪声。

3. 模数转换器的性能指标

设 A/D 转换器位数为 n，满刻度值为 m，则 A/D 转换器的性能指标如下：

（1）动态范围：$20\lg 2^{n-1}$。

（2）量化单位：$\dfrac{n}{2^{n-1}}$。

（3）量化电平：2^{n-1}。

（4）分辨率：$\dfrac{1}{2^{n-1}}$。

设满刻度值 $m=8192\text{mV}$，计算 24 位和常规的 15 位 A/D 转换器的特性，可将它们的特性列于表 3.1 中。

表 3.1 24 位和常规 15 位 A/D 转换器特性比较

名称	A/D 转换位数	动态范围	量化单位	量化电平	分辨率
SN388	$S+23$	138dB	1pV	2^{23} 种	$1/2^{23}$
SN338	$S+14$	84dB	500μV	2^{14} 种	$1/2^{14}$

3.2.6 数据传输

3.2.6.1 电缆传输方式

以进口电缆传输遥测地震仪 SN368 为例。SN368 遥测地震仪使用的数字信号传输电缆是由三对双绞线组成的标准六芯电缆，其内部结构如图 3.34 所示。B、C 到 G、F 和 F、C 到 C、B。两对双绞线用于传输数字信号，传输方向总是从 B、C 到 G、F，传输极性总是 B、G 为+，C、F 为-。第三对双绞线：A 到 H 和 H 到 A 用于传送 48V 电源电压。标准六芯电缆的长度有 55m 和 110m 两种规格，每米电缆产生的信号延迟为 $5\times10^{-2}\mu\text{s}$。

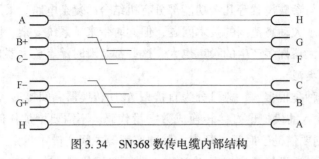

图 3.34　SN368 数传电缆内部结构

为了实现中继接力传输，每根数传电缆的两端插头都必须分别与一个传输站相连，如采集站（SU）、转发站（RU）、时断井口站（TB/UH）、辅助站（DAUX）、交叉站（CSU）等，而且 F、G 必须与传输站中信号输入变压器初级相连，B、C 必须与传输站中信号输出变压器次级相连，如图 3.35 所示。输入变压器初级中心抽头与相对应的输出变压器次级中心抽头用短路线连接起来。两对信号线上分别加有 +24V 电压和 −24V 电压。因此传输站内两对输入、输出变压器中心抽头连线上也分别存在 +24V 电压和 −24V 电压，称为导引电压。改变"导引电压"的极性就能改变采集站的工作状态。

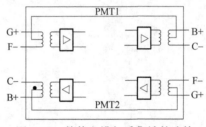

图 3.35　数传电缆与采集站的连接

3.2.6.2　光纤传输方式

所谓光纤通信就是利用光波来载送信息，光纤作为传光介质来实现的通信。光纤通信系统一般由调制器、中继站、接收机等部分组成，如图 3.36 所示。

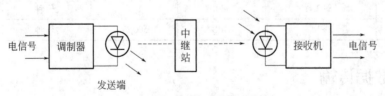

图 3.36　光纤通信系统原理框图

光纤由纤芯和包层组成，纤芯的折射率比包层高。当光线在光纤中传播时，由全反射原理可知，光线不致射出光纤以外。光纤的主要作用是引导光线在光纤内沿直线或折线路径传播。

光纤通信中常用的光源有半导体激光二极管和半导体发光二极管两类。半导体激光二极管适用于长距离、大容量的光纤通信系统，而在短距离和小容量的光纤通信系统中使用半导体发光二极管是较为经济的。

要实现光通信就必须对作为载体的光进行调制，使光信号随电信号变化而变化。半导体激光二极管和半导体发光二极管的光输出都可以用输入信号电流来控制，因而可实现直接调制。如果用数字码流直接调制它们的光强，就可实现数字通信。

光检测器是光通信解调装置的核心元件，它的作用是把光纤传输来的光信号转换成电信号。目前光纤通信系统的主要光检测器有光电二极管、雪崩光电二极管和光晶体管。

光接收机主要由前置放大器和主放大器两部分组成，其作用是把光检测器的微弱电信号放大到其后的"信号再生判别"电路所需要的电平。

如果通信距离较远，光信号经过长距离传输，就会发生衰减和失真，并混入噪声，因此，有必要加接中继器。目前数字光纤通信系统所采用的中继器主要是"光—电—光"中继器。这种中继器由检测器、放大器、再生判别电路、驱动电路、光源五部分组成，兼有接收和发送两项功能。经过光纤传输后的光脉冲信号，被光检测器转换成电脉冲信号，放大器把这个电信号放大到再生判别电路要求的幅度，再生电路对畸变的脉冲进行判别，重新发出一系列与原发脉冲完全相同的信号，这就消除了噪声和畸变的影响，再生后的信号送到驱动电路，使光源重新发出强光信号，进入下一段光纤，继续往接收端传输。

3.2.6.3 无线电传输方式

无线电传输系统基本上由发射机、天线和接收机三大部分组成：被传送的原始信号（称为基带信号）在发射机中对高频正弦信号（称为载波）进行调制。调制产生的信号（称为已调信号）由天线发射成无线电波。无线电波在空间传播，被接收端天线接收，由接收机中的解调器恢复出被传送的原始电信号。

在无线电传输遥测地震仪中，传输系统除用来传送中央主机的指令和采集站的数据外，还被用作野外生产人员和仪器车操作人员的通信工具。因此这类遥测地震仪无线电传输系统担负着传送模拟信号和数字信号（指令和数据）的双重任务。在传送音频模拟信号时，采用的是模拟调制；而在传送指令和数据时，采用数字调制。

3.2.7 数据记录

地震数据存储技术的发展从属于计算机存储技术的发展（地震勘探仪器就是特殊用途的计算机系统），实质上地震数据存储技术在一定程度上就是计算机存储技术的跟踪应用和简单再现。宏观上看，计算机存储技术和地震数据存储技术是同一技术的两种应用方式。实际上地震数据存储技术是计算机外部数据存储技术的延伸应用，只是计算机存储技术比地震数据存储技术在内容上更为广泛，因此熟悉和掌握计算机存储技术更有利于掌握地震数据存储技术。

3.2.7.1 磁带存储技术

磁带存储技术是计算机存储技术的一个重要分支，几十年来一直保持长盛不衰的势头。磁带存储技术主要包括驱动器技术和磁介质技术两个部分，驱动器的灵敏度、平衡度、精确度与磁介质的均匀度、稳定度等共同决定磁带存储技术的记录密度、记录速度和数据安全性等，所以磁带存储技术是磁带技术和驱动器技术的综合。

就已经掌握的线性技术、螺旋扫描技术和热插拔内存扩展技术（active memory expansion，AME），磁带存储技术的发展空间仍很大，不久的将来单盘容量可达4TB，存取速度可达240MB/s。就这点而言，磁带存储技术的发展空间完全能够满足今后万道甚至数万道实时地震数据采集的需要。

虽然磁带存储技术在存取速度、容量等方面仍有明显优势，但也应该看到存在的不足。磁带存储涉及驱动器和磁带两个独立元素，二者对工作环境和条件都有严格的要求，尤其是驱动器对环境要求更为苛刻，在高速（40MB/s以上）数据流工作下，保持驱动器平稳和洁净就成为必须。实际工作条件特别是野外工作条件要做到防振、防尘、防电磁干扰是极端困难的。因此，随着存取速度、记录密度等的进一步提高，磁带存储技术面临的挑战可能主要来自野外恶劣的工作环境和条件。

3.2.7.2 硬盘存储技术

就目前所达到的最新技术而言，硬盘的容量在TB以上，平均寻道时间在10ms以内，转速达10020r/m。硬盘的另一特点是便于组合，根据需要可以将多个硬盘组合成更大容量的磁盘阵列，只要条件允许磁盘阵列容量可以无限扩展。作为硬盘存储技术的分支，近些年，移动硬盘存储技术也得到了空前的发展。目前，移动硬盘的容量已达几百GB，存取速度可达100MB/s。硬盘存储技术固然有其独特之处，但也有其脆弱的一面，硬盘驱动器就是其中的薄弱环节。随着记录密度的提高，磁头与磁盘的定位精度也就要求十分严密，也许较大的外力冲击就可能致使磁头和磁盘位置关系改变，以至不能按约定的位置关系读取信息。这就要求在访问、运输和保管期间的任何时候均要有相当好的防振措施，稍有不慎就可能导致整盘数据丢失，这也是移动硬盘还没有在地震数据存储中得到推广应用的主要原因之一。

3.2.7.3 光盘存储技术

光盘分为LD、CD、DVD、CD-ROM、MO等品种，真正用于数据存储的只有CD-ROM和MO等。大多数光盘是只读型或一次性写入型，只有MO光盘（MO光盘实质上已超出了早期光盘的范畴，它是一种光学与磁学原理相结合的新式盘）等可以重复完成读写操作。光盘存储技术目前在地震数据存储领域还没有得到应用。也许随着光盘存储技术的发展和完善，更高机械强度和更好安全性的光盘将会问世，那时采用光盘存储地震数据也许是更经济的选择。

3.2.7.4 电子盘存储技术

电子盘存储技术实质上是半导体存储技术，其典型的产品就是当今广为流行的U盘。电子盘与光盘或磁盘的原理不同，它存储信息的机理是利用半导体的记忆功能。电子盘是一种 E^2PROM（electrically erasable programmable read-only memory，E^2PROM）器件，可以无限次地读和写，而且断电后仍可以保存信息。与其他存储介质相比，U盘的体积更小，可以即插即用，也不怕振动和电磁干扰。目前市面上可购上百GB或更高容量的U盘，但按体积存储密度算，它甚至比硬盘还高，读写速度应用USB口能达60MB/s。如果将来U盘的单位容量价格与其他存储介质相当，那时将有可能成为地震数据存储介质的最佳选择。

3.2.7.5 数据存储接口技术

无论采用哪种存储技术，都必不可少地要用到数据传输的总线与接口，不同的总线与接口有着不同的功能和特点，欲将特定存储技术的能力发挥到极致，合理地选择数据存储接口技术是十分重要的。目前在计算机上广泛应用的外部数据存储接口主要有 SCSI、IDE、IEEE-1394、USB 等，对应的存储方式有磁带、光盘、硬盘和 U 盘等。

3.3 地震勘探仪器系统

3.3.1 有线地震仪器

3.3.1.1 Sercel 公司 428XL/508XT 系统

428XL 是 Sercel 公司于 2005 年推出的全数字遥测地震采集系统。它兼容 408UL 的地面设备，大线和交叉线的传输速率在 2ms 采样时分别提高到 16M 和 100M，单线实时传输带道能力达到 2000 道，同时采集站（FDU）的重量和功耗得到大幅降低。采用基于 MEMS 技术的数字检波器（DSU）使得 428XL 成为单个检波点（RP）平均重量最轻的地震采集系统（每检波点仅 1.8kg，包括电瓶、检波器、电子单元和大线等）；DSU 和 FDU 均采用采集链结构，一个采集链有几个（一般 1~6 个）DSU 或 FDU，极大减少了接头数量，提高了可靠性。428XL 的全数字传输仅依靠电缆内的两对线，从 DSU 和 FDU 开始经过大线上的电源站（LAUL）、交叉线上交叉站直达大线接口（LCI）。大线接口（LCI）与采用 TCP-IP 协议的交叉线具有相同的最大道能力，大线接口与主机相连，而作为服务器的主机，采用了服务器—客户机结构，这样就使 428XL 的采集能力随大线接口（LCI）和交叉线的数量增多而线性增长，实现从 100 道到 10 万道的采集能力，满足任何 2D/3D 地震采集作业的需求。客户端可以在仪器车内或在远离仪器车的营地、办公室等处，只要有因特网服务（通过卫星或以太桥等方式）既可实现远程实时采集数据显示，又可以对采集质量进行监控，包括仪器、检波器、震源状态等所有内容，极大地提高了采集质量的监控管理水平。

508XT 是 Sercel 公司于 2013 年推出的基于 X-Tech 交叉技术的新一代地震采集系统，结合有线和无线系统的成熟技术，增加分布式存储和新的通信协议等，该系统可以适应所有地形、气候和环境，进一步提高了采集的灵活性与操作的可靠性。

如图 3.37 所示，508XT 系统通过网络技术分别把野外采集单元、仪器控制单元及处理单元和客户端输单元有序地连接在一起。在数据控制单元中的 SCI-508 是安装在仪器车内部，与交换器相连，同时也是野外排列和 508XT 系统控制器的一个连接接口，它管理着 CX-508 网络，有辅助道记录功能，因为地震数据不通过 SCI-508，所以，无论配置大小，野外采集系统只需要一个 SCI-508，这就是它能带动百万道采集设备的基础。根据项目规模大小，项目可以对仪器控制单元中的系统配置进行最优化选择，从而能够达到最大化节约设备资源，降低生产成本的目的。508XT 系统采用计算机网格化设计，为每个集数器 CX-508 都配置一个 IP 地址，该集数器相当于地震采集网络中的一个节点，具有排列管理和交叉线管理功能，有很强的自适应网络技术特征，通过专用光缆最终连接到仪器控制单元，从而实现 508XT 系统对野外地面采集设备的控制。FDU-508 具有循环缓冲内存功能，其内置芯片可以快速排列部署和数据存储管理，为野外数据安全性提供了保障。

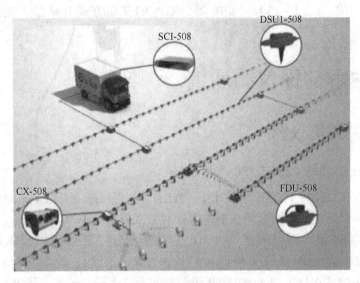

图 3.37　508XT 地震采集系统结构

3.3.1.2　INOVA 公司 G3i 系统

　　G3i 地震仪器系统是 INOVA 公司于 2011 年推出的新一代有线遥测地震数据采集系统。G3i 地震仪为一体化系统，具备 24 万道实时带道能力；支持可控震源高效采集；兼容有线、无线及节点系统；兼容模拟及数字检波器，能够满足陆地勘探各种地表条件下高效施工要求。

　　1. G3i 系统组成

　　G3i 地震仪由中央记录单元 CRU（central unit）、野外地面站设备和排列电缆及光缆交叉线组成，如图 3.38 所示。地面站设备包括采集站 RAM（remote acquisition module）、电源站 PSU（power supply unit）、交叉站 FTU（fiber tap unit）。

　　C3i 的 CRU 由自适应稳压电源 PSM（power supply module）、地震数据处理模块 SPM（seismic processor module）、磁带机、绘图仪和多台显示器组成。仪器主机与地面站之间的通信通过 SPM 背板的四个光纤接口和辅助口来完成。

　　采集站 RAM 由电源站或交叉站供电。站内设有两块电路板：一块为控制板，主要由 4 对数传通路、加电控制电路、数据打包处理等电路组成；一块为模拟板，主要由 4 个模拟道、低谐波振荡电路、采集控制电路组成。

　　采集站具有错误数据自动恢复、采集状态显示和排列在线软件升级的功能，并承担着接收来自检波器的微弱信号，通过放大和模数转换使采集的模拟信号转换成 24 位数字信号的功能。另外，每个采集站不仅承担采集工作，同时也充当中转站的作用，将采集和转发的数据向主机发送。采集站的主要技术指标见表 3.2。

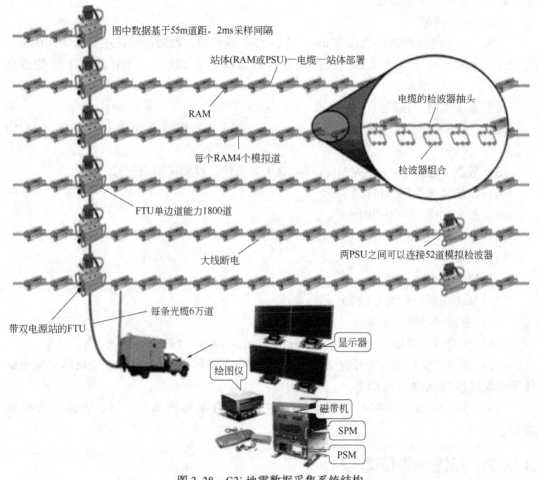

图中数据基于55m道距，2ms采样间隔

站体(RAM或PSU)—电缆—站体部署

RAM

每个RAM4个模拟道

电缆的检波器抽头

检波器组合

FTU单边道能力1800道

大线断电

两PSU之间可以连接52道模拟检波器

每条光缆6万道

带双电源站的FTU

显示器

绘图仪

磁带机

SPM

PSM

图 3.38　G3i 地震数据采集系统结构

表 3.2　C3i 采集站的技术指标

增益，dB	动态范围，dB	最大输入信号，V	等效输入噪声，μV
0	123	1.768	1.244
12	123	0.442	0.349
24	117	0.1105	0.1551

　　电源站 PSU 是独立的供电单元，由 12V 电瓶供电，再提升到 64V 电压为采集站供电。单站电源站配有两个热拔插电源口，确保在更换电瓶时不间断地为采集站供电；电源站内有两块电路板：一块为控制板，主要由 4 对数传通路、电压提升电路、加电控制电路、主加电电路、数据打包和存储及错误数据自动恢复电路组成；另一块为模拟板，和采集站一样具有 4 个模拟通路，承担着采集地震数据的工作。

　　交叉站 FTU 也是一个独立的供电单元，其内部电路板与电源站基本一样，也由两块板组成，除具备电源站的全部功能外还设有光电转换电路。一方面，交叉站将主机发送的光信号转换成电信号，向排列发送命令；另一方面，交叉站将排列的状态和采集数据的电信号转换为光信号传送给主机。交叉站之间、交叉站与中央处理系统间通过光缆连接；交叉站与采集站间通过电缆连接；交叉站也具有采集功能，同样具备 4 个模拟通路的地震采集和错误数据自动恢复功能。

2. C3i 性能指标

目前 C3i 系统使用的是长度 220m、道距 55m 的电缆，数据传输速度设置为 10Mb/s；另外使用 500m 的光缆交叉线，数据传输速度设置为 1.22Gb/s。C3i 的基本性能指标如下：

(1) 系统实时带道能力：24 万道、2ms 采样。

(2) 交叉线实时带道能力：6 万道、2ms 采样（采用数据压缩技术能够达到 10 万道）。

(3) 数据传输速率：30~60Mb/s（根据大线长度、性能灵活设置）。

(4) 系统动态范围：141dB。

(5) 频率响应：3~1640Hz。

(6) 总谐波畸变：<0.0004%。

(7) 共模抑制比：≥95dB。

(8) 道间串音：>130dB。

(9) 系统功耗：平均每道 235mW。

(10) 过渡带系统防水深度：75m。

(11) 支持可控震源高效采集：Flip-Flop、slip-sweep、ISS、DS3/DS4 等。

(12) 兼容不同类型的野外设备：有线站体/节点站体、模拟站体/数字站体、陆地站体及电缆/过渡带站体及电缆等。

(13) 兼容模拟及数字检波器：SM21 三分量数字检波器及 SL11 单分量数字检波器。

3.3.2　无线地震仪器

3.3.2.1　Sercel 公司 Unite 系统和 WTU508 节点

2011 年法国 Sercel 公司推出了一款无线采集系统 Unite，该系统适用于各种复杂的野外环境，与 428-XL 完全兼容，是对有线系统在某些特殊地区无法施工的有效补充。无线采集站（RAU）配置为单站单道，也可扩展为单站三道，连接三分量检波器。其工作方式十分灵活，可以采取自主方式将地震数据存储在本身的存储器中，以后再集中回收；也可以边采集边回收实时传输地震数据，通过 WiFi 技术与地震仪器车、大线排列或平板电脑等回收设备进行数据交换。任何一个交叉站只要连接上一个无线节点设备（CAN），配置 WTU508 无线节点，就可以和周边的无线采集站（RAU）进行数据交换；分布在仪器车附近的 RAU 也可以直接和仪器车进行数据交换；远离仪器车和 CAN 设备的 RAU 可以通过 PC 平板电脑人工回收后再发送给仪器车或 CAN 设备进行数据回收，其通信距离最大可达 1000m。

3.3.2.2　Wireless Seismic 公司 RT3、RT2 无线系统

Wireless Seismic 公司 2017 年推出的 RT3 可获得更加密集的陆上地震勘测数据。与日益增加的盲节点系统不同，RT3 支持用户对全部 25 万余个记录信道实时进行交互式管理。例如，为维持电池寿命，控制中心只需利用单个命令便可使全部记录信道进入休眠状态，

这是盲节点系统所不具备的能力。此外，通过部署一种新的无线电遥测结构将所有地震数据传输到中央记录器，RT3 有效避免了盲节点系统所需的烦琐任务，即手动数据采集和人工数据转录，速度比传统有线系统快七倍。

RT3 的标准配置包括成千上万个超轻型、超低功率记录装置（Mote），其通过无线电与地面中继单元（GRU）通信，从而将地震数据传输到完全交互式的中央记录系统。RT3 包括 RT2 业已证实的全部先进功能，包括实时数据 QC 和混合无线遥测。RT3 无线网络实现完全自组织和自动化，仅需最少的资源即可完成初始部署。

3.3.3 节点地震仪器

节点地震仪器是指采用无线采集站的地震系统，与无线地震仪器不同的是，它无法实时传输地震数据，只能进行少量命令和状态的传输，地震记录基本存储在节点存储器中。检波器定位有两种方式，使用无线定位设备在埋设检波器时将位置信息传给采集站（ION 公司 Firefly 系统），或安装 GPS 定位系统（Ascend Geo 公司 Ultra 系统）。

ION 公司的 Firefly 无线系统，配接三分量数字检波器，设计带道能力 50000 个站。BGP 公司的 3S 地震仪（当时称为授时地震仪）主要功能是解决有线传输和无线电传输都不能满足的复杂地表（如山地）地震勘探问题。JGI 公司的 MS-2000（当时称为独立系统）用于解决长距离二维勘探（超大炮检距）观测问题。随后，FairField 公司推出 Z-LAND 一体化单点采集系统、Geo Space 公司推出 GSR 系统，节点系统正式向物探采集作业推进，成为一种新兴的地震数据采集系统。这类仪器依靠 GPS 授时连续采集，采集点无须控制，采集的数据本地存储无须通过电缆或电台传输，因此采集站设计简单、功耗低、成本低、操作方便。

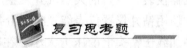

复习思考题

1. 试述地震勘探原理及石油地震勘探对地震勘探仪器的要求。
2. 地震勘探仪器由哪几部分组成？其研究方法是什么？
3. 地震勘探使用的震源有几种，各有什么优势？
4. 检波器分几类？说明 MEMS 检波器的原理。
5. 图示说明地震数据采集系统的流程。
6. 说明 $\sum-\Delta$ 式 A/D 转换原理。
7. 地震数据采用哪些存储技术？
8. 地震数据有哪些传输方式？各有什么缺点？
9. 查阅资料，说明地震勘探仪器的发展方向。

4 / 石油工程仪器

4.1 概述

　　石油工程是获取油气资源的主要途径，泛指运用科学的理论与方法、装备与技术，对地下油气资源进行勘查、评估、井筒施工并开采到地面。为了确保油气安全生产，提高生产效率，增加井场产量，降低开采成本，保证开发生产能够顺利进行，需要采用一系列相关仪器设备，即石油工程仪器，对反映生产与管理过程的各种参数进行实时监测。石油工程仪器种类繁多，贯穿钻井、录井、采油等全过程，可以说，石油工程仪器水平在一定程度上代表了油气田开发的水平。

　　钻井和采油方面所用的仪器仪表，是石油天然气开发生产过程的重要监测手段。钻井仪器仪表是钻井工程的眼睛，使用钻井仪器仪表能及时测量并显示出井架或提升系统是否超载，随时指示在钻进过程中加载于钻头上的压力大小；在喷射钻进中能及时指示泵压，以及钻井液排量、黏度、密度及上返速度；在正常钻进中还可以指示转盘扭矩及转速的变化，预防钻具设备故障和井下事故的发生。正确使用钻井仪器仪表可以保证安全、优质、快速、高效钻进。需要指出的是，随着国内外多数油气田相继进入开发中后期，油气藏开发难度逐渐加大，钻遇地层特性日益复杂，加之海上油气田、近海油气田、煤层气田和页岩气田的陆续钻探和开发，对常规的大位移井、水平井和多分支井等钻井工艺技术提出了更高要求。旋转导向钻井技术是近年来发展起来的一项尖端的闭环自动钻井新技术，它的出现是世界钻井技术一次质的飞跃。这些都对石油工程仪器提出了新的要求。

　　同时，蓬勃发展的随钻测量 MWD（measurement whiling drilling）及随钻测井 LWD（logging whiling drilling）技术，在增强大位移井、高难度水平井、分支井的地质导向和地层评价能力，提高油层钻遇率等方面具有重大作用，其中起到关键作用的随钻测量仪器、随钻测井仪器功不可没。随钻测量是一项钻井技术的"地下革命"，是一种在钻井过程中实时进行工程参数（如井斜、方位和工具面等）测量和上传的技术。而 LWD 是在 MWD 基础上发展起来的一种功能更齐全、结构更复杂的测量技术，以实现在钻井过程中钻遇地层的地质及岩石物理参数的测量与传输，主要有地层电阻率、中子密度、地层含氢指数、自然伽马值等。与 MWD 相比，LWD 单位时间内传输的信息种类更多，数据量更大。相对于传统的电缆测井，由于地层暴露时间短，随钻测井数据是在钻井液滤液侵入地层之前或侵入很浅时测得的，能更真实地反映原状地层的地质特征。为更合理地设置章节内容，有关随钻测井仪器的内容在第 5 章中介绍。

特别的，油气井工程和油气田开发工程作为石油工程的重要组成部分，涉及仪器众多，严格来讲，油气勘探开发与钻井部分仪器也可归于此类。但为了进行较为精细的划分，本章以综合录井仪为代表对油气井工程仪器加以介绍，并以采油类仪器为主阐述油气田开发工程的相关仪器。

此外，考虑到近年来天然气水合物资源勘查与试采工作取得了重要进展，开发利用前景光明，其物性分析及生成与开发模拟系统也将在本章予以介绍。

4.2 钻井仪器

4.2.1 钻井设备及工作原理

4.2.1.1 钻井设备组成

钻井设备主要指的是钻机。图 4.1 为旋转钻井的基本设备。根据钻井工艺中钻进、洗井、起/下钻具等工艺要求，现代石油钻机是一套联合的工作机组，由动力机、传动箱、绞车、天车、游动滑车、大钩、水龙头、转盘、钻井泵以及钻井液净化设备等组成，还有井架、底座等构件，以及电力、液压和空气动力等辅助设备。当前，我国乃至世界广泛使用的是旋转钻井法，相应的钻井设备称为旋转钻机。

根据钻井工艺各工序的不同要求，一套旋转钻机必须具备下列系统和设备。

（1）起升系统。起升系统主要包括主绞车、辅助绞车（或猫头）、辅助刹车（水刹车、电磁刹车等）、游动系统（包括钢丝绳、天车、游动滑车和大钩）以及悬挂游动系统的井架等，另外还有起下钻具操作使用的工具及设备（吊环、吊卡、卡瓦、大钳、立根移运机构等）。绞车是该系统的核心部件，用于起下钻具、更换钻头、下套管等作业。

（2）旋转系统。旋转系统主要由转盘、水龙头、方钻杆、钻杆、钻铤、配合接头、钻头等组成。转盘驱动方钻杆、钻杆和钻头破碎岩石，钻出井眼，所以转盘是该系统的核心设备，现代生产的大中型钻机还配有顶部驱动设备系统。另外，丛式井或定向井还需配备井下动力钻具。

（3）循环系统。钻井液循环系统设备主要由钻井泵、振动筛、除砂器、除泥器、高（中）速离心机、……、混合漏斗、除砂泵、剪切泵、罐底阀、除气器、高压管汇、水龙头、钻具（含方钻杆、钻杆、钻铤、钻头）、井眼等组成。钻井泵是该系统的核心设备，用于循环钻井液以清洗井底，携出破碎的岩屑，平衡井内压力，保证连续钻进。

（4）动力系统。动力系统为钻机提供动力，是驱动绞车、转盘、钻井泵等工作机的动力设备，多用柴油机，也有部分钻机由交流或直流电动机驱动。不同的钻机配备的动力设备不一样。机械钻机主要以柴油机为动力设备，电动钻机主要以电动机为动力设备。目前国内外主要以柴油机和柴油发电机作为钻机动力源。

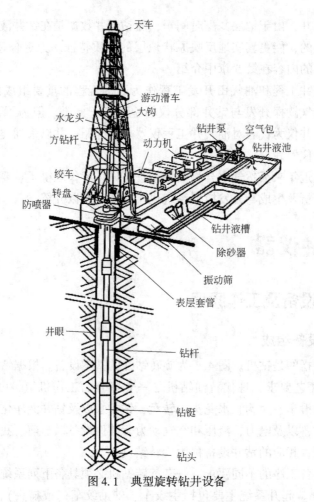

天车

游动滑车
大钩

水龙头
方钻杆
动力机
钻井泵
空气包
钻井液池

绞车
转盘

防喷器

钻井液槽

除砂器

振动筛

表层套管

井眼

钻杆

钻铤

钻头

图4.1　典型旋转钻井设备

（5）传动系统。传动系统的主要任务是把动力设备的机械能传递和分配给绞车、钻井泵和转盘等工作机。传动系统在传递和分配动力的同时具有减速、并车、倒车等特种功能。石油钻机的传动方式有机械传动（包括万向轴、减速箱、离合器、链传动和三角带传动等）、机械—涡轮传动（液力传动）、电传动、液压传动。

（6）控制系统。为了使钻机各个系统协调工作，钻机上配有气控制、液压控制、机械控制和电控制等各种控制设备，以及集中控制台和显示仪表等。

（7）底座系统。钻机底座是钻机组成的重要部分，包括钻台底座、机房底座和钻井泵底座等。车装钻机的底座就是汽车或拖拉机的底盘。钻机底座主要用来安装钻井设备，以及方便钻井设备的移运等。

（8）辅助系统。成套钻机除具有上述主要设备外，还必须配备供气设备、井口防喷设备、钻鼠洞设备、辅助发电设备及起重设备，在寒冷地区钻井时还应配备保温设备，以保证钻机能安全、可靠运行。

4.2.1.2　钻机工作原理

钻机的工作原理可通过旋转钻进、起下钻具、钻井液循环三种作业工况简要说明。旋转钻进时，大钩悬吊起钻具，动力通过传动系统传递给转盘，转盘带动钻具旋转，钻头在钻压力和钻盘扭矩作用下切削岩石。随着钻井进尺的增加，需要通过上提或下放钻柱进行换钻头、加接井下工具和钻杆，这种作业就是起下钻具。起钻时，动力通过传动系统传递给绞车，绞车带动大绳通过游动滑车提起悬吊在大钩的钻柱。下钻时，使用绞车的制动刹车装置，通过大绳控制游动滑车下方悬吊在大钩上的钻柱的下放速度，防止因下放速度过快造成安全事故。钻削的岩屑需要送返到地面，它是通过钻井泵使高压钻井液从泵排出口通过立管进入水龙头到钻柱内，然后从钻头水眼喷出。钻井液冲洗井底后，带上岩屑，通过井壁与钻柱之间的环空，从井底返回到地面的钻井液池。

4.2.1.3 钻机类型

1. 按钻井深度划分

（1）浅井钻机，指钻井深度不大于 2500m 的钻机，主要有用于钻地质调查井的钻机、岩心钻机、水井钻机、地震及炮眼钻机等；

（2）中深井钻机，指钻井深度在 2500～4500m 之间的钻机；

（3）深井钻机，指钻井深度在 4500～6000m 之间的钻机；

（4）超深井钻机，指钻井深度在 6000～9000m 之间的钻机；

（5）特超深井钻机，指钻井深度超过 9000m 的钻机。

上述的中深井钻机、深井钻机、超深井钻机主要用于钻生产井、注水井及勘探井等深井。

2. 按驱动设备类型划分

（1）机械驱动钻机，包括柴油机直接驱动或柴油机—液力驱动的钻机，以及采用三角胶带、链条、齿轮等主传动副进行统一、分组或单独驱动的钻机；

（2）电驱动钻机，包括交流电驱动钻机、直流电驱动钻机等，目前主要采用 AC-AC 交流电驱动、AC-SCR-DC 可控硅整流直流电驱动及 AC-DC-AC 交流变频电驱动；

（3）液压钻机，指通过液压动力和传动方式驱动的钻机。

4.2.1.4 井口防喷器

钻开高压油气层时有可能发生井喷，引起严重事故。为了在井喷发生时能控制井内钻井液和油、气、水的喷出，通常在钻台下面安装防喷器。目前国内外生产的钻机上都配备整套较完善的防喷器系统。图 4.2 为压力等级在 21～34MPa 的防喷器组合。

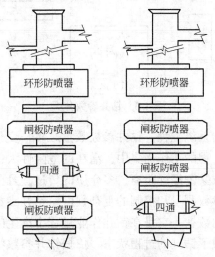

图 4.2　井口防喷器组示意图

4.2.1.5 钻具

井下钻井工具简称为钻具。在钻井中除必须配备一整套的地面钻井设备外，还要配备一系列井下钻井工具，包括钻井时下入井内的钻头、钻柱、井下动力钻具、取心工具以及一些辅助钻井工具（如事故处理工具）等。

4.2.2 钻井参数分类

钻井过程中，通过若干传感器及钻井仪器监测相应的钻井工作参数，从而反映钻机的工况，这些参数是钻井工程师优化钻井的决策依据。钻井参数可按如图4.3进行分类。根据目前装备配套情况和钻井技术的基本要求，对于旋转钻机配备的钻井仪表及记录仪器要求实时显示不同工作状态下的主要参数有：钻压、悬重、转盘转数、转盘扭矩、钻井泵冲次、立管压力、钻时、大钳扭矩、出口流量、钻井液罐的液面指示等，大部分参数需要连续记录，作为分析或长期保存的资料。其中出口流量、钻井液罐的液面指示要根据变化的范围实时报警。

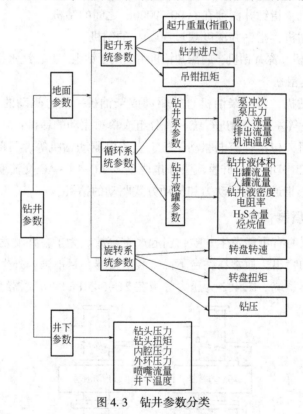

图4.3 钻井参数分类

钻井工程是一项复杂的系统工程。钻井参数数量之多，变化之大，涉及面之广，是钻井工程的独特之处。钻井工程的工作面集中，潜在的危险性大，又处在离地面数千米的地下，而随钻测量的许多参数又需经远距离、多介质的传递，且要滞后一定的时间才能达到地面，这就更增加了钻井参数测量和控制的复杂程度。钻井参数是在钻井过程中分析油气井、油气储藏情况的最基础数据，它是在钻井作业过程中产生的，一方面反映了钻井的目前工作状态，另一方面反映了钻进的过程状态，依据钻井参数状态可进行分析决策，从而决定是否继续钻井或以何种方式钻井。

另外一些信息是由钻井参数导出，或是不直接关系钻井工况的数据，统一归类为生产运行和管理参数，如图4.4所示。

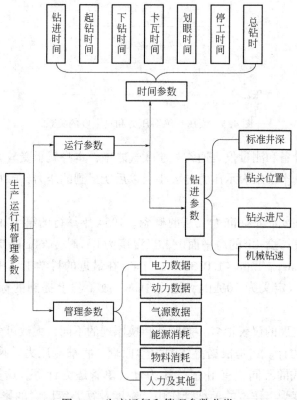

图 4.4　生产运行和管理参数分类

在生产运行和管理参数中，运行参数作为导出参数虽不完全直接反映钻井系统的工作状态，但它能间接反映出整个钻井工程的过程状态。那些提供给钻井工程管理与决策参考必不可少的管理参数，也是钻井工程管理者非常关心的数据。

4.2.3　钻井参数测量

4.2.3.1　压力测量

压力通常是指由气体或液体均匀垂直地作用于单位面积上的力。在钻井、采油生产过程中，经常会遇到比大气压力高很多的高压、超高压以及低于大气压力的真空度测量。在压力测量中，常用表压（相对压力）、绝对压力、负压或真空度等概念，其关系如图4.5所示。

工程上所用的压力指示值，大多为表压（绝对压力计的指示值除外）。表压是绝对压力和大气压力之差，即

$$p_{表压} = p_{绝对压力} - p_{大气压力} \qquad (4.1)$$

当被测压力低于大气压力时，一般用负压或真空度来表示，它是大气压力与绝对压力之差，即

$$p_{真空度} = p_{大气压力} - p_{绝对压力} \qquad (4.2)$$

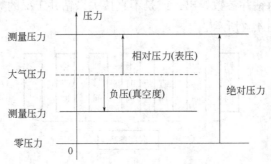

图 4.5　表压、绝对压力和真空度的关系

因为各种工艺设备和测量仪表通常处于大气之中，本身就承受着大气压力，所以，工程上经常用表压或真空度来表示压力的大小。以后所提到的压力，除特别说明外，均指表压或真空度。

压力的测量往往要涉及标准大气压的概念。1954 年举行的第十届国际计量大会对大气压规定了标准：在纬度 45°的海平面上，当温度为 0℃时，760mm 高水银柱产生的压强称为标准大气压（atm）。1atm = 1.01325×10^5 Pa。在最近的科学工作中，为方便起见，又另外将 1 标准大气压定义为 100kPa，记为 1bar。故工程上提到的标准大气压，也可以指 100kPa。

测量压力或真空度的仪表很多，按照其转换原理的不同，大致可分为 3 类。

（1）液柱式压力计。它是根据流体静力学原理，将被测压力转换成液柱高度进行测量的。按其结构形式的不同，有 U 形管压力计、单管压力计等。这类压力计结构简单、使用方便，但其精度受工作液的毛细管作用、密度及视差等因素的影响，测量范围较窄，一般用来测量较低压力、真空度或压力差。

（2）弹性式压力计。它是将被测压力转换成弹性元件变形的位移进行测量的仪表，如弹簧管式压力计、波纹管式压力计及薄膜式压力计等。

（3）电气式压力计。它是通过机械和电气元件将被测压力转换成电量（如电压、电流、频率等）来进行测量的仪表，如各种压力传感器和压力变送器。

4.2.3.2　钻压测量

钻压是指钻头对井底的压力。它可帮助司钻保持合乎要求的均匀钻压，有利于获得较好的井身质量和较高的钻速，同时还可防止超过井架或起升系统能力的操作。

钻压通常采用测量大钩负荷的方法进行间接测量。在钻柱的垂直方向上，有 3 个力作用：钻柱本身的重力；井底的支承力，它的大小与钻压相同，方向相反；大钩的拉力。三者之间关系可用公式表示为

$$W_E = W_a - W \tag{4.3}$$

式中　W_E——钻压，kN；

　　　W_a——钻柱净重力，kN；

　　　W——钻进时的大钩负荷，kN。

因此，只要测量出大钩在离开井底和位于井底两个位置上的负荷，就可间接地求出钻压。

用于指示大钩负荷的表称为指重表。大钩负荷由游动滑车的钢丝绳分担。因此，只要测量出钢丝绳的张力，即可求出大钩负荷，从而得到钻压值。钢丝绳张力 T 与钻柱重力之间的关系如图4.6所示。

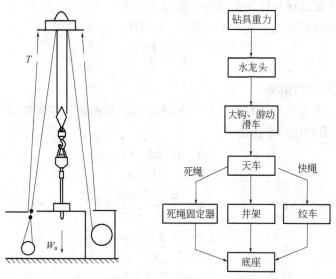

图4.6　钢丝绳张力与钻柱重力的关系

当钻速比较低，且钻机不存在振动时，忽略滑轮组的摩擦力，则游动滑车钢丝绳的张力均相等，即

$$T = \frac{W}{n} \tag{4.4}$$

式中　W——大钩负荷，kN；

　　　n——滑车的有效钢丝绳数；

　　　T——钢丝绳的张力，kN。

由于钻井过程中，钢丝绳死端既承受了与大钩负荷成正比的张力 T，又不发生运动，因而可以通过测量钢丝绳死端的张力 T 间接地测量大钩负荷，而测量钢丝绳死端张力通常采用膜片式力—液压传感器。

4.2.3.3　扭矩测量

扭矩是钻机旋转系统的重要参数。钻进过程中，随时监测扭矩的变化，可以早期发现井斜，了解钻头的工作状况，确保钻具的安全等。钻井过程中的动态扭矩是司钻了解井筒内管柱的受力状况不可或缺的重要依据，而扭矩传感器是获得动态扭矩的唯一来源，因此它的可靠性直接影响到钻井作业的效率和安全。

扭矩是使物体发生转动效应或扭转变形的力矩，其大小为力和力臂的乘积，而扭矩传感器是将扭转力矩的物理变化转换成电信号的一种仪表，比较成熟的传感方式为应变电测技术，将专用的测扭应变片用具有相同应变特性的胶黏贴在被测弹性轴上，并组成应变电桥，若向应变电桥提供工作电源，即可测试该弹性轴受扭的电信号。近年来一些新型扭矩传感器不断被开发和研制出来，包括光纤式扭矩传感器、无线声表面波式扭矩传感器、磁敏式扭矩传感器、激光多普勒式扭矩传感器、激光衍射式扭矩传感器等。这里主要介绍电阻应变计工作原理及扭矩测量原理。

1. 电阻应变计工作原理

电阻应变片的工作原理是基于金属的应变效应。金属丝的电阻随着它所受机械变形的大小而发生相应变化的现象称为金属的电阻应变效应。

一段金属丝的电阻 R 与金属丝的长度 l、横截面 A 有如下关系:

$$R = \rho \frac{l}{A} \tag{4.5}$$

式中 ρ——金属丝的电阻率。

若金属丝受到拉力 F 作用伸长,伸长量设为 Δl,横截面积相应减少 ΔA,电阻率的变化设为 ΔR,则电阻的相对变化量为

$$\frac{\Delta R}{R} = \frac{\Delta l}{l} - \frac{\Delta A}{A} + \frac{\Delta \rho}{\rho} \tag{4.6}$$

又因为对金属丝来说 $A = \pi r^2$,$\Delta A = 2\pi r \Delta r$,$\dfrac{\Delta A}{A} = \dfrac{2\pi r \Delta r}{\pi r^2} = 2\dfrac{\Delta r}{r}$,于是有

$$\frac{\Delta R}{R} = \frac{\Delta l}{l} - \frac{2\Delta r}{r} + \frac{\Delta \rho}{\rho} \tag{4.7}$$

由材料力学知,弹性限度内材料的泊松系数为 $\mu = -\dfrac{\Delta r/r}{\Delta l/l}$,则有

$$\frac{\Delta R}{R} = \frac{\Delta l}{l}(1 + 2\mu) + \frac{\Delta \rho}{\rho} = \frac{K_0 \Delta l}{l} \tag{4.8}$$

式(4.8) 中 $K_0 = 1 + 2\mu + \dfrac{\Delta \rho/\rho}{\Delta l/l}$ 为金属丝的灵敏度系数。若令 $\varepsilon = \dfrac{\Delta l}{l}$ 为金属丝的轴向相对应变,则

$$\frac{\frac{\Delta R}{R}}{\varepsilon} = (1 + 2\mu) + \frac{\frac{\Delta \rho}{\rho}}{\varepsilon} \tag{4.9}$$

从公式(4.9) 可知,灵敏度系数受两个因素影响:一个是受力后材料的几何尺寸的变化,即 $1 + 2\mu$;另一个是受力后材料晶格畸变引起电阻率发生的变化,即 $\dfrac{\Delta \rho/\rho}{\varepsilon}$。对金属材料电阻丝来说,灵敏度系数表达式中 $1 + 2\mu$ 的值要比 $\dfrac{\Delta \rho/\rho}{\varepsilon}$ 大得多。

2. 扭矩测量原理

当被测件在受到扭转发生形变时,其中心轴上会产生应力和应变,在横截面处会受到一个剪应力,该剪应力按照直线规律变化,在轴的中心处为零,在轴的表面达到最大,如图 4.7(a) 所示。

如图 4.7(b) 所示,对于被测件径向表面的某一结构单元而言,在其与被测件轴线成 45°与 135°的斜面上,将受到法向应力,其数值等于横截面上的剪应力 τ。

因此,当被测件沿中心轴线扭转时,表面受到最大拉应力 σ_1 和压应力 σ_2,且 $\sigma_1 = -\sigma_2 = \tau_{max}$。在测量弹性轴扭矩时,在与轴线呈 45°和 135°的两个方向(相互垂直)各贴一片应变片,如图 4.8 所示。

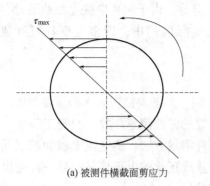
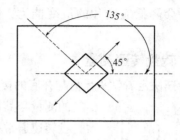

(a) 被测件横截面剪应力　　　　　　　(b) 被测件表面法向张力

图 4.7　被测件横截面与表面受力分析

根据材料力学，沿 R_1 方向和 R_2 方向的应变 ε_1 和 ε_2 分别为

$$\varepsilon_1 = \frac{\sigma_1}{E} - \frac{\nu\sigma_2}{E} \qquad (4.10)$$

$$\varepsilon_2 = \frac{\sigma_2}{E} - \frac{\nu\sigma_1}{E} \qquad (4.11)$$

式中　ν——泊松比；

　　　E——弹性模量。

应变片 R_1 和应变片 R_2 受到的应变数值相等，符号相反。

根据材料力学原理，受纯扭矩的轴，其横截面上的剪应力 τ 与轴上扭矩的关系为

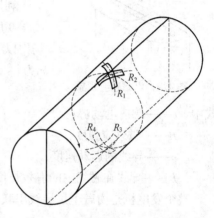

图 4.8　传统贴片方式示意图

$$\tau = \frac{M}{W_p} \qquad (4.12)$$

式中　M——轴上扭矩；

　　　W_p——轴截面的抗拒模数。

因此 $\sigma_1 = -\sigma_2 = \tau = \dfrac{M}{W_p}$，对于应变片 R_1，可以求出其应变为 $\varepsilon_1 = \dfrac{1+\nu}{E}\dfrac{M}{W_p}$，整理得到

$$M = \frac{W_p E}{1+\nu}\varepsilon_1 = C_0\varepsilon_1 \qquad (4.13)$$

式 (4.13) 中 C_0 是个常数，其数值为 $C_0 = \dfrac{W_p E}{1+\nu}$。

由于 $\dfrac{\Delta R}{R} = K\varepsilon$，所以

$$M = \frac{C_0}{KR}\Delta R \qquad (4.14)$$

从式 (4.14) 可知，被测件的扭矩大小与应变片电阻的变化量呈正比。若在图 4.8 中测点处与轴线呈 45° 和 135° 的两个方向各贴一片应变片，并采用半桥或全桥方式连接，则

能排除横剪力的影响，提高灵敏度和线性度。但是，由于两片应变片在粘贴时存在部分重叠，这无疑会降低应变片的应变能力，因此实际应用中，四个应变片可互成 90° 均匀粘贴。

4.2.3.4 转盘转速测量

转盘转速决定着钻头牙齿与井底的接触时间，是影响钻进效率的重要参数。转盘转速的测量与其他装置的转速测量一样，只是工作条件不同。转盘转速通常有两种测量方法：测速发电机和霍尔元件。前一种输出的是与转速成正比的电压信号；后一种输出的是与转速成正比的频率信号。

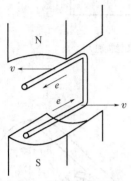

图 4.9　电磁感应现象

1. 测速发电机测量转盘转速

利用发电机原理的转速测量是基于电磁感应现象，如图 4.9 所示，具有一定长度的导线，在磁感应强度为 B 的磁场中以线速度 v 切割磁力线，则在导线两端感应出的电动势 e 为

$$e = BLv \tag{4.15}$$

式中　e——感应电动势；

　　　　B——磁感应强度；

　　　　v——导线的运动速度；

　　　　L——导线在磁场中的有效长度。

整个发电机是由若干条导线串联而成的电路，发电机的输出电动势为

$$E = K_E \Phi n_D \tag{4.16}$$

式中　E——发电机的输出电动势；

　　　　Φ——磁通量；

　　　　n_D——发电机的转动速度；

　　　　K_E——电动机常数。

2. 霍尔元件

当霍尔元件通有恒定的激励电流且处于近距离的运动磁场中时，磁场的运动会使得霍尔元件的输出产生一系列与磁场运动相应的脉冲信号。根据这一原理，如果把永久磁体置于运动的转轴上，就会产生与转动相应的磁场运动，然后根据霍尔原理就可以测出其转速。

1）霍尔效应

如图 4.10 所示，一块长、宽、厚度分别为 l、b、d 的半导体，给半导体通上如图中方向的电流 I，在外加垂直磁场 B 的作用下，运动中的电子受洛伦兹力 f_L 的作用会偏向一侧，使该侧形成电子堆积，另一侧由于电子浓度下降而产生正电荷，这就形成了如图 4.10 所示的上负下正的电场。运动中的电子在受到洛伦兹力的同时还受到了此电场的电场力 f_E，最后，当 $f_L = f_E$ 时，电子的积累就达到了平衡，所形成的电场就是霍尔电场，相应的电压称为霍尔电压，这种现象称为霍尔效应。经分析推导得霍尔电压为

$$U_H = \frac{IE}{ned} = K_H I d \tag{4.17}$$

式中　n——半导体单位体积中载流子的个数；

e——电子电量，为 1.6×10^{-19}C；

K_H——霍尔灵敏度，mV/(mA·T)。

2）霍尔测速原理

如图 4.11 所示，通过检测霍尔电压 U_H 的变化可测得转轴的转速。当被测物体上装有 M 个（图中为 4 个）磁性体时，待测旋转物体每转一周，霍尔电压就变化 M 次，通过放大、整形和计数电路处理则可得到被测旋转物的转速。

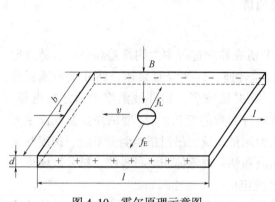

图 4.10 霍尔原理示意图

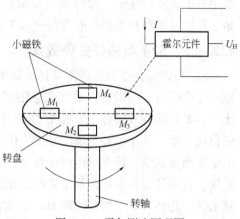

图 4.11 霍尔测速原理图

4.2.3.5 钻井进尺测量

机械进尺是起升系统的一个重要钻井参数，是代表钻井效果的参数。通过机械进尺可换算出井深、钻头位置、大钩位置、机械钻速、钻时等参数。因此，进尺是综合反映钻井效果的一个重要参数。

进尺是位移量，在数值上等于水龙头、游动滑车的位移或与钢丝绳的收放长度成正比。计算进尺要考虑到钻柱在不同应力下的变形问题。只有当悬重恒定时，钻柱的行程才能代表机械进尺。

钻井进尺测量采用绳索式进尺传感器，其工作原理是在水龙头上固定一根细钢丝绳，该绳穿过天车平台上的一个定滑轮，再引向一个传感机构。传感机构包括导轮、传感器和钢丝绳收放机构。钢丝绳经过导轮后，在传感器的计量轮上缠绕一周，然后卷在收放机构的小滚筒上。收放机构的小滚筒通过齿轮传动，与一个强力的涡卷弹簧相连接。钻柱下行时，涡卷弹簧被卷紧；钻柱上提时，涡卷弹簧利用其储存的弹性变形能，将钢丝绳拉紧，以保证钢丝绳在计量轮上不打滑，从而实现进尺信号的准确传递。传感器里的计量轮，通过齿轮传动，带动电位器轴，使其滑动端改变电位，如图 4.12 所示。

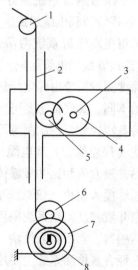

图 4.12 进尺传感器原理

1—导轮；2—钢丝绳；3—电位器；

4—齿轮；5—计量轮；6—小滚筒；

7—齿轮；8—涡卷弹簧

4.2.4 钻井多参数仪

钻井多参数仪是为了监测油田钻井工程参数而设计的，它把采集到的各个传感器信号经过处理，分别送到司钻控制室和队长办公室终端工作站，进行显示、记录、绘图、查询。

钻井多参数仪能提供钻井泵冲次、钻井泵出口流量、钻井液压力、钻井液出口流量、钻压、转盘转速、转盘扭矩、大吊钳扭矩和悬重等信号；在屏幕上以表盘、曲线或者实际数字等形式实时显示、保存测量结果；以时间历程检索历史记录并形成报表；可在工作站、司钻显示台和采集中心进行全双工长距离通信。

4.2.4.1 SZJ 型钻井多参数仪

SZJ 型钻井多参数仪能测量显示钻机或修井机在作业过程中大钩悬重和钻压、转盘扭矩、立管压力、吊钳动力钳或套管钳扭矩、转盘转速、1~3 号泵泵速、钻井液回流百分比、1~8 号钻井液罐体积、钻井液罐总体积、钻井液密度、钻井液温度、钻井液电导、硫化氢含量、井深、游车高度、钻头位置、钻时等参数的变化。SZJ 型钻井多参数仪主要由指重测量系统、转盘扭矩测量系统、立管压力测量系统、吊钳扭矩测量系统、深度测量系统、转盘转速和泵冲次测量系统、钻井液回流和钻井液罐体积测量系统、钻井液密度测量系统、总烃含量检测系统和 H_2S 含量检测系统组成。

指重测量系统由指重表传感器、重量指示仪、总线模入模块（仅总线型）、连接管线和电缆组成。在集散型中，指重表传感器获得的压力信号经变送器转换为电流信号，并在采集器内进行处理；总线型中，压力变送器获得的电流信号直接在总线模入模块内处理。

转盘扭矩测量系统由惰轮式转盘扭矩传感器、转盘扭矩指示仪、总线模入模块（仅总线型）、连接管线和电缆组成。

立管压力测量系统由立管压力传感器、立管压力指示仪、总线模入模块（仅总线型）、连接管线和电缆组成。

吊钳扭矩测量系统由吊钳扭矩传感器、吊钳扭矩指示仪、总线模入模块（仅总线型）、连接管线和电缆组成。

深度测量系统由深度传感器、总线深度模块（仅总线型）和传输线组成。根据安装位置的不同，深度传感器可分为滚筒式和天车式。

转盘转速和泵冲次测量系统均采用无接触方式测量，由接近式感应开关、总线泵冲转速模块（仅总线型）和电缆组成。

钻井液回流和钻井液罐体积测量系统均采用无接触测量方式，系统由超声波液面探测器、总线模入模块（仅总线型）和传输线组成。

钻井液密度测量系统采用电容式差压原理测量出口钻井液和入口钻井液密度，主要由密度传感器、总线模入模块（仅总线型）和传输线组成。

总烃含量检测系统主要用于监测钻井过程中，钻井液返回地面时，夹杂的可燃性气体向空气中扩散时浓度的变化，及时显示、报警，预防事故的发生，主要由气体检测探头、总线模入模块（仅总线型）和传输线组成。

H_2S 含量检测系统组成与总烃含量检测系统组成相似，由气体检测探头、A 类节点盒和传输线组成。

针对不同的配置，SZJ 型系列钻修井多参数仪可分为普通型、集散型和总线型三种类型。

SZJ 普通型钻井多参数仪由司钻显示台、传感器及管线组成，没有参数记录功能，可用在低端的修井机、小型或改造钻机上，其司钻显示台由各规格液压机械表、低温背光密封防爆数字表组成，一般采用平放或吊装在钻台上，系统结构如图 4.13 所示。

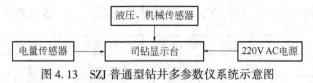

图 4.13　SZJ 普通型钻井多参数仪系统示意图

SZJ 集散型钻井多参数仪由司钻显示台、传感器、采集器、队长办公室计算机终端、安装支架及管线组成。司钻显示台一般采用液压、液晶数显一体式，可安装在钻台上或司钻操作房内，也可根据用户需要采用液压、液晶显示分体式，还可采用触摸屏显示。所有传感器的信号经过采集器处理分两路，一路送给液晶显示部分，另一路送给队长办公室计算机终端显示、记录、打印，同时借助第三方系统可实行 GPRS/CDMA 数据网络传送，系统结构如图 4.14 所示。

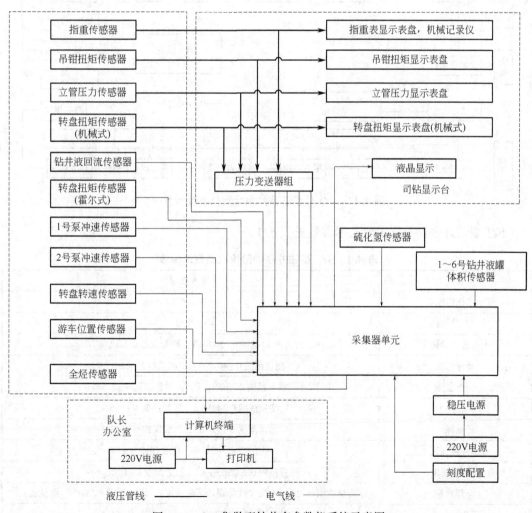

图 4.14　SZJ 集散型钻井多参数仪系统示意图

SZJ 总线型钻井多参数仪由司钻显示台、传感器、队长办公室计算机终端、安装支架及管线组成。司钻显示台一般采用液压、PC104 采集+触摸屏分体式，可安装在钻台上或司钻操作房内，也可采用全一体式。所有传感器通过总线模块串在 CAN 总线电缆上，分别在前台触摸屏、后台工控机显示所有参数的实时数字及曲线并记录、打印，同时可实现 GPRS/CDMA 数据网络传送，并可支持一定的钻井自动控制，结构如图 4.15 所示。

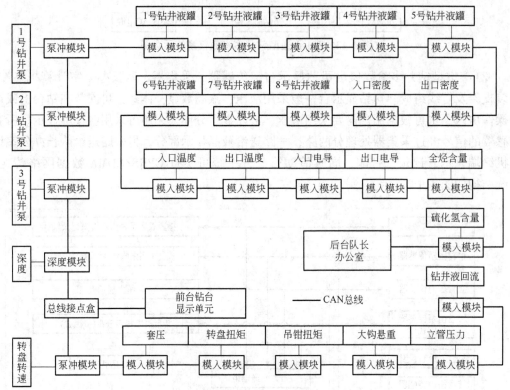

图 4.15 SZJ 总线型钻井多参数仪系统示意图

SZJ 型钻井多参数仪主要技术参数见表 4.1。

表 4.1 SZJ 型钻井多参数仪主要技术参数

参数	技术指标
工作温度	−30~70℃
相对湿度	0~90%
大钩悬重和钻压	测量范围 0~5000kN，测量误差 ≤±1.5%
转盘扭矩	测量范围 0~40kN·m，测量误差 ≤±1.5%
吊钳扭矩	测量范围 0~100kN·m，测量误差 ≤±2.5%
立管压力	测量范围 0~40MPa，测量误差 ≤±1.5%
钻深	测量范围 0~9999m，测量误差 ≤±0.5%
钻井液回流	测量范围 0~100%，测量误差 ≤±2%
钻井液密度	测量范围 0.8~20g/cm³，测量误差 ≤±0.02g/cm³
全烃含量	测量范围 0~100%LEL（气体爆炸下限浓度），测量误差 ≤5%FS（满量程）
硫化氢含量	测量范围 0~100μL/L，测量误差 ≤±5%FS

4.2.4.2　Petron 钻井仪表系统

Petron 钻井仪表系统布置示意图如图 4.16 所示。

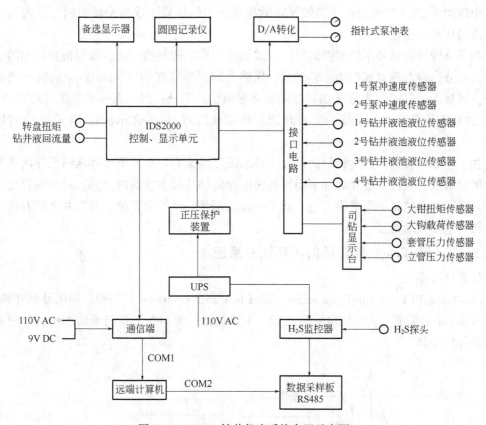

图 4.16　Petron 钻井仪表系统布置示意图

Petron 钻井仪表系统的特点如下：

（1）系统采用模块化结构，维修方便；

（2）控制面板操作简单、易懂；

（3）采用 DAQ-180 目标系统微处理器，系统运行非常稳定；

（4）测量参数齐全，且各参数可随意选择、组合、配置，从而适合各种钻机配套进行测试；

（5）各参数工程计算值的修改均配备了密码锁，可避免数据的误修改；

（6）系统运行程序简洁实用，整个程序小于 56KB，运行快、采样周期短、反应快，能快速准确地显示实时数据；

（7）采用防腐、防油、防水、阻燃、耐低温、耐盐雾的特种电缆，以及进口密封防水防爆接插件，整个系统采用正压通风防爆，适合钻井平台的防爆要求。

4.2.5　旋转导向钻井系统

旋转导向闭环钻井技术作为 20 世纪末发展起来的一项新型自动化钻井技术，具有机械钻速高、井身轨迹控制精度高、井眼净化效果好、位移延伸能力强等特点，是传统导向钻井技术的一次质的飞跃。世界著名的石油技术服务公司贝克休斯（Baker Hughes）、斯伦贝谢（Schlumberger）、哈利伯顿（Halliburton）等都已经开发出各自的旋转导向钻井系统。中海油于2015年也进行了旋转导向钻井系统实钻作业，成为全球第四、国内第一个拥有这项技术的企业。

井下旋转导向钻井系统根据其导向方式划分为推靠式和指向式，按照偏置机构的工作方式又可分为静态偏置式和动态偏置式。属静态偏置推靠式的有 AutoTrack 旋转导向钻井系统；属静态偏置指向式的有 Geo Pilot 旋转导向钻井系统；属动态偏置推靠式的有 Power Drive SRD 旋转导向钻井系统；属动态偏置指向式的有 Power Drive Xceed 旋转导向钻井系统。

井下动态偏置指向式旋转导向钻井工具系统已经成为当今井下闭环高精度导向钻井技术发展的重点，也代表着今后井下闭环高精度导向钻井技术发展的方向。动态偏置指向式旋转导向钻井系统是一个集机、电、液于一体的闭环自动控制系统，并以井下所有部件完全旋转为主要技术特征。

4.2.5.1 AutoTrack 旋转导向闭环钻井系统

1. 系统简介

AutoTrack RCLS（AutoTrack rotary closed loop drilling system）旋转导向闭环钻井系统，简称 AutoTrack 系统，总体结构见图4.17，主要包括地面与井下双向通信系统、导向系统和地质导向工具。

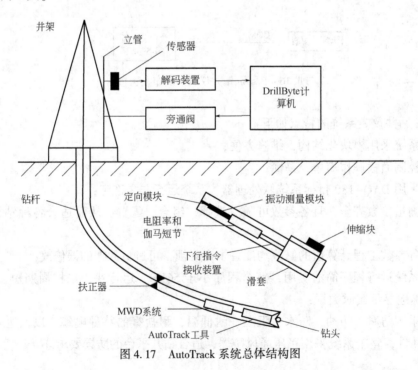

图 4.17　AutoTrack 系统总体结构图

地面与井下双向通信系统可在不停止钻进的情况下，采用钻井液脉冲从地面向井下工具发出指令改变井眼轨迹、造斜率、方位改变率及降斜率等，指示井底发射器有选择地发送需要的信息。

导向系统在不受到地面干预的环境下，引导井眼沿着事先设置好的轨迹进行钻进。该系统是一个闭环系统，在测量方面，包括方位传感器和振动传感器。方位传感器是利用三轴磁力测量仪对方位进行测量，同时结合近钻头井斜测量仪实现对井斜的测量。依据测量数据与目标轨迹，该系统可实时调整定向钻进工具。振动传感器能够监控 AutoTrack 的工作状况并保证其正常运转，提高运作效率。

地质导向工具主要包括 MPR（电阻率）和 GR（伽马）传感器，精确检测出地层及地层流体界面，确保钻进能够在油层中进行，同时可以结合 MDL（地层密度）、MNP（地层孔隙度）、MDP（井下钻井动力学状况）等工具，实现随钻测井。

在旋转钻进过程中，AutoTrack 系统的扶正器滑套处于一种相对静止的状态，从而确保钻头可以沿着特定的方向钻进。通过液压推动活塞分别对 3 个伸缩块施加不同的压力，从而使钻头产生 1 个特定方向的侧向力，保证钻头沿这一方向定向钻进，如图 4.18 所示。

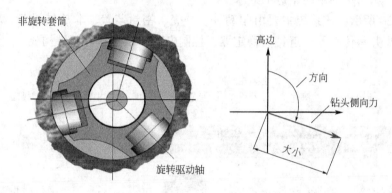

图 4.18 AutoTrack 系统总体结构图

如图 4.19 所示，AutoTrack 有 2 个信息传输环路。一个是井下工具内部的自动控制环路，它能够自动引导井眼沿着预先设置好的轨迹前进；另一个是井下工具与地面之间的控制环路，在井眼轨迹需要优化时，可以实现对井下工具的实时调控，从而保证对定向钻井的精确控制。

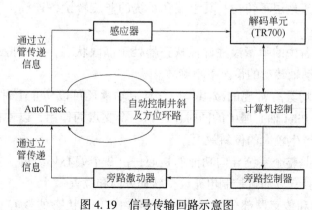

图 4.19 信号传输回路示意图

2. AutoTrack 的特点

（1）旋转钻进过程中实现连续井斜、方位的调整；

（2）自动定向控制；

（3）提供精确的地质导向和油层定位；

（4）井下工具与地面系统之间能够在旋转钻进过程中进行双向通信，可以对井眼轨迹进行实时调节；

（5）AutoTrack 可以与钻井液马达一起使用，以提供给钻头更多的功率或减少钻杆、套管的磨损。

4.2.5.2　Geo-Pilot 旋转导向钻井系统

1. 系统简介

Geo-Pilot 旋转导向钻井系统，相对于"侧推钻头"旋转导向工具而言，该工具是第1代"钻头导向"旋转导向工具。该系统采用偏心装置弯曲钻头驱动轴，以使钻头轴心偏离钻具轴心，从而达到定向钻进的效果。

如图 4.20 所示，该系统主要由驱动轴、外壳、密封装置、非旋转设备、轴承、偏心装置、近钻头井斜传感器、近钻头稳定器、控制电路和传感器等部件构成。

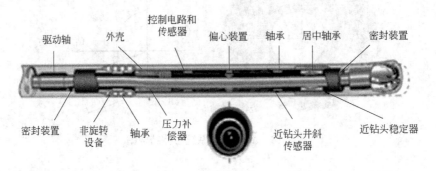

图 4.20　Geo-Pilot 旋转导向钻井系统结构

该系统的主要特点有：

（1）驱动轴贯穿整个系统，其两端安装在轴承上，上部和钻具连接，下部和钻头连接，是整个系统的动力传输部分。

（2）外壳相对于地层不转动，其上端和系统的非旋转设备连接，下端装有 1 个近钻头稳定器。

（3）非旋转设备中的弹簧滚柱确保扶正器处于满眼状态，并保持和井壁接触，从而使系统的外壳在转动轴转动的情况下不旋转。

（4）上下轴承均具有常规的减阻作用，且上轴承还可以防止上部扶正器钻具弯曲；下轴承在保证 Geo-Pilot 轴心居中的同时还起到一个支点的作用，以使钻头在传动轴稍微弯曲的情况下，能产生较大的偏斜效果。

（5）偏心装置是整个系统导向功能的核心，由 2 个偏心环组成。控制 2 个偏心环运动的机械装置相互独立，通过控制电路改变转动方向和位置；

（6）控制电路和传感器部分是检测和控制导向工具状态的核心。一方面，传感器不断检测系统的工具面位置;另一方面,该部分还根据设计的工具面数据,控制导向系统在钻进过程中对系统产生的工具面偏移进行校正,使系统始终处于稳定的工具面位置。

(7) 近钻头稳定器主要是起支撑的作用,以在驱动轴发生弯曲的情况下,强迫钻头改变轴心方向,达到钻头定向的效果。

(8) 近钻头井斜传感器用来测量近钻头井斜和系统的工具面方向。

(9) 压力补偿器确保系统旋转密封部位内的压力稍微高于环空压力。

2. 工作原理

Geo-Pilot 旋转导向钻井系统采用偏心装置使驱动轴弯曲,从而为钻头提供了一个与井眼轴线不一致的倾角,进而产生导向作用。Geo-Pilot 旋转导向钻井系统的驱动轴贯穿整个系统,其两端安装在轴承上,上部和钻具连接,下部和钻头连接,是驱动钻头转动的动力传输装置。系统的外壳安装在轴承的外围,相对地层不旋转,以此提供一个相对稳定的工具面。外壳内部有一个传感器单元,用以测量近钻头井斜、方位伽马和系统的工具面。

如图 4.21 所示,外壳中间的偏心装置是系统的核心部件,偏心装置由 2 个独立的偏心环组成。当 2 个偏心环的偏心位置正好相反时,驱动轴不弯曲。当 2 个偏心环的偏心方向一致时,驱动轴弯曲幅度最大(其导向能力达到最强)。2 个偏心环的偏心位置不在同一直线时,驱动轴的弯曲度介于弯曲幅度最大和不弯曲之间,由此改变系统的造斜角度。偏心装置和井下控制电路同时工作,自动调整 2 个偏心环的偏心位置,以实现闭环控制目的。

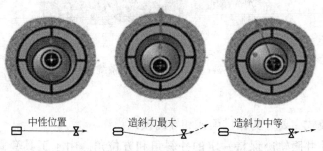

图 4.21 偏心环相对位置及造斜力示意图

3. 技术特点

(1) 造斜率可靠度高,钻进时由于外筒不旋转,近钻头扶正器不磨损,工具连续造斜,保证了造斜率;

(2) 摩阻低、扭矩小,能钻出较平滑的井眼,有利于降低摩阻、减小扭矩,可以使用较大的钻压提高机械钻速;

(3) 井眼清洁效果更好,利用该系统有利于消除井眼螺旋,最大限度地减少或避免托压问题的发生,提高了钻井效率;

(4) 近钻头方位伽马和井斜传感器距离钻头最近(约1m),可以精确控制井眼轨迹,地质导向效果更好。

4.2.5.3 Power Drive Xceed 旋转导向钻井系统

1. 系统简介

斯伦贝谢公司开发的 Power Drive Xceed 是其第二代产品，属于指向式旋转导向钻井系统，主要由导向系统、传感器模块、电子控制元件和动力产生模块 4 部分组成。在钻柱连续旋转的情况下，导向系统使钻头一直朝向一个方向，从而实现旋转导向；通过地面信息下传指令，可实现连续调整钻头轴的方向，以控制井眼轨迹和全角变化率；传感器模块和电子控制元件控制导向系统运行，而动力产生模块则包括涡轮发电机、驱动电机等。

Power Drive Xceed 的导向系统由外壳、驱动轴、万向节和钻头短节组成，如图 4.22 所示。外壳相当于一根钻铤，它提供了导向钻进的平台，内含控制系统。外壳上装有两个螺旋稳定器，一个靠近钻头，另一个在其上约 3.3m 处；驱动轴上连伺服电动机，下接万向节，而钻头短节连接在万向节上。钻头短节和万向节轴心线与外壳轴心线存在少许偏移，偏移角为 0.60°。当伺服电动机转动时，驱动钻头短节以万向节为中心 360°转动，因此钻头可以指向任意方向。当钻柱旋转带动钻头转动时，钻头指向也会围绕钻柱中心线旋转。为了保持钻头指向恒定不变，控制系统将会测量钻柱转速，然后发送指令给伺服电动机，以控制驱动轴产生与钻柱转速相同但转动方向相反的转速，使钻头指向保持恒定不变。钻柱转速的任何微小变化都会被控制系统的测量传感器捕捉到，然后立即同步调整伺服电动机的反向转速，保证钻头指向不会因为钻柱转速的改变而发生变化。

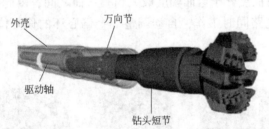

图 4.22　Power Drive Xceed 导向系统的基本组成

2. 工作模式

该系统工作模式主要分为钻进模式和导向模式。

钻进模式：使井眼轨迹保持一定的井斜角和方位角。由于工具套筒有固定的导向偏角，当套筒旋转时，其内部的导向系统随之与套筒旋转方向相反，抵消钻头的螺旋摆动，保证高质量的井眼轨迹。

导向模式：控制井眼轨迹的变化。采用闭环反馈的方式，通过改变驱动轴与外壳间的相对位置，可调整钻头短节工具面，进而控制井眼轨迹变化率。此外，该系统还包含一整套随钻电子测量工具，通过 PowerPluse 传输，可在钻进过程中向井口提供实时工具面、井斜角、方位等数据，工作人员根据所获得的井底信息，从井口发出指令以保持或改变钻头轨迹。

3. 技术特点

（1）对恶劣环境的适应性。Power Drive Xceed 旋转导向钻井系统适用于各种钻井液，可以在高达150℃的温度下工作。因为它采用内部导向系统，在砂岩及其他高研磨性岩层中工作时，其抗研磨性比普通外部导向系统更加优越。内部密封避免了与携带大量岩屑的钻井液的接触，从而提高了系统使用寿命。

（2）水力优化。Power Drive Xceed 旋转导向钻井系统工作时对钻头压降没有要求，这使定向钻井工程师在优化水力参数时拥有更大的灵活性，在钻大位移井时避免超过井场最大压力。

（3）自动追踪操作。在自动追踪的模式下，Power Drive Xceed 可以自动跟踪设计的井眼轨迹；当井斜方位偏离设计时，Power Drive Xceed 可以自动完成纠斜纠偏操作。此功能在钻进长稳斜段和小靶区井段时效果更加显著，它可以让定向钻井工程师专注于钻井参数优化和提高机械钻速，从而用最少时间完钻。

（4）完全旋转的优势。Power Drive Xceed 是 Power Drive 旋转导向钻井系统家族中的一部分，所有这些系统都具备完全旋转的特性，这使它们对于装有不旋转或者慢速旋转组件的其他旋转导向钻井系统拥有极大的优势（比如提高钻速、钻出的井眼光滑规则等）。

4.3　随钻测量仪器

4.3.1　简述

随钻测量与随钻测井是一对孪生概念，早在 20 世纪 30 年代就已经被提出，1938 年才获得第一条随钻测井电阻率曲线。由于当时传输技术不成熟，在随后的几十年内随钻测量/测井技术发展缓慢。20 世纪 50 年代后期，正脉冲钻井液传输系统的出现，使得随钻测量/测井的发展有了突破。第 1 套实用的随钻测量/测井仪器在 1978 年推出。进入 20 世纪 80 年代后，大斜度井和水平井钻井数据日益增多，随钻测量/测井技术开始迅速发展。进入 90 年代后，随着信息化和计算机技术的发展，MWD 和 LWD 的结合日趋紧密，成为信息化和智能化钻井的重要组成部分，在增强大位移井、高难度水平井、分支井的地质导向和地层评价能力，提高油层钻遇率等方面起到重大的促进作用。随钻测量/测井系统由井下控制器、各种井下参数测量仪器、信息传输系统和地面信息单元组成。井下控制器主要用于配置各测量仪器、控制各仪器工作时序、接收和处理各种测量参数等。井下参数测量仪器负责获得各种几何、地质、工程及其他与当前钻井状态和地层相关的数据。信息传输系统则采用有线或无线的信道将得到的数据以一定的编码方式传输至井口。地面信息单元一方面负责与井下控制器的互联通信，另一方面对传输信号进行滤波、解码、接收、处理及显示等。

随钻测量的参数主要分为定向参数和工程参数。定向参数包括井斜角、方位角、工具面角。工程参数包括钻压、扭矩、内外环空压力、转速和三轴振动量等。以上诸多参数的测量和传输离不开随钻测量仪器，如定向探管、井眼压力探测器、井环压力探测器以及高温方位伽马仪等。

4.3.2　定向数据随钻测量仪

井斜方位的测量是确定井眼在空间的倾斜和倾向的途径。在石油钻探领域中，一口井是否按照要求的斜度和走向钻进，关系到这口井最终能否钻到靶心。如果未能钻到靶心，意味着钻井失败，甚至该井报废。目前，随着定向井、水平井的日益增多，需要精度更高、操作更方便的定向数据随钻测量仪。

4.3.2.1 测量参数及测量原理

在随钻测量中，主要是通过测量井斜角、方位角和工具面角来确定井眼轨迹。在工程上，井斜角、方位角、工具面角由安装在测量探管内部的 3 个正交磁通门传感器和 3 个正交重力加速度计来测量和计算，传感器安装如图 4.23 所示，Z 轴为测量探管的轴向，其中 G_X、G_Y、G_Z 为重力分量，B_X、B_Y、B_Z 为磁力分量。

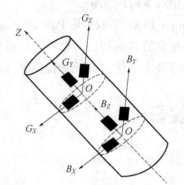

图 4.23　三轴传感器安装方位示意图

1. 工具面角

工具面角有两种表示方式：一种是以井眼高边（也称重力高边）为基准的重力工具面角，如图 4.24 所示；另一种是以磁北为基准的磁性工具面角，如图 4.25 所示。

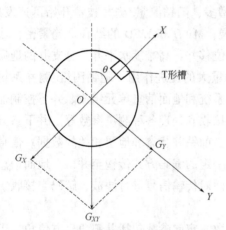
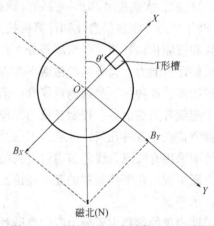

图 4.24　高边工具面角计算坐标示意图　　图 4.25　磁性工具面角计算坐标示意图

（1）高边工具面角：X 轴与重力垂线在 XOY 平面之间的夹角，定义为 θ，如图 4.24 所示。G_X 和 G_Y 分别为重力 G 在 X 轴和 Y 轴的分量。由几何关系式可知

$$\theta = \arctan(G_Y/G_X) \tag{4.18}$$

（2）磁性工具面角：X 轴与地磁场在 XOY 平面之间的夹角，定义为 θ'，如图 4.25 所示。B_X 和 B_Y 分别为地磁场 B 在 X 轴和 Y 轴的分量。由几何关系式可知

$$\theta' = \arctan(B_Y/B_X) \tag{4.19}$$

2. 井斜角

某测点井斜角等于该点处井眼切线方向与重力线之间的夹角，反映钻头倾斜程度。图 4.26 中探管轴向 Z 与重力线的夹角 β 即为井斜角。X、Y、Z 三轴相互正交，G 为重力值，G_{OXY} 为重力在 XOY 平面内的投影。

由图 4.26 可知

$$G = \sqrt{G_X^2 + G_Y^2 + G_Z^2} \tag{4.20}$$

$$\beta = \arctan(G_{OXY}/G_Z) \tag{4.21}$$

$$G_{OXY} = \sqrt{G_X^2 + G_Y^2} \tag{4.22}$$

3. 方位角

方位角是以正北方向线为始边，顺时针旋转至井斜方位线所转过的角度，即探管轴向在水平面的投影与磁北的夹角，如图 4.27 所示。

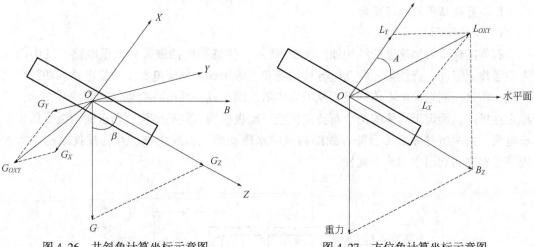

图 4.26　井斜角计算坐标示意图　　　　图 4.27　方位角计算坐标示意图

B_Z 为地磁场 B 在探管轴向的分量，L_{OXY} 是 B_Z 在水平面 OXY 上的投影。L_X 和 L_Y 分别为 B_Z 在 X 轴和 Y 轴的分量，A 为探管的方位角。由正切定理可得

$$A = \arctan(L_X/L_Y) \tag{4.23}$$

由图 4.26 可知

$$\sin\beta = \frac{\sqrt{G_X^2 + G_Y^2}}{G} \tag{4.24}$$

$$\cos\beta = \frac{G_Z}{G} \tag{4.25}$$

由图 4.24 可知

$$\sin\theta = \frac{G_Y}{\sqrt{G_X^2 + G_Y^2}} \tag{4.26}$$

$$\cos\theta = \frac{G_X}{\sqrt{G_X^2 + G_Y^2}} \tag{4.27}$$

其中 G_X 和 G_Y 与磁通量的转换矩阵为

$$L_X = [\cos\beta \quad \cos\beta \quad \sin\beta] \begin{bmatrix} B_X & 0 & 0 \\ 0 & B_Y & 0 \\ 0 & 0 & B_Z \end{bmatrix} \begin{bmatrix} \sin\theta \\ \cos\theta \\ 1 \end{bmatrix} \tag{4.28}$$

$$L_Y = [\cos\theta \quad \sin\theta \quad 0] \begin{bmatrix} B_X \\ B_Y \\ B_Z \end{bmatrix} \tag{4.29}$$

带入式(4.23)化简可得

$$A = \arctan(L_X/L_Y) = \frac{G(B_X G_Y - B_Y G_X)}{B_Z(G_X^2 + G_Y^2) + G_Z(B_Y G_Y + B_X G_X)} \tag{4.30}$$

4.3.2.2　主要测量传感器

1. 石英挠性重力加速度计

1）工作原理

石英挠性重力加速度计结构如图4.28所示。传感器包括表头和伺服电路，其中表头由质量检测组件、挠性梁、差动电容传感器和壳体组成，伺服电路由前放电路和功放电路组成。质量检测组件由石英动极板及力发生器线圈组成，并由石英挠性梁柔弹性支承，其稳定性极高。固定于壳体的两个石英定极板与动极板构成差动结构，两极面均镀金属膜形成电极，由两组对称E形磁路与线圈构成的永磁动圈式力发生器，互为推挽结构，大大提高了磁路的利用率和抗干扰性。

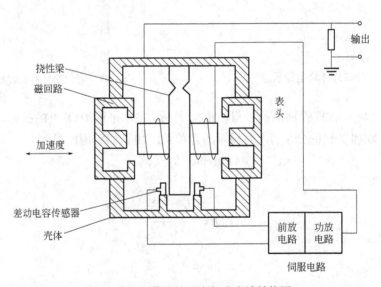

图4.28　石英挠性重力加速度计结构图

当沿加速度计的输入轴方向有加速度 a 产生时，挠性梁和线圈将由于惯性作用相对于平衡位置发生微小偏转，从而产生惯性力 F_a，则差动电容器间距发生改变，导致电容量发生变化。该变化通过伺服电路检测并变换成相应的输出电流信号，之后被馈送到处于恒定磁场的线圈中而产生反馈力 F_b，与输入加速度引起的惯性力 F_a 相平衡，再次恢复到平衡位置。

在平衡状态下，$F_a = F_b$，由 $F_a = ma$，再根据恒定磁场内线圈流过电流而产生的电磁力公式 $F_b = BiL$，平衡时 $ma = BiL$，则

$$a = \frac{BL}{m}i \qquad (4.31)$$

式中　B——恒定磁场的磁感应强度；

　　　L——线圈的总长度；

　　　m——挠性梁质量；

　　　i——差动电容传感器输出电流。

差动电容传感器输出电流 i 与电容量 C_1 和 C_2 之差成正比，与加在电容器极板两端的电压的变化率 du/dt 成正比，即

$$i = (C_1 - C_2)\frac{\mathrm{d}u}{\mathrm{d}t} \qquad (4.32)$$

由式（4.31）可知，该输入加速度 a 与输出电流 i、磁感应强度 B、线圈总长度 L 的大小成正比，与挠性梁质量 m 成反比，电流方向取决于加速度的输入方向。

2）主要特性

石英挠性加速度计采用的是变极距型差动电容传感器，其灵敏度是简单（非差动）传感器灵敏度的 2 倍，同时改善了传感器的非线性，提升了抗干扰能力。其差动原理图如图 4.29 所示，中间为挠性梁，由于惯性作用会发生偏转，从而导致上、下电容变化。

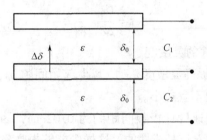

图 4.29　差动电容传感器

当挠性梁未移动时极板间距为 δ_0，对应的初始电容量为 C_0，即

$$C_1 = C_2 = C_0 = \frac{\varepsilon S}{\delta_0} \qquad (4.33)$$

式中　ε——极板间介质的介电常数；

　　　S——极板面积。

当挠性梁发生移动后，C_1 和 C_2 成差动变化，即其中一个电容量增加，另一个电容量减少。假设挠性梁如图 4.29 所示移动 $\Delta\delta$，则电容 C_1 和 C_2 将产生如下变化：

$$C_1 = \frac{\varepsilon S}{\delta_0 - \Delta\delta} = \frac{\varepsilon S}{\delta_0}\frac{1}{1 - \dfrac{\Delta\delta}{\delta_0}} = C_0\left(\frac{1}{1 - \dfrac{\Delta\delta}{\delta_0}}\right) \qquad (4.34)$$

$$C_2 = \frac{\varepsilon S}{\delta_0 + \Delta\delta} = \frac{\varepsilon S}{\delta_0} \frac{1}{1 + \dfrac{\Delta\delta}{\delta_0}} = C_0 \left(\frac{1}{1 + \dfrac{\Delta\delta}{\delta_0}} \right) \tag{4.35}$$

若位移量 $\Delta\delta$ 很小，且 $\Delta\delta \ll \delta_0$，式(4.34) 与式(4.35) 可按级数展开得

$$C_1 = C_0 \left[1 + \frac{\Delta\delta}{\delta_0} + \left(\frac{\Delta\delta}{\delta_0} \right)^2 + \left(\frac{\Delta\delta}{\delta_0} \right)^3 + \cdots \right] \tag{4.36}$$

$$C_2 = C_0 \left[1 - \frac{\Delta\delta}{\delta_0} + \left(\frac{\Delta\delta}{\delta_0} \right)^2 + \left(\frac{\Delta\delta}{\delta_0} \right)^3 + \cdots \right] \tag{4.37}$$

差动式电容传感器的输入为

$$\Delta C = C_1 - C_2 = C_0 \left[2\frac{\Delta\delta}{\delta_0} + 2\left(\frac{\Delta\delta}{\delta_0} \right)^3 + 2\left(\frac{\Delta\delta}{\delta_0} \right)^5 + \cdots \right] \tag{4.38}$$

电容的相对变化为

$$\frac{\Delta C}{C_0} = 2\frac{\Delta\delta}{\delta_0} \left[1 + \left(\frac{\Delta\delta}{\delta_0} \right)^2 + \left(\frac{\Delta\delta}{\delta_0} \right)^4 + \cdots \right] \tag{4.39}$$

由式(4.39) 可见，输出电容的相对变化 $\Delta C/C_0$ 与输入位移 $\Delta\delta$ 之间的关系是非线性的，只有当 $\Delta C/C_0 \ll 1$ 时，忽略非线性项后，才得近似线性关系为

$$\frac{\Delta C}{C_0} \approx \frac{2\Delta\delta}{\delta_0} \tag{4.40}$$

$$k = \frac{\dfrac{\Delta C}{C_0}}{\Delta\delta} = \frac{2}{\delta_0} \tag{4.41}$$

式中　　k——电容传感器元件的灵敏度。

由式(4.41) 可知，欲提高灵敏度 k，应减少起始间隙 δ_0，但由于受电容器击穿电压以及装配难度的限制，δ_0 也不宜过小。

一般而言，石英挠性加速度计极板间距约为 0.02mm，因此挠性梁的移动范围很小，电容传感器的特性曲线可以看作是线性的，这样既能够提高测量灵敏度，又能有效抑制交叉耦合效应。

3）伺服电路

HJ1516 是一种检测差动电容的专用伺服电路模块，同石英电容传感器配接，构成一个完整的石英挠性加速度计。该器件采用高温厚膜混合集成电路工艺，如图 4.30 所示，主要特点是密封性高、温度范围宽、低功耗、体积小、重量轻、可靠性高和无外接元件。该器件与不同传感器匹配时可进行 PID 特性调整。HJ1516 内部增加了温度传感器，方便客户进行温度建模修正，提高了系统的精度，其工作温度可达+200℃。

2. 磁通门传感器

磁通门传感器是一种测量微弱静态/准静态磁场的矢量传感器，具有体积小、重量轻、灵敏度高（$10^{-8} \sim 10^{-9}$T）、使用简单等优点，广泛应用于诸如磁场的测量、交通车辆的检测、导航系统、车船用罗盘、姿态控制、安全检测、电流脉冲检测、钻井测斜等领域中。

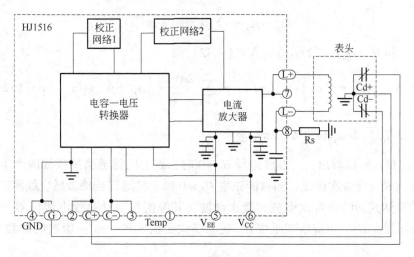

图4.30　电气原理框图
◯为外壳管脚号；⬡为内部焊接点标志

磁通门传感器利用软磁材料在过饱和区后磁导率的非线性特性，采用交变电流流经激励线圈形成的交变感应磁场作为励磁信号（载波）对外部微弱磁场（调制信号）进行调制，从而到达检测外界微弱磁场大小的目的。

磁通门探头是一种变压式器件，一般采用双铁芯结构，由激磁线圈、感应线圈和铁芯构成，其中激磁线圈反向串联如图4.31所示。

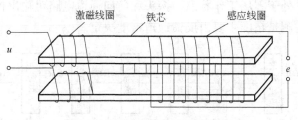

图4.31　磁通门探头结构示意图

当激磁线圈上输入频率为 f_1 的正弦激磁电压时，在铁芯中产生激磁磁场，可设其磁场强度为 $H_e = H_m \cos(2\pi f_1 t)$，且上下两铁芯中激磁磁场方向在任一时刻都是相反的。考虑环境磁场 H_0，则上下铁芯中磁场强度分别为 $H_0 + H_e$。设铁芯横截面积为 S，磁导率为 μ，感应线圈在上下铁芯上的有效匝数相同，同为 W_1。根据法拉第电磁感应定律，其中一个铁芯中磁场的变化在感应线圈中产生的感应电势为

$$e = -\frac{\mathrm{d}\left[(H_e + H_0)SW_1\mu\right]}{\mathrm{d}t} = -\frac{\mathrm{d}(H_e SW_1\mu + H_0 SW_1\mu)}{\mathrm{d}t} \tag{4.42}$$

当铁芯工作在饱和状态时，此时磁导率 μ 不是常数而是时间 t 的非线性函数 $\mu(t)$，在磁滞回线的一个周期内磁芯的磁导率会出现两次（偶数次）非线性特性，即磁导率 $\mu(t)$ 是时间 t 的周期偶谐函数，其傅里叶级数只有偶次谐波分量，将其展开为傅里叶级数，有

$$\mu(t) = \mu_0 + \sum_{n=1}^{\infty} \mu_n \cos(4n\pi f_1 t) \tag{4.43}$$

将式(4.43) 和 $H_e = H_m \cos(2\pi f_1 t)$ 带入式(4.42) 得

$$e = 2\pi f_1 W_1 SH_m \left\{ \left(\mu_0 + \frac{1}{2}\mu_1\right) \sin(2\pi f_1 t) + \sum_{n=1}^{\infty} \frac{2n+1}{2} \left\{ \mu_n + \mu_{n+1} \sin[(2n+1)2\pi f_1 t] \right\} + \right.$$

$$2\pi f_1 W_1 SH_0 \sum_{n=1}^{\infty} 2n\mu_n \sin[(2n)2\pi f_1 t] \tag{4.44}$$

从式(4.44) 可以看出，当被测磁场 $H_0 = 0$ 时，磁通门传感器感应线圈产生的感应电动势 e 的表达式只含奇次谐波；当被测磁场 $H_0 \neq 0$ 时，磁通门传感器感应线圈产生的感应电动势 e 的表达式同时含奇次谐波和偶次谐波，其幅值与激励交变电流信号的输入频率 f_1、被测磁场强度 H_e、感应线圈匝数 n、磁芯横截面积 S 和 Fourier 级数的常数项 μ_n 成正比例关系。

综上所述，通过提取感应电动势 e 中的偶次谐波分量，滤除激励信号产生的奇次谐波分量和杂波信号，就能够得到外界被测磁场强度的相关函数。由于 e 中的二次谐波幅值大于其他偶次谐波，因此二次谐波成分幅值最能够表征待测外部磁场 H_0 的强度，取 $n=1$ 可得二次谐波感应电动势为

$$e = 4\pi f_1 W_1 SH_0 \mu_1 \sin(4\pi f_1 t) \tag{4.45}$$

根据式(4.45) 设计合理的电路系统对磁通门传感器的输出信号进行调理，并对其进行标定，即可完成对外部待测磁通的高精度测量。

图 4.32 为基于二次谐波法测量法的闭环磁通门信号处理电路模块图。在前向通道设置积分环节后探头可处于零场工作状态，探头和前向通道电路对输出模拟量的影响将减至最小。此时，系统的测量精度主要由反馈通道精度决定。

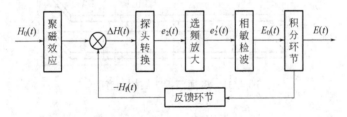

图 4.32　磁通门信号处理电路模块图

磁通门信号处理电路实现了弱磁信号与电压信号的转换，结构简单，易于调试，处理精度高，可靠性和稳定性好。

4.3.2.3　典型定向测量仪器

在随钻测量工程中，常把用于定向数据随钻测量的仪器称为定向探管。

1. SDYQ-48 型定向探管

SDYQ-48 型定向探管是一种正脉冲、下置坐键、小直径、可打捞的钻井定向仪器。该仪器可实时采集井斜、方位、自转角、温度、磁场强度、磁倾角、重力场强度等井下工程参数，以及仪器电池电压、泵开关状态等数据，经钻井液脉冲器转变成钻井液的压力脉冲传输到地面，再由地面设备处理显示，指导钻井定向施工并记录井眼轨迹。表 4.2 给出

了 SDYQ-48 型定向探管产品的主要技术参数。

表 4.2　SDYQ-48 型定向探管技术参数

参数	具体指标
井斜角	0°～180°±0.15°
方位角	0°～180°±0.15°
高边工具面角	0°～360°±1.0°
磁性工具面角	
井眼曲度	(12°～28°)/30m
脉冲方式	正脉冲
直径	47.6mm
长度	6.5m
工作电压	28V DC
工作温度	-20～125℃
电池寿命	150～200h

2. SOLAR-175 型定向探管

该定向探管主要测量工程施工所需要的定向参数，同时对定向参数和测井传感器测量的地质参数进行编码，并控制脉冲发生器向地面发射脉冲信号。地面上采用钻井液压力传感器检测来自井下仪器的钻井液脉冲信息，并传送到地面计算机。地面计算机对脉冲信号进行处理、计算，得到所需要的测量数据，从而完成实时测量任务。表 4.3 给出了SOLAR-175 型定向探管产品的主要技术参数。

表 4.3　SOLAR-175 型定向探管技术参数

参数	具体指标
井斜角	0°～180°±0.2°
方位角	0°～180°±1.5°
高边工具面角	0°～360°±2.8°
磁性工具面角	
测量数据修正时间	3.5～5.5min
工具面修正时间	9～14s
脉冲方式	正脉冲
直径	89mm
长度	5.33m
最高工作温度	175℃
最大压力	100MPa

4.3.3　工程参数随钻测量仪

工程参数随钻测量仪用于测量和记录钻具的钻压、扭矩、钻具内外环空压力、温度、转速和三轴振动量等参数。测量的数据可以通过无线通信的方式传到随钻测量系统的接收短节内，再通过随钻测量系统实时上传到地面，为钻井工程师提供相应的施工参考数据。同时工程参数测量短节也可以独立使用，将测量数据存储在测量钻铤内的存储器中，供起钻后下载、分析。工程参数随钻测量仪常用于对深井的安全监控，防止事故发生。

4.3.3.1 测量参数

钻进过程中，钻铤所受的力与力矩主要有对钻头施加的钻压、传递钻柱的扭矩、由钻

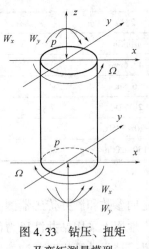

图 4.33 钻压、扭矩及弯矩测量模型

柱运动和井底反作用力产生的弯曲力矩、钻进过程中的钻头振动等，其他作用如离心力、钻铤内外压差等暂不考虑。由此建立的测量模型见图 4.33，钻铤共受到 z 方向的钻压 p，围绕 z 方向的一对扭矩 Ω，x 和 y 两个方向的弯矩 W_x、W_y 四个作用。

（1）钻压。钻压是指钻井时施加于破岩刀具上的压力。当加于刀具单位面积上的压力超过岩石抗压强度时，刀具即切入岩石，使岩石破碎。此处工程参数随钻测量仪直接测量钻头承受的压力，与钻井多参数仪测量的钻压略有差别。该参数可帮助司钻保持合乎要求的均匀钻压，有利于获得较好的井身质量和较高的钻速，同时还可以防止超过井架或起升系统承载能力的操作。

（2）扭矩与弯矩。扭矩和弯矩都是力矩的一种，区别就是方向不同。扭矩位于垂直于钻铤轴线的平面内，而弯矩处于钻铤轴线所在平面内。

钻压、扭矩与弯矩通过黏贴在钻铤上的应变片来进行测量，其测量原理在 4.2.3 已有介绍。需要注意的是，为得到实际具体的数值，需要对各应变传感器数据进行解耦，并标定仪器。

（3）环空压力。在钻井过程中，环空是指钻柱与钻井地层之间的空间。环空是钻井液能够在井中循环的通道。一般称钻井液对钻柱内部的压力为内环空压力，对钻井地层的压力为外环空压力。

4.3.3.2 典型工程参数随钻测量仪

1. 国产工程参数随钻测量仪

国产工程参数随钻测量仪结构图如图 4.34 所示，由钻铤本体、通信线圈等组成。其中钻铤本体上开若干个孔，扭矩应变片、压力传感器、电路板、钻压应变片、接收短节放置于其中。

该测量仪可测量钻具的转速、扭矩等多个参数，测量参数可实时地面显示，测量钻铤可以与随钻测量系统实现无线通信，随钻式与存储式工作模式可相互转换，存储式持续工作时间大于 200h。仪器根据预先设置的时间间隔采集扭矩、钻压、内环空压力和外环空压力等参数，并将采集的数据存储在存

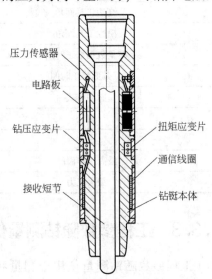

图 4.34 工程参数随钻测量仪结构图

压力传感器
电路板
钻压应变片
接收短节
扭矩应变片
通信线圈
钻铤本体

储器内部，以供仪器起钻后分析使用。仪器还可以同时通过通信线圈将数据传给在其内部的接收短节，再由接收短节通过磁耦合的方式进行无线传输，将信号传至随钻测量系统，在地面通过上位机实时显示数据，供井队技术人员随时参考使用，保证钻井施工安全。表4.4给出了两种国产随钻工程参数测量仪的典型参数。

表4.4 国产随钻工程参数测量仪技术参数

参数	系统1	系统2
钻压	$300 \sim 300kN \pm 5\%$	$300 \sim 300kN \pm 5\%$
扭矩	$30 \sim 30kN \cdot m \pm 5\%$	$-20 \sim 20kN \cdot m \pm 5\%$
弯矩（可选）	$-30 \sim 30kN \cdot m \pm 5\%$	$-30 \sim 30kN \cdot m \pm 5\%$
内环空压力	$0 \sim 140MPa \pm 1\%$	$0 \sim 140MPa \pm 1\%$
外环空压力	$0 \sim 140MPa \pm 1\%$	$0 \sim 140MPa \pm 1\%$
转速	$0 \sim 255r/min \pm 1r/min$	$0 \sim 255r/min \pm 1r/min$
三轴振动	$0 \sim 50g \pm 1g$	$0 \sim 50g \pm 1g$
存储容量	200h@ 2s 间隔	200h@ 2s 间隔
持续工作时间	$\geqslant 200h$	$\geqslant 200h$
外形尺寸	$\phi 172mm \times 1100mm$	$\phi 120.7mm \times 1100mm$
扣型	$4\frac{1}{2}IF$（可定制）	$3\frac{1}{2}IF$（可定制）
工作温度	$0 \sim 150℃$	$0 \sim 150℃$

2. 国产随钻环空压力测量系统

如图4.35所示，随钻环空压力测量系统由井下工具及地面系统两大部分组成。其中，井下工具部分由随钻环空压力测量工具PWD（pressure measurement while drilling）和无线随钻测量工具MWD组成，两者通过数据连接器实现双向连接通信。MWD和PMD均为可单独使用的工具。

PWD由水眼压力传感器、环空压力传感器、数据回放接口、电路模块及电池、上数据连接器组成，所有的部件均配置在一根短钻铤中。PWD主要进行井底环空和柱内压力的测量和存储，并根据指令要求将测量数据发送给MWD。MWD由下数据连接器、定向仪短节、电池筒短节、驱动器短节和正脉冲发生器组成，所有的部件均配置在一根无磁钻铤中。MWD主要进行工具面角和自然伽马的测

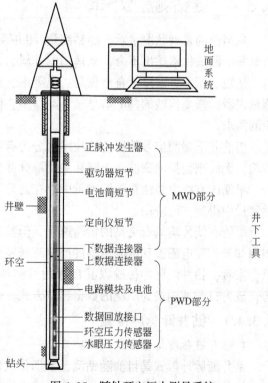

图4.35 随钻环空压力测量系统

139

量，连同 PWD 发送的压力测量数据一起以钻井液脉冲的方式发送至地面。

地面系统由地面传感器（压力传感器、深度传感器、泵冲传感器等）、仪器房、信号处理前端箱、工业控制计算机等外围设备和相关数据处理分析软件组成。地面系统实现对脉冲信号进行滤波和解码以还原井下测量信号，并进行分析和处理，为现场工程师提供参考数据。表 4.5 给出了随钻环空压力测量系统的典型技术参数。

表 4.5　随钻环空压力测量系统技术参数

参数	系统 1	系统 2
公称尺寸，mm	120	172
适用井眼，mm	149~200	213~251
测量参数	环空压力、管内压力、井底温度、自然伽马、井斜角、方位角、工具面角	
压力测量范围及精度	0~140MPa±1‰ FS	
温度测量范围及精度	−50~150℃±1‰ FS	
抗振动，m/s^2	150（10~200Hz，1oct/min，>1h）	
抗冲击，m/s^2	5000（0.2ms，>50 次）	
最高工作温度，℃	150	
耐压能力，MPa	140	
无故障连续工作时间，h	>200	
两端螺纹	3$\frac{1}{2}$in	4$\frac{1}{2}$in

4.3.4　随钻测量数据传输

从当前的发展状况来看，随钻测量/测井系统的各个子系统之间发展并不均衡。各种新型井下测量仪器层出不穷，从最初的井斜、方位、工具面等几何参数测量仪器发展到钻压、扭矩、压力、温度、自然伽马、电阻率、中子密度、含氢指数等多个工程、地质参数测量仪器，需要传输的井下信息量日益增多，但信息传输系统的传输速率难以满足工程作业的需求。

当前井下遥测信号数据传输技术可分为有线和无线两种。有线主要有智能钻杆和光纤传输，无线则包括电磁波、声波和钻井液脉冲传输三类传输方式。

早期的有线电缆法在随钻测量中存在向井下电缆送进困难、易磨损等缺点，未能在随钻测量中得到广泛应用。

尽管有线传输具有更高的传输速率，但其高额的使用成本却使诸多钻井技术服务公司望而却步，而电磁波和声波传输的严重衰减特性使其在深井、超深井中的应用步履维艰。综合来看，钻井液脉冲传输以其良好的可靠性、简便性以及大范围的应用井深等整体优势，成为目前使用最为广泛的数据传输方式。

4.3.4.1　钻井液脉冲传输

1. 钻井液脉冲传输方式及脉冲产生

钻井液脉冲模式是目前随钻测量数据传输领域中应用最广泛的无线传输方式。它可以通过钻井液的流动来传输信息，没有绝缘电缆和专用钻杆，作业成本大大降低，但由于其带宽较低，限制了向地表传输的数据量，受脉冲和调速的影响，数据传输速率较慢。

钻井液脉冲传输系统如图 4.36 所示。钻井液脉冲传输方式是利用钻井液脉冲发生器将井下数据加载到钻井液压力波上，沿钻杆内部钻井液介质传输到地面，采用压力传感器来连续地检测立管压力的变化，以获得从井下传输上来的测量数据。

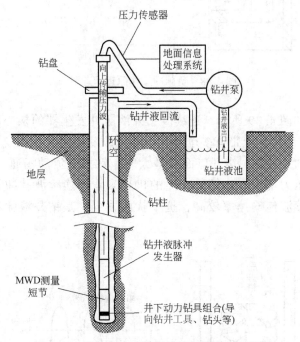

图 4.36　钻井液脉冲数据传输系统组成示意图

目前以钻井液为介质的信号传输方式有三种：正脉冲、负脉冲和连续波。

（1）正脉冲。如图 4.37 所示，正脉冲发生器的主要部件是一个节流阀，由液压调节器控制。当阀工作时，通过钻柱的钻井液流形成瞬时压缩，引起管内压力增加，从而产生一系列压力脉冲传输到地面。从信号产生的机理看，正脉冲发生器属于节流型信号发生器，目前应用最为广泛。

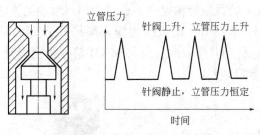

图 4.37　正脉冲工作原理示意图

（2）负脉冲。如图 4.38 所示，负脉冲发生器的主要部件是泄流阀门。当阀门打开时，一部分钻井液将从钻柱内流向环空，引起管内的压力波产生一系列的负脉冲。从信号产生的机理来看，负脉冲发生器属于泄流型信号发生器。考虑到负脉冲对井壁的冲蚀，其应用逐渐减少。

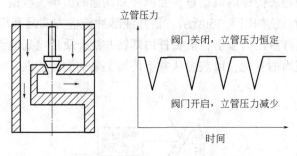

图 4.38　负脉冲工作原理示意图

（3）连续波。如图 4.39 所示，连续波钻井液脉冲发生器的核心部件是 1 个转子和 1 个定子，每个定子和转子上带有多个叶片，通过改变旋转转子与定子的过流断面的相对位置而产生连续的压力波。当开口面积增大时，钻井液流动畅通，压力减小；反之，钻井液流动受阻，压力增大。从信号产生的机理来看，连续波脉冲发生器也属于节流型信号发生器。连续波传输速率较高，抗干扰能力强，是钻井液脉冲器当前重要发展方向。

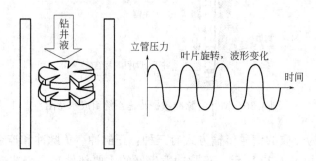

图 4.39　连续波工作原理示意图

目前只有国外极少数公司拥有以连续波传输信息的随钻测量系统。例如，斯伦贝谢公司开发出新一代 MWD 数据传输平台 DigiScope（图 4.40），该平台工作频率为 0.25～24Hz，可提供最大 36bit/s 的数据传输速率，通过采用新型调制算法，并将 DigiScope 技术与新型数据压缩平台 Orion Ⅱ 结合，使数据传输速率提升至 140bit/s。此外，采用加工后的微粉化重晶石钻井液进行钻井作业时，可将 MWD 信号强度提升一个数量级。DigiScope 数据传输平台具体性能参数见表 4.6。

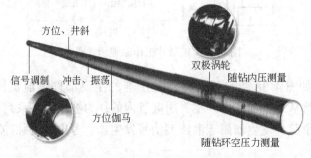

图 4.40　斯伦贝谢公司新一代数据传输平台 DigiScope

表 4.6　DigiScope 数据传输平台具体性能参数

参数	具体指标
工作频率，Hz	0.25~24
物理传输速率，bit/s	0.25~36
最高传输速率，bit/s	>140（搭载 Orion Ⅱ）
供电模式	双极涡轮供电
存储器容量，MB	96
仪器外径，in（mm）	4.75（120.65）
仪器长度，ft（m）	28.9（8.8）
质量，lb（kg）	880（400）
适用井眼尺寸，in	5¾~6¾
工作温度，℉（℃）	300（150）
承载压力，psi（MPa）	25000~30000（172~207）

从发展现状看，连续波产生机理、波形传输特性日趋成熟，但在连续波脉冲发生器结构优化设计、可靠性编码及连续相移键控调制技术、深井超深井复杂信道噪声环境下有效压力微弱信号还原这三个方向依然具有极大的科学研究价值，存在进一步提升连续波钻井液脉冲数据传输速率的可能性，是本领域的发展前沿。

2. 连续波钻井液脉冲传输特性

1）钻井液脉冲信号的衰减分析

在钻井液脉冲信号沿钻柱内钻井液介质向上传输过程中，脉冲信号由于受到井深、钻柱壁摩擦力、钻井液黏度、钻井液密度、泵压力、传输频率等诸多因素的影响，其传输过程是一个不断衰减的过程。通过对各脉冲信号的衰减因素分析，有利于寻找提高脉冲信号传输质量的方法，更好地为随钻测量/测井作业服务。

早在 1988 年，Desbrandes 基于 Lamb 定律给出了钻井液脉冲信号的指数衰减公式：

$$p(x) = p_0 \exp\left(-\frac{x}{L}\right) \tag{4.46}$$

其中
$$L = \frac{d_i c}{2} \sqrt{\frac{2}{\nu \omega}} \tag{4.47}$$

式中　$p(x)$——距离脉冲发生器信号源 x（单位为 m）处的压力，Pa；

p_0——脉冲发生器信号源处压力，Pa；

ν——钻井液动力黏度，m^2/s；

ω——信号角频率，rad/s；

d_i——钻柱内径，m；

c——钻井液脉冲传播速度，m/s。

式（4.47）可进一步表示为

$$L = \frac{d_i c}{2} \sqrt{\frac{\rho_m}{\pi \eta f}} \tag{4.48}$$

式中　ρ_m——钻井液密度，kg/m^3；

η——钻井液黏度，$Pa \cdot s$；

f——钻井液脉冲发生器脉冲信号的频率，Hz。

从式（4.48）中可以看出：井越深，信号衰减越严重；钻井液黏度越大，钻井液分子之间、钻井液与钻柱壁之间的摩擦力越大，信号衰减越严重；钻井液密度越小，在阀门关闭时会产生更小的冲击能，信号衰减越严重；管道直径越小，流体速度增大，会导致更大的摩擦力损失，会增大信号的衰减；传输频率越高，衰减程度越大；钻井液脉冲传播速度越小，衰减程度越大。

2）钻井液对脉冲传播速度的影响因素

在实际钻井过程中，钻井液有油基和水基两种，总体要求其黏度低，携砂能力强（动切力高），启动泵压低（静切力低），润滑性能好，摩擦力低，磨损小（固体颗粒少）。一般来说，钻井液中都含有黏土、岩屑、重晶石粉等固相物质，同时其中充斥着不同大小的气泡。可以说，钻井液的流动属于固、液、气三相流动，其流型复杂。不同固、液、气含量将对脉冲信号的传输速度产生耦合影响。

在钻柱管道中流动的钻井液属于伪均质流，并且含气量通常很小，固、液、气三相的流速基本一致，所以可按单相流来处理。应用非定常流动理论，由连续方程可以推导出钻井液脉冲传播速度的计算表达式：

$$c = \sqrt{\dfrac{\dfrac{K_L}{\rho_m}}{1 + \alpha_s\left(\dfrac{K_L}{K_s} - 1\right) + \alpha_g\left(\dfrac{K_L}{K_g} - 1\right) \pm \phi\dfrac{K_L d_i}{Ee}}} \tag{4.49}$$

钻井液密度 ρ_m 可进一步表示为

$$\rho_m = \alpha_s\rho_s + \alpha_g\rho_g + (1 - \alpha_s - \alpha_g)\rho_L \tag{4.50}$$

式中 K_s、K_L、K_g——固相、液相和气相的体积弹性模量，Pa；

α_s、α_g——固相和气相的体积浓度；

ρ_s、ρ_L、ρ_g——固相、液相和气相的密度，kg/m^3；

E——钻柱的弹性模量，Pa；

e——钻柱壁厚，m；

ϕ——与钻柱特性及管道支撑相关的影响因子。

3）影响连续波传输质量的因素

钻井液压力波信号的产生通过控制机械活动部件动作以改变通道面积来实现，影响活动部件动作的因素将影响到信号产生的品质。例如，钻井液中加入堵漏剂，可能造成活动部件的动作困难，无法产生信号或产生的信号幅度很小，不能满足信号传输的需要；钻井液中含砂量大，将容易损坏井下的活动部件。

钻井液压力波的传输介质为钻柱内钻井液，建立钻井液循环是信号传输的必要条件，且钻井液内固、液、气组分也会影响压力波的传输。例如，传输过程中可能因气相的不均匀，造成钻井液压力波变形，给解码带来困难。

地面通过测量立管压力实现信号的接收，因此引起立管压力变化的因素都可能影响信号传输，如钻井液泵稳定性。钻井液泵稳定性差，将导致立管压力波动较大，可能影响信号传输。同样，与钻井液循环相关的参数，如钻井液排量、泵压等，都会影响钻井液脉冲压力波的波形和幅度。

4.3.4.2 声波传输

声波传输方式是利用声波或地震波经过钻杆或地层来传输信号。将井下数据加载到声波振动信号上，沿钻杆柱或油管传输到地面，被安装在井口的声波接收探头接收，经放大后送入存储介质记录，进行数据处理与解释。声波遥测能显著提高数据传输率，使无线随钻数据传输率提高 1 个数量级，达到 100bit/s。由于信号在钻杆柱中传播衰减很快，所以在钻杆柱内每隔 400~500m 要装 1 个中继站，它的电路包括接收器、放大器、发射器和电源。要在钻杆柱内附加这么多元件，又要让钻杆柱在很深的钻井条件下工作，使得声波 MWD 系统使用起来很复杂。美国圣地亚国家实验室开发了声波遥测技术，通过钻杆的应力波快速传递信息，目前该传输方式尚未规模应用。

1. 随钻声波传输系统模型

钻杆与接箍级联后的钻柱直接贯穿井眼直达地面，形成了声波传输的信道。声波在传输过程中受到井眼内钻井液的影响较小，其可以沿钻柱双向传输，实现井下和地面实时通信，其传输模型如图 4.41 所示。

信号等效传输模型如图 4.42 所示，其中，S 为发射端信号频域模型，H 为信道频率响应，Y_s 为接收端信号频域模型，N_b、N_e 和 N_s 分别为井下耦合到发射端的钻头噪声、井下环境噪声及地面耦合到接收端的环境噪声，其关系如下：

$$Y_s = H(S+N_b+N_e)+N_s \tag{4.51}$$

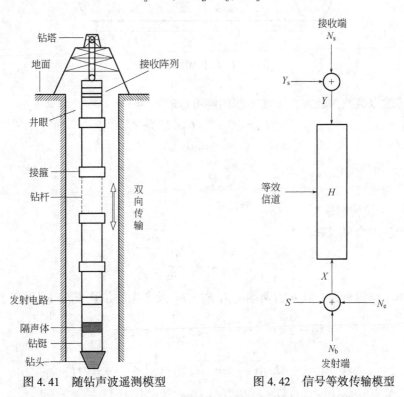

图 4.41　随钻声波遥测模型　　　　图 4.42　信号等效传输模型

因此，信道的频率响应和噪声干扰对传输性能具有重要的影响。

2. 钻柱信道频率响应

钻柱由尺寸一致的钻杆通过接箍级联而成。由于钻杆的横截面积和接箍不同，声波在遇到有差异的截面时，将发生部分反射，由此导致了声波传输的多径效应。钻柱信道模型如图 4.43 所示。图中，d_i 表示结构单元的长度，s_i 表示结构单元的横截面积，下标 $i=1$，$2,\cdots,N$ 表示结构单元级联顺序。结构单元受力情况如图 4.44 所示。

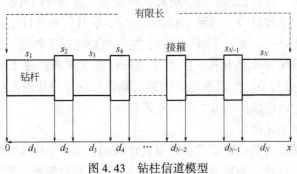

图 4.43 钻柱信道模型

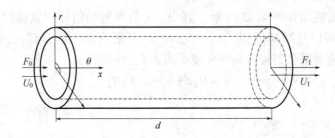

图 4.44 结构单元受力模型

声波传输以纵波为载波，纵波方程的解可以表示为

$$U_x = (C_1 e^{jkx} + C_2 e^{-jkx}) e^{-j\omega t} \qquad (4.52)$$

其中

$$k = \omega/c$$

式中　ω——角频率；

　　　k——波数；

　　　c——声波传输速度。

对应产生的力可以表示为

$$F_x = -Es_i \frac{\partial U_x}{\partial x} \qquad (4.53)$$

对于单个结构单元，其左右两端受力 F_0、F_1 及产生的位移 U_0、U_1 可以表示为

$$U_1 = \frac{1}{2}(e^{jkd_i} + e^{-jkd_i})U_0 - \frac{1}{2kEs_i}(e^{jkd_i} - e^{-jkd_i})F_0 \qquad (4.54)$$

$$F_1 = -\frac{1}{2}kEs_i j(e^{jkd_i} - e^{-jkd_i})U_0 + \frac{1}{2}(e^{jkd_i} + e^{-jkd_i})F_0 \qquad (4.55)$$

由于在钻杆和接箍的连接处位移与力具有连续性，因此

$$\begin{bmatrix} U_1 \\ F_1 \end{bmatrix}_i = \begin{bmatrix} U_0 \\ F_0 \end{bmatrix}_{i+1} \qquad (4.56)$$

通过式(4.54)、式(4.55)，可以得到 N 个结构单元级联后位移与力的关系：

$$\begin{bmatrix} U_1 \\ F_1 \end{bmatrix}_N = M_N M_2 M_1 \begin{bmatrix} U_0 \\ F_0 \end{bmatrix}_1 \qquad (4.57)$$

对于第 i 个单元，其势函数可以表示为

$$\varphi^i \mathrm{e}^{j\omega t} = (\varphi_i^{\mathrm{T}} \mathrm{e}^{jkx} + \varphi_i^{\mathrm{R}} \mathrm{e}^{-jkx}) \mathrm{e}^{j\omega t} \qquad (4.58)$$

而位移表示为

$$U = \frac{\partial \phi_i}{\partial x} \qquad (4.59)$$

式中　φ_i^{T}、φ_i^{R}——第 i 个结构单元入射波和反射波幅度。

通过将式(4.57)和式(4.58)带入式(4.59)，且 $\varphi_N^{\mathrm{R}}=0$，可以得到信道的频率响应为

$$H(\omega) = \frac{\varphi_N^{\mathrm{T}}}{\varphi_1^{\mathrm{T}}} \qquad (4.60)$$

3. 影响声波传输的因素

由于随钻条件下温度、空间、功率等因素的限制，换能器的性能是影响声波传输方式的因素之一。

钻柱的材料、长度、接头等也会影响到声波传输质量。钻柱通常由钻铤、钻杆、转换头等组成，单根钻具材料是连续的，但尺寸可能有变化。整个钻柱由单根钻具通过螺纹连接而成，单根长度基本相同，连接接头周期性地出现，这种结构对沿钻柱传播的声波有梳状滤波器的特性，且钻杆与接头相对长度的变化会影响到这一特性，并影响工作频率的选择。钻具接头的存在造成声阻抗突变，在接头处会产生高反射特性，使得钻柱的脉冲响应持续长达数百毫秒，造成码间干扰和信号衰减。

钻杆与地层接触点增多，声波衰减增大。钻具的弯曲会导致衰减变大。

钻井过程中产生的不稳定噪声会影响信号的传输，包括地面噪声和井下噪声。这些噪声会随钻井参数的变化而变化，如钻头的类型、钻压、钻头旋转速度、钻井液流速和钻井液类型、储层类型等。

4. 声波无线遥测系统

声波传输技术近年来在石油行业试井、完井监测、随钻测井方面应用较多。国际上知名公司哈里伯顿、斯伦贝谢、Expro、贝克休斯等公司都有此项技术的广泛应用。哈里伯顿所研发的声波无线遥测系统 ATS 最大作业深度 12000ft（3650m）。其技术参数见表4.7。

表 4.7　ATS 声波遥测系统技术参数表

传输方式	外径	内径	工作压力	工作温度	采样间隔	电池寿命
声波	13.3cm	5.7cm	100MPa	165℃	10s（实时） 1s（存储）	20d

ATS 系统使用了模块的概念，中继器是系统的核心，负责工具之间的系统通信，增加系统间的通信距离。中继器一般相隔 450m 左右，也根据井况而变化。系统最多可安装 6 个中继器。

此外，如图 4.45 所示，加拿大 Xact 公司研发了一款由声波发射器、收发器、处理控制模块及传感器等部分构成的随钻声波传输系统，其利用多个带有孔眼、接箍的中继器，可在任意深度进行约 30bit/s 的高效数据传输。为优化信号强度和传输速度，该系统还可根据井斜调整中继器间距，在小角度井段通常为 1500~1800m，在高角度和水平井段为 600~1000m。受井深、测量剖面及仪器数量等因素影响，数据传输至地面约需 10~40s，在地面利用一个小型加速度计装置对声波数据进行解码，而后传输至井场。

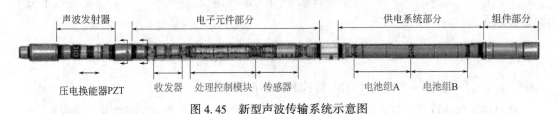

图 4.45　新型声波传输系统示意图

4.3.4.3　电磁波传输

1. 传输原理

电磁波传输是 20 世纪 80 年代进入现场应用的一项无线随钻传输技术，其信号传输可分为以地层和钻柱为不同传输介质的两种方式。井下仪器将测量的数据加载到载波信号上，测量信号随载波信号由电磁波发射器向四周发射。地面检波器在地面将检测到的电磁波中的测量信号滤波并解码、计算，得到实际的测量数据。电磁波传输是一种双向传输，其传输速率为 1~12bit/s，无需钻井液介质循环，适合于普通钻井液、泡沫钻井液、空气钻井、激光钻井等钻井施工中传输定向和地质资料参数。

随钻电磁波传输原理如图 4.46 所示，图中 1~5 分别为钻塔、钻孔、钻杆柱、井下机、钻头。井下机内包括供电装置、接收装置、测量装置、发射装置、散热装置以及数据处理装置等。6、7 是收发两用的天线，传输数据到地面时用作发射天线，接收地面传下来的指令时用作接收天线。井上机 8 将对接收的信号进行相应处理，同样具有接收和发射两种功能。当向地面传输数据时，它将接收到的井下传输的数据信号进行相应处理后利用接口模块送入计算机 9 中，在计算机上实时显示出井下信息，以便管理人员及时掌握钻井动态并进行对应处理；从地面发送到井下处理器的指令信号与此相反，由此实现了井下和地面的双向通信。

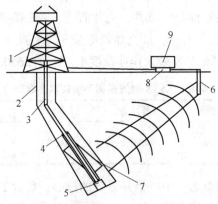

图 4.46　随钻电磁波传输系统示意图

1—钻塔；2—钻孔；3—钻杆柱；4—井下机；5—钻头；6、7—天线；8—井上机；9—计算机

2. 电磁波传输系统

1）SEMWD-2000B 电磁波随钻测量系统

国产 SEMWD-2000B 电磁波随钻测量系统是一款适应油气田和煤层气开发的产品，主要技术参数如表 4.8 所示。SEMWD-2000B 地面部分包含地面接口箱、司钻显示器、工控机等；井下仪器包含打捞头、绝缘短节、发射机短节、电池短节、定向短节、方位伽马和环空压力短节、下坐键接头等。

表 4.8 EMWD-2000B 主要技术参数

名　　称	指　　标
井斜角	$0° \sim 180° \pm 0.1°$
方位角	$0° \sim 360° \pm 1.0°$
工具面角	$0° \sim 360° \pm 1.0°$
上下伽马	$0 \sim 500API \pm 7\%$
地层电阻率	$0 \sim 1000\Omega \cdot m$
温度	$-25 \sim 125℃$
压力	$0 \sim 105MPa \pm 0.5MPa$
传输速率	$0.5 \sim 6.25bit/s$
抗拉载荷	120t
抗压载荷	50t
抗冲击能力	$1000g/0.5ms$
仪器外径	48mm
绝缘天线外径	165mm
电池时间	>200h

SEMWD-2000B 采用两个探测器，对称排列，测量值分成 8 个扇区在井下予以记录，并将记录数据合成为仪器周边上、下两个方位的伽马值实时传输到地面。

2）ZTS-MWD 电磁波随钻测量系统

俄罗斯在电磁波传输领域处于领先地位，ZTS-MWD 代表了电磁波传播的最高水平。该系统主要由地面设备和井下设备组成，井下设备主要包括井下测量仪器和电磁发射设备。井下测量仪器由方位传感器、井身角度传感器和高位位置传感器组成，电磁发射设备主要包括信号处理器、电源和信号发射机，如图 4.47 所示。

(a) 井下设备　　　　　　　　　　　　　　(b) 地面设备

图 4.47 电磁波随钻测量系统

该系统具有以下优点：传输速度快，信息量大；数据传输不受泵压力波动的影响；可用于泡沫钻井液和充气钻井液；对钻井液含砂量要求低；测量参数大于传统的随钻测量参数；实现双向通信；井下仪器只有 3m 长，结构简单，安装使用方便。主要性能参数见表 4.9。

表 4.9 ZTS-MWD 产品参数

名　称	指　标
井斜角	$0°\sim130°\pm0.1°$
方位角	$0°\sim360°\pm1.0°$
工具面角	$0°\sim360°\pm1.0°$
地层电阻率	$0\sim200\Omega\cdot m$
井底温度	$0\sim125℃$
最大静水压力	50MPa
钻井液含砂量	<3%
发电机寿命	>400h
仪器外径	108mm
仪器长度	3m
非磁性钻铤长度	4m
外壳材料	非磁性钢

4.3.4.4　光纤传输

光纤传输是将具有简单保护层的廉价光纤下入井眼中，光纤长度为整个钻柱的长度，从底部钻具组合到地面。光纤既能够从地面沿轴向井下循环，又能够从底部钻具组合反循环到地面，成本低、传输速率高、应用范围广，可以用于普通钻井液钻井、泡沫钻井液钻井、空气钻井等，但不足之处是只能短时间使用，其磨损后被钻井液带走，传输深度目前还比较低。在美国天然气研究所的测试中，光纤成功到达 915m 深处。光纤遥测技术能以大约 1Mbit/s 的速率传送数据。

4.3.4.5　智能钻杆传输

智能钻杆传输是将连续导体附在钻杆内，使其成为钻杆整体的一部分。装在接头内的特殊连接装置使钻柱可在整个长度内导电。该传输方式的钻杆接头设计方法主要有感应法、湿接头法、霍尔效应传感器法和导线对接法等。感应接头法工作原理是：钻杆内外螺纹接头处安放感应线圈，当内外螺纹接头螺纹旋紧后，前一个线圈产生交变磁场，使后者产生感应电流，根据电磁感应原理，从而依次向相邻线圈传输数据。IntelliServ 公司开发的钻杆高速数据遥传系统 IntelliPipe，选择以非接触感应方式作为钻杆接头之间传输数据的方法，数据传输速度高达 2Mbit/s。该项技术在美国俄克拉何马州东南方的 Arkoma 地区所钻垂直和定向气井的应用深度超过 14000ft（4267.2m）。

智能钻杆测量系统主要由传输线路（钻柱）、井下接口短节、信号放大器、顶驱转环短节和地面服务器等几部分组成，如图 4.48 所示。

（1）钻杆。智能钻杆实质上是一种有缆钻杆，电缆之间通过电磁感应实现"软连接"，钻杆工具接头两端的电缆各有一个感应环。钻杆紧扣以后，两感应环并不直接接触，而是通过电磁感应原理实现信号在钻杆间的高速传输。

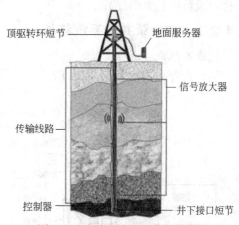

（2）井下接口短节。在智能钻杆遥测系统和井底实时测控系统（MWD、LWD、旋转导向钻井系统）之间需要安装一个井下接口短节，其作用是实现智能钻杆遥测系统和井底实时测控系统之间的信号双向高速传输。

图 4.48　智能钻杆随钻测量系统

（3）信号放大器。信号通过电缆和感应环传输的过程中，其强度会有一定衰减。为维持信号强度，需要在钻柱上每隔 350~450m 安装一个信号放大器。在信号放大器中还可安装传感器，以监测井筒各处的压力、温度、流量和钻柱振动等参数，使随钻监测不仅限于井底，而且扩展到整个井筒，有助于及时诊断井漏、井涌和钻柱状况等井下情况。

（4）顶驱转环短节。顶驱转环短节安装在顶驱下方，相当于信号采集装置，其中的顶驱转环不随钻柱一起旋转。顶驱转环和顶驱转环短节之间也是通过感应耦合的方式实现信号传输的。顶驱转环短节将信号从钻柱电缆中拾取出来，通过电缆传入地面服务器。

4.4　油气井工程仪器

4.4.1　简述

油气井工程，是围绕油气井的建设、测量与防护而实施的资金和技术密集型工程，主要包括油气勘探开发钻井与完井工程、油气井测量与测试工程，以及油气井防护与修复工程等，是油气勘探开发的基本环节。油气井工程科学主要研究油气井流体力学及高压射流技术，油气井工程岩石力学，油气井信息与控制工程，钻井液、完井液化学与技术，固井、完井工程与技术。油气井工程涉及仪器众多，本节遴选综合录井仪和导流能力测量仪进行阐述。用于实验室和现场对钻井液各参数［包括钻井液的密度、漏斗黏度、含砂量、流变性、API 滤失量（静滤失量）、固相含量等］进行分析的仪器，原理和结构简单，且属于通用仪器，在此不予介绍。

4.4.2　综合录井仪

综合录井仪是在钻井过程中实时获取诸如钻时、钻压、悬重、立管压力、转盘扭矩、转速、钻井液性能等钻井参数，以及使用 MWD、LWD 获取电阻率、自然伽马、中子孔隙度、岩石密度等地质参数的成套技术装备。综合录井仪所获取的现场参数、工况信息既可以供钻井工程技术人员使用，也可以供地质技术人员使用，用以指导地层评价、油气资源评价以及监控钻井等工作。

4.4.2.1 综合录井仪系统结构

1. 基本组成

综合录井仪组成如图 4.49 所示。

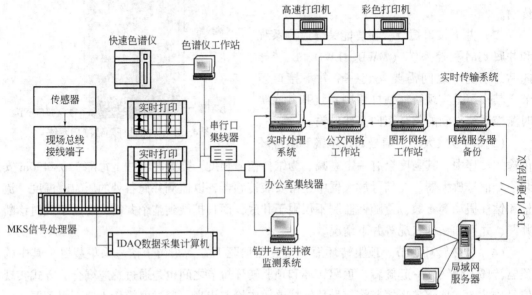

图 4.49　综合录井仪组成

综合录井仪的信号包含两部分：传感器信号和色谱信号。从传感器来的信号首先通过接线端子送到 MKS 信号处理器，对传感器输出信号进行处理；随后该处理信号经 IDAQ 数据采集计算机进行采集、处理及转换，然后将最终处理数据上传网络，与其他计算机共享。从快速色谱仪来的色谱信号则直接进入色谱仪工作站，然后通过网络与其他计算机共享。

2. 传感器

综合录井仪的传感器安装于钻井现场的各个部位，如钻机的钻台、高架槽、绞车、钻井液池及泵等，用于采集钻井工程参数、钻井液性能等相关参数。传感器的种类有：

（1）压变式传感器，如悬重、立管压力、扭矩、出入口钻井液密度等传感器；

（2）变阻器式钻井液池体积传感器；

（3）热敏式钻井液出口温度传感器；

（4）光电编码深度传感器；

（5）电磁脉冲传感器，如转盘转速、泵冲数传感器等；

（6）金属应变钻井液出口流量传感器。

3. 数据采集单元

数据采集单元主要由工业计算机、信号调理模块、数据采集模块以及供电模块等组成。

4. 快速色谱分析

采用的快速色谱仪具有稳定性高、体积小、重复性好的特点，一般在 30s 时间内能够

分析出从 C_1 到 C_5 的所有烃值。

4.4.2.2　录井软件系统

录井的核心工作就是在油气钻探时准确、及时地对地质和工程信息进行采集、处理，供正确分析和判断。基于此，综合录井仪除配备上述硬件单元外，都含有功能强大的综合录井软件系统，其信息管理系统流程如图 4.50 所示。来自传感器的信息采用井场信息传输规范（WITS）通信格式，从一个计算机系统向另一个计算机系统传输数据。综合录井软件系统可根据资料处理结果实时开展地层及油气层评价，进行钻井成本分析，形成地层压力、压井、下套管、注水泥作业等各种报告和图件，及时预报钻井工程事故，优化钻井参数，提供中途测试、定向井服务，协助现场决策，实现平衡钻井，达到安全、优质、科学的钻井目的。

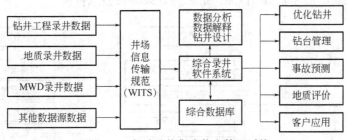

图 4.50　实时录井集成信息管理系统

（1）实时录井子系统。实时录井子系统由多台计算机组成，每台计算机分工明确，分别为实时服务器、Riglink 服务器、数据库计算机、色谱计算机、地质师工作站及实时图形显示计算机。同时实时录井系统可以根据用户需要设定不同的实时曲线及数据打印机台数，进行实时的曲线及数据打印。

（2）数据库管理子系统。综合录井系统为了避免数据的冗余问题，将数据分为公共数据 CDA 和 SQL 数据库两大块。在公共数据区 CDA 中的数据包含了所有计算机能够采集和计算出的数据，CDA 和数据库之间设定了数据过滤程序 Data Logger，通过该数据过滤程序，将公共数据区 CDA 中的数据有选择地存储到数据库中去，避免了数据库冗余且过于庞大的问题。数据库采用 SQL 数据库系统，存储有几百项钻井参数。由于 SQL 是基于关系型的数据库，故数据库分成不同的表（钻井表、迟到钻井液表、基于时间的数据表等），每个表由不同的列组成（如钻井表由深度、钻时、钻压、立压等）。如果用户对所提供的表列不满意，用户可自己创建新表。数据库可以设为自动备份，彻底改善了过去时间数据库容量受到限制，且数据库管理复杂的问题。同时，该数据库的数据可以 Word、Excel、ASCII 等格式进行输出，满足不同用户的需要。

（3）后台软件子系统。该系统以钻井服务和勘探找油为宗旨，包括工程类软件和地质类软件。工程类软件在钻井服务方面提供了卡钻计算和分析、最大钻时计算、钻具设计、钻井参数优化、钻井套管设计、水力学优化，以及钻具振动分析等功能。地质类软件有气测解释、电测数据分析、煤层气分析、地层压力分析等类别，其中气测解释、煤层气分析软件在地质勘探方面具有良好的应用价值。

（4）Riglink 远程传输子系统。Riglink 是基于网络的实时性和连续性远程高效传输系统，其主要功能是可以实现远程数据传输和图形显示，且具有不同用户的不同权限管理功能。Riglink 远程数据传输服务通过 Internet 用户能查询到安全的现场实时数据。客户端仅使用 IE 浏览器就能了解现场生产情况。用户可以根据自己的需要自定义数据显示方式，各用户间不受影响。

4.4.2.3　GW-MLE 综合录井仪介绍

GW-MLE 综合录井仪房体尺寸为 8.4m×2.6m×2.6m（长×宽×高），电源输入为三相 220V/380V/440V/480V，35~65Hz；电源输出为三相 380V、两相 220V/110V；色谱检测浓度 0.001%~100%，重复性误差小于 5%，分离度大于 0.95；数据采集速率可达 153KB/s（CDMA）或 7.2MB/s（3G），数据传输带宽 50Hz（模拟量输入）、15kHz（频率量输入），数据采集通道采用 43 道（可扩展），通过网络传输（有线、无线、卫星），适用于陆地、沙漠和海洋多种环境。图 4.51 为 GW-MLE 综合录井仪技术框架。

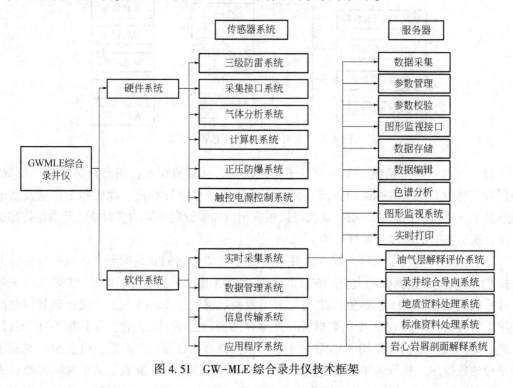

图 4.51　GW-MLE 综合录井仪技术框架

1. 硬件系统

硬件系统由触控电源控制系统、正压防爆系统、三级防雷系统、气体分析系统、采集接口系统等组成。其中，正压防爆、防火仪器房可用于陆地石油勘探和海上平台勘探的危险区域，其设计与建造满足 IE-C79-13 规范与美国石油协会 API 标准。气相色谱仪采用自动校验方式，全烃分析范围为 0.001%~100%，误差小于 1%；组分分析检测范围为 0.0005%~100%，误差小于 1%；色谱周期可控制在 30s 之内。分析的每个周期结果可以以数据和图形模型保存，具备高分离度。采集接口系统能方便地采集不同类型的有源或无源信号（4~20mA、0~10V，数字信号），可以放置在安全区域或者危险区域，通过网线与室内连接。

2. 软件系统

GW-MLE 综合录井仪软件系统有中文、英文、西班牙文三种语言版本，由实时采集系统、数据管理系统、应用程序系统、信息传输系统等组成，应用深海双深度补偿、等效井眼直径校正迟到时间、比值法修正排量、定曲率法实时计算垂直井深、多工况存储等行业首创技术，提高了数据采集精度。

子系统包括：

（1）录井综合导向分析子系统：通过钻前地质模型建立，优化水平段轨迹；钻中模型实时调整，轨迹跟踪与控制；钻后综合评价分析，积累经验，为客户提供精确的录井综合导向服务。

（2）油气层综合解释评价子系统：以地质录井、气测录井、定量荧光录井、地化录井、核磁共振录井、地质分析化验等录井资料为基础，对储层流体性质作出解释评价，为发现油气藏、选择测试层位提供重要依据。

（3）地质资料处理子系统：可对现场关于地质录井基础数据录入、地质分层数据录入及起下钻接单根、综合录井后效、迟到时间、异常预报等数据和报表录入和输出，实现了录井资料处理标准化、智能化、数字化。

（4）图形监视子系统：用于实时数据监视与浏览，用户可分类自定义监视模板。采用 Web 实时信息发布形式，可在任何地点进行网上浏览，具备无限定制的栅格格式、混合时间与深度监测、数值范围随意调整，可选公制、API 或混合单位，快速查看浏览实时数据与曲线。

（5）网络信息服务子系统：由现场参数采集、数据远程管理、信息网络架构平台、多井分析服务等多种信息组成，实现现场以综合录井仪为核心的井场局域网络架构平台和信息中心。

4.4.3 导流能力测量仪

压裂作业是油田生产中对低渗油藏增产改造的主要手段之一。压裂作业的增产效果与支撑裂缝的导流能力密切相关。导流能力取决于裂缝的宽度和裂缝闭合后支撑剂的渗透率。因此，只有对不同来源的支撑剂在压裂作业前进行优选和质量控制，才能保证最佳的油气井作业施工设计。

4.4.3.1 导流能力测试原理

所谓支撑剂的裂缝导流能力，是指支撑剂在储层闭合压力作用下通过或输送储层流体的能力，通常用支撑裂缝渗透率与裂缝闭合宽度的乘积表示。短期导流能力是指对支撑剂试样由小到大逐级加压，且在每一压力级别逐级加压测得的导流能力；长期导流能力是指将支撑剂置于某一恒定压力和规定的试验条件下，考察支撑剂导流能力随时间的变化情况。

智能化导流能力测量仪，是把支撑剂放在两块钢板（导流夹持器）之间进行测量的。它是用一台液压机提供闭合压力，该压力作用于导流夹持器上，以足够的时间让支撑剂达到半稳定状态，然后让测试液体流过支撑剂层，测出不同压力条件下的裂缝宽度、压差及流速，用达西定律即可计算出支撑剂渗透率和裂缝导流能力。

4.4.3.2 裂缝导流能力和渗透率计算

根据 SY/T 6302《压裂支撑剂导流能力测试方法》，液体在层流条件下支撑剂充填层的渗透率为

$$K_L = \frac{\mu_L Q_L L}{10 w W_f \Delta p} \qquad (4.61)$$

$$K_g = \frac{\mu_g p_0 Q_g L}{5 w W_f (p_1^2 - p_2^2)} \qquad (4.62)$$

式中　K_L、K_g——支撑剂充填层液体渗透率和气体渗透率，μm^2；

　　　μ_L、μ_g——实验温度条件下实验液体黏度和气体黏度，$mPa \cdot s$；

　　　Q_L、Q_g——液体流量和气体流量，cm^3/s；

　　　L——测压孔之间的长度，cm；

　　　p_0、p_1、p_2——大气压力、上游压力和下游压力，MPa；

　　　w——导流室宽度，cm；

　　　W_f——充填层高度，cm。

液体和气体在层流条件下支撑剂充填层的导流能力分别为

$$K_L \cdot W_f = \frac{\mu_L Q_L L}{10 w (p_1 - p_2)} \qquad (4.63)$$

$$K_g \cdot W_f = \frac{\mu_g p_0 Q_g L}{5 w (p_1^2 - p_2^2)} \qquad (4.64)$$

式中　$K_L \cdot W_f$、$K_g \cdot W_f$——液体导流能力和气体导流能力，$\mu m^2 \cdot cm$。

4.4.3.3 系统流程

导流能力测量仪是一种在油田开发中对注入地下岩层的支撑剂性能进行分析评价的智能化导流能力测试仪器。国产 CDLY 长期导流能力测量仪把支撑剂放在严格按照 API 标准制造的平板夹持器中间模拟地层，利用加热装置模拟地层温度，利用压力机加载压力模拟地层闭合压力，让支撑剂达到半稳定状态，然后让测试液体流过支撑剂层，测出不同压力条件下的裂缝宽度、压差及流量，最后用达西定律计算出支撑剂的渗透率及裂缝导流能力。这个过程可在不同温度、不同压力和不同流速条件下进行。其实验流程如图 4.52 所示。

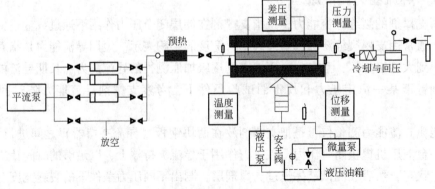

图 4.52　CDLY 长期导流能力测量仪实验流程

实验可以在不同压力、不同流速条件下进行。导流夹持器可在加热模拟地层温度条件下进行测试，使用这种方法的测试结果来指出支撑剂的破碎所导致的渗透率的减小，来对比不同支撑剂的相对强度。本仪器主要用来测量在 5~150MPa 闭合压力下不同支撑剂的导流能力。

4.4.3.4 仪器结构及主要技术参数

国产 CDLY 长期导流能力测量仪的设计充分体现了现代仪器的标准化、模块化、集成化、网络化和智能化思想，既充分考虑了流程走向和阀件安装位置的合理性、各模块功能的独立性，又能使仪器整体结构紧凑、外形美观。各模块连接采用快捷插接方式，操作方便，其模块划分与系统构成如图 4.53 所示。

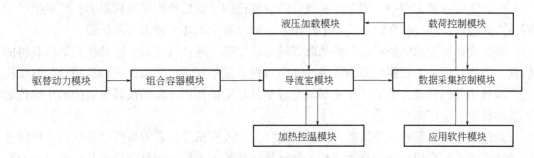

图 4.53　CDLY 长期导流能力测量仪模块划分与系统构成

仪器包括由液罐、平流泵、回压调节阀和管路组成的进出液单元，由高温高压平板夹持器、压力机架、蓄能器、高压截止阀组成的平板夹持器加载及载荷平衡单元，由电加热棒、固态继电器控制板组成的平板夹持器加热及其温度控制单元，由压力传感器、差压传感器、位移传感器、温度传感器、质量传感器组成的参数测量单元，由数据采集板、I/O 板、固态继电器控制板、端子板和应用软件组成的数据采集与控制单元。

仪器主要技术参数见表 4.10。

表 4.10　CDLY 长期导流能力测量仪主要技术参数

参　数	指　标
流速范围	0~20mL/min
最大压力	25MPa
闭合压力	0~150MPa
压差	5kPa（精度 0.2%）
控制温度	室温至 200℃（精度 ±1℃）
最大持续运转时间	300h
加载压力	0~1000kN
测试流体	非强腐蚀流体

油气田开发仪器

4.5.1 采油仪器分类

所谓油气田开发，就是依据详细的勘探成果和必要的生产性开发试验，在综合研究的基础上，对具有工业价值的油气田，从油气田的实际情况和生产规律出发，制定出合理的开发方案并对油气田进行建设和投产，使油气田按预定的生产能力和经济效果长期生产，直至开发结束。

在油气田开发工程中，用于开发研究的仪器已归于油层物理实验仪器类，开发生产中测井方面的仪器部分将在测井仪器中讨论，下面将重点阐述采油方面的仪器。

采油仪器所录取的资料是各种录取资料方法中唯一在油气藏处于流动状态下所获得的信息，资料分析结果最能代表油气藏的动态特性。采油仪器所测数据在勘探评价、油藏描述及编制油气田开发方案等工作中都能起着举足轻重的作用，采油仪器仪表的水平也代表了采油试井、生产测井的水平。

采油仪器主要是指试井仪器，试井仪器又分为高压试井仪器和低压试井仪器。但随着科学技术的不断发展，特别是试井技术和计算机技术的发展，现已把油水井生产过程的测试仪器，即生产测井仪器，也归为采油仪器的范畴。

4.5.1.1 高压试井仪器

高压试井仪器仪表主要是用于测试生产井井下的压力、温度、流量、含水率、密度等参数，获取井下产液样品的仪器，一般分为机械式和电子式两种。

我国目前能独立研制耐温、耐压、高精度的机械式压力计和温度计，制造工艺精细，并日臻完善。由感压元件、走时机构和记录机构组成的机械式高压试井仪器，已能录取井下压力、流量、温度等参数变化的动态特性，测量精度已达 0.2% 以上，井下连续工作时间可达 3~360h，工作温度范围为 0~370℃，种类已达几十种之多。近几年来，随着计算机技术的迅速发展、试井工艺的不断改进和完善，国内外开始研制电子式压力计和温度计。在高压试井仪器仪表的研究与制造技术上，我国已接近或达到了国外的先进水平，开发新型的电子压力计、温度计、流量计等是高压试井仪器仪表今后的发展方向。

4.5.1.2 低压试井仪器

低压试井仪器主要是指围绕各种抽油机井，对其抽油机、抽油泵、抽油杆的工作状况和液面深度检测、诊断的地面测试仪器仪表，如示功仪、回声测深仪、计算机诊断仪等产品。

1. 示功仪

示功仪主要用于检测抽油功率、抽油泵、抽油杆及其电动机的工作状态是否正常，如抽油杆是否断裂，上下阀是否漏失，电动机电流是否平衡，泵效如何，有无砂卡等异常。

国产示功仪技术已达到了国外同类仪器的先进水平。示功仪今后发展的方向，将是更加小型化、数字化；利用新原理，简化位移传感器的结构，使仪器结构更合理、更紧凑、操作更方便，并能解决不停抽装夹问题。

2. 回声测深仪

回声测深仪主要用于检测抽油井的液面高度。其原理是利用声波的反射与时间的关系，计算液面的深度。液面测量仪器的发展方向是小型化、数字化、自动化、性能稳定、工作可靠。

4.5.1.3 生产测井仪器

油水井生产过程中的测井统称为生产测井。生产测井主要包括以下内容：

（1）产出剖面测井，即油井生产过程中录取分层产量、含水率、密度、温度、压力等分层动态资料；

（2）注入剖面测井，也称油水井的分层注入量和分层注入厚度测井；

（3）工程测井，也称油水井井下技术状况测井，如检测套管损坏、腐蚀及变形等。

生产测井仪器种类繁多，如用于测量产出剖面的找水仪、分层测试仪、原油含水分析仪、过环空大排量找水仪、五参数过环空组合测井仪、过环空三相流测井仪、放射性密度计、压差式密度计、连续流量计等仪器，用于测量注入剖面的自然伽马—磁定位组合测井仪、同位素井下释放器、水井连续流量计、水井电磁流量计等仪器，用于工程测井的微井径测井仪、过油管两臂、十臂最小井径仪、过油管井径仪、八臂最小井径仪、磁测井仪、井下超声电视测井仪等仪器。

下面对原油含水分析仪、抽油井示功仪、油井液面测量仪进行重点阐述。

4.5.2 原油含水分析仪

原油含水分析仪对于准确计量石油产量、了解油田储层动态、提高生产管理水平等方面都有重要意义。目前原油含水分析方法基本上可以分为两大类，即直接法和间接法。

直接法是利用某些物理方法使原油中的水分离出来，从而直接读取水量。如蒸馏法，它是将含水原油通过蒸发、冷凝实现油水分离。直接法的优点是测量直接可靠，无需其他方法来校核，本身可以作为含水计量标准去校核其他方法；缺点是需进行油水分离，只适用于间断取样测量，不能连续在线测量。

间接法是利用油和水的某些物理性质不同，相应的物理参数不同，通过测量含水原油的物理参数来间接确定其含水量，如电容法（介电常数）、微波反射法（波阻抗）等。间接法的优点是无需进行油水分离，测量迅速及时，可以连续在线测量；缺点是需一系列中间环节，读取的是电量而不是含水量，而电量不仅与含水量有关，还与其他参数有关。间接法只能反映出含水量的相对值，只有借助直接法标定后，才能直读含水量，而且在长期运行中，也必须借助直接法定期校核，才能确保其测量精度。

因此，间接法并不能取代直接法，而精确可靠的直接法才是原油含水分析的基础。

4.5.2.1 原油含水电脱分析原理

含水原油一般呈乳化状态，即原油中的水分分散成微小水珠悬浮在原油中。由于原油中含沥青质、胶质、环烷酸等成分，并且很容易被吸附在水珠表面，而形成一层坚韧的乳化膜，它阻碍各水珠间的相互吸引及聚集，同时，由于水珠极小，所受重力也极小，难以克服原油对它的黏滞阻力，因而自然沉降极为缓慢，致使油水乳化液能长期保持稳定而不分离。电脱法的核心是通过电破乳技术来实现乳化状的油水分离。它是利用非均匀的高频脉冲强电场作用在含水原油中，使悬浮在原油中的水珠被极化，致使水珠转变成带有异号电荷的电偶极子（即水珠的一侧带正电，另一侧带负电）。由于交变电场作用，各电偶极子的异号相互吸引，联结成链，致使许多小水珠合并成大水珠，在重力作用下加速沉降，使油水分离，达到油水分别计量的目的。

虽然在外电场作用下各水珠间以及水珠与电极之间相互吸引，但欲使其能合并成大水珠，还必须要有足够强的电场才能实现，因为各水珠之间的吸引力必须大到足以将乳化膜挤破才能合并成大水珠。原油含水电脱过程如图4.54所示。

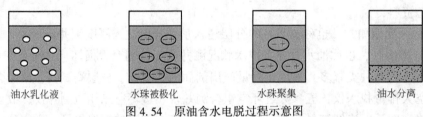

油水乳化液　　　水珠被极化　　　水珠聚集　　　油水分离

图4.54　原油含水电脱过程示意图

为了降低包围在水珠表面上的乳化膜的强度，可以加入适量的破乳剂，从而增加各水珠间的聚集作用；为了降低石油的黏滞阻力，可以提高石油的温度，或加入一定量的稀释剂，从而加快油水分离的速度。

4.5.2.2　DTS型石油含水电脱分析仪

DTS型石油含水电脱分析仪可产生连续的高压脉冲电流，不仅能对水珠进行有效的极化，实现水珠聚集，而且还能加强水珠振荡及碰撞作用，提高破乳效果。

1.仪器构成

本仪器主要由加热脱水内电极、计量筒及外电极、温控器、定时器、温度传感器等主要部分组成，如图4.55所示。

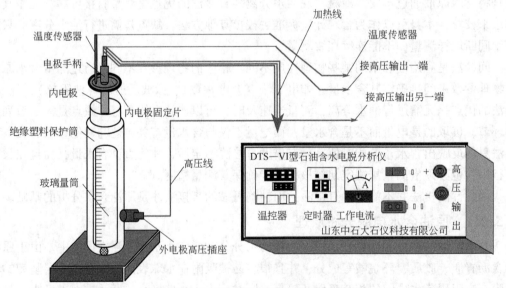

图4.55　DTS-Ⅵ型石油含水电脱分析仪

加热脱水内电极（简称内电极）用于对油样预加热及快速脱水。其金属管通过一耐高压胶线与分析仪的高压输出"高端"插孔相连接，电热丝通过另两根导线与加热电源插座相连接。使用时，将电极插入盛有油样的计量筒中，当接通加热及脱水开关时，该电极一方面将高压引至被分析的油样里进行脱水，一方面也将电热丝的热量传递给油样进行加热。

计量筒及外电极由 280mL 的玻璃量筒、金属外电极套、绝缘塑料保护筒等组成。玻璃量筒用来取被分析的油样及读取液量；紧贴绝缘塑料保护筒内壁上安装有金属外电极套，使用时，它与高压输出的"低端"插孔相连接；外电极和内电极一起提供一个辐射状的非均匀电场。在绝缘塑料保护筒的侧壁上，开着相对两个长方形的槽口，用以观测脱水情况。在脱水的过程中，虽然正电极被量筒的玻璃壁隔开，但由于采用的是高压高频脉冲电压，故不仅不影响脱水效果，还能避免正负电极之间的火花放电，提高使用的安全性。

温度控制器（简称温控器）的作用是显示并控制量筒内的原油温度。通过温控器面板上的按键来设定所需要的控制温度。在设定温度高于检测到的当前温度时，加热才有输出。当实际温度达到设定温度时，温度控制器上的 OUT 灯灭，同时加热开关上的指示灯灭；当实际温度未达到设定温度时，OUT 灯亮，加热开关上的指示灯变亮。

定时控制器（简称定时器）的作用是显示并控制脱水时间。通过定时器面板上的数字拨盘来设定所需要的时间。当时间达到设定时间时，控制器上的红灯亮，脱水开关上的指示灯灭。需要关闭脱水开关，再打开脱水开关，即可重新计时，开始新一轮脱水。

仪器主要技术参数见表 4.11。

表 4.11　DTS-Ⅵ型石油含水电脱分析仪主要技术参数

参　　数	指　　标
分析范围	0~100%（精度±1%）
分析时间	3~10min
分析样量	150~200mL
脱水电源功耗	≤15W
加热电源功耗	≤150W
设定温度范围	室温至150℃
设定时间范围	1~99min
供电电源	220V AC±10%，50Hz

4.5.2.3　结果处理

原油的含水量一般用体积含水量 W_V 和质量含水量 W_m 来表示。

1. 体积含水量 W_V

已知油样与水的体积时，可按公式（4.65）计算体积含水量：

$$W_V = \frac{V_s}{V} \times 100\%$$
(4.65)

已知油样与水的质量时，可按公式（4.66）来计算体积含水量：

$$W_V = \frac{m_s \rho_o}{(m-m_s)\rho_s + m_s\rho_o} \times 100\%$$
(4.66)

式中　V_s——油样中水的体积，mL；

　　　V——油样中油和水的总体积，mL；

　　　m_s——油样中水的质量，g；

　　　m——油样中油和水的总质量，g；

　　　ρ_s——水的密度，kg/m^3；

　　　ρ_o——油的密度，kg/m^3。

2. 质量含水量 W_m

已知油样与水的质量时，可按公式（4.67）来计算质量含水量：

$$W_m = \frac{m_s}{m} \times 100\% \qquad (4.67)$$

已知油样与水的体积时，可按公式（4.68）来计算质量含水量：

$$W_m = \frac{V_s \rho_s}{(V - V_s)\rho_o + V_s \rho_s} \times 100\% \qquad (4.68)$$

注：在本方法的精度范围内，ρ_s 和 ρ_o 可取标准状态下的相应值进行计算。

4.5.3　抽油井示功仪

深井泵示功图测试仪俗称示功仪，是测取抽油机光杆冲程与承受负荷关系曲线图的仪器，也叫动力仪。示功仪有水力机械式和电子式两类。

近年来，抽油井管理自动化程度不断提高，抽油井分析、诊断能力逐步加强，用水力机械式示功仪手工测量示功图，越发显得不能适应目前高黏度、多参数综合分析的需要，电子示功仪就是为了满足新生产形势的需要逐步发展起来的。

电子示功仪运用了先进的电子技术，功能齐全、操作简单、使用方便、测量精度高，并可以测量、综合分析所需要的几种参数。电子示功仪可用于测量有杆抽油机的光杆负荷、行程位移、电动机电流、冲程、冲速等参数，并用来检查固定阀、游动阀的漏失和抽油机平衡状况。测量结果可以绘制成负荷—位移、电流—位移示功图，也可由仪器内的时间扫描电路驱动，绘制成负荷—时间、位移—时间、电流—时间展开图。被测参数的记录比例、记录曲线的位置可以在记录仪上设定或改变，以调整记录纸上图形、曲线的大小与位置。

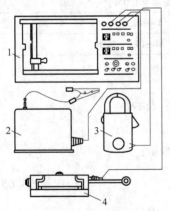

图 4.56　示功仪组成

1—记录仪；2—位移传感器；3—电
流传感器；4—负荷传感器

4.5.3.1　仪器组成

示功仪由负荷传感器、位移传感器、电流传感器（称一次仪表）以及记录仪等组成，如图 4.56 所示。

4.5.3.2　传感器结构与原理

1. 负荷传感器

负荷传感器是将光杆负荷转换为电信号的装置，其结构如图 4.57 所示。负荷传感器上，承力梁两端固定在垫块上，中间悬空。其上贴有电阻应变片，与固定电阻组成一应变式测力电桥。使用时，将负荷传感器夹入悬绳器上下横梁之间，光杆负荷通过支承加在承力梁上，使承力梁产生与负荷大小成正比的弹性弯曲变形。应变片与承力梁一起变形时，其电阻值发生相应的改变，测力电桥失去平衡，输出端便有与负荷对应的不平衡电压输出。

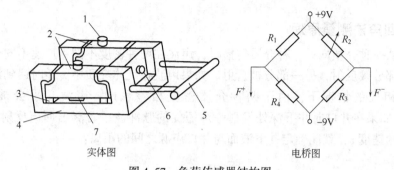

实体图　　　　　　　　　　电桥图

图 4.57　负荷传感器结构图

1—支承；2—承力梁；3—垫块；4—传感器座；5—把手；6—电缆连接插座；7—应变片

2. 位移传感器

位移传感器是将光杆位移量变换为电信号的装置。位移传感器上装有绕线轮、电位仪，以及在光杆下行程时自动收线的发条弹簧轮。使用时，将位移传感器放在地上，把拉线用夹子夹在负荷传感器的把手上随光杆上下运动，从而带动绕线轮及电位仪轴转动，电位仪阻值发生相应的改变，使电位仪上分压与光杆位移成正比，作为位移转换信号输出。

3. 电流传感器

电流传感器用来将抽油机动力电动机的负荷电流转换为电压信号送给记录仪。实际使用的电流传感器就是一个钳形电流表。测量时，张开钳形导磁铁芯，将被测导线卡入钳口内，作为铁芯的初级线圈。当导线中有交流电流 i 通过时，导线周围产生交变磁场，磁通量为 Φ。磁力线通过绕在钳形铁芯上的次级线圈感应出交流信号，经整流后输出电流 I，如图 4.58 所示。

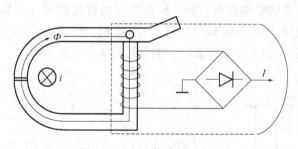

图 4.58　电流传感器示意图

三种传感器将表示负荷、光杆位移、电动机电流的电压信号，通过电缆输往记录仪进行记录、作图，或经过转化后用计算机采集处理。

4.5.4　油井液面测量仪

在抽油井中，为了了解油井的供液能力，确定抽油泵的沉没深度，需经常探测套管内的液面。根据液面高低并结合示功图等资料，可分析泵的工作状况。同时，还可根据井内液柱的高度和密度来推算油层中部的流动压力，若井处于停产状态，此时推算出的油层中部压力就是油层的静止压力。对于注水开发油田，探测抽水油井液面的变化，是判断注水见效的重要方法。所以，井下液面探测是了解抽油井井下状况、分析和管好抽油井的一种重要手段。

4.5.4.1　回声法测量原理

当声波从一种介质向另一种介质传播时，声波在两种密度不同、声速不同介质的分界面上便有一部分被反射，另一部分被折射。如果声波在气体介质中传播时遇到液体、固体介质，或在相反的情况下，由于两种介质密度相差悬殊，声波几乎会被全部反射（图 4.59）。如果在井口向井下深处发射一声短促的脉冲波，若测出回声反射回的时间 t 和声波传播的速度 v，就能确定井下液面与井口声源之间的距离：

$$H = \frac{vt}{2} \tag{4.69}$$

如果要准确地测量液面高度，则必须精确地确定声音在井内气相介质中的传播速度 v。实际上这是很难做到的，气体中声速表达式为

$$v = \frac{\sqrt{KRT}}{\sqrt{u}} \tag{4.70}$$

式中　K——气体绝热指数；

μ——气体相对分子质量；

R——普适气体常数；

T——热力学温度。

可以看出：由于油井内气相介质的组成、温度随深度不同而不同，即 K、μ、T 是各处不相同的，所以很难精确地求出能反映气体穿越整个气相介质的平均声速。因而在实际测量时，都是采用固定距离标志法进行的。

测量前，先在井内油管、套管间环形空间的一定深度处装上回音标。回音标的作用是确定声波在井筒中传播的平均速度。回音标是在下油管时套在（或焊接在）油管接箍台肩上的一个空心圆柱体（图 4.60）。回音标的端面积一般以遮挡油管、套管环形截面的 $50\% \sim 70\%$ 为宜，回音标的下入深度是在下油管时精确测量过的。

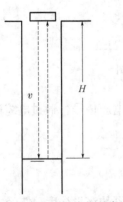

图 4.59　回声法测量液位示意图

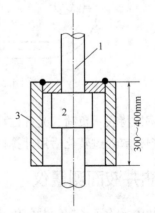

图 4.60　回音标结构示意图

1—油管；2—接箍；3—回音标

测量时，通过专门的声波发生装置（发声器）发出一个声脉冲，使它沿着油管、套管间的环形空间传向井底。声脉冲在传播过程中遇到回音标、液面时，随即有反射回声波反射到井口被收声器接收，并转换成电信号经过放大器送到记录装置记录下来。

回声法测距原理方框图如图 4.61 所示。

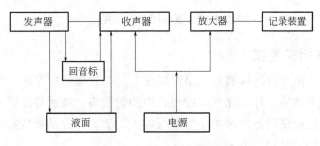

图 4.61　回声法测距原理框图

根据测到的如图 4.62 所示的回声记录曲线，就能计算出液面深度。已知记录纸走纸速度为 v_0，可以得出如下计算式。

声波由井口传到回音标所需的时间 t 为

$$t = \frac{L_0}{2v_0} \tag{4.71}$$

式中　L_0——记录曲线上发射声脉冲波峰到回音标反射声脉冲波峰的距离。

声波由井口传到液面所需的时间 t' 为

$$t' = \frac{L}{2v_0} \tag{4.72}$$

式中　L——发射声波峰到液面反射声脉冲波峰的距离。

声波在井筒中的平均传播速度 v 为

$$v = \frac{h_0}{t} \tag{4.73}$$

井口到液面的深度 H 可以表示为

$$H = vt' \tag{4.74}$$

因此

$$H = \frac{h_0}{t} \times \frac{L}{2v_0} = \frac{h_0}{L_0/(2v_0)} \times \frac{L}{2v_0} = \frac{Lh_0}{L_0} \tag{4.75}$$

由于回音标到井口的距离 h_0 是油井作业时预先精确测量过的，因而可以方便地由如图 4.62 所示的记录曲线计算出井下液面深度。

这个测量过程实际上是用声波在井口到回音标之间的平均传播速度，作为井口到液面间的平均传播速度，回音标的位置在很大程度上影响测量精度。当然，回音标越接近液面，测量误差越小，测量精度越高。通常，回音标最好下在井口至预计动液面距离 90% 的地方，这样测量误差可以保证在 1% 以下。

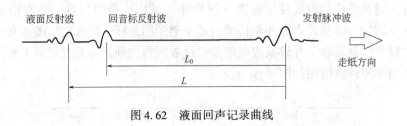

图 4.62　液面回声记录曲线

4.5.4.2　井下液面探测仪

回声测探仪一般由井口连接器和记录仪组成。井口连接器用来向油管、套管间的环形空间发射一短促的声脉冲，并把此声脉冲与井中油管接箍、液面等障碍物的反射声脉冲转换为电脉冲信号。记录仪则将电脉冲信号进行放大、滤波，分别将接箍反射信号、液面反射信号、回音标反射信号记录下来。

井口连接器由发声器、发声电转换器（微音器）组成。子弹枪式井口连接器主要由枪机、枪体、异径接头、微音器等组成。

微音器室与枪体是通过螺钉连接的，此螺钉有一 T 形小孔，声波是从此小孔进入微音器室的，不可堵塞。微音器是声—电换能装置，其外部用高分子化合物封装，内部装有环状压电陶瓷。由于压电陶瓷具有压电效应，所以若在压电陶瓷的某一方向上施加外力时，则在与此垂直的表面上就会有电荷及电势产生，测量时就能把声脉冲波（即压力波）变成相应的电信号。

4.6　天然气水合物实验仪器

4.6.1　简述

4.6.1.1　天然气水合物概述

天然气水合物 NGH（natural gas hydrate）是一种由水和天然气（主要是甲烷）在高压和低温条件下形成的笼形类冰态固体物质，外貌极似冰雪，点火即可燃烧，故又称为"可燃冰"。它主要分布于海洋大陆架、陆坡沉积层和大陆高纬度地区永久冻土层中。迄今为止，在世界各地的海洋及大陆地层中，已探明的天然气水合物储量相当于全球传统能源储量的两倍以上。我国南海海底含有巨大的天然气水合物带，能源总量估计相当于中国石油总量的一半。天然气水合物是迄今为止所知的最具价值的海底矿产资源，其巨大的资源量和诱人的开发利用前景已经使之成为 21 世纪的战略储备能源。

天然气水合物密度为 $0.88 \sim 0.90 \mathrm{g/cm}^3$，可视为被高度压缩的天然气资源。从能源的角度看，天然气水合物每立方米能分解释放出 $160 \sim 180 \mathrm{m}^3$ 标准状况下的天然气，含气量的多少取决于气体的组成。天然气水合物晶体的骨架由水分子靠氢键形成，而气体分子靠范德华力（存在于分子间的一种比化学键弱得多的吸引力）包围在晶格的空穴之中。

4.6.1.2　天然气水合物的形成条件

水合物的形成除与温度、压力有关外，还与气体分子的大小、结构有关。分子直径小

于 $6.7 \times 10^{-4}\ \mu m$ 的气体（如氮气、甲烷、乙烷、丙烷、异丁烷、二氧化碳、硫化氢等）均可形成水合物，分子直径大于 $6.7 \times 10^{-4}\ \mu m$ 的气体（如正丁烷）则不易形成水合物。分子直径太小的气体（如氢气），由于它同水分子的范德华力太小，不足以使水合物的晶格稳定，也不能形成水合物。带支链的丁烷易形成水合物，带直链的正丁烷只有在略高于水的凝固温度下才能形成水合物。但当存在大量轻烃气体时，氢气和正丁烷等气体也可形成气体水合物。

天然气中，除甲烷、氮气和惰性气体以外的其他所有气体，都有高于某一温度就不再形成水合物的临界温度。图 4.63 为水与轻烃形成水合物的相图。图中 Q_2 点对应的温度为水合物形成的最高温度，该点处液态水、液态烃、气态烃及固体水合物共存，过 Q_2 点的垂线为水合物—水区及液态烃—水区的分界线。Q_1 点一般为水的凝固点，在该点处，冰、水合物、液态水和气态烃共存，过 Q_1 点的垂线为水合物—水区及水合物—固态冰区的分界线；Q_1Q_2 线是人们最关注的气态烃—水区与水合物区的分界线；Q_2C 线略高于且平行于纯烃组分的饱和蒸气压线。

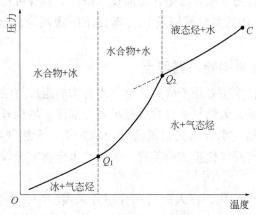

图 4.63　水与轻烃形成水合物的相图

只有在低温条件下才会有天然气水合物形成。气体组分越重，形成水合物的临界温度、压力就越低。相同温度条件下，天然气形成水合物的压力比甲烷气体小得多，并且天然气的相对密度越大，形成水合物的压力越低。

4.6.1.3　天然气水合物开采方法

天然气水合物对世界能源需求的贡献取决于开采技术和开采费用，因此，合理的开采技术尤为重要。目前正在探索的开采方法有热激法、减压法、化学试剂法、CO_2 置换开采法、压裂开采法、固体开采法以及混合开采法，这些方法目前还限于实验室研究。

（1）热激法：主要是将蒸汽、热水、热盐水或其他热流体从地面泵入天然气水合物地层，或采用井下装置加热技术，促使温度上升，达到天然气水合物分解的温度。

（2）减压法：通过降低压力使天然气水合物稳定的相平衡曲线产生移动，从而达到促使天然气水合物分解的目的。

（3）化学试剂法：将盐水、甲醇、乙醇、乙二醇、丙三醇等化学试剂从井孔泵入天然气水合物层，从而改变天然气水合物形成的相平衡条件，引起天然气水合物的分解。

（4）CO_2 置换开采法：在一定的温度条件下，天然气水合物保持稳定需要的压力比 CO_2 水合物更高。因此在某一特定的压力范围内，向天然气水合物藏内注入 CO_2 气体，CO_2 气体就可能与天然气水合物分解出的水生成 CO_2 水合物。这种作用释放出的热量可使天然气水合物的分解反应得以持续地进行下去，同时可以用来处理工业排放的 CO_2。

（5）压裂开采法：包括水力压裂、爆炸压裂、高能气体压裂。其实质是在地面通过钻孔向地下被压目的岩层注入一定量高压流体，在钻孔底部一定范围内诱发人工裂缝，将目的岩层沿垂直于最小主应力方向压裂，使其产生人为裂隙，为分解气体提供运移通道，产生的连通裂隙可以降低储层孔隙压力，从而达到高效开采天然气水合物的目的。

（6）固体开采法：直接采集海底固态天然气水合物，然后将天然气水合物拖至浅水区进行控制性分解。

（7）混合开采法：结合不同方法的优点达到对天然气水合物的有效开采。例如将减压法和热激法结合使用，即先用热激法分解天然气水合物，后用降压法提取游离气体，此为混合开采法。

上述 7 种天然气水合物开采方法是在目前技术条件下具有可行性的开采方法。这些方法目前还处于实验室的模拟实验研究阶段，离真正的现场应用还有很多技术问题需要克服。

4.6.1.4　天然气水合物实验仪器特点

天然气水合物实验技术主要用于研究天然气水合物的组成与结构、物理化学特性、形成与分解热力学和动力学、天然气水合物成藏机理与描述、勘探开发技术以及天然气水合物工业应用等方面。天然气水合物实验仪器分为两大类：天然气水合物物性分析测试仪器、天然气水合物生成与开发模拟实验装置。天然气水合物实验仪器的总体特点和发展趋势如下：

（1）实验模型多维大型化。在天然气水合物开采实验中，实验模型决定所能进行的实验内容和实验数据的可靠性。若要求能对天然气水合物层和天然气水合物藏进行钻完井、开发模拟实验，设计二维乃至三维、大尺度的实验模型是必需的。

（2）多样性的先进检测手段。除了在实验室里运用常规的热学、力学、光学、声学、电学多种检测方法来探测天然气水合物的生成和分解外，激光光谱分析技术、核磁共振成像技术等先进分析测试技术已开始用于天然气水合物的实验测试。

（3）测试精度高。天然气水合物实验仪器可高精度地辨认出天然气水合物形成和分解的压力和温度等条件，精确地记录各个反应时段的相变数据，相关参数测量的传感器精度在 0.1% 以上，数据采集精度达到 16bit，采样频率达到 2MHz。

（4）可视化程度高。一方面，可直接通过高分辨率成像系统观察高压装置中的相变情况，并对相应的相变反应过程进行视频记录；另一方面，通过对实验数据的建模和渲染，达到直观洞察天然气水合物生成与分解过程分子结构的运动和变化。

（5）智能化与自动化。目前的天然气水合物实验周期长，参数变化范围大，人机互动密切，要求实验能够通过计算机自动运行和处理实验过程，实现温度、压力等参数的自动控制，根据实验需要控制实验环境，自动记录所需要的实验数据。

（6）实验环境条件越来越苛刻。要求能真实模拟接近大洋深处或永冻层底部的天然气水合物存在环境，即相应的低温和高压力条件，真实模拟天然气水合物藏的地质环境。

（7）安全与可靠性要求。大尺度的实验模型将大量使用易燃易爆的甲烷气，要求实验设备的可靠性增加，其安全措施也应相应提高。

4.6.2 天然气水合物物性分析测试仪器

天然气水合物物性分析测试是完善天然气水合物勘探开发技术的基础研究工作。天然气水合物物理化学性质研究涉及沉积物中天然气水合物形成/分解动力学机制和强化理论，以及多组分多相天然气水合物基础物性规律和海区基础数据。为了研究天然气水合物形成与分解过程中的密度、热传导性和饱和度等物理参数的变化，可利用以下测试技术来进行检测：一种是通过测量和分析天然气水合物的光学、声学、电学和热学等参数变化来判断天然气水合物的生成特性；另一种则是通过测量反应过程中某一种成分含量的变化，然后通过换算得知天然气水合物的生成情况，此种方法一般包括时域反射技术（TDR）、CT技术和核磁共振技术（NMR）。

沉积物中天然气水合物物性测量的内容没有超出石油天然气储层岩石物性分析测量的基本内容，其测试技术主要是借用和改造在其他领域内成熟应用的声、光、电、磁、核等技术。不同的是，因天然气水合物的低温高压赋存条件的特殊性，增加了沉积物中天然气水合物物性测量准备和模拟环境方面实验设备的复杂性。

天然气水合物物性分析测试仪器以小型实验模型为主，且向超低温、超高压方法发展，测试方法和技术趋于多样化。包括MRI超导核磁共振成像技术等的现代测试技术在沉积物中天然气水合物物性分析方面的应用将更加成熟，从而可以更加准确全面地提供天然气水合物物性方面的信息。

天然气水合物物性分析测试仪器的系统结构与性能参数的设计应在满足实验需求的前提下，更多关注实验数据的准确性、实验设备的可靠性和实验操作的便利性，不应盲目追求低温、高压和大容量。

4.6.2.1 力学性能参数测量

对天然气水合物沉积物力学性质的实验研究，是在实验过程中测量天然气水合物样的硬度、强度、弹性、塑性、应力、应变、压缩系数等，从而得到天然气水合物沉积物的力学性能指标。

为了研究在深海应力和温度条件下含天然气水合物砂样沉积物的机械特性，测量天然气水合物力学特性的可控温三轴试验仪可以在各种温度和高压条件下控制回压和封闭压力，最大许用载荷200kN，圆柱形载荷单元能加载到30MPa，用液缸中活塞的位移量来计算试样体积的变化量。实验温度通过低温流体循环控制，可在−35~+50℃范围内调节。

4.6.2.2 电阻率测量

天然气水合物电阻率测量是根据测量的水消耗引起的电阻减少量来判断天然气水合物生成，同时可用来确定天然气水合物的含量。电阻率在天然气水合物形成过程中的变化可以深刻说明，在孔隙空间中，天然气水合物在什么地方，如何形成，能够用来确定渗透率相关系数。

基于电阻率测量的一维天然气水合物开采模拟实验系统模型长80cm，直径为8cm，沿实验管均匀布置11个电阻率测点，电阻率探头深入填砂管内部，以保证所测电阻率的可靠性。

天然气水合物大量成核最低点的电阻率为 $2\sim3\Omega\cdot m$，天然气水合物生成稳定状态的电阻率为 $11\sim13\Omega\cdot m$，天然气水合物分解完后的电阻率为 $5\sim9\Omega\cdot m$。

4.6.2.3　超声波测量

超声波测量是通过观察声波的频率变化判断岩心中天然气水合物生成和分解过程，并可间接换算得到天然气水合物浓度、密度、孔隙度和围压、频率以及气体和水饱和度的关系。

天然气水合物声学特性测试技术主要有传统的超声探测技术、弯曲元测试技术以及共振柱技术，主要技术难点为超声频率的选择、超声探头设计和密封问题，以及对超声波谱变化与松散介质特性相结合的定量分析方法。

用超声探测和时域反射联合探测技术，可以实时探测天然气水合物生成分解过程中声学参数和天然气水合物饱和度变化。模拟岩心中天然气水合物超声检测实验的技术参数如下：温度为 $2.12℃$，纵波声速为 $4550m/s$，纵波幅度为 $17.4mV$，横波声速为 $2444m/s$，横波幅度为 $650mV$，声时测量精度为 $0.01s$，波幅测量精度为 $14bit$，频率范围在 $500kHz$ 左右。

4.6.2.4　热传导性测量

目前普遍采用的测量多孔介质热导率的方法是探针法。探针法是测量固体、液体热导率的非稳态线热源法。它是将加热线圈和热电偶埋在针管内的导热介质中。用这种方法来测量物体的热导率，唯一需要知道的数据就是在一个相对较短的时间内，电流输入功率和探针的温度变化，所以这种方法适合于快速地测量低热导率的材料。

4.6.2.5　时域反射测量

时域反射 TDR（time-domain reflectometry）测量技术一般使用的是 TDR 探针，通过发射电磁波在介质中进行传播，遇到不同的介质时，测得的电阻值会发生变化，从而电磁波被反射，被专门的接收系统接收，根据得到的波形图可得介电常数。

纯水与天然气反应生成天然水合物，在 $0℃$ 以上时，因为天然水合物和冰的介电常数相近，而水的介电常数约为冰的 27 倍，所以可以由介电常数的变化获得含水量和介电常数的关系，得知液体水的含量变化，从而判断天然水合物的生成情况。

TDR 测试原理如图 4.64 所示，其中探头被模拟为同轴电缆，即中间的探针模拟同轴电缆的内导体，外面的探针模拟同轴电缆的外导体，中间和外面探针之间的介质则模拟同轴电缆的填充介质。实验时，TDR 仪信号发生器发射一个上升时间极短的阶跃电压脉冲，以电磁波的形式从同轴电缆传输至 TDR 探针。然后，探针引导电磁波在试验介质中传播，电磁波将在试验介质表面上阻抗不匹配处及探针末端发生反射后被接收系统接收，反射的波形被用来计算试验介质的介电常数。典型的 TDR 反射波形如图 4.65 所示。

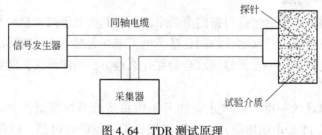

图 4.64　TDR 测试原理

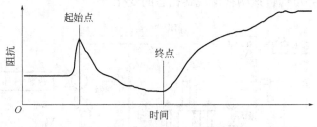

图 4.65   典型的 TDR 反射波形

由图 4.65 可见，测出电磁波从起始点传播到终点再反射到起始点的时间 t，就可知道电磁波在试验介质中的传播速度：

$$v = 2L/t \tag{4.76}$$

式中 L——探针在试验介质中的长度。

电磁波在试验介质中的传播速度与试验介质介电常数之间的关系式为

$$K = (c/v)^2 \tag{4.77}$$

式中 c——电磁波在真空中的传播速度。

将式(4.76) 代入式(4.77) 可得

$$K = \left(\frac{ct}{2L}\right)^2 \tag{4.78}$$

理论上，根据测得的时间 t，并结合探针长度 L，即可计算出介电常数 K。但实际中，时间 t 非常短，难以检测出，一般取起始点与终点之间的相对距离 Δx，从而将式(4.78) 变为

$$K = \left(\frac{\Delta x}{v_p L}\right)^2 \tag{4.79}$$

式中 v_p——电磁波在介质中的相对传播速度，水合物测试中取 $v_p = 0.66$。

由式(4.79) 可见，Δx 越大，K 越大。

由 TDR 波形可以得出 Δx，并结合探针长度 L，即可计算出介质的介电常数 K，再根据含水量与介电常数之间的经验公式来计算出含水量。对于甲烷水合物沉积物测其含水量一般采用以下经验公式：

$$\theta = 11.9677 + 4.506072566K - 0.14615K^2 + 0.0021399K^3 \tag{4.80}$$

根据计算出的沉积物含水量 θ 和沉积物的初始孔隙度 ϕ，即可计算出水合物饱和度 S_h：

$$S_h = (\phi - \theta)/\phi \times 100\% \tag{4.81}$$

4.6.2.6   天然气水合物 PVT 相平衡测试

相平衡测定方法有图形法和观察法。利用可视化高压流体测试系统，运用图形法和观察法对甲烷体系的天然气水合物相平衡进行实验比较研究。相平衡实验采用可视化高压流体测试系统，如图 4.66 所示。

该系统是由蓝宝石透明釜、恒温空气浴、温度控制系统、压力控制系统、容积控制系统、测量系统、搅拌系统等组成，温度测量范围 20~120℃，精度±0.01℃；压力测量范围 0~40MPa，精度 0.06%。该系统能进行高低压条件下高压流体（石油、天然气）和混合热流体（制冷与热泵工质）相态变化的研究，气体水合物热力学相平衡研究，恒压、

恒容、恒温实验，并可通过透明视窗观察相态的变化。

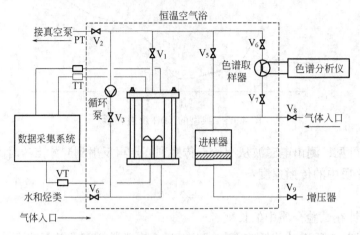

图 4.66　水合物相平衡测试装置流程

$V_1 \sim V_9$—阀门；PT—压力传感器；TT—温度传感器；VT—容积传感器

4.6.3　天然气水合物生成与开发模拟实验装置

天然气水合物模拟实验是研究天然气水合物开采技术的基础研究工作。实验装置的设计是模拟实验研究的主要内容。天然气水合开发模拟实验装置的系统结构如图 4.67 所示。依据实验目的和任务不同，可通过图中模块的增减，集成实现满足实验目的和任务的实验装置；开发实验模型、开采方法模拟、实验参数测量这 3 个模块可以系列化，以满足不同实验需要；储层环境模拟、液体供产储、气体供产储、过程参数控制、状态视频监测、数据采集处理和通用分析仪器这 7 个模块，只要准确地定义模块功能，合理设计结构参数，对所有的天然气水合开发模拟实验装置均可通用。

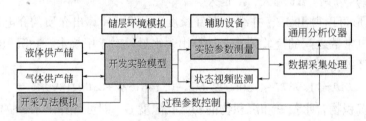

图 4.67　天然气水合物开发模拟实验装置模块结构

4.6.3.1　一维模拟实验系统

典型的天然气水合物一维开采模拟实验装置的基本流程如图 4.68 所示。实验模型为 $\phi 80\text{mm} \times 800\text{mm}$ 的耐高压不锈钢实验管。实验时，将实验管放置在恒温箱中，沿实验管的一维流动方向均匀布置 11 组压力、温度、电阻率测量点，记录天然气水合物生成和分解过程中相关参数的变化。实验中，首先保证前期天然气水合物的生成条件尽量一致，各次实验生成的天然气水合物饱和度在 0.11 左右，压力为 $3.3 \sim 3.6\text{MPa}$，温度为 $2.1 \sim 2.4\text{℃}$。

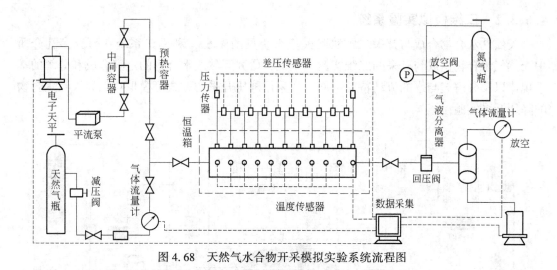

图 4.68 天然气水合物开采模拟实验系统流程图

该实验装置可以完成天然气水合物生成、降压开采、加热开采和注化学剂开采等模拟实验以及天然气水合物热动力特性、电阻率特等实验。

模拟实验原理是在天然气水合物生成物理模型中填充多孔介质，用平流泵向该模型中注入 NaCl 溶液，用高压天然气气瓶向模型中注入天然气，恒温箱维持低温，使模型内升压和降温，在一定的时间内即可在模型内生成天然气水合物。在物理模型上布置若干电极系、压力传感器和温度传感器，为了避免电场干扰，通过电极系选通模块可适时选定某一电极系进入测量状态；数据采集模块即可实时完成相关实验数据的采集，通过计算机计算出该测点的电参数。

做生成实验时，封堵出水口、出气口，高压天然气瓶内的天然气经过减压、过滤、稳压和气体流量计后注入实验模型内；水通过电子天平称量，由平流泵经中间容器注入模型内，模型内的温度由恒温箱控制。

开采实验过程中，需要对产出的气、液进行分离。在整个实验过程中，要实时记录、保存实验数据（包括电阻率、电容、压力、温度、注入液/气的流量以及产出液/气的流量等）。

做开采实验时，封堵注水口、注气口，采用不同的开采方法对天然气水合物进行模拟开采，开采出来的天然气经过分离器分离后由气体流量计计量，水则由电子天平计量。可采用降压开采、升温开采、注化学试剂三种开采方法进行开发模拟实验。

该系统主要技术参数见表 4.12。

表 4.12　一维模拟实验系统主要技术参数

参　　数	指　　标
液体流量范围	0~9.99mL/min（精度±1%）
气体流量范围	0~1000mL/min（精度±1%）
模拟压力	0~20MPa（精度±2%）
系统耐压	25MPa
恒温实验箱温度范围	−20~150℃
控温精度	±1.0℃

4.6.3.2 二维模拟实验系统

天然气水合物合成与开采二维实验模拟系统见图4.69，利用该系统在研究多孔介质中天然气水合物生成与开采的二维实验基础上，研究天然气水合物的定容合成和分解的基本规律以及分解气与水的流动特性。同时，采用降压开采的方式可模拟自然界天然水合物的降压开采实验。

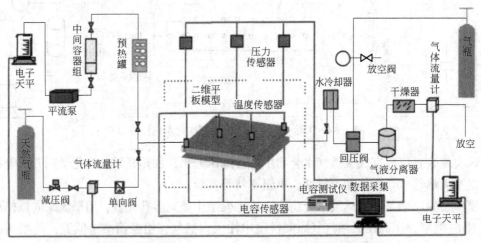

图4.69　水合物合成与开采二维实验模拟系统原理图

系统核心部件为高压二维模拟实验模型，上板5×5均匀布置25个温度测点，下板对应位置布置25个电容测点（或电阻率测点）。电容测量电极置于介质当中，其中任意两支探针构成一个无极电解电容，利用电容测量仪可测量任意两两测点之间的电容值，对天然气水合物饱和度进行监测。上板开设5个孔可模拟单井、多井开采，位置分别位于上板四角及中心。根据实验采用的不同井网布置的需要，三压力测点可在五井口位置之间任意切换。

4.6.3.3 三维模拟实验系统

用于沉积物中天然气水合物生成与开发研究的大尺度三维物理模拟装置，其原理如图4.70所示。反应器是设备的主要部分，容量为196L，最高工作压力为32MPa。各种气体传输模式和天然气水合物开采模式，不同的海洋条件（包括饱和压力、地温梯度、沉积物中的水饱和度、流体在动力环境下的渗流速率等），都可用这套装置模拟。

实验装置主要由三部分组成：天然气水合物生成系统、传感器系统和温度控制系统。三维实验模型是天然气水合物生成系统的主要部分，它的内径为500mm，有效高度为1000mm，可用内体积为196L，能够承受的静水压力实验达40MPa，最大许用工作压力为32MPa。两个闭合式的对接系统用聚氨酯O形圈实现对反应器的密封。每对接头重达550kg，两个都装有液压千斤顶，液压千斤顶借助液压泵用来安装和移除对接头。

传感器系统有30个铂电阻温度计、24个电阻电极、16个声波偶极子，被插入多孔介质中，用来测量天然气水合物生成或分解的各种物理特性。

174

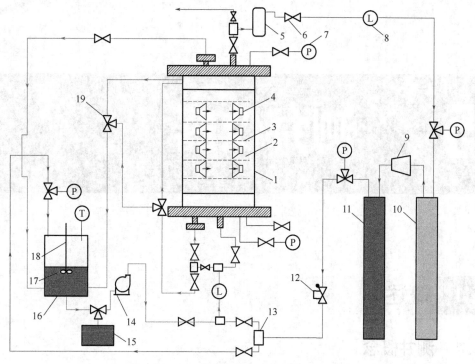

图 4.70　三维模拟实验装置原理图

1—实验模型；2—多孔介质；3—电极；4—声偶极子；5—水分离器；6—阀；7—压力传感器；
8—质量流量计；9—气体增压器；10—储气瓶；11—气源瓶；12—减压阀；13—三通；14—水泵；
15—纯水罐；16—搅拌容器；17—饱和甲烷气的水；18—搅拌器；19—三通阀

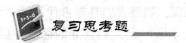复习思考题

1. 表压、绝对压力、负压力、真空度之间的关系是什么？

2. 量程为 0~10MPa、精度为 1.0 级的压力表，当分别测量 1MPa 和 6MPa 的压力实际读数为 0.98MPa 和 6.03MPa，其相对误差是多少？能说明什么问题？

3. 什么是钻压？已知的测量原理是什么？还有哪些方法能够实现钻压的测量？

4. 已知钻井泵的出口压力变化范围是 5~40MPa，允许测量的最大绝对误差为 0.25MPa，试选配一压力表。

5. 大钳扭矩是如何测量的？

6. 多参数测量系统要测哪些参数？

7. 旋转导向钻井工具系统有哪些类型？各自有什么特点？

8. 随钻测量系统由哪几部分组成，有几种信号传送方式？详述压力波传送方式的原理。

9. 钻井液脉冲传输的衰减特性是什么？主要影响因素有哪些？

10. 抽油机示功仪要测哪些参数？如何实现？

11. 原油电场脱水的原理是什么？查阅资料，归纳几种其他原油含水分析方法。

12. 油井液面回声测量的原理是什么？设计时应考虑哪些问题？

13. 天然气水合物的形成条件是什么？目前研究天然气水合物用哪些实验模型？

5 / 测井仪器

5.1 概述

5.1.1 测井概念

在油田勘探开发中，测井是通过定量测定井下钻穿地层的电、磁、声、光、核、热、力等物理信息，用以判断地层的岩性及流体的性质，确定油、气、水层的位置，定量解释油气层的厚度、含水饱和度和储层的物性等参数，了解井下状况的一整套技术。有时把测井称为矿场地球物理勘探测井、油矿地球物理测井或地球物理测井。

油气层埋藏在地下几千米深，如果人们具有古代神话传说中的"千里眼"，就可以毫不费力地探寻宝藏。尽管"千里眼"是人们良好的愿望，但科学的发展使我们可以将复杂的电子仪器下放到为探寻油气层所钻的井中，这就是寻找油气层的"千里眼"——井下仪器。当地层含有油气时，它的电、声、核和核磁共振等物理性质则不同于其他地层，我们将测量电阻率或介电常数、声波传播速度或衰减、放射性射线能谱和核磁共振特性的仪器用电缆下放到几千米深的井中，当电缆上提时，在地面仪器指令的控制下，自动测量地层相应的物理特性。

石油和天然气储藏在地下具有连通的孔隙、裂缝或孔洞的岩石中。这些具有连通孔隙，既能储存油、气、水，又能让油、气、水在岩石孔隙中流动的岩层，称为储集层，简称储层。用测井资料划分井剖面的岩性和储层，评价储层的岩性（矿物成分和泥质含量）、储油物性（孔隙度和渗透率）、含油性（含油气饱和度和含水饱和度）、生产价值（预期产油、气、水的情况）和生产情况（实际产油、气、水的情况及生产过程中储层的变化），称为地层评价。地层评价是测井技术最基本和最重要的应用，也是测井技术其他应用的基础。

测井是石油勘探开发过程中不可缺少的重要环节。根据地质和地球物理条件，合理地选用综合测井方法，可以详细研究钻孔地质剖面、探测有用矿产、提供计算储量所必需的数据（如油层的有效厚度、孔隙度、含油气饱和度和渗透率等），以及研究钻孔技术情况等。应用测井方法可以减少钻井取心工作量，提高勘探速度，降低勘探成本。

由于钻探井的直径一般仅 15~20cm，且井内充满钻井液，更由于井深和井内的温度、压力都很高，因此，井下仪器都制作成细长形状，在狭窄的空间内放置对所测物理参数敏感的传感器和其他电子线路，其钢外壳要承受高温、高压，连接处和导线引出处要密封绝缘不受钻井液侵入。井下仪器测量的物理参数，如电阻率大小、声波传播时间的长短、核测井计数率等，其输出信号有的是模拟信号，有的是数字信号，还有脉冲信号，因此，在将各种信号通过电缆发送前必须进行统一处理。

电缆完成地面计算机和井下仪器之间的信息交换。电缆的地面端接地面遥测模块，井下一端接井下遥测短节。地面遥测模块和地面仪器前端机进行数据通信，实现测井的实时采集并传递地面计算机的控制命令，井下遥测短节传递命令实现各井下仪器的数据发送。

如图 5.1 所示，测井时，根据油气田的地质特点选择需要测量的物理参数，使用测井绞车将相应的井下仪器挂接在电缆末端放入几千米深的井中。当电缆沿井身匀速上提时，操作人员操作计算机，启动测井系统程序，按时序发出命令，通过电缆传送给井下仪器，控制井下仪器的工作流程。井下仪器把地层和井眼的各种参数（如电阻率、声波时差、声波幅度、放射性强度、井径等）简单处理和编码后，以电信号的形式，按帧通过电缆发送到地面，再由测井仪器车上的地面记录系统记录下来。记录的方式可以是曲线图，也可以是数字磁带。地面计算机系统对数据进行一系列处理后，输出按深度变化的测井曲线或图像。有经验的测井工程师可根据曲线或图像的变化初步确定哪些深度的地层含有油气。对于地质特征复杂的地层或是含油气地层，要进行定量的计算，则须把测量得到的所有数据送计算中心进行进一步的处理、分析和地质解释。

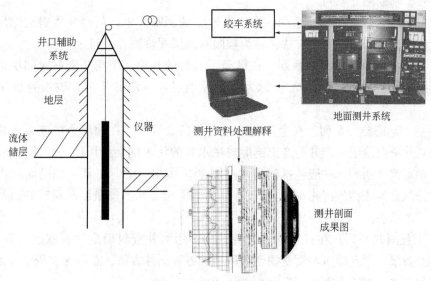

图 5.1　测井过程示意图

5.1.2　测井技术分类

测井技术是应用物理学原理解决地质和工程问题的边缘性技术学科。由于它面临的任务太复杂，又是一种间接研究地质和工程问题的方法，因而发展了众多的技术。为了便于理解和使用，可以对测井技术进行以下分类。

5.1.2.1 按研究的物理性质分类

(1) 电法测井。电法测井是研究地层电学性质、极化性质、电化学性质的各种测井方法的总称。研究地层导电性质的有各种电阻率测井，研究地层极化性质的有各种高频电磁波测井，研究地层电化学性质的是自然电位测井和人工电位测井。

(2) 声波测井。声波测井是研究地层声学性质的各种测井方法的总称，包括研究纵波速度的声速测井、研究纵波幅度的声幅测井、研究横波速度的横波测井、研究声波全波列各个成分的声波全波列测井、研究纵波反射的井下电视测井等。

(3) 放射性测井。放射性测井是研究地层核物理性质的各种测井方法的总称。研究地层天然放射性的有自然伽马测井和自然伽马能谱测井，研究伽马射线与介质相互作用的有密度测井和岩性—密度测井，研究中子与介质相互作用的有中子孔隙度测井、中子寿命测井和次生伽马能谱测井等。

(4) 其他测井，如测量地层温度的井温测井、测量地层压力的地层测试器、测量井眼几何形态的井径测井、测量钻井液烃含量的气测井等。

5.1.2.2 按技术服务项目分类

提供测井技术服务的单位称为测井公司。测井公司为了提供一个技术服务项目，要根据地质或工程需要选择几种测井方法，构成该技术服务项目所需要的一套综合测井方法。这套综合测井方法称为测井系列。如果一个测井系列包括的测井方法很多，还可细分为不同的系列，如裸眼井地层评价测井系列通常包括岩性—孔隙度测井系列，深、浅、微电阻率测井系列，辅助测井系列。

(1) 裸眼井地层评价测井系列。在未下套管的裸眼井中，用测井资料对储层做出预测性评价使用的一套综合测井方法，称为裸眼井地层评价测井系列。

(2) 套管井地层评价测井系列。在已经下套管的井中，用测井资料对储层做出预测性评价所用的一套综合测井方法，称为套管井地层评价测井系列。该系列也用于储层监视。

(3) 生产动态测井系列。在生产井或注入井的套管内，在地层产出或吸入流体的情况下，用测井资料确定生产井的产出剖面或注水井的注水剖面所用的一套综合测井方法，称为生产动态测井系列，一般包括流量、持相率（多相流动时，某一相的面积占套管截面积的百分数称为该相的持相率）、温度和压力等测量方法。测量结果反映井眼和每个储层实际的生产状态。

(4) 工程测井系列。在裸眼井或套管井中，用测井资料确定井斜状态、固井质量、酸化或压裂效果、射孔质量和管材损伤等所用的各种测井方法，总称为工程测井系列。具体使用何种方法，视工程需要而定。

此外，测井技术还可提供下列服务项目：

(1) 井壁取心：用井壁取心器从裸眼井井壁取出地层的岩心，作为直接认识储层的一种手段，一般用于测井解释没有把握的储层。

(2) 地层测试：在裸眼井或套管井中，用电缆地层测试器可从地层取得流体样品，并在取样过程中得到井内静液压、流动压力、地层静压力、压力恢复曲线和压降曲线等压力资料。用这些资料可建立压力剖面，定性判断储层的性质，并可计算其有效渗透率。

（3）射孔：下套管固井以后，根据射孔完井的要求将射孔器下到预定的深度，按预定的射孔密度（每米孔数），用射孔弹射开套管、水泥环和井壁地层，构成地层至套管内的通道，打开油气或注水通道。

5.1.2.3　按资源评价的对象分类

测井技术是详细获取地下地质及工程资料的主要手段，凡是要对地下的各种资源进行评价，都少不了测井技术。虽然它们应用测井技术的目的和条件各不相同，但都是以地质剖面的研究为背景，以资源评价为目的，而单井资源评价都归结为地层评价或矿层评价，故它们用的测井技术有许多相同或相似之处，是互相借用的。为了区别，常常也按测井技术所评价的资源对象进行分类。

（1）石油测井。石油测井是勘探和开采石油及天然气所用的各种测井技术的总称，在使用测井技术的产业部门中一直处于领先地位。

（2）煤田测井。煤田测井是勘探和开采煤炭所用的各种测井技术的总称，其规模仅次于石油测井。

（3）金属矿测井。金属矿测井是勘探和开采各种金属或稀有金属矿所使用的各种测井技术的总称，其中放射性测井尤为重要。

（4）水文工程测井。水文工程测井是评价地下水资源或者地下岩层的工程性质所用的各种测井方法的总称。

5.1.3　测井仪器系统

在寻找石油和天然气时，由于含油气地层的电、声、核、核磁共振等物理性质不同于非含油气的地层，因此，需要在几千米的井中测量所有地层的电、声、核、核磁共振等物理性质，以此可以有效判定哪些深度的地层含有油气。把测量上述各种物理性质的仪器组合在一起，以地面的计算机为中心，按照一定的时序对地层的各种物理信息进行采集、传输、处理和快速解释，并在测量过程中实时地对井下仪器进行控制，这就是现代的石油测井仪器系统。

感知和采集测井数据的各种仪器设备，统称为测井仪器，如图 5.2 所示。它由三部分组成：井下仪器（参数测量系统）、数据传输系统（绞车、电缆及井口装置）、地面系统。

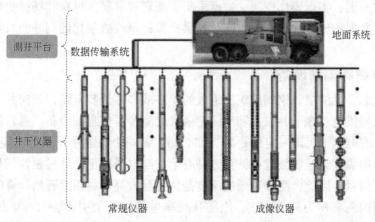

图 5.2　测井仪器系统

5.1.3.1　井下仪器

井下仪器也称为下井仪器，其主体是探测器、电子线路、机械部件，以及承受高温、高压的钢外壳等。探测器是一个将被测量的物理性质或技术状态转换成电信号的装置，本质上就是传感器。将测量的电信号再转换成代表某一物理性质或技术状态的物理参数（如电阻率、井斜角等），称为仪器刻度。

各种井下仪器的探测特性是指探测器的探测特性，一般包括以下几个方面：

（1）记录点。记录点也叫测量点，是探测器测量的物理参数记录的深度参考点。该点在井内的深度就是该点测量参数的记录深度。随着井下仪器在井内匀速移动，地面记录仪就记录出随深度变化的测井参数曲线。

（2）横向探测深度。横向探测深度是指某一探测器测量的结果在横向上主要受多大范围内介质的影响（贡献50%~90%），简称探测深度或探测范围。如果探测器不贴井壁，通常认为它在井轴上，其探测范围可看成一个球体，其半径是探测深度。如果探测器是贴井壁的，其探测范围可看成是井壁附近地层环带（如冲洗带）的一部分（靠近探测器），这个环带的径向厚度就是探测深度。

（3）纵向分辨率。纵向分辨率是指探测器分层能力，即它在纵向上能分辨不同性质岩层的最小厚度。

5.1.3.2　地面记录仪

测井仪器的地面记录仪是一种在地面给井下仪器供电，对井下仪器实行测量控制、接收和处理井下仪器传来的测量信号，将测量信号转换成测井物理参数加以记录，且能够将测井物理参数处理成地质参数再加以记录的仪器。

目前我国地面记录仪有三种类型：

（1）多线记录仪。多线记录仪是我国较常用的地面记录仪。它采用照相记录，能同时记录多条模拟曲线。如果配上微型计算机和相应的数据采集及处理设备，也可完成数字磁带记录。

（2）数字磁带测井仪。数字磁带测井仪是采用数字磁带作为记录介质的综合测井系统。它除了将测井数据记在磁带上，还将模拟曲线记在胶片上。

（3）数控测井仪。数控测井仪以计算机为中心，配置若干外围设备及测井专用接口，组成联机实时系统，实行操作控制、数据采集、处理和解释，可在井场提供数字存储器记录的原始测井数据和地质解释结果，同时提供模拟记录或数字化的测井曲线和地质解释成果图。

5.1.3.3　电缆等辅助设备

由导电缆芯、绝缘层和钢丝编织层组成的单芯或多芯铠装电缆，是向井内传送下井仪器、给下井仪器供电、在下井仪器和地面记录仪之间传送信息的设备，通常所说的电缆测井就源于此。在电缆上每隔一定的距离（如25m）做一个磁记号（该处电缆磁化），将检测电缆磁记号的磁性记号器放置在钻台方补心上，当电缆磁记号经过磁性记号器时便向记录仪发出深度信号。因此，测井记录的深度是从钻台方补心的顶面开始计算的，钻台方补心顶面至地面的距离称为补心高度。电缆从绞车电缆滚筒上引出，与井下仪器连接好以后，将仪器放入井中，井口滑轮对电缆移动进行导向，绞车动力装置控制下放或上提的速度。测井数据采集一般在仪器上提的过程中进行。

5.2 电法测井

5.2.1 理论基础

物理模拟和数值模拟是两种重要的电测井研究方法，是电测井研究、仪器研制及应用的基础。理论上，Maxwell 方程是电法测井最根本的物理基础，根据源频率特性可将电法测井分为直流电测井和交流电测井。

直流电测井的基本方程为

$$\nabla \cdot [\, \sigma(\boldsymbol{x}) \, \nabla u(\boldsymbol{x}) \,] = -II(\boldsymbol{x}) \tag{5.1}$$

式中　$\boldsymbol{x}$——空间任意一点的坐标；

　　　$u(\boldsymbol{x})$——$\boldsymbol{x}$ 点的电位，V；

　　　$\sigma(\boldsymbol{x})$——$\boldsymbol{x}$ 点的电导率，S/m；

　　　$II(\boldsymbol{x})$——$\boldsymbol{x}$ 点的点电源的体分布密度，C/m^2。

目前，常规电测井中的普通电阻率测井、双侧向测井和微球形聚焦测井及成像测井中的微电阻率扫描测井和阵列侧向测井等均属于直流电测井范畴（严格来说是超低频电法测井）。

交流电测井的基本方程为

$$\nabla^2 \boldsymbol{A}(\boldsymbol{x}) + k^2 \boldsymbol{A}(\boldsymbol{x}) = -\mu \boldsymbol{j}_s(\boldsymbol{x}) \tag{5.2}$$

式中　∇——那勃勒算子；

　　　$\boldsymbol{A}$——磁矢势，Wb/m；

　　　k——传播常数；

　　　$\boldsymbol{j}_s$——发射电流密度，A/m^2。

目前，常规电测井中的双感应测井、LWD 中的 2MHz 电阻率测井、高频电磁波传播测井及成像测井中的阵列感应测井等均属于交流电测井范畴。

若地层与井构成的求解域及源场具有旋转轴对称性，则场的分布也具有旋转轴对称性，于是方程（5.1）可简化为

$$\frac{1}{r} \frac{\partial}{\partial r} \left(\sigma r \frac{\partial \mu}{\partial r} \right) + \frac{\partial}{\partial z} \left(\sigma \frac{\partial \mu}{\partial r} \right) = -II \tag{5.3}$$

式中　σ、μ、II——子午面（Meridian Plane，子午面一般指通过地面一点包含地球南北极的平面）上的坐标 r、z 的函数，与方位角 φ 无关。

方程（5.2）可简化为

$$\frac{\partial}{\partial r} \left[\frac{1}{r} \frac{\partial}{\partial r} (r\boldsymbol{A}) \right] + \frac{\partial^2 \boldsymbol{A}}{\partial z^2} + k^2 \boldsymbol{A} = -\mu \boldsymbol{j}_s \tag{5.4}$$

式中　$\boldsymbol{A}$、k、$\boldsymbol{j}_s$——坐标 r、z 的函数，与方位角 φ 无关。

在地球物理勘探研究中，根据地质体的形状、产状和物性数据，通过构造数学模型计算得到其理论值（数学模拟），或通过构造实体模型来观测模型所产生的地球物理效应的数值（物理模拟）称为正演模拟。在地球物理资料解释过程中，常常利用正演模拟结果

与实际地球物理勘探资料进行比较，不断修正模型，使模拟结果与实际资料尽可能地接近，进而使解释结果更接近客观实际。

在全非均匀介质模型中，直流电测井方法可以利用 Laplace 方程（或泊松方程）的边值问题来描述；交流电测井方法可以利用由 Maxwell 方程组导出的波动方程边值问题来描述。此边值问题建立了地层参数与仪器响应之间的数学关系，如果地层的参数确定，通过求解，可以得到仪器的响应值，这种正演在测井中称为数值模拟，即在测井仪器存在周围环境时计算测井仪器的响应。如果已知仪器的响应值，而求地层的有关参数，此问题就构成反问题，反问题的求解过程称为反演。可以看出，正演、反演研究构成了电法测井的主要内容。

目前主要的正演方法有有限差分法（FDM）、有限元法（FEM）、边界元方法（BEM）、数值模式匹配法（NMM）和逐次逼近法（SAM）等。其中，有限元法和数值模式匹配法在电测井数值模拟领域研究和应用极为成熟。

5.2.2　电法测井种类

电法测井是根据油（气）层、煤层或其他探测目标与周围介质在电性上的差异，采用下井仪器沿钻孔剖面记录岩层的电阻率、电导率、介电常数及自然电位的变化。电法测井包括以下几种：

（1）电阻率测井。电阻率测井是使用简单的下井仪器（电极系）探测岩层电阻率，以研究岩层的电性特征。由于影响因素较多，电阻率测井测量结果称为视电阻率。电阻率测井按电极系的组合及排列方式不同，又分为梯度电极系测井及电位电极系测井。

（2）微电极测井。微电极测井是在电阻率测井的基础上发展的一种电法测井。它用于测量靠近井壁附近很小一部分滤饼和冲洗带地层的电阻率，能较准确地指示滤饼的存在及划分渗透性地层，能区分储层中的薄夹层（非渗透层）并准确地确定地层厚度。

（3）侧向测井。侧向测井是一种聚焦电阻率测井方法，主要用于高电阻、薄地层及盐水钻井液测井。根据同性电相斥的原理，在供电电极（又称主电极）的上方和下方装有聚焦电极，用聚焦电流控制主电流路径，使它只沿侧向（垂直井轴方向）流入地层。由于侧向测井电极系结构不同（如双侧向电极系的浅侧向电极系和深侧向电极系），聚焦电流对主电流的屏蔽作用大小不同，因而它们具有不同的径向探测深度。

（4）感应测井。感应测井是一种探测地层电导率的测井方法。该方法根据电磁感应原理，测量地层中涡流的次生电磁场在接收线圈中产生的感应电动势，以确定地层的电导率。它是淡水钻井液井和油基钻井液井有效的一种测井方法。同时，它特别适用于低电阻率岩层的探测，包括离子导电的含高矿化度地层水的油（气）、水层和电子导电的金属矿层。

（5）介电测井。介电测井是探测岩石介电常数的一种测井方法。由于水的介电常数远远大于油（气）和造岩矿物的介电常数，所以它可用于判断油田开发中出现的水淹层，并提供估计油层残余油饱和度及含水量多少的可能性。

（6）自然电位测井。自然电位测井是沿钻孔剖面测量移动电极与地面地极之间的自然电场。自然电位通常是由地层水和钻井液滤液之间的离子扩散作用及岩层对离子的吸附作用而产生的。因此，自然电位曲线可用来指示渗透层，确定地层界面、地层水矿化度以及泥质含量。在油（气）井中，它与电阻率测井组合，可以划分油（气）、水层并进行地层对比等。

5.2.3 电阻率测井

电阻率测井是一类通过测量地层电阻率来研究井剖面地层性质的测井方法，包括最早使用的梯度电极系测井和电位电极系测井，还包括后来发展的侧向测井和感应测井等。梯度电极系测井和电位电极系测井的供电电流在介质中的分布是不受人工控制的（在均匀介质中是均匀分布的），而侧向测井的供电电流被聚焦成薄板状进入地层。为了以示区别，通常将梯度电极系测井、电位电极系测井和在它们的基础上发展起来的微电极测井称为普通电阻率测井，是非聚焦的。而侧向测井和感应测井是聚焦的电阻率测井。普通电阻率测井是使用最早的测井方法，也是现在仍然在使用的常规测井方法。其中梯度电极系测井与自然电位测井组合，是每口井从井口到井底都要测量的"标准测井"，是地质研究的主要手段。

5.2.3.1 普通电阻率测井原理

1. 岩样电阻率测量

实验室常用四极法测量岩样电阻率，图 5.3 是测量原理图。岩样被加工成圆柱状，两端面与金属板或金属电极 A 和 B 相接触。A 和 B 称为供电电极。给岩样供直流电，用电流表测量流过岩样的电流，岩样中部相距 L 处绕有金属丝环状电极 M 和 N，M 和 N 称为测量电极，用电压表测量岩样 M 和 N 之间的电位差 ΔU_{MN}。按已知的欧姆定律，则岩样电阻率为

$$R_t = \frac{\Delta U_{MN}}{I} \frac{S}{L} = K \frac{\Delta U_{MN}}{I} \tag{5.5}$$

式中 R_t——岩样电阻率，$\Omega \cdot m$；

　　　S——截面积，m^2；

　　　L——测量电极间的距离，m；

　　　K——系数，$K = S/L$；

　　　ΔU_{MN}——测量电极间的电位差，V；

　　　I——流过岩样的电流，A。

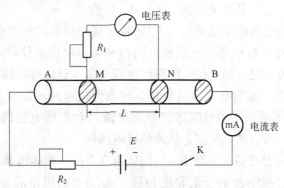

图 5.3　测量岩样电阻率原理

如果将岩样两端的电极 A 和 B 同时作为测量电极 M 和 N，则构成测量岩样电阻率的两极法。不论四极法还是两极法，要测量岩样或介质电阻率，必需的三个步骤是：

(1) 用供电极给岩样供电，形成人工电场；

(2) 用测量电极测量两点间的电位差；

(3) 研究电场电位分布规律，确定岩样或介质电阻率与测量电位差和电流等参数的关系。

2. 视电阻率概念

式(5.5)是在均匀各向同性介质中得到的结果，但实际电极系周围的介质有钻井液，地层厚度有限，储层上下有围岩，储层径向分成不同的环带。要想考虑到所有这些情况进行理论计算是不可能的，只能用测井电模型进行实验研究，或对比较简单的情况进行理论研究。

为了将普通电阻率测井用于生产，我们将实际的电极系在实际井眼和地层条件测量的电位差 ΔU_{MN} 按式(5.5)计算的电阻率称为视电阻率，记为 R，即

$$R = K \frac{\Delta U_{MN}}{I} \tag{5.6}$$

式中 K——电极系数。

普通电阻率测井按式(5.6)得到的电阻率曲线称为视电阻率曲线，这类测井方法也称视电阻率测井。总的来说，视电阻率曲线基本上能反映井剖面上地层电阻率的变化，横向上具有一定的可对比性，但其数值大小和曲线形态既与井眼及地层条件有关，又与电极系结构尺寸有关。由于这些关系太复杂，又有比较先进的侧向测井和感应测井能提供较准确的地层电阻率用于定量解释，故普通电阻率测井目前主要用于定性解释，特别是用于地质对比和地质绘图。

3. 普通电阻率测井方法

图 5.4 是普通电阻率与自然电位同时测井的电原理图。

同测量岩样电阻一样，普通电阻率测井也有一对供电电极 A 和 B、一对测量电极 M 和 N，但通常有一个电极固定在地面（地面电极），另外三个电极在井内移动。在井内移动的三个电极称为电极系，其组成方式为 A、M、N 或 M、A、B，前者称单极供电，后者称双极供电。当采用双极供电电极系时，其中 M 电极还测量自然电位曲线。因为井内自然电位是直流电位，若要 M 电极同时测量电阻率和自然电位两种信号，只能使电阻率信号成为交流信号。其方法是：地面供电线路产生直流电，经过换向器后变成矩形波状交流电，而 M 电极测量到的矩形波状交流信号进到地面经过换向器以后又变成直流信号被测量。为了分别测量 M 电极送来的电阻率信号（交流）和自然电位信号（直流），电阻率测量线路装有电容器，而自然电位测量线路装有电感器。

电阻率测井结果与岩石的次生特征——流体组成有关。流体饱和度的测量依赖于对岩石孔隙度、泥质含量、胶结指数、饱和度指数、地层水电阻率和黏土电导率的认识与了解。

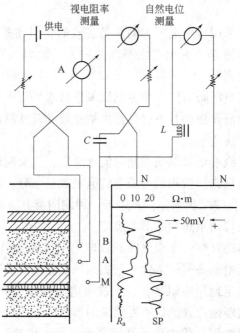

图 5.4　普通电阻率与自然电位同时测井原理

含水饱和度、岩石及流体特征和电阻率的关系式，即阿尔奇方程：

$$S_w = \left(\frac{R_w \phi^{-m}}{R_t}\right)^{\frac{1}{n}} \tag{5.7}$$

式中　S_w——含水饱和度；

R_w——地层水电阻率，$\Omega \cdot m$；

R_t——实测含水岩石的电阻率，$\Omega \cdot m$；

m——岩性指数，$m \leqslant 1$；

n——饱和度指数，$n > 1$；

ϕ——孔隙度。

显然，基于电阻率测量原理，按式(5.5)计算岩石的电阻率，即可根据阿尔奇方程计算岩石的含水饱和度和流体特征。

5.2.3.2　自然电位测井原理

基于电阻率测井原理，对自然电位测井原理很容易理解。自然电位测井是在裸眼井中测量井轴上自然产生的电位变化，以研究井剖面地层性质的一种测井方法。它是世界上最早使用的测井方法之一，是一种最简便而实用意义很大的测井方法，至今仍然是砂泥岩剖面淡水钻井液裸眼井必测的项目之一。只要在井内电缆底端装一个不极化电极 M，在地面钻井液池内放入另一电极 N，将它们与地面记录仪相连，当匀速上提 M 电极时，记录的电位差变化便是井轴上自然产生的电位变化。

5.2.3.3　侧向测井仪器测量原理

我国当前采用的简易横向测井，是一种组合的普通电阻率测井。它用 4 个电极距长度不同的电极系组成复合电极系对钻井剖面进行测量，可得到 4 条反映不同探测深度的视电阻率曲线。

在一般地层剖面中，采用普通电阻率测井是有效的，但在盐水钻井液和膏盐剖面中，由于受钻井液分流的严重影响，普通电阻率测井失去了效力。为解决这种地层剖面的测井，人们提出了电流聚焦测井。

电流聚焦测井是采用电屏蔽方法，使主电流聚焦后水平流入地层，因而大大减小了井眼和围岩影响。现在，电流聚焦测井不仅是盐水钻井液和膏盐剖面井的必测项目，也是淡水钻井液井测井的主要方法之一。

电流聚焦测井的电流线沿电极轴线的侧向流入地层，故又叫侧向测井。侧向测井在电阻率测井方法中是一个大家族，按构成电极系的电极数目来分，有三侧向、七侧向、八侧向和九侧向（即双侧向）；按探测深度，上述每一种侧向测井又有深、浅之分；按主电流聚焦后的特点，还可分为普通聚焦和球形聚焦等。

现在，最理想的侧向测井组合是双侧向和微球形聚焦测井组合。双侧向的仪器性能、探测深度、分层能力、测量动态范围都优于三侧向、七侧向。由双侧向微球形聚焦组合获得的资料可以较准确地确定地层电阻率 ρ_t、冲洗带电阻率 ρ_{xo} 和侵入带直径 D_{io}。这些是计算地层含油饱和度、判断地层含油性不可缺少的参数。

侧向测井与普通电阻率测井的主要区别就在于它的主电流（又叫测量电流）是被聚焦以后才流入地层的，如图 5.5 所示。

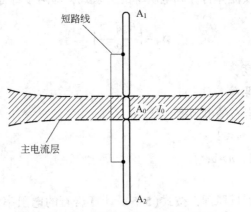

图 5.5　三侧向电极系和主电流层

为使主电流聚焦，侧向测井电极系的主电极 A_0 都位于电极系中心，两端都有屏蔽电极 A_1、A_2，它们以 A_0 为中心对称排列。测井时，从主电极流出的主电流 I_0 和从屏蔽电极流出的屏蔽电流 I_b 极性完全相同。三侧向就是由上述这样三个电极组成的，其电极为柱状。电极 A_0 较短，以提高对薄地层的分辨能力；电极 A_1、A_2 较长，以增强屏蔽作用，减小井眼和围岩影响。A_1 和 A_2 短路连接，具有相同的电位，电极间用绝缘材料隔开。测井时，仪器自动控制 I_b 使 A_0、A_1、A_2 三电极电位相等，沿纵向的电位梯度为零（即 $\partial U / \partial z = 0$）。从而迫使主电流沿垂直于井轴的方向流入地层，避免了主电流沿井轴方向流动。在无限均匀介质中，主电流束如图 5.5 中的阴影部分所示。

为避免电极极化，侧向测井采用低频正弦交流电供电。国产三侧向、七侧向的电流频率用 515Hz。测井时，由仪器测出主电流 I_0 的数值或主电极 A_0（可用 A_1 或 A_2 代替）至无穷远处电极 N 间的电位差，就可计算出地层视电阻率 ρ_a。

和普通电阻率测井一样，侧向测井的视电阻率可表示为

$$\rho_a = K\frac{U}{I_0} \tag{5.8}$$

式中　U——主电极表面的电位，V；

　　　I_0——主电流，A；

　　　K——侧向电极系数，m，可用实验或理论公式计算求得。

5.2.3.4　三侧向测井仪器

在三侧向屏蔽电极以外，两端再加上第二屏蔽电极 A_1'、A_2'。若将它们分别与对应的第一屏蔽电极 A_1 和 A_2 短路连接，就等于加长了屏蔽电极，相应屏蔽作用增强，可以进行深三侧向测井。反之，若用 A_1'、A_2' 作 A_0、A_1、A_2 的回流电极，就可降低屏蔽作用，进行浅三侧向测井，图 5.6 是恒流式三侧向电阻率测井仪的原理框图。

如图 5.6 所示，设计仪器首先要考虑的问题是如何使 A_0、A_1、A_2 三电极电位相等，为此需要供给 A_0、A_1、A_2 同极性的电流。电路框图中用 515Hz 振荡器输出电流经过调制放大和功率放大后加到屏蔽电极 A_1 或 A_2，然后再通过连接在电极 A_1 和 A_0 间的一个小电阻 R（0.01Ω）加到电极 A_0，这样就达到了使 A_0、A_1、A_2 电流极性相同的目的。

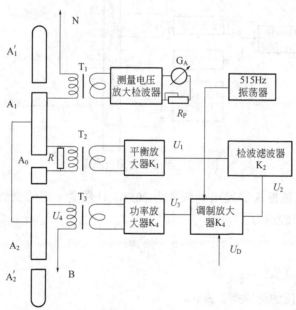

图 5.6　恒流式三侧向电阻率测井仪的原理框图

B—主电流和屏蔽电流的回流电极；T_1—测量信号输入变压器；T_2—平衡信号输入变压器；

T_3—屏蔽电流输出变压器；R_p—记录仪测程电阻；U_D—比较电压；

N—无穷远测量电极；R—主电流取样电阻；G_A—检流计

测井过程中，随着电极接地电阻的变化，必然引起主电流 I_0 的变化。在恒流式仪器中，必须保持 I_0 不变，使接地电阻的变化完全反映在主电极表面电位的变化上。为此，电路中设置了平衡放大器对主电流的变化进行检测。通过负反馈形式对主电流进行控制，

使主电流按原来相反的方向变化，达到恒定电流的目的。

测量信号取自 A_1 至 N 电极间的电位差，因 N 电极在无穷远处，即 $U_N=0$，所以 $U=U_{A_1}$。该信号经变压器 T_1 送至测量电压放大检波器放大，再经滤波和相敏检波输出至记录仪。

双侧向是在三侧向、七侧向的基础上发展起来的，它吸取了三侧向、七侧向的优点。双侧向电极系由 9 个电极组成，主电极 A、第一屏蔽电极（A_1、A_2）、第二屏蔽电极（A_1'、A_2'）和三侧向一样用柱状电极，其中 A_0 较短，屏蔽电极较长。监督电极 M_1、M_2 和 M_1'、M_2' 和七侧向一样用环状电极，它们介于 A_0 和 M_1（或 M_2）之间。各同名电极间同样要短路连接，并以 A_0 为中心对称排列。

5.2.4　感应测井

5.2.4.1　电磁感应测井原理

感应测井是利用电磁感应原理测量地层电导率的测井方法，其测量原理如图 5.7 所示。

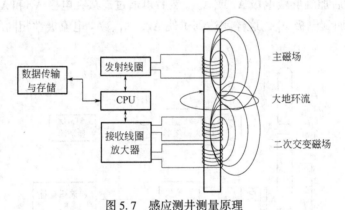

图 5.7　感应测井测量原理

发射线圈受正弦波振荡器发出的频率为 20kHz 且强度一定的交流电流激励，在任一时刻的发射电流 i_r 可表示为

$$i_r=I_0 e^{j\tilde{\omega}t} \tag{5.9}$$

式中　I_0——电流幅度值，A；

　　　$\tilde{\omega}$——发射电流的角频率，rad/s。

发射电流就会在井周围地层中形成交变电磁场。设想把地层分割成许多以井轴为中心的地层圆环，每个地层圆环相当于具有一定电导率的线圈。发射电流所形成的电磁场就会在这些地层圆环中产生感应电动势，其大小可由下式给出：

$$e_L=-M\frac{\mathrm{d}i_r}{\mathrm{d}t}=-j\tilde{\omega}Mi_r \tag{5.10}$$

式中　M——发射线圈和地层圆环之间的互感，H。

从公式（5.10）不难看出，感应电动势 e_L 滞后发射电流 $\pi/2$，于是地层圆环内的感应电流可表示为

$$i_L = \sigma e_L \qquad (5.11)$$

i_L 的大小取决于地层的电导率。这个环电流又形成二次交变电磁场，在二次交变电磁场的作用下，接收线圈中产生感应电动势 e_R：

$$e_R = -M'\frac{\mathrm{d}i_L}{\mathrm{d}t} = -M'(-\mathrm{j}\tilde{\omega}M\sigma)\frac{\mathrm{d}i_r}{\mathrm{d}t} = -\tilde{\omega}^2 MM'\sigma i_r \qquad (5.12)$$

式中 M'——地层圆环和接收线圈之间的互感，H。

接收线圈电压正比于地层圆环电导率，且与发射电流 i_r 反相。互感 MM' 取决于地层圆环的位置和几何尺寸。

在接收线圈中除了二次电磁场产生的感应电动势外，发射电流 i_r 所形成的一次电磁场也引起感应电势。这种由发射线圈对接收线圈直接耦合产生的感应电势可表示为

$$e_x = -M''\frac{\mathrm{d}i_r}{\mathrm{d}t} = -\mathrm{j}\tilde{\omega}M''i_r \qquad (5.13)$$

式中 M''——两线圈之间的互感，H。

直接耦合引起的感应电势与发射电流相位差 $\pi/2$，且和地层电导率无关。因此，接收线圈给出的信号包含了两个分量：与地层电导率成正比的 e_R，它和发射电流相位差 π；与地层电导率无关的直耦信号 e_x，它和发射电流相位差 $\pi/2$。前者称为 R 信号，是测量需要的；后者称为 x 信号，是需要消除的。由于 e_x 与 e_R 相位相差 $\pi/2$，因此可以利用电子线路予以鉴别，从而达到测量 R 信号的目的。

上述测量原理是简化近似的，没有考虑电磁场在地层中传播时能量的损耗和相移，即通常所称的传播效应。由传播效应引起测量信号的减小，可在电路中或数据处理中予以校正，通常称为传播效应校正或趋肤校正。

5.2.4.2　感应测井和阵列感应测井仪器

如上所述，感应测井是利用电磁感应原理测量地层的电导率，通过对发射线圈供给交流电，使其在周围的介质中产生电磁场，产生感应电流，感应电流的强度与磁场强度和介质的电导率成正比，用接收线圈检测感应电流的大小。接收线圈中的接收电压与发射线圈和接收线圈的匝数有关，还与发射电流、电流频率、地层磁导率和传播常数有关，与发射电流之间存在相位滞后。

常规的感应测井仪都采用复合线圈系结构，通过选择适当的间距和线圈对组合，产生具有直耦信号近似为零的多个测量信号矢量叠加，使流过地层的电流限定在特定的径向和纵向距离上，实现硬件聚焦的效果。常规感应测井仪有两种或两种以上不同的聚焦方式，能够实现两种探测深度。对于每一种聚焦方式，地层的某一单元体积对测量电压的贡献取决于仪器的几何因子。

斯伦贝谢公司的阵列感应测井仪（AIT）如图 5.8 所示，与常规感应仪有所不同，在设计上放弃了将数对线圈连在一起实现硬件聚焦的方法，而采用了 8 个不同发射器/接收器间距的方式，所有线圈都作为独立的仪器工作，间距从 6in

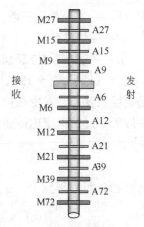

图 5.8　AIT 电极结构图

（152.4mm）到 6ft（1828.8mm）。它的另一特点是 8 对接收线圈共用一个发射线圈，同时以 3 种不同频率工作（26.325kHz、52.65kHz、105.3kHz）。每个线圈对的几何因子是固定的。AIT 共测量 28 个原始实分量和虚分量信号。地面计算机处理系统将 28 个测量信号以不同权值处理进行软件聚焦后，可以得到 3 种纵向分辨率、5 条不同探测深度的地层电阻率曲线。

AIT 的技术参数及测井限制见表 5.1。

表 5.1   AIT 的技术参数及测井限制

名称	具体指标
长度	33.5ft（10210mm）
直径	3.875in（98.4mm）
测速	3600ft/h（1200m/h）
耐温	350℉（175℃）
耐压	2000psi（140MPa）
最小适合井	4.75in（120.65mm）
组合性	上端和下端除地层测试器以外的标准
精度（深测）	2%±0.7mS/m

5.2.4.3   电磁波测井原理

电磁波测井可以同时测量井眼周围地层电导率和介电常数。这些参数对评价钻孔附近一些特殊储层具有非常重要的意义，具体可以解决两方面的问题：一是低阻油层的问题，这是一种油层和水层同为低阻或高阻的情况；二是油田开发过程中的水淹层测井，开发过程中注水的电阻率是不一定的。另外，电磁波测井受地层水矿化度影响较小，不受井中钻井液和套管绝缘性影响，可在油基钻井液和玻璃钢套管井环境中判断油、气、水。

从电磁场理论知，求解时谐场的麦克斯韦方程，可得到亥姆霍兹方程。当研究电场 E 只有 X 分量、磁场 H 只有 Y 分量的平面波在有损介质中沿 Z 方向传播时，电场和磁场解分别表示为

$$E = E_0 e^{-\alpha Z} e^{-j\beta Z} \hat{X} \tag{5.14}$$

$$H = H_0 e^{-\alpha Z} e^{-j\beta Z} \hat{Y} \tag{5.15}$$

$$K = \beta - j\alpha \tag{5.16}$$

式中 K——波矢量或波数；

β——相位系数，表示电磁波传播过程中单位波长的相位变化；

α——衰减系数或吸收系数，表示电磁波传播过程中幅度的变化。

式（5.14）、式（5.15）、式（5.16）表明，电磁波在有损介质中传播时，无论电场强度还是磁场强度都会发生相位变化和幅度衰减。当电场强度衰减到原有值 $1/e = 36.8\%$ 时，电磁波所穿过的深度称传播深度或趋肤深度，用符号 δ 表示：

$$\delta = \frac{1}{\alpha} = \frac{1}{\sqrt{\pi f \mu \sigma}} \tag{5.17}$$

求解 β 和 α 可以得到

$$\beta = \omega \sqrt{\varepsilon \mu} \left[\frac{1}{2} \sqrt{1 + \left(\frac{\sigma}{\omega \varepsilon} \right)^2} + 1 \right]^{\frac{1}{2}} \tag{5.18}$$

$$\alpha = \omega\sqrt{\varepsilon\mu}\left[\frac{1}{2}\sqrt{1+\left(\frac{\sigma}{\omega\varepsilon}\right)^2}-1\right]^{\frac{1}{2}} \tag{5.19}$$

式中　f——磁场频率，Hz；

　　　μ——磁导率，H/m；

　　　σ——地层电导率，S/m；

　　　ω——角频率，rad/s；

　　　ε——介电常数。

当$\dfrac{\delta}{\omega\varepsilon}\ll1$，即位移电流起主要作用时，相位系数与介质的电导率无关，衰减系数则与外加场的频率无关；当$\dfrac{\delta}{\omega\varepsilon}\gg1$，即传导电流起主要作用时

$$\beta = \alpha = \sqrt{\frac{\omega\mu\sigma}{2}} \tag{5.20}$$

无论相位系数还是衰减系数，都不受介电常数ε的影响。

感应测井是为了求得地层的电导率，故力求减小ε的影响，因此选用很低的ω，使$\dfrac{\delta}{\omega\varepsilon}\gg1$。但是当地层电导率$\sigma$不高时，就要消除位移电流所产生的影响，因此，感应测井对低阻层的效果更好。电磁波传播测井测量的是地层的介电常数，为了消除传导电流的影响力求使$\dfrac{\delta}{\omega\varepsilon}\ll1$，选用很高的频率，一般在20MHz以上直至1GHz。

介电常数的实部ε'和虚部ε''与相位系数、衰减系数有如下的关系：

$$\varepsilon' = \frac{\beta^2-\alpha^2}{\omega^2\mu} \tag{5.21}$$

$$\varepsilon'' = \frac{2\alpha\beta}{\omega^2\mu} \tag{5.22}$$

因此，无论何种类型的介电测井仪器，都是测量电磁波在地层中传播的相位变化和幅度衰减。

5.3　声波测井

5.3.1　概念与分类

声波测井是利用声波在岩石等介质中传播时，声波幅度的衰减、速度或频率的变化等声学特性来研究钻井地质剖面、判断固井质量等问题的一种测井方法。声波测井显著的特点是记录了地层的纵波、横波及流体波的时差、幅度、频率、相位等信息，而这些信息对于计算孔隙度、判断岩性、定性识别流体性质、评价岩石力学弹性参数等具有重要作用，并且还可以为较深的砂泥岩储层估算岩石破裂压力值，为油藏工程提供参数，因此声波测井是油气勘探和开发的重要手段，在油气藏勘探和开发中主要用于解决储油层分布、检测油井固井质量、出砂等问题。目前，声波测井对于薄层、薄互层及低孔隙度地层的信息分

辨率低，这是声波测井在油田应用中的难点。

声波测井常用到的方法包括声速测井、声幅测井、偶极和多极子声波测井、声波全波列测井、声波成像测井、井间声波测井及随钻声波测井等。按其探测目的不同，常用的声波测井方法有声速测井（纵波速度和横波速度）、声幅测井、声波变密度测井（或称微地震测井）、声波电视测井等。

声速测井记录声波沿井壁各地层滑行时经过某一长度所需要的时间，主要用于确定岩性、孔隙度和指示气层。它与密度测井进行综合解释，可以确定地层声阻抗和石灰岩的组分，同时还可以合成垂直地震剖面。

声幅测井测量声波初至波前半周幅度的衰减，分为裸眼声幅测井及固井声幅测井。裸眼声幅测井主要用来寻找钻孔剖面上的裂缝带；固井声幅测井主要用于检查固井质量及确定水泥返回高度。

声波变密度测井是一种全波波形测井。在套管井中，它能检查套管与水泥环和水泥环与地层胶结程度的好坏，也是检查固井质量的有效方法之一。在裸眼井中，它用于确定岩石的横波速度，计算岩石弹性参数（泊松比、杨氏模量、切变模量等），对于评价煤层的岩石强度特别有用。

声波电视测井是利用超声波的传播与反射，来反映井壁物体形象的测井方法。主要用途是：拍摄井下套管的照片，以检查套管射孔后的质量及套管的工程问题；在裸眼井内拍摄井下碳酸盐岩层和煤层的井壁照片，以确定岩层裂缝及溶洞的形状。

5.3.2　声波测井原理

声波是机械波，是机械振动在介质中的传播过程。人耳能听到的声波频率为 20Hz ~ 20kHz。频率更高的声波称为超声波。声波测井使用的频率为 15 ~ 30kHz，故有时也称为超声波测井。

如图 5.9(a) 所示，在一无限大地层中有一个垂直钻孔，半径为 R；井眼内充满钻井液，声速为 v_f；半径为 a 的声波测井仪器位于井轴上，发射换能器 T 向周围发射一个有一定声功率、方向性和频率特性的超声脉冲，由于声波在井内的传播与井内流体和井壁附近地层的性质有关，因此在井内和地层中将激发出各种模式的波，沿不同方向和途径传播。

在离声波发射器足够远的地方放置声波接收器 R，就可接收到如图 5.9(b) 所示的各种声波波形。波形图的横坐标是从发射声脉冲开始经过的时间（μs）；纵坐标是声波引起的电信号的幅度（mV），代表声波幅度。此图称为声波全波列波形图。

既能将电磁能转换成声能，又能将声能转换成电磁能的器件称为换能器。测井用作声波发射器和声波接收器的器件就是换能器。测井常用压电陶瓷晶体换能器，它具有机械和电学两方面的特性。压电陶瓷晶体在外力作用下产生变形时，会引起晶体内部正、负电荷中心相对位移而发生极化，导致晶体某些表面出现电荷累积，其电荷密度与外力成正比。反之，如果将晶体置于外电场中，外电场的作用使晶体内部正、负电荷中心发生位移，从而导致晶体表面产生变形，其变形大小与外加电场成正比。

用以发射纵波的压电陶瓷制成有限长的圆管，其原始极化方向是圆管圆周方向。在圆管内外表面上，间隔相等地沿轴方向敷有 12 条银层，将相隔的银层与发射电路两极相连，当外加交变电场的频率与压电陶瓷径向振动的固有频率相同时，便引起圆管的周长收缩和膨胀，从而在其周围的流体引发疏密相间的纵波向井壁传播。用以接收纵波的压电陶瓷换能器的形状和材料与发射换能器相同，但内外表面仅敷有 8 条银层，相隔的银层与仪器的接收电路相连，以便把接收到的纵波变成可测量的电信号。

发射换能器的工作频率一般选用换能器本身的机械谐振频率，声速测井及声幅测井为 20~25kHz。接收换能器要接收的声波信号有一定频带宽度，由图 5.9 可以看出这一点。这就要求接收换能器对一定频率范围内的声波信号都有相近的接收特性。为此，一般选择换能器的机械谐振频率要高于接收声波信号的频率。

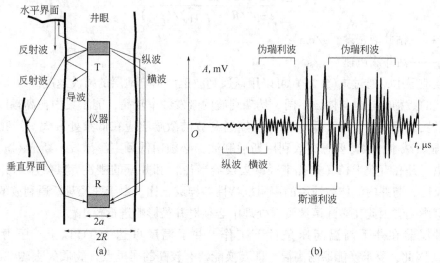

图 5.9 井内声波的发射、传播和接收及全波列波形图

全波列声波主要由两类波组成：体波（纵波和横波）与导波（伪瑞利波和斯通利波），还有各种多次反射波（如纵波的泄漏模式等）。对于快速地层（地层横波速度大于井内流体声速），在全波形上的初至波是地层纵波，其幅度较小，频率较高；在纵波之后是地层横波波至，由于所谓的伪瑞利波的影响，横波部分幅度较大；最后到达的大幅度低频率波是斯通利波，它是一种沿井壁与井内流体之间传播的导波，速度比井内流体声速略低。低频斯通利波通常又称为管波。对于慢速地层（地层横波速度小于井内流体声速），难以看到以临界折射方式传播的横波。

体波的主要特点是：沿地层中传播，幅度存在几何扩散，速度的频散可忽略不计，有一系列共振频率。在均匀各向同性的弹性介质中，纵波和横波的速度分别为

$$v_p = \sqrt{\dfrac{K + \dfrac{4}{3}\mu}{\rho}} \tag{5.23}$$

$$v_s = \sqrt{\dfrac{\mu}{\rho}} \tag{5.24}$$

式中 ρ——体积密度，g/cm^3；

K——体积弹性模量，N/m^2；

μ——切变模量，N/m^2，对于流体 $\mu = 0$。

导波的主要特点是：沿井壁传播幅度最大，进入地层和井内流体显著衰减，不存在几

何扩散，相速度（波的相位在空间中传递的速度）有频散。伪瑞利波有多阶模式，相速度的频散较大，在高频端趋近于井内流体声速，在低频端有一截止频率，相速度等于地层横波速度，其群速度（波列作为整体的传播速度）的频散相当大，在中高频段甚至明显低于斯通利波的群速度，称为伪瑞利波的艾里相。斯通利波速度始终低于井内流体声速，相速度的频散较小，在低频端有明显增加。

在均匀完全弹性地层中，低频斯通利波的速度与横波速度存在下述关系：

$$v_{st} = \frac{v_f \sqrt{1-a^2/R^2}}{\sqrt{1-a^2/R^2 + (\rho_f v_f^2)/(\rho v_s^2)}} \tag{5.25}$$

式中 ρ_f——钻井液密度，g/cm^3；

   v_f——钻井液声速，m/s。

在软地层中，通过式(5.25)可以用斯通利波速度估算地层的横波速度。

导波的激励响应也与体波不同。伪瑞利波的激发频率较高，能量集中在高频段；斯通利波的激发频率较低，通常低于5kHz。斯通利波的激励响应在低频处最大，当频率大于2kHz时显著减小，因此要想有效利用斯通利波，必须用低频声源激发。斯通利波的能量主要取决于井孔有效半径（井孔半径减去仪器半径）和井壁的刚性，其幅度与井孔有效半径成反比，与井内流体与地层的声阻抗特性差异成正比。由于井径对斯通利波的幅度和速度都有影响，因此在实际声波资料处理中必须对井径影响进行校正。

测井仪器在井下高温高压条件下工作，井下温度可达150℃以上，压力可超过100MPa。因此，要求换能器耐高温，即要换能器有较高的居里点（物质失去磁性的温度，即从铁磁性转变为顺磁性的温度，低者100℃左右，高者300℃以上），又要耐高压，一般是从仪器外壳设计上考虑。

5.3.3 声波速度测井方法

从声学理论可知，当波从一种介质传播到另一种介质，若折射角等于90°时，折射波将在折射介质内沿分界面传播。声波测井将在井壁地层内沿井壁滑行（传播）的折射波称为滑行波。声波速度测井是测量滑行纵波在井壁地层中传播速度的测井方法。

声波接收器离声波发射器要有足够的距离，使滑行纵波成为全波列的首波，才能得到如图5.9所示的全波列波形。声波发射器中点至声波接收器中点的距离称为源距。要使滑行纵波成为首波，就要使源距足够大。事实上，除了管波以外，全波列中其他波不可能比滑行纵波先行到达接收器。而管波则有可能，因为它相当于几何声学的直达波，在发射器与接收器间直线传播。

如图5.10所示，要源距足够大，使直达波在路径TR上的传播时间大于滑行纵波在任何地层中沿路径TBCR的传播时间。

按图5.10的几何关系，设源距$\overline{TR}=L$，换能器至井壁的距离为a，流体速度为v_f，滑行纵波速度为v_p，θ^*是第一临界折射角，则滑行纵波为首波的条件可表示为

$$\frac{L}{v_f} > \frac{L-2a\tan\theta^*}{v_p} + \frac{2a}{v_f\cos\theta^*}$$

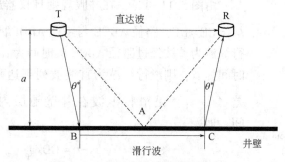

图 5.10　井下声波传播的最短路径

化简为

$$L > \frac{2a(v_p - v_f \sin\theta^*)}{\cos\theta^* (v_p - v_f)}$$

因为 $\sin\theta^* = v_f/v_p \cos\theta^* [1-(v_f/v_p)^2]$，代入上式整理后可得滑行纵波为首波的条件为

$$L > 2a\sqrt{\frac{v_p + v_f}{v_p - v_f}}$$

若把不等式右端记为临界源距 L^*，则

$$L^* = 2a\sqrt{\frac{v_p + v_f}{v_p - v_f}} \tag{5.26}$$

所以，滑行纵波为首波的条件是要选择源距大于临界源距。例如 $v_f = 1600\text{m/s}$，$a = 0.1\text{m}$（相当于换能器外径 0.051m，井眼直径 0.254m），最低速泥岩 $v_f = 1800\text{m/s}$，$L^* = 0.825\text{m}$，最高速白云岩 $v_p = 7900\text{m/s}$，$L^* = 0.25\text{m}$。我国声速测井常用源距为 1m。

　　此外井下仪器的外壳为钢外壳，其声速达 5400m/s。为了防止直达波沿钢外壳到达接收器成为首波，在仪器外壳垂直仪器轴的方向挖了许多交错排列的空槽。其作用一是使沿外壳传播的波在槽边界上多次反射，使之能急剧衰减；二是延长声波传播路径和时间；三是使相位不同和传播路径不同的声波互相叠加，从而减小对滑行波的干扰。

　　因为地层横波速度低于纵波速度，如果要使管波出现在横波之后，并使纵波、横波到达时间有明显差别，以记录较完善的全波列波形，则应进一步加大源距。所以，声波全波列测井是长源距声波测井，源距 2.438~3.658m。

　　对于单发双收声速测井仪设计，在确定源距以后，如何测量滑行纵波的速度呢？由图 5.10 可以看出，只用一个接收器是不行的。主要原因有：

　　（1）只能测量滑行纵波为首波在路径 TBCR 上的传播时间，而未知变量太多，如 v_p、v_f、θ、井径等，不能单独确定 v_p；

　　（2）当源距为 1m 时，滑行纵波在井壁地层中实际传播的距离 $\overline{BC}$ 约为 0.6118m（泥岩）~0.9531m（白云岩），而有开采价值储层的最小厚度约 0.5m，此时 BC 段内会包含其他岩石。

　　为了解决或克服这两个问题，最简单的方法是在接收器一侧再加一个接收器，构成单发双收声系（图 5.11）。两个接收器中点间的距离（称为间距）为 0.5m，与储层最小厚度一致。这种单发双收声速测井是国际上最早使用的声速测井法，目前仍然在大量使用。

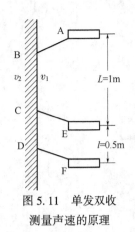

图 5.11　单发双收
测量声速的原理

由图 5.11 可见，在井眼规则且仪器居中的情况下，将有 $\overline{AB}=\overline{CE}=\overline{DF}$，路径 ABCE 与路径 ABDF 的几何差为 $\overline{CD}$。设滑行纵波为首波经过路径 ABCE 的时间为 t_1，经过路径 ABDF 的时间为 t_2，则滑行纵波为首波波列到达两个接收器的时间之差 (t_2-t_1) 是滑行纵波在井壁地层内传播 $\overline{CD}$ 段用的时间，即

$$t_2-t_1=\overline{CD}/v_p \tag{5.27}$$

显然，$\overline{CD}$ 与接收器间距相等，此处为 0.5m。声速越高，此时 t_2-t_1 越小。声速通常用声波单位时间传播的距离来表示，单位是 m/s，但测井中为了记录方便，声速常用传播单位距离用的时间来表示，这个时间称为声波时差，记为 Δt。当间距为 L 时，滑行纵波在地层内传播 L 用的时间差（声波时差）与它到达两个接收器的时间之差（在地层内传播 L 用的时间）t_2-t_1 的关系是

$$\Delta t=(t_2-t_1)/L \tag{5.28}$$

式中　Δt——声波时差，$\mu s/m$；

　　　L——声波传播距离，m；

　　　t_2-t_1——滑行纵波到达两个接收器的时间之差，μs。

式 (5.27) 是单发双收声速测井仪记录声波时差的理论依据：发射声脉冲以后立刻记录滑行纵波为首波先后到达两个探测器的时间 t_1 和 t_2，再按式 (5.28) 记录 Δt。一般每秒钟发射 10~20 次频率为 20kHz 的声脉冲，随着仪器匀速移动，就可记录出随深度变化的声波时差曲线。对于给定的仪器位置，如图 5.11 所示，测量的声波时差应是地层 CD 段中点的时差。两者在深度上略有误差，一般可忽略不计。

5.3.4　声波全波列测井方法

声波全波列测井资料包含的信息非常丰富，各种分波的传播速度、幅度衰减、频率主值以及波形包络等参数都与储层及性质有密切关系。这些参数可广泛用于非均质复杂储层的油气评价和钻采工程参数选择。在复杂非均质储层中，波形变化相当复杂，必须采用多种行之有效的信号处理方法，才能得到可靠的分析结果。

(1) 全波列波形特点。以长源距声波测井 3700 仪器为例，其声系采用双发双收结构，如图 5.12 所示。长源距声波测井 3700 仪器组合方式为：T_1 发射 R_2 接收，波形为 WF1，源距为 2743.2mm；T_1 发射 R_1 接收，波形为 WF2，源距为 2133.6mm；T_2 发射 R_1 接收，波形为 WF3，源距为 2743.2mm；T_2 发射 R_2 接收，波形为 WF4，源距为 2133.6mm。测井时，两个接收器交替接收来自两个发射器经地层传播过来的各种声波信息，每一个深度点有四组波形数据被记录在磁带上。通常每个波形的记录长度为 960 个点，采样间距为 $2\mu s$、$4\mu s$ 或 $8\mu s$ 等。

(2) 声波全波列信号处理方法。声波全波列测井资料的一般处理流程是：首先识别和提取各道波形中纵波、横波、斯通利波（流体波）等组分波的波至点，然后计算各组

分波的声波时差和幅度衰减；最后对波形进行频谱分析，提取各分波的主频、峰值及能量等参数。

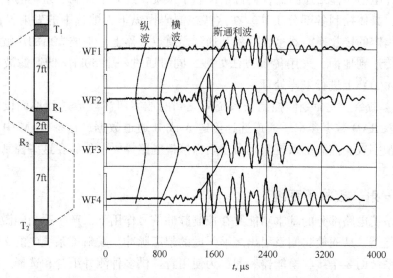

图 5.12　长源距声波测井仪声系结构及记录的四道全波列波形

5.3.5　数字声波测井仪

5.3.5.1　仪器工作原理

数字声波测井仪的电路原理框图如图 5.13 所示，由发射子系统、接收子系统和控制子系统三部分组成。首先由地面设备向井下仪器发送命令，控制井下仪器按命令要求工作。发送的命令共有 2 条，分别为激发命令、传送命令。

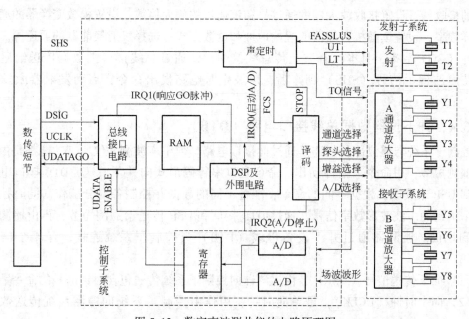

图 5.13　数字声波测井仪的电路原理图

（1）激发命令。此命令是控制选择某个发射器工作及选择某个接收换能器接收以及通道增益选择、模数转换器采样速率选择等。所有命令都是以 20k 波特率，用双极性归零码，通过测井电缆传输给遥测器，再传给控制子系统，经井下控制子系统的数据总线接口电路译码后，具体控制各部分工作。在这些控制码操纵下，被选中的发射换能器发射声波，由命令指定的接收换能器接收后将其加到通道放大器上。被放大后的声波信号可以直接通过电缆传送到地面，采用传统方法处理，同时通过一个 50kHz 低通滤波器，加到模数转换器（A/D）上进行采样处理。

（2）传送命令。此命令使控制子系统采集到的数字声波波形送到地面设备。内容主要包括：读取 RAM 数据速率、通道选择传送 A 或 B 通道数据、选择 RAM 中某个单元地址开始传送帧字数。控制子系统收到命令后由接口电路译码，然后在这些控制码操作下向上传送数据。

5.3.5.2 发射、接收子系统

发射子系统电路部分的基本功能是在控制脉冲信号作用下，产生适当的激励脉冲，推动各自的换能器，从而使它们发射出足够强度的超声脉冲。发射子系统内的 2 个发射换能器和接收子系统的 8 个接收换能器一起，为使用者提供多种测井组合和选择。控制子系统内的接收通道只有 2 个，而接收换能器多达 8 个，因此在接收子系统内还设置了一套译码电路。由控制子系统通过 SC0~SC3 这 4 条线发来的命令提供了不同的接收换能器组合方式，使从接收子系统到控制子系统每次可有 4 个接收器接通，然后在控制子系统内再进一步选择 1 或 2 个接收换能器通道。经放大后，声波信号可直接以模拟信号方式传送，或经模数转换器变成数字信号后存入随机存储器内，供下一帧向地面传送。

5.3.5.3 控制子系统

控制子系统的总线接口负责与井下总线打交道，通过存储器定时电路和声定时电路将接收到的下传命令分别去设置各子系统和各部分的工作状态，如设置 SC0~SC3 线去选通适当的接收器；设置接收放大器的通道号和该通道的放大倍数；设置模数变换器的通道号和采样频率；设置读随机存储器的起始地址和读数方式；选择发射换能器的通道等。当启动脉冲（GO）到来，且本仪器与上传总线接通后，通过总线接口把数据传送给遥测系统。待声波握手信号（SHS）到来后，声波定时电路发出命令，启动发射器激发电路工作。

5.3.5.4 井下仪器数据总线接口电路（DTB）

控制子系统与遥测部分相连是通过此接口电路。数字声波测井仪所有功能都是由地面通过遥测短节，用命令来指挥动作。命令是以串行码形式向井下发送，DTB 接口电路将其送到 DSP 来读取，根据不同的命令，准备不同的数据并控制各部分工作，同时控制子系统采集到的声波波形数字信号，通过 DTB 接口和 DSP 传送给遥测短节，再由遥测短节发送到地面。遥测器通过井下设备母线（DTB）与控制子系统连接，有 4 个信号通过 DTB：

（1）向下传送信号（DSIG），由遥测器向控制子系统传送包含时钟信号的命令数据；

（2）向上时钟（UCLK），是单向时钟，用作由控制子系统向遥测系统传送数据的时钟；

（3）向上数据/启动（UDATA/GO）是双向传送的，其中 GO 是由遥测器发来的向上传送数据周期开始标志，UDATA 是控制子系统向遥测器传送的数据；

（4）声波握手信号（SHS），如果控制子系统已收到激发命令了，再收到 SHS 信号，即开始声波发射器激发时序。这期间遥测器不再向下传送信号。

随着声波测井理论的不断发展和完善，测井仪器的推新、声波测井技术的发展表现在阵列化和集成化上。阵列化包括接收器数目的显著增加、发射频率的连续可调、波形记录方式的多样化、信号采集的高速数字化等。集成化主要是指单极/偶极/四极源的组合化、多种探测模式的综合化、地层评价与工程应用的一体化等，目的是一次下井能取得多种类型的声波参数，从不同角度认识和评价复杂地层的各种属性变化，甚至给出其三维立体空间图像，提高探测效率和成功率。

5.4 放射性测井

5.4.1 原理与分类

5.4.1.1 放射性测井原理

放射性测井又叫核测井，是指将核技术应用于井中测量，即在钻孔中利用岩石的天然放射性、人工放射源及中子与岩层的相互作用所产生的一系列效应（散射、吸收等），根据岩石及其孔隙流体的核物理性质，研究井眼的地质剖面，勘探石油、天然气、煤，以及金属、非金属矿藏。

一些自然元素，在没有任何外来激发的情况下，具有自发地放出射线的特性，称为自然放射性。岩石中含有的天然放射性元素主要是铀（U）系、钍（Th）系、钾（^{40}K）的放射性同位素，它们自然衰变时会发射 γ 射线，使岩石有自然放射性。黏土矿物中 Th 和 K 的含量较高，因此，泥岩的放射性通常比砂岩高。但是，当泥岩含有机物时，黏土颗粒对铀离子的吸附增强，使铀含量增高。地壳中 U、Th 和 K 的丰度（化学元素在地球化学系统中的平均含量称为丰度）为 Th = 1.3×10^{-3}%，U = 2.5×10^{-4}%，K = 2.5%。砂岩和碳酸盐岩放射性元素含量低。

一些放射性同位素的原子核在一次衰变之后即变成稳定的原子核。所有自然放射性核素的衰变过程均遵守衰变的基本规律：

$$N = N_0 e^{-\lambda t} \tag{5.29}$$

式中　N——衰变后的原子核数目；

　　　N_0——未发生衰变时的原子核数目；

　　　λ——衰变常数；

　　　t——衰变时间，s。

衰变放出的 γ 射线具有特征能量值。在铀系中，通过能谱测量可观察到大约 80 条 γ 能谱线；在钍系中，可观察到大约 60 条 γ 能谱线。图 5.14 给出了地层中铀（U）系、钍（Th）系、钾（^{40}K）的主要的 γ 射线能谱。

地层中的自然伽马射线几乎全部由铀系、钍系元素和 ^{40}K 产生。^{40}K 只辐射能量为

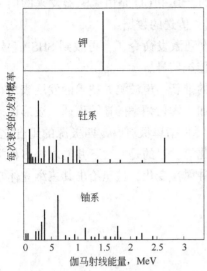

图 5.14 铀、钍、钾的主要 γ 射线能谱

1.46MeV 的 γ 射线，铀系和钍系的各种元素发射不同能量的 γ 射线，有些元素还发射多种能量的 γ 射线，因而铀系和钍系的 γ 射线能谱较为复杂。

铀系和钍系元素在放射性平衡状态下，不同能量的 γ 射线的相对强度也是确定的，因此可以选定铀系和钍系的某一特征能量来识别铀和钍。通常在铀系中选铋（^{214}Bi）发射的 1.76MeV 的 γ 射线来识别 U，在钍系中选铊（^{208}Tl）发射的 2.62MeV 的 γ 射线来识别 Th。

放射性元素在衰变过程中能发射 α 粒子、β 粒子和 γ 射线。α 粒子和 β 粒子的穿透能力很差，不能用于测井。与此相反，γ 射线具有很强的穿透能力，它能在井中被探测到。自然伽马测井就是在井中测量这种自然伽马射线。

γ 光子与物质相互作用时，与物质发生一次碰撞，它就损失大部分能量。当它的能量在 30MeV 以下时，在所有相互作用方式中，最主要的是光电效应、康普顿效应和电子对效应。

（1）光电效应：γ 光子的全部能量转移给原子中的束缚电子，使这些电子跑出来，γ 光子本身消失。

（2）康普顿效应：入射 γ 光子与原子的核外电子发生非弹性碰撞，其中一部分能量转移给电子，使它反冲出来，而散射光子的能量和运动方向都发生了变化。

（3）电子对效应：γ 光子与靶物质原子的原子核库仑场作用，γ 光子转化为正负电子对。

这三种效应使 γ 光子把能量传给从原子核外层轨道飞出的电子或形成的电子对。这些次级电子能引起物质中原子的电离和激发。利用这两种物理现象可以探测 γ 射线。

放射性测井与井下仪器的研究有自然伽马、自然伽马能谱、补偿中子、阵列中子、补偿密度、岩性密度、方位密度等的测量方法及仪器技术。放射性测井可大体分为以下3 类：

（1）伽马测井，含自然伽马和 γ-γ 测井（散射测井）。前者又分自然伽马和自然伽马能谱测井；后者又分地层密度和岩性密度测井。

（2）中子测井，主要含中子寿命测井、一般中子测井和中子诱生伽马测井。中子寿命测井也称热中子衰减时间测井；一般中子测井含热中子测井和超热中子测井，它们又包含单探测器中子测井和补偿中子测井；中子诱生伽马能谱测井通常包括快中子非弹性散射伽马能谱测井（即 C/O 比测井）、中子俘获伽马能谱测井和中子活化伽马能谱测井等。

（3）放射性核素示踪测井，利用放射核素作为示踪剂，将其掺入流体中并注入井内，通过流体在井中的流动而使核素分布到各种孔隙空间。利用放射性核素示踪测井对示踪剂进行追踪测量，确定流体的运动状态及其分布规律。

5.4.1.2 放射源技术

在中子和质子组成的原子核内，质子数相同而中子数不同的这类原子称为同位素。

产生射线的同位素称为放射性同位素，又称为放射源。放射源根据存在的形态，分为固体源和非固体源（液态或气态）；根据采取的不同防护措施，又分为密封源和非密封源。

核测井技术的大多数方法依赖于放射源性能，少部分方法利用井下地层的天然放射性进行测量。现有的测井用放射源主要是γ放射源和中子源。受井眼尺寸（偏小、弯曲、不规则等）、井下环境（高温、高压等）的制约，地面实验用加速器γ放射源等技术尚难以应用于测井领域。

γ放射源是进行γ-γ测井、γ-中子测井和γ活化法测井时使用的放射源。它由人工或天然放射性同位素制成，如钴（^{60}Co）源、铯（^{137}Cs）源、锌（^{65}Zn）源、汞源（^{203}Hg）和铈（^{141}Ce）源等，其中钴源、铯源最常用。

放射性同位素制备技术是同位素辐射技术应用的物质基础。目前，人工制备放射性同位素的方法有3种：反应堆生产的丰中子同位素，称为堆照同位素；加速器生产的贫中子同位素，称为加速器同位素；从核燃料废物中提取的同位素，称为裂片同位素。

中子源是中子与物质相互作用研究必需的信息源。测井常用的中子源有放射性同位素中子源、自发裂变中子源和人工脉冲中子源3种。衡量中子源特性的指标是源强度、能量、单色性、γ辐射和寿命（半衰期）等。测井常用的^{241}Am-Be源是放射性同位素中子源，中子产额$2×10^7$/s，平均中子能量5MeV；^{252}Cf是自发裂变中子源，中子产额$2×10^8$/s，平均中子能量2.35MeV；人工脉冲中子源（中子管技术）常用T(d, n)^{4}He源，中子产额$10^7 \sim 10^9$/s，强流中子管产额达10^{10}/s，平均中子能量14.1MeV。

应用放射源，必须注意放射性防护、放射性危险、放射性可控等要求，测井用中子源需向小体积、高强度、高度可控、高安全、高耐温耐压指标发展。

5.4.2 自然伽马测井与伽马能谱测井

核测井技术是随着当代核技术的发展与石油、煤炭、地质矿产等对核测井技术发展的需要而迅速发展起来的尖端测井技术之一。自然伽马测井和自然伽马能谱测井是核测井的重要组成部分。

自然伽马测井是用γ射线探测器测量岩石的总的自然伽马射线强度，以研究剖面地层性质的测量方法。自然伽马测井测量地层总的天然放射性。

自然伽马能谱测井是通过测量地层不同能量的放射性脉冲分布，即对自然伽马射线进行能谱分析，获得地层中U、Th和K的含量，是油田勘探开发中研究沉积环境、分析岩石矿物成分的重要手段。自然伽马能谱测井测量地层中铀、钍、钾的含量。

5.4.2.1 γ射线探测器

核测井用传感器的核心部件是γ射线探测器。不同的核辐射需要用不同的探测器测量。所有核探测器均基于射线与物质的相互作用原理，即在物质中具有不同的空间分布、能量分布、时间分布和特征作用而制作。

测井中用已知活度的γ放射源和探测器共同组成探头（测井仪）下到钻孔内，沿钻孔连续测量从地层中散射的γ射线强度，可探知介质的密度，从而确定地层岩性。核测井探测器要求高效率、高计数通过率、高能量分辨率、耐高温高压、高抗震、小体积、价格适中等。

γ 射线与物质的相互作用主要有光电效应、康普顿效应和电子对效应，这三种效应使 γ 光子把能量传给从原子核外层轨道飞出的电子或形成的电子对。这些次级电子能引起物质中原子的电离和激发。利用这两种物理现象可以探测 γ 射线。

利用次级电子电离气体而建立的探测器有电离室、正比计数器和盖革—米勒计数器等。利用次级电子使原子核的外层电子受激发，当原子返回基态时放出光子，发生闪光，而建立了闪烁计数器。

测井常用的 γ 和 X 射线探测器为闪烁计数器，用光耦合剂将闪烁体与光电倍增管耦合起来，组装成探头，配上电子仪器，就构成了闪烁计数器。为提高脉冲输出幅度，可选择发光效率高的闪烁体，增大闪烁体尺寸，选择反射系数大的反射层和性能良好的光导系统，调整好光电倍增管前面几级的分压电阻，选择与闪烁体能实现良好匹配的光电倍增管。

闪烁计数器输出脉冲幅度与入射光子在闪烁体中损失的能量成正比。而光子是通过前述 3 种效应损失能量的，所以，在测量单能光子时得到的输出是一连续谱。如图 5.15 所示，闪烁计数器由两部分组成：闪烁晶体和光电倍增管。当 γ 射线射入晶体后，与物质作用产生次级电子，这些电子使闪烁晶体的原子受激发后发光，大部分光子被收集到光电倍增管的光阴极上，从光阴极上打出光电子。光电子在倍增管中倍增，最后，电子流在光电倍增管的阳极上形成电脉冲。电脉冲被放大计数。光电倍增管输出脉冲的幅度与 γ 射线能量成正比，而脉冲计数率与射入晶体的 γ 射线强度成正比。

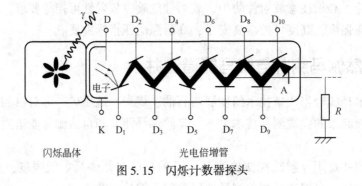

图 5.15　闪烁计数器探头

为了使更多的光子被收集到光电倍增管的光阴极上，在闪烁晶体和光阴极之间涂硅油，增加光耦合。

5.4.2.2　自然伽马测井原理

自然伽马测井是测量地层的自然伽马射线。地层的自然伽马射线是由岩石中所含的铀（U）系、钍（Th）系、钾（^{40}K）等放射性元素引起的。这些放射性元素在地层中的聚集与地层的沉积环境有密切的关系。因此，测量地层的自然伽马射线可以解决一些有关的地质问题。例如，自然伽马测井可以用来探测和评价放射性矿床（钾矿和铀矿）；在沉积地层中，自然伽马测井读数一般反映地层的泥质含量。通常情况下，纯地层的 γ 射线是很微弱的。

无论是裸眼井还是套管井，都可以进行自然伽马测井。自然伽马测井仪可以和任何其他测井仪器组合在一起进行下井测量。因此，自然伽马测井的另一个重要用途是用于地层对比。在数控测井中，自然伽马测井曲线作为各种曲线深度取齐时的标准曲线。

需要指出的是，在自然伽马测井中，能量小于 100keV 的 γ 射线，在穿越地层和井下仪器外壳时大都被吸收了。所以，自然伽马测井记录的是能量大于这一数值的自然伽马射线。其次，γ 射线通过地层物质时，它和物质的原子核外轨道上的电子发生多次康普顿散射。每次散射，γ 射线都要损失能量。在 γ 射线损失了足够的能量之后，最后经光电效应被物质所吸收。因此，由探测器记录的自然伽马射线显示几乎是连续的能量谱，而看不到如图 5.14 所示的清晰谱线图。

自然伽马测井的另一个重要用途是地层对比。可以在下套管井中进行测井则是自然伽马测井的突出优点。通常，自然伽马测井仪做成小的短节，便于和任何其他测井仪组合进行井下测量。

5.4.2.3　自然伽马测井仪

在核测井方法中应用最早的是自然伽马测井，1939 年开始使用一直沿用至今。自然伽马测井仪测量地层总的天然放射性强度。伽马射线探测器采用闪烁计数器。为了提高计数率，减小统计涨落偏差，在自然伽马测井仪中通常采用尺寸较大的 NaI（T1）晶体或 CsI（T1）闪烁体。自然伽马测井仪配有一个遥测接口电路，通过三条总线（上行数据线 UDATA/GO、上行时钟线 UCLK、下行指令线 DSIG）与电缆遥测系统 CTS 相连接。测井过程是在地面计算机测井系统的指令控制下自动完成的。整个仪器由低压电源、高压电源、探测器、放大/鉴别电路、指令/数据电路、遥测接口等几部分组成。

5.4.2.4　自然伽马能谱测井仪

普通的自然伽马测井方法测量地层所有的自然伽马射线所造成的总计数率。总计数率只反映地层中全部放射性核素的总伽马射线，而不能区分这些核素的种类，因此，地层所提供的信息没有得到充分的利用。

自然伽马能谱测井方法不但测量自然放射性核素的 γ 射线造成的总计数率，而且对 γ 射线的能量进行分类。它充分地利用了地层具有的信息。根据这些信息，可以确定地层中铀、钍、钾的含量。

测量自然伽马能谱使用闪烁计数器。如前所述，由光电倍增管输出电脉冲，其幅度与闪烁晶体中吸收的 γ 射线能量成正比。使用固定参考电压的高速比较器实现不同能量窗口的设置。各能窗的计数率通过下井仪器送到地面，处理这些数据，给出地层 U、Th 和 K 的含量。由于晶体和光电倍增管对温度十分灵敏，温度变化将引起光电倍增管输出脉冲幅度的改变，等效于能谱的漂移。因此，在测量过程中，通过调整电压和电子线路参数保证能谱的稳定。

需要指出的是，由于 γ 射线通过地层时要发生散射和吸收，它的能谱比较复杂。当用 NaI（T1）晶体探测 γ 射线能谱时，由于 γ 射线与物质的三种效应产生次级电子的能量不同，因此即使是单能 γ 光子，其脉冲幅度仍有一个很宽的分布。实际能谱曲线是连续的，称仪器谱。在能谱曲线上，除了光电效应造成的光电峰或全能峰外，还有康普顿散射产生的峰、穿过晶体的 γ 射线反射回来产生的光电峰以及电子对效应产生的逃逸峰等，因此，在自然伽马能谱测井仪中，为了能测量 U 和 Th 的特征能量峰和 ^{40}K 的能量峰，仪器在高能域设置三个能窗（W_3、W_4 和 W_5），分别探测 1.46MeV、1.76MeV 和 2.62MeV 三个主要峰，在低能域再设置二个能窗（W_1 和 W_2），探测地层中康普顿散射后的 γ 射线。实际测得的仪器谱如图 5.16 所示。它是连续谱，与初始谱相比已有很大的差别。

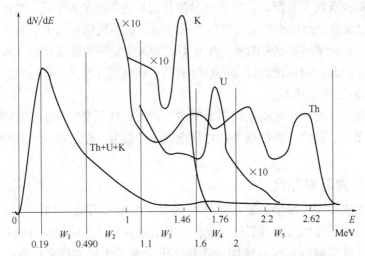

图 5.16　自然伽马能谱测井仪测得的仪器谱

由于闪烁计数器的探测效率低，按计数率计算，高能部分仅占能谱的 10%，为了减小统计起伏并提高计算 U、Th、K 含量的精度，按 5 个窗口的计数率用以下方程求解 U、Th、K 含量：

$$^{232}\text{Th} = a_1 W_1 + a_2 W_2 + a_3 W_3 + a_4 W_4 + a_5 W_5 \tag{5.30}$$

$$^{238}\text{U} = b_1 W_1 + b_2 W_2 + b_3 W_3 + b_4 W_4 + b_5 W_5 \tag{5.31}$$

$$^{40}\text{K} = c_1 W_1 + c_2 W_2 + c_3 W_3 + c_4 W_4 + c_5 W_5 \tag{5.32}$$

式中，$a_1 \sim a_5$、$b_1 \sim b_5$、$c_1 \sim c_5$ 为仪器常数；$W_1 \sim W_5$ 为相应能窗的计数率。

地层的自然伽马总计数率为

$$\text{GR} = W_1 + W_2 + W_3 + W_4 + W_5 \tag{5.33}$$

为了确定系数 a_i、b_i 和 c_i，要采用实体模型刻度。配制 U、Th、K 含量不同但为已知值的模拟地层，用自然伽马能谱仪对这些地层进行测量，就可在 5 个能窗口得到 15 个不同的计数率。以此可解出上述方程组的系数 a_i、b_i 和 c_i。

5.4.3　中子测井

5.4.3.1　中子测井原理

中子测井是一种以中子与地层发生相互作用，探测产生的 γ 射线或者中子的测井方法，主要包括使用同位素中子源的中子测井和使用加速器中子源的中子测井。中子测井利用中子源照射地层，根据中子与地层相互作用可以研究地层岩性、孔隙度和区分油水层。

中子测井主要包括中子寿命测井、一般中子测井和中子诱生测井。中子寿命测井也称为热中子衰减时间测井；一般中子测井包括热中子测井和超热中子测井，其中又包括单探测器中子测井和补偿中子测井；中子诱生伽马能谱测井通常包括快中子非弹性散射伽马能谱测井（即 C/O 比测井）、中子俘获伽马能谱测井等。

习惯上把 0.5MeV 以上的中子称为快中子，把 1keV 以下的中子叫慢中子，介于其间的叫中能中子。0.01eV 左右的中子，由于相当于与分子、原子、晶格处于热运动平衡的能量，所以又称为热中子。比热中子能量更低的称为冷中子，而比热中子能量高的慢中子称为超热中子。中子测井是利用快中子轰击地层，测量经过减速而迁移到探测器并与探测器产生核反应的热中子或超热中子。

中子与地层的相互作用是中子测井法的物理基础，同位素中子源发射能量为几兆电子伏的中子，这些中子射入地层与地层物质发生一系列核反应，主要有以下几种：

（1）快中子非弹性散射。快中子先被靶核吸收形成复核，然后再放出一个能量较低的中子，靶核仍处于激发态，即处于较高的能级。这种作用过程称为非弹性散射。这些处于激发态的核常常以发射伽马射线的方式释放出激发能而回到基态，由此产生的伽马射线称为非弹性散射伽马射线。

（2）快中子对原子核的活化。快中子除与原子核发生非弹化散射外，还能与某些元素的原子核发生 (n, α)、(n, p) 及 (n, γ) 核反应。其中 (n, γ) 反应截面非常小，在放射性测井中没有实际意义。但 (n, α) 和 (n, p) 反应截面都比较大，并且中子能量越高，反应截面越大。由这些核反应产生的新原子核，有些是放射性核素，以一定的半衰期衰变，并发射核粒子，活化核衰变时放出的伽马射线称为次生活化伽马射线。

（3）快中子的弹性散射及其减速过程。快中子源发射出的高能中子，在发射后的极短时间内，经过一两次非弹性碰撞而损失掉大量的能量。此后中子能量过小，只能经弹性散射而继续减速。所谓弹性散射，是指中子和原子核发生碰撞后，系统的总动能不变，中子所损失的动能全转变为反冲核的动能，而反冲核仍处于基态。同位素中子源发射的中子，因其能量只有几兆电子伏，所以其减速过程一开始就是以弹性散射为主。

（4）热中子在岩石中的扩散和被俘获。快中子经过一系列的非弹性碰撞和弹性碰撞，能量逐渐减小，最后当中子的能量与地层的原子处于热平衡状态时，中子不再减速。处于这种能量状态的中子称为热中子。热中子在介质中的扩散过程与气体分子的扩散相类似，即从热中子密度大的区域向密度小的区域扩散，直到被该介质的原子核俘获为止。靶核俘获一个热中子而变为激发态的复核，然后复核放出一个或几个伽马光子，放出激发能而回到基态。这种反应就称为辐射俘获核反应，或称 (n, γ) 反应。

5.4.3.2　补偿中子测井

补偿中子测井是利用中子源向地层发射快中子，在离源距离不同的两个观测点上，用热中子探测器测量经地层慢化并散射回井眼来的热中子。离源远的探测器称为长源距探测器，离源近的探测器称为短源距探测器，用两个探测器计数率的比值测定地层的孔隙度。

对于点状中子源，距离 r 处的热中子通量为

$$\phi(r) = \frac{L_t^2}{4\pi D_t (L_e^2 - L_t^2) r} (e^{-r/L_e} - e^{-r/L_t}) \tag{5.34}$$

由式 (5.34) 可见，热中子通量取决于快中子的减速长度 L_e、热中子的扩散系数 D_t 和热中子的扩散长度 L_t。

补偿中子孔隙度测井采用远、近两个热中子探测器，设源距分别为 r_1 和 r_2，则

$$\phi(r_1) = \frac{L_t^2}{4\pi D_t (L_e^2 - L_t^2) r_1} (e^{-r_1/L_e} - e^{-r_1/L_t}) \tag{5.35}$$

$$\phi(r_2) = \frac{L_t^2}{4\pi D_t (L_e^2 - L_t^2) r_2} (e^{-r_2/L_e} - e^{-r_2/L_t}) \qquad (5.36)$$

一般情况下，快中子的减速长度近似于热中子扩散长度的 2 倍，在源距 r 较大的情况下，式(5.35)与式(5.36)中第二项可以忽略，则热中子计数率比值为

$$R = \frac{\phi(r_1)}{\phi(r_2)} = \frac{r_1}{r_2} e^{-(r_1 - r_2)/L_e} \qquad (5.37)$$

显然，在源距 r_1 和 r_2 已知的情况下，热中子计数率比值只与快中子的减速长度有关，通过它可以求得孔隙度，这就是补偿中子测井的原理。

5.5 核磁共振测井

5.5.1 核磁共振基本原理

5.5.1.1 原子核的自旋与磁矩

核磁共振研究的对象是具有磁矩的原子核。原子核是由质子和中子组成的带正电荷的粒子，其自旋运动将产生磁矩。并非所有同位素的原子核都具有自旋运动，只有存在自旋运动的原子核才具有磁矩。原子核的自旋运动与自旋量子数 I 相关。量子力学和实验均已证明，I 与原子核的质量数 A、核电荷数 Z 有关。

当 A 为偶数、Z 为偶数时，$I=0$，如 $_6^{12}C$、$_8^{16}O$、$_{16}^{32}S$ 等。

当 A 为奇数、Z 为奇数或偶数时，I 为半整数，如 $_1^1H$、$_6^{13}C$、$_7^{15}N$、$_9^{19}F$、$_{15}^{31}P$ 等，$I=1/2$；$_5^{11}B$、$_{16}^{33}S$、$_{17}^{35}Cl$ 等，$I=3/2$。

当 A 为偶数、Z 为奇数时，I 为整数，如 $_1^2H$、$_3^6Li$、$_7^{14}N$，$I=1$；$_{27}^{58}Co$ 等，$I=2$；$_5^{10}B$ 等，$I=3$。

原子核的自旋量子数 I 使原子核具有以下特征：

（1）$I \neq 0$ 的原子核，都具有自旋现象，其自旋角动量 P 为

$$P = \frac{h}{2\pi} \sqrt{I(I+1)} \qquad (5.38)$$

式中 h——普朗克常量，为 $6.626 \times 10^{-34} J \cdot S$；

I——原子核的自旋量子数。

具有自旋角动量的原子核也具有磁矩 μ。μ 与 P 的关系为

$$\mu = \gamma P \qquad (5.39)$$

式中 γ——原子核的旋磁比，是核的特征常数。

同一种核，γ 为常数。^1H 核的 $\gamma = 26.752 \times 10^7 rad \cdot T^{-1} \cdot s^{-1}$，$^{13}C$ 核的 $\gamma = 6.728 \times 10^7 rad \cdot T^{-1} \cdot s^{-1}$。

（2）$I=1/2$ 的原子核，如 ^1H、^{13}C、^{19}F、^{31}P 等，其原子核可看作核电荷均匀分布的球体，并像陀螺一样自旋，有磁矩产生，核磁共振谱线较窄，是核磁共振研究的主要对象，最适宜于核磁共振检测。C、H 也是有机化合物的主要组成元素。

（3）$I>1/2$ 的原子核，这类原子核的核电荷分布可看作一个椭圆体，电荷分布不均

匀，共振吸收复杂，研究应用较少。

5.5.1.2 核在外磁场中的自旋取向

自旋量子数 $I \neq 0$ 的核称为磁性核。磁性核在外磁场中会发生自旋能级的裂分，产生不同的自旋取向，共有 $2I+1$ 种量子化的自旋取向。每一种取向都代表了原子核的某一特定的自旋能量状态，可用磁量子数 m 来表示。

磁量子数 m 的取值为 $m = I, I-1, I-2, \cdots, -I+1, -I$ 等。例如，^1H 核 $I = 1/2$，故 $m = +1/2$，$-1/2$；^{14}N 核 $I = 1$，故 $m = +1$，0，-1。

在外磁场 B_0 中，氢核的自旋能级产生两种自旋取向：

（1）与外磁场平行，能量低，磁量子数 $m = +1/2$；

（2）与外磁场相反，能量高，磁量子数 $m = -1/2$。

核自旋角动量在 z 轴上的投影 P_z 为

$$P_z = hm/(2\pi) \qquad (5.40)$$

如图 5.17 所示，核磁矩在 z 轴上的投影 μ_z 为

$$\mu_z = \gamma P_z = \gamma hm/(2\pi) \qquad (5.41)$$

在外磁场 B_0 中，核磁矩 μ_z 与 B_0 相互作用，使核磁矩具有一定的能量：

$$E = -\mu_z B_0 \qquad (5.42)$$

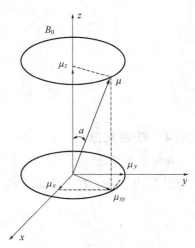

图 5.17 原子核受外磁场的作用

对于 $I = 1/2$ 核，当 $m = +1/2$ 时，

$$E(+1/2) = -\mu_z B_0 = -\gamma hm/(2\pi) = -\gamma hB_0/(4\pi) \qquad (5.43)$$

当 $m = -1/2$ 时，

$$E(-1/2) = -\mu_z B_0 = -\gamma hm/(2\pi) = \gamma hB_0/(4\pi) \qquad (5.44)$$

此二能级的能量差为

$$\Delta E = E(-1/2) - E(+1/2) = \gamma hB_0/(2\pi) \qquad (5.45)$$

式(5.45)表明，在外磁场 B_0 中，核自旋能级裂分后的能级差随着 B_0 强度的增大而增大。

5.5.1.3 核的回旋——拉莫进动

如图 5.18 所示，将自旋核置于一均匀外磁场 B_0 中，若 B_0 与核磁矩成一夹角 θ，这时，根据动量矩定理，进动的方向就是力矩 μB_0 的方向。

在 B_0 中，自旋核绕其自旋轴（与磁矩 μ 方向一致）旋转，而自旋轴既与 B_0 场保持一夹角 θ 又绕 B_0 场进动。外磁场将产生一个力矩作用于自旋核，迫使其取向于 B_0，从而产生绕自旋轴旋转的同时，绕 B_0 进行回旋的运动称为拉莫进动。核的回旋角频率为

$$\omega = 2\pi\nu_0 = \gamma B_0 \qquad (5.46)$$

式中 ν_0——核的回旋频率，$\nu_0 = \gamma B_0/(2\pi)$。

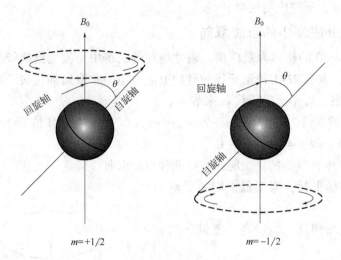

图 5.18　^1H 自旋核在外磁场 B_0 中的进动

5.5.1.4　核磁共振

1. 核磁共振现象

如图 5.19 所示，在与外磁场 B_0 垂直的方向上施加一个频率为 ν 的交变射频磁场 B_1。

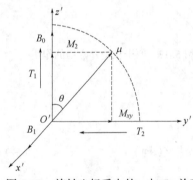

图 5.19　旋转坐标系中的 μ 与 B_1 关系

当 ν 与核的回旋 ν_0 相等时，自旋核能够吸收射频场的能量，由低能级的自旋状态跃迁至高能级的自旋状态，产生自旋的倒转和共振吸收信号，这就是核磁共振现象。

此时，射频频率

$$\nu = \nu_0 = \gamma B_0 / (2\pi) \qquad (5.47)$$

射频 ν 所具有的能量 $h\nu$ 正好和在 B_0 中产生的核自旋能级差相等，即

$$h\nu = \Delta E = \gamma h B_0 / (2\pi) = h\nu_0 \qquad (5.48)$$

可见，对于同一种核，γ 为一常数。当 B_0 增大时，其共振频率也要相应增加。例如，当 $B_0 = 1.4T$ 时，^1H 的共振频率为 60MHz；而当 $B_0 = 2.3T$ 时，^1H 的共振频率为 100MHz。对于不同种类的核，其 γ 不同，因此，当 B_0 相同时，它们的共振频率各不相同。例如，当 $B_0 = 2.3T$ 时，^1H 核的共振频率为 100MHz，而 ^{13}C 核的共振频率为 25MHz。

2. 核磁共振条件

如图 5.20 所示，在外磁场中，原子核能级产生裂分，由低能级向高能级跃迁，需要吸收能量。

能级量子化是由射频振荡线圈产生电磁波。对于氢核，能级差为

$$\Delta E = \mu H_0 (磁矩) \qquad (5.49)$$

产生共振需吸收的能量为

$$\Delta E = \mu H_0 = \nu_0 \qquad (5.50)$$

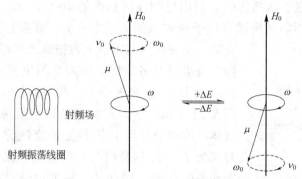

图 5.20 ^{1}H 自旋核在射频外磁场 B_1 中的能量交换

由拉莫进动方程 $\omega_0 = 2\pi\nu_0 = \gamma H_0$，共振条件如下：

（1）核有自旋（磁性核）；

（2）外磁场，能级裂分；

（3）$\nu_0 = \gamma B_0 / (2\pi)$，即射频信号的频率与外磁场的比值 $\nu_0 / H_0 = \gamma / (2\pi)$。

进一步解释，如图 5.19 所示，磁矩 μ 在静磁场 B_0 的作用下，只能静止在它的平衡位置 B_0（z 轴方向）。要使 μ 离开平衡位置（实现能级跃迁），必须在与 B_0 垂直的方向（如 x 轴）上加一个射频磁场 B_1。B_1 对 μ 施加的力矩为 μB_1，它使 μ 偏离 z 轴，μ 偏离 z 轴之后要受到力矩 μB_0 的作用而绕 z 轴进动。进动的圆频率 $\omega_0 = 2\pi\nu_0$，即磁矩 μ 的进动频率就是核磁共振的共振频率 ν_0，这是核磁共振的条件。B_1 在 B_0 的作用下也将绕 z 轴旋转，旋转的方向和频率与 μ 的进动方向和频率是相同的，即 μ 绕 z 轴的进动与 B_1 绕 z 轴的旋转是同步的。若采用旋转坐标系，则 μ 与 B_1 是相对静止的，如图 5.19 所示。μ 与 B_0 的夹角 θ 叫倾倒角，它是由 B_1 引起的。在 B_1 的作用下，μ 将以 $\omega_1 = \theta / T_p$ 在竖直平面内绕坐标原点 O' 匀速转动。其中 T_p 是射频磁场作用于核磁矩 μ 的时间，称为脉冲宽度。$\theta = \pi/2$ 的脉冲称为 $\pi/2$ 脉冲，相当于 μ 从 B_0 的方向倒向 y' 方向，$\theta = \pi$ 的脉冲称为 π 脉冲，相当于 μ 与 B_0 反向。

所以，核磁共振是磁场中的原子核对电磁波的一种响应，每一种元素的原子核都有特定的自旋量子数，自旋量子数大于 0 的原子核在自旋时会产生磁场。由于量子特性，在外磁场 B_0 中，原子核只能有 $2I+1$ 种取向（I 为原子核的自旋量子数）。从理论上讲，用核磁共振可测量任何有磁矩的核素。但受技术水平和测量灵敏度所限，当前实际投入应用的仪器仅限于测量氢核，即质子。氢核的自旋量子数 $I = 1/2$（由于 $2I+1 = 2$），所以其在外磁场中仅有两个取向，即顺磁场方向和逆磁场方向。

5.5.1.5 弛豫过程

如图 5.19 所示，磁矩 μ 在射频磁场 B_1 的作用下偏离平衡态后，若撤去 B_1，则经过一段时间将恢复到平衡状态，这样的过程称为原子核的弛豫过程。弛豫效率常用弛豫过程的半衰期来衡量，半衰期越短，弛豫效率越高。

弛豫过程分为两种：

第一种是 M_z 分量恢复到平衡态的过程，称为纵向弛豫，它是核磁矩把能量传递给周围环境的过程，又称为自旋—晶格弛豫。纵向弛豫时间用其半衰期 T_1 表示。自旋—

晶格弛豫过程，是磁核从高能级辐射出射频波回到低能级（平衡态）的过程。磁核辐射出去的射频波，不断被周围环境所吸收，频率基本不变，而振幅随时间按指数规律衰减，从而形成有阻尼电磁振荡。利用电磁感应可以将这种电磁阻尼振荡转化为同频率的电流（或电压）的阻尼振荡曲线。这种转化过程，称为自由感应衰减，如图 5.21 所示。它是高能态的核与周围环境（固体晶格、液体中溶剂分子等）进行能量交换的过程，其所经历的时间为 T_1。T_1 的数值与核的种类、化学环境、样品的状态和温度有关。T_1 越小，纵向弛豫过程效率越高。液体样品 T_1 约为 $10^{-4} \sim 10^2 \text{s}$，固体样品 T_1 为数小时以上。

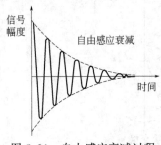

图 5.21　自由感应衰减过程

第二种是 M_{xy} 分量恢复到平衡态的过程，称为横向弛豫，是高能态自旋核把能量传递给邻近低能态同类自旋核的过程，又称为自旋—自旋弛豫。这一过程不改变磁核的总能量。横向弛豫时间用其半衰期 T_2 表示。液体样品的 T_2 约为 1s，固体样品或高分子样品的 T_2 约为 10^{-3}s。

弛豫时间 T_1、T_2 中的较小者，决定了自旋核在某一高能态滞留的平均时间。T_2 称为横向弛豫时间，弛豫速率用 $1/T_2$ 来表示。T_1 称为纵向弛豫时间，弛豫速率用 $1/T_1$ 表示。

5.5.2　核磁共振仪器

5.5.2.1　仪器的分类

核磁共振仪器有多种分类方式，如按射频频率分为 60MHz、100MHz、240MHz、600MHz 等，按磁体类型分为永磁体型、电磁体型、超导磁体型等，按射频源分为连续波核磁共振仪（CW-NMR）、脉冲傅立叶变换核磁共振仪（PFT-NMR）。

5.5.2.2　核磁共振仪结构

核磁共振仪原理如图 5.22 所示。

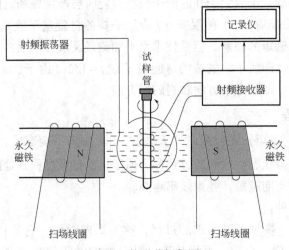

图 5.22　核磁共振仪原理

核磁共振仪构成主要包括：

（1）永久磁铁：提供外磁场，要求稳定性好、均匀，不均匀性小于六千万分之一。

（2）射频振荡器：产生所需射频，并通过垂直于外磁场的射频振荡器线圈将电磁辐射信号作用于样品。线圈发射一定频率的电磁辐射信号，如 60MHz 或 100MHz。

（3）扫描发生器：可在小范围内改变外磁场强度，通过扫场线圈使施加于样品的磁场强度由低到高变化，进行扫场，以满足核磁共振条件。

（4）射频接收器（检测器）：当自旋核的进动频率与辐射频率相匹配时，发生能级跃迁，吸收能量，在接收器线圈中产生毫伏级感应信号。

（5）记录仪：将感应信号放大并记录下来。

（6）信号解释软件：通过算法，将检测到的信号解释、表征为相关的物理现象和特征。

此外，核磁共振仪还包括去偶仪、温度可变装置、信号累积平均仪（CAT）等扩展仪器功能的装置。

5.5.3　核磁共振测井内容

核磁共振测井的基本思路是：应用线圈和大电流，在地层中产生静磁场，极化岩石孔隙中流体的氢核。迅速断开电流后，被极化的氢核会回到弱而均匀的地磁场中原来的状态，使核在线圈中产生一种按指数衰减的信号，这样的过程称为原子核的弛豫过程。该信号包含各种流体孔隙度的信息，分析这些信息就达到了评价岩石孔隙度的目的。核磁共振测井可以准确地区分不同的孔隙成分，如自由流体孔隙度、毛细管孔隙度、黏土束缚水孔隙度及微孔隙度等。

弛豫过程具有指数关系，而且 T_2 均小于 T_1。孔隙流体的纵向弛豫过程受自由弛豫和表面弛豫两种机制控制，横向弛豫过程则受到自由弛豫、表面弛豫、扩散弛豫三种机制的作用。所谓自由弛豫，是指流体处于不受限制的空间时的核磁共振弛豫；表面弛豫是指分子扩散时，与岩石颗粒表面碰撞，核自旋的能量传递给表面，使质子自旋沿 B_0 重新取向，由此引起纵向弛豫，同时，自旋被不可逆转地失相，引起横向弛豫的加速；扩散弛豫是指测量自旋回波串的时候，分子扩散引起回波串衰减速率加快，由此引入的弛豫称为扩散弛豫 T_{2D}。

$$\frac{1}{T_{2D}} = \frac{D(\gamma G T_E)^2}{T_2} \tag{5.51}$$

由式（5.51）可见，扩散弛豫与流体的扩散系数 D、观测时的磁场强度 G、回波间隔 T_E 和原子核的旋磁比 γ 等因素有关。故 T_1 受流体自由弛豫和表面弛豫的影响，而 T_2 则还受到流体扩散弛豫的影响。

核磁共振测井中测量核磁共振弛豫的方法有多种，如自由感应衰减法、自旋回波法、CPMG 脉冲序列法和反转恢复法等。自由感应衰减法是最简单的测量 T_2 的方法，但它要求的极化时间长，测井速度慢，不利于实际应用。斯伦贝谢 CMR 测量核磁共振弛豫的方法主要是应用 CPMG 脉冲序列法测量 T_2，它可以消除由于扩散引起的误差，使结果更为准确可靠，并提高信噪比。反转恢复法是用来测量纵向弛豫时间 T_1 的。

5.5.3.1　标准 T_2 测井

标准 T_2 测井利用适当的恢复时间 T_R （一般要求 $T_R > 3.5T_1$ ）和标准回波间隔 T_E 测量自旋回波串。通过对回波串的多指数拟合常规处理，得到 T_2 分布和孔隙度成分；结合岩心分析确定的束缚水 T_2 截止值，可以计算束缚水孔隙体积和自由流体孔隙体积；再根据核磁共振渗透率模型，进一步估算地层渗透率；通过与常规电阻率及孔隙度测井资料的综合解释，确定自由流体中烃的孔隙体积。核磁共振弛豫会产生感应电流信息，即核磁共振信号。核磁共振信号的弛豫时间与氢核所处的周围环境密切相关，由于储层中的水和烃（油、气）分子结构中含氢量的不同，纵向弛豫时间 T_1 相差很大，这意味着它们的纵向恢复速率很不相同，其物理含义是：水的纵向恢复时间比烃快得多。如果选择不同的极化时间进行一系列的测量，就可得到衰减幅度不同的信号分布，就能分辨出油、气、水的信息。但在现场测井时，T_1 测量速度很慢，而且受界面影响严重，测量结果重复性差，而 T_2 在现场却能以较快的速度获得较准确的结果，所以现在实际测井一般只测 T_2。测得的 T_2 信息，通过信号处理技术，可将其转换为 T_2 分布（图 5.23）。

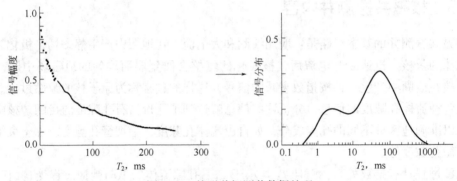

图 5.23　核磁共振测井数据处理

T_2 一般呈双峰分布，短 T_2 对应的峰是由毛细管微孔隙中的束缚流体（不可动流体）形成的，长 T_2 对应的峰是由渗透大孔隙中的自由流体（可动流体）形成的。T_2 分布包含了以下岩石物理信息：

（1）T_2 分布反映了饱和水岩石孔隙大小的分布情况，孔隙结构又与渗透率有比较直接的联系；

（2）T_2 分布曲线之下的区域与核磁共振孔隙度相对应；

（3）由 T_2 的对数均值与核磁共振孔隙度也可估算岩石渗透率；

（4）由实验得到的 T_2 截止值，将 T_2 分布分成与自由流体孔隙度和束缚流体孔隙度相对应的两个区域，砂岩 T_2 截止值为 33ms，石灰岩为 92ms；

（5）在含油气岩石中，T_2 分布与油、气的饱和度及黏度相关。

由此可见，核磁共振测井可研究岩石的孔隙结构，估算岩石孔隙度、渗透率，求取自由流体孔隙度与束缚流体孔隙度，从而划分产层与非产层，还可计算油气饱和度，区分油、气、水层。

5.5.3.2　双 T_E 测井

双 T_E 测井设置足够长的等待时间，使 $T_R > 3.5T_{1h}$ （T_{1h} 为轻烃的纵向弛豫时间），每次测量时使纵向弛豫达到完全恢复，利用两个不同的回波间隔 T_{EL} 和 T_{ES} 测量两个回波串。由于水与气或水与中等黏度的油扩散系数不一样，因此各自在 T_2 分布上的位置发生变化，由此对油、气、水进行识别。

5.5.3.3 双 T_W 测井

水与烃的纵向弛豫时间 T_1 相差很大，水的纵向恢复远比烃快。如果选择不同的等待时间，观测到的回波串中将包含不一样的信号分布。用特定的回波间隔采集回波数据，等待一个比较长的时间 T_{WL}，使水与烃的纵向磁化矢量全部恢复；再采集第二个回波串，等待一个比较短的时间 T_{WS}，使水的纵向磁化矢量完全恢复，而烃的信号只部分恢复。T_{RL} 回波串得到的 T_2 分布中，油、气、水各相都包含在其中，而且完全恢复；T_{RS} 回波串得到的 T_2 分布中，水的信号完全恢复，油、气信号只有很少一部分；两者相减，水的信号被消除，剩下油与气的信号，由此对油、气进行识别和解释。

双 T_W 测井利用的回波间隔与长、短两个不同的等待时间 T_{WL} 和 T_{WS} 的关系为：$T_{RL} > 3.5 T_{1h}$，其中，$T_{RL} = T_{WL} + N_e T_E$，$T_{1h}$ 为轻烃的纵向弛豫时间；$T_{RS} > 3.5 T_{1W}$，其中，$T_{RS} = T_{WS} + N_e T_E$，$T_{1W}$ 为水的纵向弛豫时间。双 T_W 测井也可以利用液体与气体之间扩散系数 D 的差异来区分烃的类型。

5.5.4 核磁共振测井解释

5.5.4.1 自旋回波信号的处理

CMR 测的原始数据是仪器接收到的回波串。它是以时间 t 为横坐标、回波幅度 $E(t)$ 为纵坐标的多指数函数，即

$$E(t) = \sum_{i=1}^{n} P_i \exp(-t/T_{2i}) \tag{5.52}$$

式中　$E(t)$——t 时刻观测到的回波幅度，W；

　　　T_{2i}——第 i 种弛豫分量的横向弛豫时间，s；

　　　P_i——第 i 种弛豫分量零时刻的信号大小，W；

　　　n——划分 T_{2i} 的个数，一般取前 8 项。

由于一个孔隙系统存在着多个弛豫组分 T_{2i}，因此每个回波都是多种弛豫组分的总体效应。如图 5.24 所示，通过对回波串多指数拟合反演后，得到 T_2 分布谱：其横轴为横向弛豫时间 T_2，纵轴为每个弛豫分量对零时刻信号幅度的贡献值 P_i。

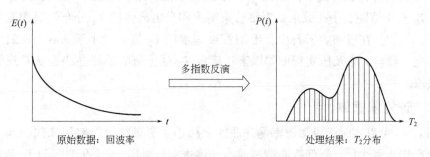

图 5.24　回波串数据处理情况

5.5.4.2 T_2 分布谱对应的各种流体成分分析

CMR 仪器的 T_2 谱最宽的灵敏度为 3ms，它可以探测毛细管束缚水和自由流体水，即 CMR 有效孔隙度。而最新一代的 CMR 仪器把 T_2 谱的灵敏度宽度扩展到 0.3ms，它可以探测到微孔隙水，如黏土水、粉砂水、碳酸盐岩的粒间孔隙水等。CMR 探测的总孔隙度不受岩性影响，储层内灵敏度小于 0.3ms 对应的微孔隙非常小，可以忽略不计，如图 5.25 所示。下面以 CMR 仪器为例分析砂岩 T_2 谱的各种流体成分。

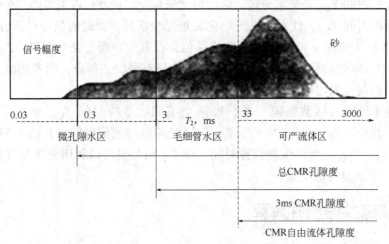

图 5.25　核磁共振测井孔隙度分布

（1）CMRP：CMR 有效孔隙度，由毛细管束缚水和自由流体体积组成。它对应于 T_2 谱灵敏度大于 3ms 的孔隙度。

（2）TCMR：由微孔隙和 CMRP 组成，对应于 0.3ms 以上的 T_2 谱。

（3）微孔隙水：指黏土束缚水、细粉砂中的微孔隙水、碳酸盐岩的粒间孔隙水等。微孔隙水对应于小于 3ms 孔隙度的 T_2 谱，它取决于黏土类型、矿物类型、颗粒大小。

（4）毛细管束缚水：由于毛细管力的作用为不可产出部分。毛细管束缚水的 T_2 值域为 3ms 到自由流体截止值的部分。

（5）BFV：是微孔隙水与毛细管束缚水部分。BFV 的 T_2 值域为小于自由流体截止值的部分（一般砂岩的 T_2 截止值为 33ms，碳酸盐岩的 T_2 截止值为 100ms）。

（6）自由流体体积：为可产出的气、中到轻质油和水，它的 T_2 值域为大于 T_2 截止值部分。T_2 截止值随着小孔隙水、毛细管束缚水和自由流体的 T_2 分布情况而变化，它们可以重叠。例如，在很细的岩石中，毛细管束缚水的 T_2 值可能小于 3ms，其截止值取决于矿物类型、颗粒大小及压实程度等因素。确定 T_2 截止值的最好办法是从常规的岩心实验结果获取。

5.5.4.3 计算渗透率

应用 CMR 可以实时记录渗透率测井曲线。渗透率测量结果能够用来预测产油量，使完井和增产作业最优化，降低取心测试成本。渗透率是根据 CMR 孔隙度和 T_2 弛豫时间平均值之间的关系导出的。这些关系是根据数百块岩样的盐水渗透率和 CMR 实验室测量结

果建立起来的。常用的公式为

$$K_{CMR} = C_{CMR}^C T_{2.log}^2 \tag{5.53}$$

式中　K_{CMR}——核磁共振渗透率，$10^{-3} \mu m^2$；

　　　C_{CMR}——CMR 孔隙度；

　　　$T_{2.log}$——T_2 分布对数平均值，ms；

　　　C——一个常数，砂岩一般取 4，碳酸盐岩一般为 0.1。

5.5.4.4　核磁共振测井的应用

由于 CMR 孔隙度不受岩性影响，同时由于它能捕获毛细管束缚水和黏土束缚水的孔隙体积，因此在复杂岩性地层中，CMR 孔隙度比传统地依赖于骨架参数评价孔隙度更为准确。它假定小于 3ms 的孔隙度对 T_2 分布没有贡献，敏感区的流体含氢指数（HI）等于1。CMR 测井主要应用于以下几方面情况。

（1）在低孔隙度地层中识别渗透性储层。CMR 仪器能够探测 0.3~3ms 的黏土束缚水和 3~33ms 的毛细管束缚水。在低孔低渗储层，应用 CMR 可以测出毛细管束缚水孔隙体积和黏土束缚水孔隙体积，根据自由流体孔隙度与束缚水孔隙度的比例，预测产出率及所产流体类型。

（2）稠油层的评价。黏度增加使得 T_2 谱左移，T_2 测量精度降低到 0.3ms 使得 TCMR 的测量把重油黏度的探测范围扩大在 1000~100000mPa·s 的范围。

（3）复杂岩性地层。传统的孔隙度计算依赖于中子、密度测量结果，这两种结果都需要进行环境校正，并都受岩性和地层流体的影响，导出的孔隙度为地层总孔隙度，由可产流体、毛细管束缚水和黏土束缚水组成。然而，CMR 孔隙度不受岩性影响，小于0.3ms 的孔隙对 T_2 分布没有贡献。这是因为它们的弛豫时间很短，在仪器开始测量衰减信号之前，就已经弛豫掉了。

（4）低电阻油层的识别。通过对 T_2 分布曲线施加一个截止值，可以确定自由流体指数。大于该截止值，表明为大孔隙，具有潜在的生产能力；小于该截止值，表明为小孔隙，所含流体受到毛细管压力束缚，不具备生产能力。

通过对很多砂岩岩样进行实验观察，发现 T_2 分布截止值取 33ms 时，可以区分自由流体孔隙度和毛细管束缚水。对于碳酸盐岩，弛豫时间往往是砂岩的 3 倍，一般用 100ms。然而当储层毛细管压力不是岩样分析所用的 69MPa 时，这两个值可能发生变化，必须做实验进行分析，找到适合于该储层的 T_2 截止值。

（5）轻烃检测。应用密度孔隙度和核磁共振总孔隙度（DPHI TCMR）交会比应用中子—密度孔隙度交会识别气层更加明显。这是因为中子测井易受泥质的影响，而 TCMR 测量的只是岩石孔隙中流体的含氢指数。应用传统的信号处理解释技术，计算密度孔隙度和核磁共振总孔隙度，两条曲线重叠后，其间较大的幅度差为气层的标志。经过轻烃校正的核磁共振孔隙度为测井解释提供了准确的计算参数。

目前，在全世界范围内提供商业服务的核磁共振测井仪主要有三种类型：一种是阿特拉斯公司和哈利伯顿公司采用 NUMAR 专利技术推出的系列核磁共振成像测井仪 MRIL，另一种是斯伦贝谢公司推出的组合式脉冲核磁共振测井仪 CMR，还有一种是以俄罗斯生产和制造为主的大地磁场型系列核磁共振测井仪 яMK923。

5.6.1 光学成像测井

成像测井技术是现代测井技术的发展方向。在众多成像测井仪器中，光学成像测井仪即井下电视以其图像直观、清晰、实时性好而在成像测井仪器中独树一帜，在套管检测、井下落物辅助打捞、套管除垢、检查井下作业效果等方面取得了十分成功的应用。

目前商业化应用的井下电视成像测井仪有单芯电缆、多芯电缆、光纤测井电缆等不同的配置，最高工作温度 120~175℃，最大测井深度至 7000m，最高耐压至 80MPa。配置光纤测井电缆的井下电视系统能够传送实时视频图像。配置多芯电缆的井下电视的图像传输速率最高为每幅图像 1.1s。

典型的井下光学成像测井系统组成如图 5.26 所示，井下微型摄像头获取井眼视频图像，经过采样编码转换为数字图像，采用基于小波变换的图像压缩技术进行压缩，由发送模块进行编码和调制后经由测井电缆传送至地面，其中井下 DSP 控制图像的采样、压缩、编码和传输。

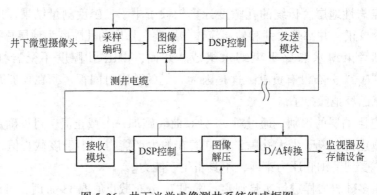

图 5.26　井下光学成像测井系统组成框图

图像传输到地面后，首先由接收模块进行解调和解码，由地面 DSP 控制图像的解压缩和 D/A 转换，转换后的 PAL 制式模拟视频信号送给监视器和图像记录设备。

5.6.2 电法成像测井

目前，电阻率成像测井已在世界上几家大的测井公司迅速发展，并在油田投入商业服务。从斯伦贝谢公司、阿特拉斯公司、哈里伯顿公司电法成像测井仪器特性来看，可以分成两大类：一类是描述井壁地层电阻率特征的测井仪，如微电阻率扫描测井仪、四臂或六臂地层倾角测井仪；另一类是描述地层径向电阻率特征的测井仪，如阵列感应测井仪、高分辨率感应测井仪、方位侧向电阻率测井仪。

全井眼地层微电阻率扫描成像测井仪（FMI）是斯伦贝谢公司 20 世纪 90 年代中期推出的电阻率成像测井仪，已在世界上许多地区大量使用，能获得高清晰度的电阻率图像，被地质家称为"井下地层显微镜"。

全井眼地层微电阻率扫描成像仪的基本结构和测量原理与地层倾角仪和微电阻率扫描测井仪（FMS）有些相似，如图 5.27 所示，全井眼地层微电阻率扫描成像仪在相互垂直的四个极板上安装推靠井壁的阵列电极结构。测量时由推靠器把极板推靠到井壁上，由推靠器极板发射一交变电流，使电流通过井筒内钻井液柱和地层构成的回路回到仪器上部的回路电极。极板中部的阵列电极向井壁发射电流，为了能使阵列电极发射的电流垂直进入井壁，在极板推靠器和极板金属构件上施加一个同相的电位，迫使阵列电极电流聚焦发射。

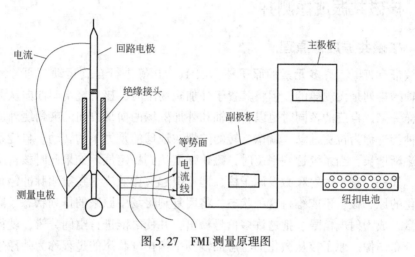

图 5.27　FMI 测量原理图

5.6.3　声波成像测井

声波成像测井具有信息多、分辨率高、数据传输率高以及处理软件先进完整等特点，在固井质量评价、套管损伤检测以及岩性识别、裂缝评价、机械特性分析、地球物理应用等诸多方面都有着突出的优点。超声波成像测井采用旋转式超声换能器对井周进行扫描，并记录回波波形信号。将测量到的反射波幅度和传播时间等信息进行一系列处理，把结果按井周 360°方位显示成像，可得到整个井壁的高分辨率成像。这些成像显示能为识别地层岩性及沉积特征等地质目的，以及套管检查和水泥胶结评价等工程目的提供信息。

概括起来，声波成像测井有如下主要作用：

（1）360°的高分辨率井径测量，可分析井眼的几何形状，推算地应力的方向；

（2）探测裂缝和评价井眼垮塌；

（3）确定地层厚度和倾角；

（4）进行地层形态和沉积构造分析；

（5）检查套管腐蚀和变形情况；

（6）进行水泥胶结质量评价。

目前超声波成像测井仪的代表是斯伦贝谢的超声波成像测井仪和井眼超声波成像测井仪。与早期的井下电视仪相比，超声波成像测井主要采用了以下措施来改善成像质量和分辨率。

（1）通过改进超声换能器的布局，将换能器与钻井液直接接触，减小了信号的衰减；

（2）普遍采用聚焦型换能器，减弱了信号在钻井液中的衰减对成像质量造成的不利影响；

（3）通过改进换能器，提高仪器在高密度钻井液中的适应能力；

（4）通过增大采样点数，提高了仪器的成像分辨率。

5.6.4 核磁共振成像测井

5.6.4.1 核磁共振成像原理

原子核带有正电。许多元素的原子核，如 ^1H、^{31}P 等进行自旋运动。通常情况下，原子核自旋轴的排列是无规律的，但将其置于外加磁场中时，核自旋空间取向从无序向有序过渡。这样一来，自旋的核同时也以自旋轴和外加磁场的向量方向的夹角绕外加磁场向量旋进，这种旋进称为拉莫进动，就像旋转的陀螺在地球的重力下的转动。自旋系统的磁化矢量由零逐渐增长，当系统达到平衡时，磁化强度达到稳定值。如果此时核自旋系统受到外界作用，如一定频率的射频激发原子核，即可引起共振效应。在射频脉冲停止后，自旋系统已激化的原子核，不能维持这种状态，将回复到磁场中原来的排列状态，同时释放出微弱的能量，成为射电信号。把这许多信号检出，并使之能进行空间分辨，就得到运动中的原子核分布图像。原子核从激化的状态回复到平衡排列状态的过程称为弛豫过程。它所需的时间称为弛豫时间。弛豫时间有两种，即 T_1 和 T_2，T_1 为自旋—点阵或纵向弛豫时间，T_2 为自旋—自旋或横向弛豫时间。

核磁共振成像的核心问题是把核磁共振原理同空间编码技术结合起来，同时把物体内部各位置的特征信息显示出来。由于磁核在静磁场 B_0 作用下的共振频率 ν_0 与空间位置无关，不能提供物体内的空间分布信息，所以起不到空间编码的作用。如果在静磁场 B_0 上叠加一个梯度磁场，就可以把物体的共振频率与物体内部的空间分布联系起来，从而达到空间编码的目的。现以如图 5.28 所示的一维梯度磁场为例说明。

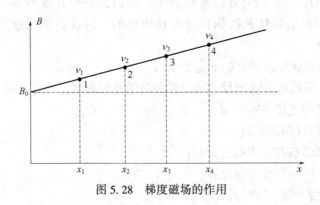

图 5.28 梯度磁场的作用

梯度磁场与 B_0 的方向一致，沿 x 方向的梯度为 G_x，则坐标为 x 处的磁感应强度为

$$B_x = B_0 + G_x x \tag{5.54}$$

对应的核磁共振频率为

$$\nu_x = \gamma(B_0 + G_x x)/(2\pi) \tag{5.55}$$

这样，共振频率 ν_x 与坐标 x 之间就有了一一对应的关系。如物体内部的四个位置1、2、3、4 对应的频率是 ν_1、ν_2、ν_3、ν_4，那么这四个位置的坐标 x_1、x_2、x_3、x_4 是唯一确定的。

若梯度磁场是三维的，则有

$$\begin{cases} \nu_x = \gamma(B_0 + G_x x)/(2\pi) \\ \nu_y = \gamma G_y y/(2\pi) \\ \nu_z = \gamma G_z Z/(2\pi) \end{cases} \tag{5.56}$$

与上述方法相同，可确定各位置的 y、z 坐标。

如果定义空间某一体积元 $\Delta\nu_{xyz}$ 中频率为

$$\nu_{xyz} = \gamma(B_0 + G_x x + G_y y + G_z z)/(2\pi) \tag{5.57}$$

就可据此式对物体内部的各个微小部分进行空间编码了。

在空间编码的基础上，通过同步射频磁场 B 的激发产生核磁共振。在停止射频脉冲之后，任其自由衰减并通过电磁感应转化为自由感应衰减信号，测出衰减的时间即弛豫时间 T_1 和 T_2，最后通过傅里叶变换并以图形的形式表示出来，就得到物体的核磁共振图像。

5.6.4.2 核磁共振成像测井仪

核磁共振成像测井仪，简称 MRIL，在测量过程中不需放射源，仪器本身无任何形式的放射性危害。MRIL 测井仪主要有探头、电子线路单元和电容储能单元三个部分。

探头部分由一个强铁氧体磁铁主磁体、两个磁性更强的地层预极化永久磁铁和天线组成。主磁体安装在外壳内部，用于产生静磁场；预极化永久磁铁用于对地层预极化；天线用于发射和接受射频信号。

电子线路单元主要包括：产生大功率脉冲的电路模块，对接收到的回波信号进行放大、滤波和解调的电路模块，对仪器进行控制、刻度以及数据通信的电路模块，仪器供电电路模块。

电容储能单元为核磁共振成像测井井下仪器提供一个附加的能量存储，给发射器在发射脉冲期间提供足够的能量补充。因为发射器在发射脉冲期间，由于电缆电阻的限制，不可能在短时间内为其提供发射所需的能量。电容储能单元还包括滤波电路，用来消除采集数据和数据通信之间的干扰。

如图 5.29 所示，核磁共振成像测井仪（MRIL）井下仪器的主要部件是强永久磁体和缠在磁体外面的射频线圈。磁体由众多小磁畴（偶极子）组成，从横截面上看，N—S 极水平平行摆放，产生的磁场使地层中的氢原子核被磁化，由此在径向方向建立起一个梯度磁场。在设计上要求磁体产生的静磁场 B_0 与射频线圈产生的射频场 B_1 在任何地方都互相垂直，此时，两个磁场的等场强度线都是同心柱壳，在径向方向都服从平方反比率。B_0 与 B_1 正交是获得最大信号的关键。而在存在磁场梯度的空间区域，根据拉莫频率确定的共振条件，可以通过改变射频电磁波的中心频率来选择观测区域。

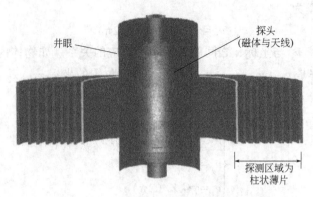

图 5.29　核磁共振成像探头及探测区域示意图

天线安装在磁体外部的玻璃钢外套中，用于向地层发射预先设置的射频脉冲，产生自旋回波信号，并接收和采集回波信号。用 9 种不同的频率对 9 个不同直径的同心圆柱壳进行独立观测，通过设计复杂的脉冲实现多种信息的同时测量。根据拉莫频率确定的共振条件，可以通过确定 MRIL 的发射器和接收器的中心频率和带宽，选定每个圆柱形区域的直径和厚度。

5.7　随钻测井

5.7.1　简述

随钻测井 LWD 是在钻开地层的同时实时测量地层信息的一种测井技术。石油工业随钻测井一般是指在钻井的过程中用安装在钻铤中的测井仪器测量地层岩石物理参数，并用数据遥测系统将测量结果实时送到地面进行处理，或记录在井下仪器的存储器中，起钻后回放。该技术要求测井仪器应能够安装在钻铤内较小的空间里，并能承受高温、高压和钻井时产生的强烈震动。

常规随钻测井服务系统包括定向井、随钻测井和其他相关服务。其中定向井服务包含井下实时井斜角、方位角和工具面角等的测量，即 MWD；随钻测井包括随钻电阻率测井、自然伽马测井、放射性测井、光电因子测井、井径测井及声波测井；其他相关服务如随钻温度测量、随钻震动测量、随钻钻头钻压测量、随钻地层压力测量和随钻可变径扶正器等，以其高精度的测量和可靠的服务具备了取代电缆测井的能力。

随钻测井仪器能用于常规井和小井眼井，提供一系列地质导向和地层评价测量。随钻测井仪器目前主要有电阻率测井中的补偿双电阻率测井仪、钻头电阻率仪，放射性测井中的补偿密度中子仪、方位密度中子仪，声波测井中的新型声波测井仪、偶极声波测井仪，以及核磁共振测井仪等几种目前世界上较新且应用广泛的随钻测井仪器，可进行阵列电阻率、中子孔隙度、密度和声波纵波时差、声波横波时差、脉冲中子、随钻地震、随钻核磁共振、环空压力、地层测试等。

随钻测井技术的发展与完善，使其成为电缆测井的一个重要补充手段，并因其"随钻"功能，使随钻测井相对于电缆测井具有很多技术优势：

（1）利用伽马射线确定页岩层来选择套管下入深度；

（2）选定储层顶部开始取心作业；

（3）钻进过程中与邻井对比；

（4）识别易发生复杂情况的地层；

（5）如果在电缆测井作业前报废井眼的话，至少还有一些地层数据可以利用；

（6）对不适合电缆测井的大斜度井能够进行测井作业；

（7）电阻率测井可以发现薄气层的存在；

（8）在钻进时利用伽马射线和电阻率测井可以评价地层压力；

（9）在地层尚未有钻井液侵入污染前能获得真实的地层特性和最新资料，这对正确评价地层是绝对重要和必要的。

5.7.2 随钻测井技术分类

迄今为止，可进行随钻测井的项目有比较完整的随钻电、声、核测井系列，随钻井径测井，随钻地层压力测井，随钻核磁共振测井以及随钻地震等。有些 LWD 探头的测量质量已经达到同类电缆测井仪器的水平。国际三大石油技术服务公司紧盯测井领域的随钻测井这一发展方向研制随钻测井仪器。斯伦贝谢的 VISION 系列、Scope 系统，哈里伯顿的Geo-Pilot 系统和贝克休斯的 OnTrak 系统等均能提供中子孔隙度、岩性密度、多个探测深度的电阻率、伽马，以及钻井方位、井斜和工具面角等参数，基本能满足地层评价、地质导向和钻井工程应用的需要。根据用户的需要，这些系统分别有各种不同的组合形式和规格，最常使用的 2 种组合是：（1）MWD+伽马+电阻率，提供地质导向服务，结合邻近地层的孔隙度资料还可用于地层评价；（2）MWD+伽马+电阻率+密度+中子，提供地质导向和基本地层评价服务。

5.7.2.1 随钻电法测井

（1）随钻电阻率测井仪器。随钻电阻率测井技术分为两类：侧向类和感应类。侧向类适合于在导电钻井液、高电阻率地层和高电阻率侵入的环境使用；感应类在低电阻率地层测量效果好，适合于导电或非导电钻井液。

（2）深探测随钻电磁测井仪器。随钻电磁测井仪器能够同时测量多个电阻率存在差异的地质界面，可以确保地质导向拥有精准的检测能力。

5.7.2.2 随钻声波测井

Sonic Scanner 随钻声波扫描仪是新一代阵列声波测井仪器，利用最新的声波技术进行多种频率扫描信号的采集，主要涵盖交叉偶极子和多种距离单极子的测量结果。

5.7.2.3 随钻核磁共振测井

1. 随钻核磁共振成像测井

随钻核磁共振成像测井仪（MRI LWD）按两种方式工作：

（1）勘测测井方式：该方式对运动不敏感，能在钻头行程的大部分时间工作，指示孔隙度（尚未对含氢密度的变化进行校正）和自由流体的存在。

（2）评价测井方式：可对近井眼地层的流体进行区分，确定孔隙度和自由流体体积，按电缆式 NMR 处理方式对气的影响进行校正。

2. LWD NMR 仪器

随钻测井中挂接该仪器用于获得 T_2 数据。该仪器含有一个运动传感器组件，用于识别有害的钻井运动情况。传感器信息可实时获得，可在钻井时矫正钻井活动，或者用于识别要反复进行扩眼以获得高质量数据的层段。该仪器的磁场是轴向对称的，因此，可以在原始的 MWD 磁力仪定向测量结果上使用校正计算方法，并可在底部钻具组合的任何位置接 NMR 仪器。

5.7.3 典型随钻测井仪器

5.7.3.1 随钻低频四极横波测井仪器

利用四极横波技术采集数据的优点是，低频（低于 10kHz）时因不存在仪器四极波，因此无须声波隔离装置；此外，低频时低速地层的四极波以地层横波速度传播，因此可以测量低速地层的横波速度。

贝克休斯最初开发仪器的测量频率主要为 4kHz 和 8kHz。为降低频散、改进四极横波测量，贝克休斯公司又开发了在 2~3kHz 或更低频率范围内测量横波的四极技术。随钻四极声波测井仪器最突出的特点是既可以作为单极声波仪器，又可以作为偶极和四极声波仪器使用，同时仪器的信噪比较高。

如图 5.30 所示，典型的多极随钻声波测井仪器位于钻铤内，由 1 个发射器和 1 列接收器组成，发射器分为 4 个部分。当向发射器施加电脉冲时，每个部分在径向上向外膨胀或向内收缩。当 4 个部分同时膨胀或收缩时，将产生单极波。当将其作为偶极源时，相邻 2 个部分收缩（膨胀），另 2 个部分膨胀（收缩）。当作为四极源时，4 个部分分为 2 组，每组由 2 个相对部分组成，激发时，一对膨胀（收缩），另一对收缩（膨胀）。

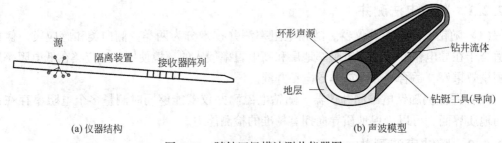

(a) 仪器结构   (b) 声波模型

图 5.30　随钻四极横波测井仪器图

在采集四极数据期间，2 对探测器分别探测正波和负波。对于每对接收器，2 个相关探测器的输出相加，得出该对接收器的信号输出。然后将 2 对接收器的输出相减，使信号幅度增加 1 倍（与单一接收器对相比）。

5.7.3.2 随钻宽频多极声波测井仪器

近年来，随钻声波测井技术取得了巨大进步，目前在许多地层中都能提供高质量的纵波和横波数据，用于实时钻井决策。

为进一步提高随钻声波测井质量、扩展横波测量范围，哈里伯顿公司推出了随钻宽频多极声波测井仪器。该仪器是在偶极声波测井仪器基础之上改进的，同时使用了单极、偶极和四极声源，能够在各种地层环境下采集高质量的声波数据，在较差的井眼环境下极大地提高了数据质量，并使横波速度测量范围扩大 50%。

该仪器的优点：提高了数据存储能力，可以在更长的时间内记录高密度数据；扩展了测量频率，在 500Hz 到 30kHz 之间具有平缓的频率响应；配备了高灵敏度接收器和可编程宽频发射器，对地层信号更敏感，受钻井噪声的影响更小；新的声源组合具有更高的声波能量输出，声波极性和频率是可以选择的；采用新的频散追踪方法，降低了慢速横波测量的不确定性。模拟结果和现场测试显示了新技术对声波测量的有效性。

5.7.3.3 紧凑型补偿电磁波电阻率测井仪器

第一代随钻电磁波电阻率仪器比较简单，具有 1 个发射器和 2 个接收器，测量电磁波信号的相位差，提供一个电阻率值。近年来，随着随钻电阻率测量技术的逐步成熟，仪器的测量参数也在增加，可以提供多个电阻率测量值，并且具有不同探测深度。目前原始的 3 根天线随钻电磁波电阻率测井仪器已经发展为具有 9 根天线更复杂的系统，现在具有 6~7 根天线的仪器很常见。

最近，松代克斯公司推出了新的随钻电磁波电阻率测井仪器——紧凑型补偿电磁波电阻率测井仪器，新的仪器能够支持电磁波电阻率测井的基本需求：多个探测深度、井眼补偿、多个频率等。新测量方法扭转了通过降低天线数量、增加长度和复杂性来满足井眼补偿等需要的趋势。新仪器的天线数量更多、长度更短，同时能完成多个频率测量。与传统天线阵列相比，紧凑天线阵列的长度缩短了 40%。

5.7.3.4 InSite ADR 方位深电阻率传感器

InSite ADR 方位深电阻率传感器是哈里伯顿 Sperry 钻井服务公司最新推出的新一代随钻测井传感器之一。导向传感器和传统的多频补偿电阻率传感器结合在一起。1 个仪器能够提供 2000 多种测量，用于精准的井眼定位和更精确的岩石物理分析。深读数、定向和高分辨率图像可以在钻头钻出目的层之前提供警示信息，使井眼保持在油藏的最高产位置，为优化井位布置、产量最大化和延长油田寿命提供了理想的解决方案。

InSite ADR 方位深电阻率传感器使用了先进的小型化技术，极大地减少了元件数量，同时明显提高了处理能力。主要优点包括：在 32 个不连续的方向和 14 个探测深度上采集数据，确定多个地层界面的距离和方向；探测深度更大，延长了反应时间，准许增加钻速，降低钻出油层的风险；仪器结合了全补偿电阻率测量和深读数地质导向测量，减小底部钻具组合长度；具有更深读数、更高分辨率、更快的数据传输和更高的可靠性。

5.7.3.5 方位聚焦电阻率仪器

电阻率井眼成像测井是现代地层评价的基本需求，特别是在大斜度井、水平井或复杂地质环境中。水基钻井液随钻测井是很有吸引力的电阻率成像测井方法，因钻柱旋转和极低的机械钻速有利于均匀的方位覆盖和高密度采样。

现有的电阻率测井仪器分为侧向测量和成像测量。侧向测量进行中等探测深度的补偿电阻率测量；而成像测量的探测深度非常浅，是非补偿的。在近水平井段，0.5m 厚的高电阻率层段在测井曲线上可能显示出近 5m 厚，侧向测井很难指示这种地层的存在。而电阻率成像测井极易探测到这样的地层，但非补偿测量会受到钻井液侵入或仪器与井壁间隙的影响，无法提供准确的地层电阻率值。

哈里伯顿公司研制的方位聚焦电阻率（AFR）仪器，将电阻率成像和随钻侧向测井结合在一起，测量单向侧向测井电阻率数据、地层电阻率图像、钻头处电阻率。

5.8 测井信息通信

5.8.1 测井电缆遥传系统设计

地球物理测井技术是一种综合应用技术。它涉及地球物理学、电子学、光学等学科，还涉及信号检测、信号传输、遥控遥测、远程数据通信等。井下仪器工作环境恶劣，每次测量都要经受从地面温度到井下175℃的温度变化，且在仪器连续运动中实施控制。实时测得的数据用电缆遥传系统通过近10000m长的电缆传至地面系统进行实时处理、显示和记录，从而了解地层的结构，为石油和其他矿藏的勘探和开发提供可靠的地质资料。测井仪器不断更新换代，测井的数据量越来越大，这对电缆遥传系统提出了更高的要求。

5.8.1.1 系统的总体设计

电缆遥传系统由地面遥传单元、专门研制插放在计算机扩展槽内的通信卡、井下遥测短节和测井电缆传输线组成。测井电缆传输线将地面单元和井下遥测短节连接起来。单芯电缆供电源和信号复用，给井下仪器的电路提供直流电，且完成通信任务。遥测短节和地面系统之间的单芯电缆将仪器采集的数据向地面传送。井下遥测短节接收地面单元传送下来的指令，往井上传送测井过程中井下仪器采集的数据。地面遥传单元接收计算机指令并向井下遥测短节转发指令，它还接收井下遥测短节传送上来的测井数据并输送给计算机。

5.8.1.2 遥测短节的设计

遥传系统的井下部分称为遥测短节，简称 WTC（wireline telemetry cartridge），其体积很小，电路设计不能太复杂，井下恶劣的环境对元器件也提出了很特殊的要求。所以，在追求传输速率的同时，必须考虑技术上的实现难度，既要性能高，又要简单可靠、技术上容易实现。遥测短节用两片微控制器（MCU）组成双 CPU 系统，作为控制和通信核心，其硬件结构如图 5.31 所示。

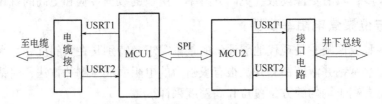

图 5.31 WTC 硬件框图

微控制器 MCU2 与井下测量仪器组成主从结构，通过井下仪器总线给测量仪器发送命令，并接受井下仪器传送来的数据。MCU2 与微控制器 MCU1 通过 SPI 口进行双向通信。

微控制器 MCU1 通过两个 USRT 串口与地面系统进行通信。其中的一个串口使用同步方式，将井下仪器测量的数据和仪器状态发送到地面系统，另一个串口使用异步方式，接受地面系统传送下来的命令，并由微控制器对命令进行解释，然后执行命令。电缆接口包括接收部分和发送部分，发送电路就是将微控制器 MCU1 出来的数据码转换成适合在单芯电缆上传输的码，并进行放大，使信号到达地面时有足够的幅度和信噪比。接收电路用来对电缆传来的信号经过整形、滤波和放大，然后送至微控制器。电缆遥传系统中的传输码型采用 AIM 码，并采用基带传输。数码 0 用零电平表示，数码 1 交替地用正电压和负电压表示。AIM 码的优点是无直流分量而且具有检错能力（因为 AIM 码中正负脉冲一定是相间出现，当接收信号不符合这一规律时，就说明传输发生了错误）；缺点是当传送连续多个 0 码时会长时间不出现电平的跳变，致使接收端不能直接从传送信号中提取同步信号。为了解决这一问题，可以在控制器中预先对数据进行处理，采用 4B/5B 编码。

5.8.1.3　通信协议

在数据通信中，为了使数据准确无误地传输，通常把一批数据分成若干组帧，并对每一组数据加以必要的附加信息以标示数据的含义，如数据的来源、传送的目的地、组的长度、校验代码等。数据接收方和发送方共同遵照这种预定的数据格式，进行数据的收发。数据进行这种信息附加后就形成了一个个数据包。这种通信双方共同的约定，就称为通信协议。这种约定还包括对同步方式、传送速度、传送步骤及检错纠错方式定义等问题做出统一规定，它属于 ISO（International Organization for Standardization）的 OSI（Open System Interconnect Reference Model）七层参考模型中的数据链路层。它把物理层提供的可能出错的物理链路改造为逻辑上无差错的数据链路，主要完成链路管理、组帧、流量控制和差错控制的功能。

遥传系统是一个串行、半双工、点对点的通信系统，信道是非对称的，即上传的数据量大，下行的命令数据少。数据传输过程为分时分布。帧格式分为上行数据格式和下行命令格式。下行的速率固定为 9.07kB/s，上行的默认数据速率为 34kB/s，也可由地面发送命令改变上传速率。数据链路层细分为链路控制子层和信道子层，信道子层的主要功能是完成信道的编码和译码，支持链路子层的运行。链路控制子层有以下两个功能：一是组成链路控制层协议数据单元，即控制帧、信息帧和应答帧，用以完成链路层的数据传输；二是对数传过程中的建链、拆链、选择重发过程进行控制，保证数据的完整和正确、差错控制机制选择和自动请求重传（ARQ），并采用 ARQ 连续协议，用滑动窗口机制来实现。

上行帧是由井下遥测短节向地面系统发送的数据单元，采用同步式的发送接收方式。协议的编制采用集成开发环境。

5.8.1.4　遥传系统操作程序

打开电源，遥传系统开始工作，系统自检，向地面发送井下仪器的状态信息，并准备接收地面系统发送的命令。首先进入配置模式，由地面系统发出命令提供服务表，建立井下仪器组合；然后进入测井模式，将各个仪器的数据传送到地面。在测井模式下，也可由地面发送命令返回到配置模式。

5.8.2 测井电缆遥传系统

5.8.2.1 Baker Atlas 电缆通信系统

Atlas（美国）公司的电缆通信系统发展可分三个阶段：AMI PCM（3502、3503、3506）、Manchester PCM（3504、3508、2222）、WTS（AMI Manchester 3510，3514）。第一代的 PCM 代表为 3502，使用 AMI（alternate mask inversion）方式编码，只能用来与双侧向仪器组合测井，传输速率为 4kB/s，包含 10 个数据道（4 个脉冲道、6 个模拟道）。3503 为 3502 升级后的代表，包含 15 个数据道，传输速率提升到 8kB/s，可以组合其他测井仪器。3506 是 20 世纪 80 年代的产品，包含 17 个数据道，有很好的井眼温度补偿功能。3700 系列仪器大都可以与 3506 组合，实施大满贯测井。后来的 ECLIPS 测井系统依然兼容 3506 系列仪器（1503、1309、1229、2435 等）。下一代就是 3504、3508、2222，使用 Manchester 编码方式进行通信，传输速率有了进一步的提高，达到 20kB/s。20 世纪 80 年代末 90 年代初开发了新一代通信系统 WTS。WTS 使用的编码方式为 AMI Manchester，数据传输总和达到了 230kB/s。

5.8.2.2 Schlumberger 电缆通信系统

CTS 是一种高速数据传输系统，数据传输速率达到 100kB/s。CTS 是所有井下仪器与地面计算机测井系统之间的统一的数据传输系统。在井下采用了类似计算机系统的设计思想，即在 CTS 与各井下仪器之间安排了 3 条串行总线（DTB），由 3 根 56Ω 的同轴电缆组成，进行信息交换。这 3 条总线是：下行信号线 DSIG、上行时钟线 UCLK 和上行数据线 UDATA/GO。这样地面的中央处理器把每个井下仪器（包括 CTS）看成是它的外部设备，在电缆上传送的信息有中央处理器给井下发送的指令和井下仪器向上传送的数据，但二者在时间上是隔开的，即地面与井下之间的信息传递是采用半双工方式进行的。CTS 是在计算机指令的控制下进行数据的采集、格式编排和传输的，每一帧的上行数据和下行指令中均含有帧同步字 FSP 址码。计算机首先向井下仪器发送指令，指令中含有井下仪器的地址码。当井下仪器从指令中识别出自己的指令，然后将上传的数据格式化后，经测井电缆传送数据至井下总线上，传输至地面由地面计算机处理。CTS 遥测系统原理框图如图 5.32 所示。

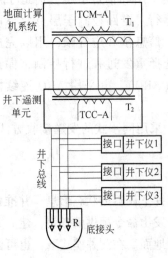

图 5.32　CTS 系统原理框图

5.8.2.3 Halliburton 测井通信系统

EXCELL 2000 成像测井系统使用的数字通信系统为 DITS，它包括远程通信设备（RTU）、1553 仪器总线、数字井下通信模块（D4TG）和地面通信接口（D2MP）。RTU 是仪器电子测量部分和井下通信系统之间的接口。每一种仪器都有自己的 RTU 地址，通过 1553 总线与 D4TG 连接，进行双向通信。D4TG 作为仪器总线控制器可在地面和 RTU 之间进行双向通信连接，它由井下调制解调器（SSM）和总线控制单元（BCU）组成。BCU 根据总线命令表从仪器串中采集数据，编译成上传数据格式，然后以 50ms/帧的速率上传到地面系统。D2MP 将上传的信号译码成串行数据，以便进一步处理，而且放大从 D2MP 到 D4TG 的信号，使信号能与测井电缆相匹配。

EXCELL 2000 成像测井系统使用模式传输方式，此模式通过 7 芯电缆实现最小的交叉干扰。传输信号和电源共有 4 种模式。模式 W2 利用电缆 1、2 和 4、5 为高压仪器或井径马达提供辅助电源；模式 W5 利用 1、2 和 4、5 为井下仪供电；模式 W6 利用 2 组 3 芯电缆 1、3、5 和 2、4、6 传输数据，其缆芯电阻低，传输速度高，波段宽；模式 W7 利用缆芯 7 和电缆外皮上传通信信号，如自然电位 SP 信号。

目前 Halliburton 公司推出的新型测井系统 IQ 快速测井平台，使用了 ADSL 通信方式。该通信方式对所有外设均分配 IP 地址，通过网络进行传输，大大提高了性能。IQ 平台使用 10M 以太网总线在地面与井下仪器之间进行通信。地面测井计算机网络可以直接与井下测井仪器网络进行对话，井下每一只仪器看作是另外的计算机，与地面计算机一样，分配有独立的 IP 地址，如地面计算机 IP 地址区间为 10. 10. 1. 1 ~ 10. 10. 1. 128；井下仪器的 IP 地址区间为 10. 10. 1. 129 ~ 10. 10. 1. 255。地面测井计算机会发送含有地址表的数据包，地面路由器若检测到其目的地是井下网络，则将数据包通过已建立的连接发送到井下路由器，井下路由器收到数据后将其送到井下仪器总线上，这样，相应的仪器就和地面之间建立了连接，可以进行数据和命令的传送了。

5.9　地面系统

测井地面系统是一套具有数据采集、处理与通信功能的高可靠性计算机系统。国内所用测井地面系统种类繁多，技术水平参差不齐。先进的大型综合地面系统以引进为主。当前技术比较先进的地面系统介绍如下。

5.9.1　EXCELL 2000 地面系统

EXCELL 2000 地面系统是一个采集和处理的综合性测井平台，采用相互完全独立的双系统，允许同时完成多任务采集和处理，提供精确的高品质测井数据；兼备强大的测井数据后处理工作站的能力，并为新研制的下井仪和软件的高效运行提供了标准化平台；更重要的是，它的智能化设计极大地提高了测井工作效率；配有陆地车载和海洋拖橇两种运载方式，能够完成陆地、海洋测井和射孔等技术服务；可与多种下井仪配套，如高分辨率感应/数字聚焦测井仪（HRI/DFL）和环周声波成像测井仪（CBIL）等。

5.9.2　ECLIPS 5700 成像测井系统

ECLIPS 5700 成像测井系统是阿特拉斯公司研制的新一代成像测井系统，满足了现代测井仪器阵列化、谱分析化、成像化的大规模数据处理的要求。软件建立于分布式处理及多任务 Unix 系统，提供真正的多任务/多用户系统，允许井下仪刻度、数据处理、记录、储存、显示、传送等同时执行，并且可现场进行快速直观解释。该系统采用 X. 25 数据传输格式，野外施工小队可在 ECLIPS 设备上直接将数据传回基地解释中心。

ECLIPS 5700 成像测井系统除了所有常规测井项目外，还配备了多种特殊的下井仪，如核磁共振测井仪（MRIL）、环周声波成像测井仪（CBIL）和多极子声波测井仪（MAC）等。

5.9.3　SL 6000 地面数据采集系统

SL 6000 地面数据采集系统是中国石化胜利测井公司推出的新一代高分辨率多任务测井系统。系统硬件设计高度智能化、集成化，测井数据传输高速数字化，测井质量控制可视化，实现了数据采集高质量、操作安全高效，支持新一代成像测井。系统采用完全双机配置，主机为两台双 CPU 工控微型计算机工作站，数据采集系统采用 DSP 技术设计，模块采用网络化结构相互连接，实现了双机配备。测井操作系统可以同时进行多项测井操作：在一串仪器进行测量的同时，还可以对另一串仪器的多支仪器同时进行刻度/校验、测井数据编辑预处理、资料现场解释、制作测井图头、回放测井图等等，有效地提高了测井时效。先进的数据采集平台技术、多采样率数据采集方法，满足了全新的成像测井数据采集及常规测井的要求，高速多 CPU 系统保证了满足各种测井场合的需求。此系统的主要测井项目有核磁共振测井和微电阻率扫描成像测井等。

5.9.4　INSITE 和 INSITE Anywhere 系统

这两种系统是哈里伯顿公司开发的网络化测井地面采集系统。INSITE 是该公司新近推出的一种实时数据管理和分配系统，依靠一种公用数据库结构，公司的所有服务线都能管理和共享井场作业期间采集的数据，帮助进行远距离决策和合作。INSITE Anywhere 是新一代基于因特网的数据传输系统，提供灵活的 INSITE 技术，不用安装专门的软件，只要输入用户名和密码，就可以在世界任何地方、任何时候登录互联网，享用油井数据。

5.10　典型测井系统

5.10.1　DF V 多功能全数控测井系统

DF V 多功能全数控测井系统是一种新型的数控测井系统。该系统可完成完井测井、生产测井、射孔、取心等多种施工任务。它具有功能齐全、自动化程度高、安全性能好等优点。系统的硬件部分采用了总线式结构，结构紧凑合理，信号处理模块集中于一个箱体内，采用插板式结构，便于检查、维修，扩充能力强，很容易根据用户的需要配接新型的井下仪器。软件以 Windows 操作系统为平台，采用 C++语言编程。操作工程师可以参与测井施工的全过程，实时监控能力更强。此外，软件系统具有强大的测后处理功能。两台计算机可以进行实时通信，资料处理和测井同时进行，不仅提高了工效，而且增强了现场实时控制的能力。

5.10.1.1　工作原理

本系统工作原理是以工控机为核心，通过接口箱内各项模板的信号处理，能完成各项测井施工任务；采用总线结构、信号调理规范化及缆芯智能转换等技术措施，体现出强弱信号分离的设计思想。井下仪器信号流程及规范如图 5.33 和图 5.34 所示。

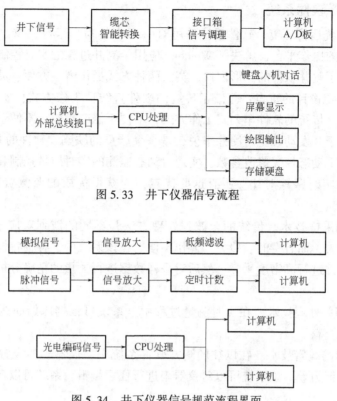

图 5.33　井下仪器信号流程

图 5.34　井下仪器信号规范流程界面

5.10.1.2　系统硬件

（1）工控机与接口板。充分利用大规模集成电路和高性能工控微型计算机，研制开发了能够处理高/低模拟信号、脉冲信号、编码数字信号等多种类型信号的调理板，插入工控机的扩展插槽内。整个系统的信号处理由计算机完成。这不仅使该系统小型化、结构紧凑，而且可靠性高，性能稳定。

（2）曼彻斯特编码解调板。它的功能是将井下传送上来的双向曼彻斯特编码信号解调出来，通过计算机数据总线获得井下参数。

（3）分时传输信号处理板。其功能是将井下传送上来的连续的分时信号分为各个单一信号，进入不同的测量道进行测量。

（4）信号调理板。信号调理板在系统中肩负着比较重要的作用，它负责将井下电缆送上来的模拟信号和脉冲信号进行加工处理，包括信号放大、滤除干扰、信号分离、信号整形。

（5）深度张力面板。深度张力面板在线路设计上吸取国内外各种绞车面板的优点，采用单片机技术，以单片机 8098 为核心，不但具有一般深度张力面板的深度显示、速度显示、记号探测、深度预置、深度校正、遇阻报警、遇卡报警、超速报警功能，而且具有通信、射孔取心参数设置等功能。

（6）程控井下仪器供电电源。其作用就是向井下仪器供电，可以由计算机产生控制信号控制供电的电压、电流。

（7）继电器阵列板。其作用是通过计算机进行控制缆芯选择、信号通道切换。

5.10.1.3 仪器软件系统

(1) 软件系统运行环境。软件系统采用 C++语言编写，运行在 Windows 窗口式、多任务、图形界面的操作平台，解决了 Windows 应用于测井过程的实时控制、实时处理技术难题，从而实现了测井软件的图形窗口、英汉两种方式操作窗，方便、灵活、直观。

(2) 软件系统设计的特点：打破了传统的软件直线性工作方式，实现了测井软件的并列式工作方式。传统的软件串列式工作方式，不便于修改参数，不便于对质量进行实时控制，特别是对于开发动态生产测井来说，是一个严重的缺陷。软件的并列式工作方式，可以随时根据井下动态情况修改参数，实现对动态监测的实时质量控制和处理，并且可以实现测井曲线的实时跟踪对比。所有这些优点，为获得优质的监测资料提供了充分的保证。

(3) 全波列采样技术。传统的全波列处理方法是不同的波列对应不同的处理面板，这样不但设备庞大，而且费时、费力、操作不便。在该系统中，各种各样的波列均由计算机控制，通过软件进行高密度采样，然后对采样数据进行大量的精确分析，获得波列的技术参数。

(4) 自动相关处理技术。在实时测量过程中，系统可根据原始曲线自动校深，获取质量更高的地层资料。

(5) 仪器串的编辑技术。在以往的测井软件系统中，仪器串的设置是固定的，系统配接井下仪器的能力差。该系统可以对仪器串进行任意编辑，系统可以自动识别其信号类型，进行处理。

5.10.1.4 能配接的下井仪器

(1) 完井系列 13 种基本配接井下仪器任选，包括双感应—八侧向、双侧向、微侧向、电极系 4m/2.5m/0.45m+自然电位、微球、微电极、补偿中子、磁电位+自然伽马+中子伽马+声幅、井径/双井径和多臂井径、地层测试、井温与流体测试、变密度、SHDT (stratigraphic high resolution dipmeter tool) 高分辨率地层倾角测试。

(2) 射孔取心测井系列 5 种基本配接井下仪器任选，包括有电缆射孔、无电缆射孔、井壁取心、磁电位+自然伽马、电极系 (10m/4m/2.5m/0.45m)+自然电位。

(3) 生产测井系列 7 种基本配接井下仪器 (单芯传输，直流供电) 任选，包括磁电位+自然伽马+井温、磁电位+自然伽马+井温+示踪流量、磁电位+自然伽马+井温+涡轮流量、磁电位+自然伽马+井温+涡轮流量+含水+压力+密度、磁电位+自然伽马+中子伽马+声幅、双井径+40mm 臂井径、声波变密度。

5.10.2 EILog 快速与成像测井系统

5.10.2.1 系统特点与技术指标

EILog 快速与成像测井系统是国内组织研发完成的。目前，EILog 已经实现了"测得好、测得快"的目标，其精度与引进的成像装备的水平相当，其效率比传统测井系统提高 1 倍以上。系统主要特点如下：

(1) 在质量方面一致性好。同一支仪器在同一口井重复测量的一致性好，两支仪器在同一口井测量的一致性好，EILog 仪器和阿特拉斯的 5700 仪器在同一口井测量的一致性好。

（2）在效率方面，由于仪器集成度高，快速测井的效率是原来的 2 倍。由于配套了 LEAD 井场实时快速数据处理和地层评价软件，在测井结束后 3h 内能完成测井数据预处理和快速解释。

该测井系统具有综合作业能力，其组合能力强、稳定性好、纵向分辨率高、探测深度大、测井作业效率高。现场资料分析表明，该成像测井系列仪器技术指标先进，所录取的测井资料可以用于复杂岩性的储层划分、岩性识别、裂缝识别、多孔隙储层参数计算以及岩石力学参数计算。表 5.2 给出了 EILog 快速与成像测井系统的通用技术指标。

表 5.2　EILog 快速与成像测井系统通用技术指标

性能	参数
最高耐温	155℃
最大耐压	100MPa
直径	90mm
仪器串总质量	<500kg
井下仪总线	DTB 总线
供电电源	220V AC±10%，1.2A，45~60Hz
振动	5g（三维），10~60Hz
冲击	50g（三维），11ms
测井速度	500m/h
数据传输率	100kB/s（误码率 10^{-7}）
可靠性	一次测井成功率大于 85%

5.10.2.2　系统组成

如图 5.35 所示，EILog 快速与成像测井系统由综合化地面仪、集成化组合测井仪、辅助参数测量仪等组成，根据需求可以配接成像测井仪、其他测井仪器，具有裸眼井、生产井和射孔、取心、固井质量评价作业能力。

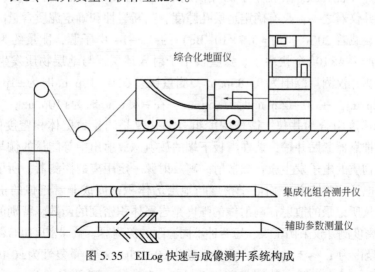

图 5.35　EILog 快速与成像测井系统构成

1. 综合化地面仪

综合化地面仪支持常规裸眼井、套管井、生产井测井和射孔取心作业，支持国产成像测井仪器的测井作业，可以开展实时测井过程控制、实时测井质量控制、测井数据管理控制、系统服务控制，完成测井数据采集、处理、显示、绘图和记录。

该地面仪采用网络化传输，主机与前端机之间采用100M以太网，可直接连接到Internet上；可进行实时采集，前端采集控制器采用嵌入式计算机，VxWorks实时操作系统负责测井实时多任务的控制、多中断处理。采集箱体选用性能卓越、可靠性高、低成本的CoMPactPCI总线，采用多种编码信号处理，先进的成像图、绘图软件处理技术，以及面向对象设计技术。机械设计小巧灵便，既能室内调试，又使车载安装简单易行，易拆卸易维修。

该系统具有自主知识产权、良好的扩充性和一定的兼容性，目前能够配接：

（1）100kB/s系列快速组合常规井下仪器；

（2）100kB/s系列成像系列井下仪器；

（3）根据用户具体要求有选择地配接3700系列及类似的井下仪器、CSU系列及类似的井下仪器、生产测井七参数及类似的井下仪器、射孔和取心仪器、工程测井仪器等。

2. 集成化组合测井仪

集成化组合测井仪由自然伽马、补偿中子、补偿密度、补偿声波、高分辨率双侧向和双感应—八侧向等组成，一次下井可以测量深、中、浅三电阻率，密度、中子、声波三孔隙度，自然伽马，自然电位，井径等共9条测井曲线。

（1）自然伽马短节。自然伽马短节用于无线随钻系统在钻进过程中测量地层伽马射线的强度，以作为实时地层评价的依据及综合测井参数的组成部分。它安装使用方便，性能稳定，采用通用总线结构，可以和其他随钻系统任意组合，仪器测量精度高，耗电低，可靠性高。自然伽马短节采用半双工传输方式，信号传输速率可达100kB/s，误码率$<10^{-7}$，信号采样频率可在50次/s和12.5次/s两种模式中选择；测量范围为0~200API，测量误差为±6%，重复性为±5%，稳定性为±3%（80API，测量时间4s）。

（2）补偿中子测井仪。补偿中子测井仪属于放射性测井仪器，是密度、声波、中子三大孔隙度测井仪器之一，具有确定地层孔隙度、判断岩性和确定泥质含量的作用。补偿中子测井仪上装载着20Ci（$1Ci = 3.7 \times 10^{10} Bq$）的Am-Be中子源，能量约为几百万电子伏，每秒钟将产生4×10^7个快中子。这些快中子射入地层，与地层物质发生一系列核反应。补偿中子测井仪测量范围为0~85p.u.，测量误差在0~10p.u.时为±1p.u.，在10~30p.u.时为±2p.u.，在30~45p.u.时为±5p.u.，在≥45p.u.时为±10p.u.。

（3）微球密度组合测井仪。微球密度组合测井仪是测量地层体积密度的理想仪器，仪器滑板借助推靠器紧贴井壁，装在滑板下端的放射源放射出中等能量的伽马射线射向地层，并与地层物质的电子发生康普顿散射。离放射源一定距离的探测器，所记录的散射伽马强度与岩石电子密度有关，而电子密度与地层的体积密度成非常近似的正比关系，因此，密度测井仪所记录的散射伽马射线的强度是岩石体积密度的函数。特别的，为了消除滤饼的影响，密度测井仪采用了长、短两种不同源距的探测器。微球密度组合测井仪补偿密度参数的测量范围为$1.8 \sim 3.0 g/cm^3$，测量误差为$\pm 0.025 g/cm^3$，重复性为$\pm 0.025 g/cm^3$，稳定性为$\pm 0.025 g/cm^3$；井径参数测量范围为152~533mm，测量误差为≤±5%，推靠力

≥35kgf；微球形聚焦参数测量范围为 $0.2\sim2000\Omega\cdot m$，测量误差在 $0.2\sim2\Omega\cdot m$ 时为 $\pm10\%$，在 $2\sim200\Omega\cdot m$ 时为 $\pm5\%$，在 $200\sim2000\Omega\cdot m$ 时为 $\pm10\%$，温度漂移为 $\pm10\%$，探测深度为 $80\sim130mm$。

（4）补偿声波测井仪。补偿声波测井仪是由两个发射器和两个接收器组成的声波速度测井仪。普通的声速测井仪只有一个发射器和两个接收器，其测量结果受井径变化和仪器相对于井轴倾斜的影响。当仪器的间距与源距固定时，普通的声速测井仪对于发射器在接收器之上和发射器在接收器之下的测量结果的影响正好相反。补偿声波测井仪把这两种情况结合起来，消除井径变化和仪器倾斜带来的影响。补偿声波测井仪测量范围为 $130\sim650s/m$，在 $130\sim200s/m$ 时测量误差为 $\pm2s/m$，在 $200\sim650s/m$ 时为 $\pm1.5\%$，纵向分辨率为 $0.4m$。

（5）高分辨率双侧向测井仪。双侧向测井是常规电阻率测井方法，在油田勘探开发中发挥了重要作用。高分辨率双侧向测井仪主要是提高传统双侧向测井仪的分辨率，在电路上采用先进电子线路测量技术，在室内采用新的刻度装置，保证了仪器的聚焦效果和测量精度。高分辨率双侧向测井仪测量范围为 $0.2\sim40000\Omega\cdot m$，测量误差在 $0.2\sim1\Omega\cdot m$ 时为 $\pm20\%$，在 $1\sim2000\Omega\cdot m$ 时为 $\pm5\%$，在 $2000\sim5000\Omega\cdot m$ 时为 $\pm10\%$，在 $5000\sim40000\Omega\cdot m$ 时为 $\pm20\%$，纵向分辨率为 $0.4m$，浅侧向探测深度为 $0.4m$，深侧向探测深度为 $1.3m$，温度漂移为 $\pm10\%$。

（6）双感应—八侧向测井仪。双感应—八侧向测井仪是一种主要感应测井仪器。它可同时测量自然电位（SP）、深感应（ILD）、中感应（ILM）、八侧向（LL8）等四条测井曲线。该仪器可以测出距井壁不同深处的地层电导率，从而提供估计钻井液滤液对地层侵入影响程度的数据。在地层电阻率小于 $200\Omega\cdot m$ 和钻井液滤液电阻率大于地层水电阻率的情况下能较好测得地层真电阻率。当钻井液滤液电阻率小于地层水电阻率时，只有在井壁较小（小于8in）、侵入不深（中等或较浅），同时地层电阻率较低（一般小于 $50\Omega\cdot m$）情况下，才能较好地测出地层真电阻率。双感应—八侧向测井仪测量范围为 $0\sim100\Omega\cdot m$，测量误差在电导率 $<200mS/m$ 时为 $\pm2mS/m$，在电导率 $\geq200mS/m$ 时为 $\pm3\%$。

3. 辅助参数测量仪

辅助参数测量仪组合了张力井温钻井液电阻率短节、连斜井径微电极测井仪，一次下井能获得井温、钻井液电阻率、井斜角、方位角、X 井径、Y 井径、微电位、微梯度、电缆张力、自然伽马等 10 条测井曲线。

（1）张力井温钻井液电阻率短节。张力井温钻井液电阻率短节主要测量缆头张力、钻井液电阻率和井眼温度。张力井温钻井液电阻率短节由探头短节和电子线路短节两部分构成。探头短节包括温度传感器、张力传感器、测量钻井液电阻率的电极系和压力平衡装置等组成。电子线路短节包括张力、井温的测量电路。缆头张力通过张力传感器来测量。如果在测井过程中遇卡，则通过分析缆头张力的测量值，可在测井上行时判断遇卡情况，是电缆遇卡还是仪器遇卡。温度传感器裸露于井眼流体中。温度测量值直接反映井眼温度。钻井液电极环直接和钻井液接触，通过一组微电极系测量钻井液电阻率。张力井温钻井液电阻率短节的电缆张力测量范围为 $-5000\sim+5000kgf$，测量误差为 $\pm10\%$，分辨率为 $1.5kgf$；钻井液温度测量范围为 $-40\sim155℃$，测量误差为

±3℃，分辨率为0.1℃；钻井液电阻率测量范围为0.01~10Ω·m，测量误差为±10%，分辨率为0.01Ω·m。

（2）连斜井径微电极测井仪。连斜井径微电极测井仪是EILog快速与成像测井系统的专用测井仪器，是对电极系、倾角、方位、井径微电极进行组合测井的井下仪器。它主要包括电极系供电测量电路、微电极井径供电测量电路、连续测斜电路和机械推靠器四个部分。供电测量电路对电极系进行方波恒流供电，然后对电极信号进行采集、相敏检波、滤波和放大，最后经过低通滤波输出直流信号。电极系可以同时测量三路信号，分别是0.4m、2.5m、4m。微电极可以同时测量两路信号，分别是微电位和微梯度。连斜井径微电极测井仪井斜角测量范围为0°~90°，测量误差为±0.2°；方位角测量范围为0°~360°，测量误差为±2°；井径测量范围为152~533mm，测量误差≤±5%，推靠力≥25kgf；微电极测量范围为0.1~100Ω·m，测量误差在0.1~1Ω·m时为±10%，在1~50Ω·m时为±5%，在50~100Ω·m时为±10%，温度漂移为±10%。

4. 成像测井部分

成像测井部分由微电扫描成像测井仪、阵列感应成像测井仪及超声成像测井仪组成，可进行微电阻率扫描成像、阵列感应成像和超声成像作业。

（1）微电扫描成像测井仪。电阻率成像测井仪能够提供高质量的井壁地层高分辨率二维图像。通过测量和刻度6个极板共144个纽扣电极的地层微电导率，获得地层图像。仪器主要应用于沉积相分析、层理划分、裂缝分析、薄层识别、岩心定位和描述。

（2）阵列感应成像测井仪。仪器采用8组基本线圈系结构，多频率数据实时采集，测量地层实部和虚部电导率信息，通过数字合成聚焦和软件成像，可以清晰反映3种纵向分辨率地层特性、5种探测深度侵入细节，主要用于定量描述层理和侵入特性、测量地层电导率，以及求取地层含油饱和度。

（3）超声成像测井仪。超声成像测井仪采用二维图像直观描绘岩层或套管影像。在裸眼井中，超声成像测井仪用于观测井壁岩层的裂缝、判别开口性裂缝或填充性裂纹。在套管井中，超声成像测井仪用于套管射孔、套管腐蚀与套管变形的精确测量。表5.3给出了超声成像测井仪的主要参数。

表5.3 超声成像测井仪主要参数

性能	参数
外径	90mm/70mm
耐温	175℃
耐压	140MPa
仪器长度	6.5m
裂缝分辨率	1mm
可测井眼范围	115~240mm
扫描速度	每秒5圈，一圈采集512个点
声波探头频率	0.5MHz，1.5MHz
钻井液密度	<1.2g/cm³
适应井斜范围	<6°

超声成像测井仪由护帽、电子线路部分、灯笼扶正器、声系部分、护丝和橡胶堵头组成，仪器结构如图 5.36 所示。

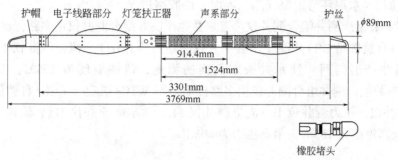

图 5.36　超声成像测井仪结构图

5. 其他测井仪

（1）六臂地层倾角测井仪。六臂地层倾角仪通过 6 个贴靠井壁的极板，测量井壁上地层界面的深度差，采用井斜系统测量出仪器在井中的方位，结合井径曲线可以计算出地层的倾斜角和倾斜方向。

（2）岩性密度测井仪。岩性密度测井是利用 γ 射线与地层介质原子发生康普顿效应和光电效应，测量地层返回 γ 射线在不同能量上的分布来求取地层密度和反映地层岩性的光电吸收指数 P_e。

（3）自然伽马能谱测井仪。自然伽马能谱测井仪主要测量地层的铀、钍、钾含量及自然伽马总强度。通过这些参数可较准确地确定地层中泥质含量、区分泥岩的黏土类型并确定其含量。仪器探测器采用碘化铯晶体，承压护壳采用钛合金，提高了仪器的探测效率，降低了统计误差。表 5.4 给出了自然伽马能谱测井仪的主要参数。

表 5.4　自然伽马能谱测井仪主要参数

性能	参数
温度	155℃
压力	100MPa
测速	240m/h
测量范围	自然伽马总强度：0~500API
	铀含量：0.5×10^{-6}~20×10^{-6}
	钍含量：0.5×10^{-6}~40×10^{-6}
	钾含量：0.1%~10%
系统误差	自然伽马总强度：±5%
	铀含量：$\pm2.0\times10^{-6}$
	钍含量：$\pm2.0\times10^{-6}$
	钾含量：±0.5%
外径	93mm
长度	2.7m
质量	52kg

（4）声波变密度测井仪。声波变密度测井仪主要用于评价套管固井质量，主要通过测量并记录声波的首波幅度和声波全波列数据来检查水泥环胶结质量，即检查套管与水泥环（第一界面）、水泥环与地层（第二界面）的胶结情况。

（5）多参数生产测井组合测井仪。五参数生产测井组合测井仪由多路传输短节 WTC+磁定位 CCL+自然伽马 GR+井温 T 组合测井仪、压力测井仪 P、流量测井仪 FL 组成，主要用于自喷井产出剖面和注水井吸水剖面的测量，最高温度为 155℃，最高压力为 60MPa。七参数生产测井组合测井仪由多路传输短节 WTC+磁定位 CCL+自然伽马 GR+井温 T 组合测井仪、压力测井仪 P、流量测井仪 FL、含水率测井仪 HY、流体密度测井仪 FD 组成，最高温度为 155℃，最高压力为 60MPa。

5.10.3　ELIS 测井系统

ELIS 测井系统是一套由中海油田服务股份有限公司研发的具有自主知识产权、市场竞争力较强、技术相对先进、功能比较完备的成像石油测井系统及其技术装备体系。ELIS 测井系统主要包括地面采集系统、井下仪器两部分。

5.10.3.1　地面采集系统

地面采集系统如图 5.37 所示。地面采集系统主要包括以下几部分：

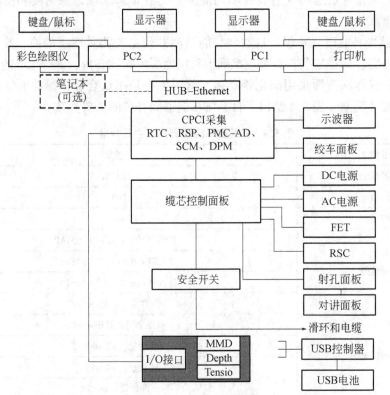

图 5.37　地面系统组成

（1）系统主机：包括实时采集软件、后处理软件。

（2）数据采集单元：主要包括 CPCI 采集、嵌入式采集控制软件、绞车面板和示波器。

（3）缆芯控制面板：主要包括 AC 电源、DC 电源和射孔面板。

（4）安全开关：主要是滑环和电缆。

5.10.3.2 井下仪器

井下仪器的主要功能是采集声波和图像信息并进行简单的转化处理，传到地面进行钻井数据分析，对钻井工作的正常开展有很大作用。井下仪器主要包括以下三种。

1. 微电阻率扫描成像仪

微电阻率扫描成像仪每个极板有 25 个电极，共 150 个电极，8in（203.2mm）井眼中有 63% 覆盖率，每英尺采样 120 个。电极排列密集，能够保证 0.1in（2.54mm）的测量采样间隔；六臂独立推靠，且极板可垂向转动，能够保证在井眼不规则条件下的贴靠效果；通过力矩限制器与滚珠丝杠实现机电传动，提高了仪器的可维护性。

微电阻率成像测井主要用于地质研究和裂缝研究。地质研究主要包括井旁构造分析、岩性识别、沉积构造识别、沉积微相划分和古水流方向分析。井旁构造分析主要是依据泥岩的倾角矢量模式来进行分析，确定地层的产状、接触关系。岩性识别是根据电成像图像颜色及层理构造特征进行岩性识别，在复杂储层中发挥重要作用，如火山碎屑岩、碳酸盐岩储层。沉积构造识别主要根据图像特征及倾角判断层理构造、层面构造及生物扰动构造等。沉积微相划分是在岩性和沉积构造识别的基础上，结合常规测井资料、岩心资料及录井资料等对单井沉积微相进行划分。古水流方向分析利用倾角测井资料微细处理成果图，反映水流层理和平行层理的蓝模式或绿模式可指示古水流方向。

裂缝研究主要是对裂缝类型（主要包括高导缝、高阻缝及诱导缝的识别）和裂缝视参数定量计算（裂缝长度 VTL、裂缝视面孔率 VPA、裂缝密度 VDC、裂缝宽度 VAH）及裂缝孔隙度等的研究。

2. 井周超声扫描成像测井仪

井周超声成像测井仪采用了超声波连续扫描成像测量技术，使用一个高速旋转的超声波探头对周围井壁进行连续采样，通过对回波数据的实时处理和分析，得到井眼表面的详细情况，包括井眼裂缝及其走向、冲洗带、井径、岩石特性等的测量和判定。同时该仪器也可对套管井井壁进行测量，获得套管内壁的详细情况，包括套管破损及腐蚀情况，在油田测井技术应用中具有广泛的使用前景。该仪器技术参数参见表 5.5。

表 5.5 井周超声成像测井仪技术参数

参　　数	指　　标
耐温	175℃（3.5h）
耐压	20000psi（138MPa）
井眼测量范围	5.5~16in（13.9~40.6cm）
径向分辨率	250 采样点/周
垂直分辨率	最大 60 周/ft（0.2 周/cm）
聚焦探头	1.5~2.0in（38.1~50.8mm）
频率	250kHz
最大测速	12ft/min（3.66m/min），30 周/ft（0.1 周/cm）
供电	180V AC/200mA
组合	EDIB 总线兼容

3. 旋转式井壁取心仪

旋转式井壁取心仪是一种可以在地层中进行重复取心的新一代电缆式地层取心仪，用于取得地层原始岩心样品。每次仪器下井通过自带的伽马探头进行精确校深，确定深度后通过液压马达驱动的高速旋转的金刚石钻头垂直钻取岩心，岩心钻取完毕后通过推心装置把岩心放置于储心筒内，在每次取心动作完成后仪器可以通过心长检测机构在地面面板上实时显示岩心长度。旋转式井壁取心仪适用于各种地层取心，速度可以在地面进行调节，取心作业时效高，岩心收获率高。

仪器自带伽马探头（校深）、张力短节（监控仪器张力，分析遇卡原因）、蓄能器（仪器断电自动收回液压马达）等部件。该仪器可获取地层最长 50mm、直径 25mm、形状规则的大尺寸原始岩心，可以直接进行岩性、含油性分析，适用于各种地层，对硬地层更能发挥其优势；作业安全，可进行无火工品作业，仪器一次下井取心数量多，对取心点可以进行反复取心。

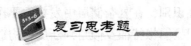

复习思考题

1. 什么是测井，测井仪器如何分类？

2. 测井仪器系统由哪些部分组成，各部分的功能是什么？

3. 什么是视电阻率？普通电阻率测井原理是什么？

4. 感应测井包括几种测井技术？电磁感应测井的原理是什么？

5. 快中子、热中子和超热中子的区别有哪些？中子测井的概念是什么？

6. 简述核磁共振测井的基本思路。

7. 声波测井中，滑行纵波为首波的条件是什么？如 $v_f = 1600$m/s，$a = 0.1$m（相当于换能器外径 0.051m，井眼直径 0.254m），最低速泥岩 $v_f = 1800$m/s，$L^* = 0.825$m，最高速白云岩 $v_p = 7900$m/s，$L^* = 0.25$m。求声速测井常用源距。

8. 核磁共振成像的原理是什么？T_2 分布包含哪些岩石物理信息？

9. 说明随钻测井的原理。它的优点是什么？

10. 图示说明井下视频成像测井系统的组成。

11. 无线随钻测量仪器信息传输方式有哪些？说明其工作原理。

12. 试述通信协议的定义和常用的测井通信协议。

6／油气储运仪器

6.1 油气计量原则

油气计量指对石油、天然气及其液体或气体产品的计量，主要是针对油田、炼厂、仓储、油品销售等石油石化企业的石油、天然气及其液体或气体产品，衡量、测定其量值的过程。油气计量的目的是保证量值准确可靠，确定收进、发出、储存及运输石油、天然气及其液体或气体产品的数量，以便在准确可靠的基础上进行计划生产、分配，对内和对外贸易，进行经济核算和生产过程监控。

油气计量包括油气井计量、静态计量和动态计量。静态计量是针对油气存储和运输罐的容积计量，动态计量是针对通过管道集输的油气流量的计量。

油气计量应遵循以下原则：

（1）计量人员应通过相关计量知识和安全知识的培训，持证上岗；

（2）油气计量操作通常处于易燃、易爆环境中，所有操作均应遵守安全操作规程，在保证安全的前提下进行操作；

（3）油气计量应遵循相关标准，其结果往往具有法律效力，因此，应保证计量数据真实可靠，所形成的技术文档应及时归档保存。

6.2 油井计量

油井计量的主要目的是了解储层变化、科学制定开采方案、提高油井采收率、实现油田科学化管理、提高经济效益等而提供单井产液量方面的基础数据。

6.2.1 两相分离器自动计量方法

油井计量方法较多，主要有两相分离器玻璃管量油、两相分离器翻斗量油、两相分离器自动计量、油井三相计量、均匀管系法单井计量、倒 U 管法单井计量、功图法自动计量等。其中两相分离器自动计量应用较为普遍。

如图 6.1 所示，两相分离器自动计量装置由两相分离器、超声波液位计、气涡街流量计、密度计、含水分析仪、压力传感器、温度传感器、气液分离伞、强排泵、电磁阀等组成，采用可编程逻辑控制器 PLC 控制，从而实现单井自动计量。开始计量时，自动量油仪初始化，发出打开气路电磁阀 1 指令。油井来液经两相分离器上部阀门进入，通过气液分离伞分离，液体顺内壁入两相分离器下部，气体则随液位上升而从两相分离器顶部管路排出并由气涡街流量计计量。此时，由于两相分离器内压力和汇管压力平衡，加之含水分析仪安装高度高于两相分离器内液位而构成 π 形，所以井口来液不能排出。当来液不断进入两相分离器后，液面随之升高。到达下部的超声波液位计 2 时，自动量油仪检测出液位信号后开始计时，同时采集井口流量计信号累积产液量，采集气涡街流量计脉冲信号累积产气量。当两相分离器内液位到达上部的超声波液位计 1 时，自动量油仪检测出液位信号后停止计时，并发出关闭气路电磁阀指令。此时，两相分离器内压力高于汇管压力，产生虹吸作用，两相分离器内混合液经出口排出，沿上升管路经密度计和含水分析仪进入汇管。在关闭气路电磁阀的同时，自动量油仪发出停止采集井口流量计脉冲信号以及气脉冲信号指令，开始采集密度和含水信号。当两相分离器内液位逐渐下降至超声波液位计 2 时，气路电磁阀又将打开，气路导通，进入 π 形段后虹吸作用消失，排液停止，同时停止密度和含水信号采集。液面再次上升，标志着又一次计量循环开始。

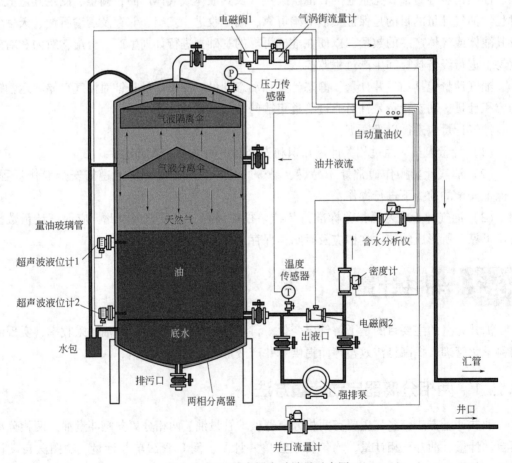

图 6.1　两相分离器自动计量示意图

6.2.2 油量计算

设上下超声波液位计标定容积量为 Q_n（单位为 m^3）；单次计量时间为 t_i（单位为 s）；计量次数为 n；密度计所测混合密度为 ρ_{wo}；n 次计量时间内累积井口流量为 Q_c（单位为 m^3）。

油井日产液量 Q_{wo} 为

$$Q_{wo} = (nQ_n\rho_{wo} - Q_c)\frac{86400}{\sum t_i} \tag{6.1}$$

油井日产油量 Q_o 为

$$Q_o = Q_{wo}\left[1 - \frac{W}{\rho_{20} - \beta(t-20)}\right] \tag{6.2}$$

其中

$$W = \frac{V_w}{V_{wo}}$$

式中　β——体膨胀系数；

ρ_{20}——标准温度下的原油密度，g/cm^3，是根据现场实测温度下的原油密度按照 GB/T 1885《石油计量表》提供的方法换算得到的；

t——温度传感器测出值，℃；

V_w——混合液中矿化水总体积，m^3；

V_{wo}——混合液总体积，m^3；

W——含水分析仪测出的体积含水比。

日产气量 Q_g 为

$$Q_g = 86400 \times \frac{Q_i}{t_i} \tag{6.3}$$

式中　Q_g——标准状态下产气量，m^3/d；

t_i——单次计量时间，s；

Q_i——气涡街流量计测出并换算成标准状态下的气体流量，m^3/d。

6.3 油品静态计量

6.3.1 静态计量体系

油品静态计量是通过检定，准确地确定储存或运输容器的容积量，以获得油品的体积量，并从容器内取得有代表性的样品，测量需要的油品质量参数和含水率。原油静态计量体系如图 6.2 所示。静态计量可分为衡器计量（质量法）和容器计量（体积法）。所谓衡器计量，即使用各种俗称为"秤"的衡器为装载油品的承具进行称重，去皮后即可得出承具内油品的质量。衡器种类多种多样，常见有地秤、汽车衡、轨道衡等。容器计量是油品计量领域里最常见、最普遍的计量方式。容器计量的基本原理相同，计量方法基本相似，差异在于计量器具的形式、所装油品的种类和计量的场合等，此外，在具体操作和工作程序上也有所差别。

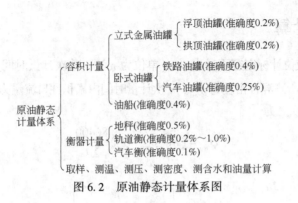

図 6.2 原油静态计量体系图

6.3.2 静态计量器具

静态计量的主要计量器具包括立式金属油罐（浮顶油罐和拱顶油罐）、卧式油罐、铁路罐车、油驳、油轮船舱等各种衡器。辅助计量器具有量油尺、温度计、取样器、密度计、砝码、天平、示水膏和示油膏等。

6.3.2.1 量油尺

量油尺是用于测量容器内油品高度或空间高度的专用尺。如图 6.3 所示，量油尺由尺砣、尺架、尺带、挂钩、摇柄、手柄等部件构成。尺砣由黄铜制成，测量低黏度油品采用轻型尺砣（质量为 0.7kg）测深量油尺；测量高黏度油品采用重型尺砣（质量为 1.6kg）测空量油尺。量油尺应符合 GB/T 13236《石油和液体石油产品　储罐液位手工测量设备》的规定，其主要规格可分为 5m、10m、15m、20m、30m、40m、50m。

6.3.2.2 密度计

密度计由躯体、压载室、干管三部分组成，如图 6.4 所示。使用时，将密度计擦干，垂直轻轻投入被测液体中，放手让其慢慢上浮至稳定，从刻度尺上读数。读数时要注意实际测量温度，并进行温度补偿。

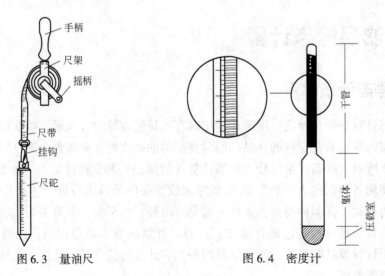

图 6.3　量油尺　　　　　图 6.4　密度计

6.3.2.3 温度计

测量油罐内油品的温度，根据 GB/T 8927《石油和液体石油产品温度测量　手工法》，推荐用便携式电子温度计、固定式单点温度计、杯盒温度计和充溢盒温度计，取样法优先选用便携式电子温度计，在取样法测温中优先选用充溢盒温度计。温度计的最小分度值为 0.2℃，并附有计量部门检定证书及校正表。温度计应在规定的有效期内使用，每次使用前要进行检查。

6.3.2.4 取样器

油品取样器应以铜质或铝合金材料制成，取样执行 GB/T 4756《石油液体手工取样法》。加重取样器容量为 0.5~1L，密度应不小于其所排开液体密度的 1.5~2 倍。取样器的提拉绳应用符合防静电要求的材料制成。

6.3.2.5 示水膏和示油膏

示水膏是遇水变色而遇油不变色的化学物质。示油膏是涂在量油尺上可以清晰显示所测量油位痕迹的化学物质。

6.3.3 立式金属油罐计量

立式金属油罐是主要的计量储存容器。原油静态计量储罐结构如图 6.5 所示。罐顶测量口基准标记点至罐底基准板的高度为罐体绝对测量高度。实际上却因杂物沉降积蓄，基准板常被埋没，重锤无法落到基准板表面，所以求取储油罐绝对测量高度已失去意义，实际测量操作上无需测量此值。

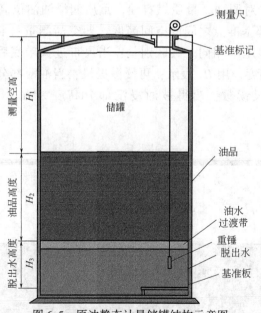

图 6.5　原油静态计量储罐结构示意图

计量时，采用量油尺测取容器内所盛油品的液位高度，查取容器的容量表，确定出对应液位高度的油品体积量，然后根据 GB/T 1885《石油计量表》进行油品的温度、压力修正计算，确定毛重并扣除含水，计算出油品的净质量。

6.3.3.1 液位测量

目前对立式金属油罐液位高度的测量有两种方法，一种是人工检尺法，另一种是液位计法。液位计法能自动监测罐内液位变化并减轻劳动强度，但测量精确度低，尤其在黏度较大的原油、重质成品油罐内应用更为困难。因此，液位计一般只作为各类油库油品储运过程中的监测工具，而不能应用于油品的商品交接计量。

测量前，首先检查计量器具及试剂是否合格并携带齐全，另外，还应了解被测量的储油容器及相连管线的储油工艺情况及液面稳定时间。测量低黏度油品时，应使用带有轻型尺砣（质量为 0.7kg）的量油尺；测量高黏度油品或在容器底有明显锈片或沉淀物时，应使用带有重型尺砣（质量为 1.6kg）的量油尺。

1. 直接测量

直接测量主要用于轻质油品（如汽油、煤油、柴油和轻质润滑油等）。直接测量即实高测量（检实尺），测量的位置应在计量口下尺槽。下尺前要了解油罐的参照高度（俗称检尺口总高），并估计好液面的大致高度。

测量前要核实参照高度，如果量油尺读数与参照高度不能获得准确值，应及时记录并汇报。核实参照高度后，提尺读数，如果两次测量值相差不大于1mm，取第一次测量值；如果两次相差超过1mm，应该重新测量。

尺砣触底：轻质油品感觉停顿一下即可，黏性油品需要 3~5s 的时间。为了使示油膏显示清楚，对于汽油和煤油，一般要让量油尺浸没 3~5s，重质油需要浸没 10~30s。

2. 间接测量

间接测量主要用于对原油、重质燃料油、重质润滑油油位高度测量。间接测量是测量时包含液面至上部基准点之间的空间高度，即空高测量（检空尺）。空高测量时的投尺操作与直接测量基本相同。其区别是：当尺带进入罐底后，停止下尺，用手握住尺带上某一整数的刻度，用 H_1 表示；再慢慢提尺，当油浸部分整数刻度对准计量口上部基准点时，再提尺读数，读得被油浸没部分高度为 H_2，如图 6.6 所示，可用式(6.4) 计算。

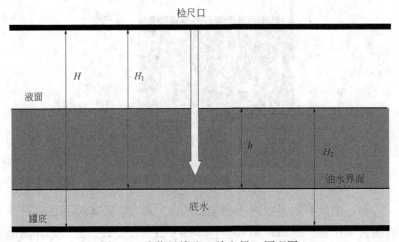

图 6.6　液位尺检法（检空尺）原理图

$$h = H_1 - H + H_2 \tag{6.4}$$

式中　h——油位高度，m；

　　　H——参照高度（俗称检尺口总高），m；

　　　H_1——尺带对准计量口上部基准点读数（俗称下尺高度），m；

　　　H_2——尺带被油浸没部分读数（俗称沾油高度），m。

6.3.3.2　油罐底水测量

将量水尺擦净，在估计水位的高度上，均匀地涂上一层示水膏，在下尺槽处将量水尺下到容器内，直至轻轻地接触罐底。应保持量水尺垂直，停留 5~30s 后，提起量水尺，在示水膏变色处读数，即为容器内底水高度。

当容器内底水高度超过 300mm 时，可以用量油尺代替量水尺。

6.3.3.3　油品温度测量

测量液面高度后，应当立即测量油温。油罐油品温度测量执行 GB/T 8927《石油和液体石油产品温度测量　手工法》。该标准规定优先选用便携式电子温度计测量温度，同时也可以使用其他方法。这些方法包括用固定式单点温度计测量温度和通过取样法使用杯盒温度计、充溢盒温度计以及按 GB/T 4756《石油液体手工取样法》采样后放入样品瓶内的温度计测量温度，但在取样法中应优先使用充溢盒温度计测量温度。

1.便携式电子温度计

便携式电子温度计（PET）的最低分辨力应为 0.1℃，应比对标准温度计进行校准，确保在-10~35℃范围内的准确度在±0.2℃以内，在-25~10℃以及-30~100℃范围内的准确度在±0.3℃以内。

2.液体玻璃温度计

在作为固定式单点温度计组成部件的温度计套管中，其内部使用的液体玻璃温度计的准确度和分辨率与电子温度计一致。在油罐取样法中，油罐取样法测温装置中使用液体玻璃温度计，其准确度和分辨率与电子温度计一致。液体玻璃温度计作为标准温度计使用时，其准确度应不低于±0.5℃，分辨率应不低于 0.2℃。

对于立式圆筒罐、球罐和椭球罐，温度测量的位置和最少数目取决于罐内的液体深度，不同油深下的测温位置和点数及温度计算，相关规定见表 6.1。如果怀疑油品分层，则可适当增加测量点数。

表 6.1　不同油深下的测温位置和最少点数

油品深度，m	最少测量点数	测量位置
>4.5	3	上部、中部和下部
3.0~4.5	2	上部和下部
<3.0	1	中部

6.3.3.4　油品手工取样

油品取样操作应符合 GB/T 4756《石油液体手工取样法》中的有关规定。取样部位要求见表 6.2。

表 6.2　油品分析取样部位表

油品样	容器名称	取样部位	取样份数
均匀油品	立罐液面 3m 以上；油船船舱（每舱）	上部：顶液面下 1/6 处 中部：顶液面下 1/2 处 下部：顶液面下 5/6 处	各取一份，按 1∶1∶1 混合
	立罐液面低于 3m；卧罐容积<60m³；铁路罐车	中部：顶液面下 1/2 处	各取一份
非均匀油品	立罐	出口液面向上没米间隔取样	每份分别实验

6.3.3.5　油品自动取样

石油管道输送实现油样自动采集，比手工操作样品代表性强，操作劳动强度低，样品油损失量少。

（1）在线采样机型：直接从管道上提取代表性样品的在线采样系统，通过手动提取或外动力，可以在管线工作压力下使用该样品提取设备，把样品采集到大气压接收器中或恒压钢瓶中。

（2）快速回路采样机型：密闭传输过程中使用快速回路系统，通过勺式取样探头，从管道中提取代表性样品。取样器提取固定体积量样品，储存在大气压接收器中或恒压钢瓶里。该系统减少管线里的死油段，还能够配备其他的测量设备，如含水监测系统或光密度计。

6.3.3.6　储油罐油量计算

储油罐油量计算应严格参照国家标准 GB/T 1885《石油计量表》进行计算。

1. 根据储油罐容积表计算 V_o

按该储油罐容积表中对应高度范围上的主容积表和小数表，将两者容积值相加，得到含水油品在该液位高度下的体积，并查出该储油罐含水油品同一液位下水的静压力引起的容积增大值 ΔV，用式（6.5）计算：

$$V_o = (V_{ot} + \Delta V)[1 + \beta(t + 20)] \tag{6.5}$$

式中　V_o——含水油品在平均工况温度为 t 时的体积，m³；

　　　V_{ot}——计量罐表载体积，m³；

　　　ΔV——水静压引起罐体容积增大值，m³；

　　　β——计量罐壳体材料体膨胀系数，对于碳钢壳体材料，$\beta = 3.6 \times 10^{-5}$；

　　　t——计量罐壳体温度，有保温层时取油体工况温度，否则取壳体内外温度的算术平均值，℃。

2. 根据 V_o 求标准体积 V_{20}

$$V_{20} = V_o \times VCF \tag{6.6}$$

式中　VCF——体积修正系数；

　　　V_{20}——含水油品标准体积，m³。

根据油品标准密度值及温度值，通过查找 GB/T 1885《石油计量表》《体积修正系数表》，可得出体积修正系数 VCF，进而求出油品标准体积 V_{20}。

3. 根据 V_{20} 求含水油品质量

$$m_o = V_{20}\rho_{20}F_a = V_{20}(\rho_{20}-1.1) \tag{6.7}$$

式中　m_o——含水油品质量，t；

　　　ρ_{20}——含水油品标准密度，g/cm^3，由温度传感器测出的温度值，可通过查找 GB/T 1885《石油计量表》的《标准密度表》，换算出标准状态下的油品密度值；

　　　F_a——油品从真空到空气中的质量换算系数。

4. 根据 m_o 求油品实际质量

$$m = m_o(1-w) \tag{6.8}$$

式中　m——油品实际质量，t；

　　　w——油品质量含水率。

油量计算的标准条件是：温度为 20℃，压力为标准大气压（101.325kPa 绝对压力）。计量罐和计量器具（量油尺、温度计、密度计、砝码、天平等）应按《中华人民共和国强制检定的工作计量器具检定管理办法》进行周期强制检定。

在原油贸易计量中，计量过程是在测量条件下测量出贸易交接的原油数量、需要的原油质量参数和原油中的含水率。然后，用测得的参数计算求得标准参比条件下贸易结算的、不含水原油的数量，给出与原油价格有关的质量参数（如原油的密度值、原油含硫量等）。根据贸易双方合同的约定，原油的数量可用 t（吨）为结算单位，也可用 m^3（立方米）或 bbl（桶）为结算单位，1bbl = 159L。我国国内目前主要用 t 为结算单位，国际上许多国家用 bbl 为结算单位。

6.4　油品动态计量

6.4.1　动态计量系统

石油及液体石油产品品种较多，不同品种之间物性差异较大且具有易燃易爆特性，产品的贸易结算采用质量流量结算，要求油品计量精度高，而且流量计的检定通常采用在线实流检定。因此，石油及液体石油产品的动态计量有着较高的技术要求。

油品动态计量是利用检定合格的流量计，测出通过输送管道流动的流体体积或质量的过程。用于连续测量石油体积或质量的计量仪器主要指各种类型的流量计。油品在管线中流动经过流量计以后就可直接或间接得到计量数据。流量计种类众多，不同种类的流量计工作原理不同，计量方法也不同甚至相差甚远。图 6.7 是原油输送过程中的自动计量系统示意图。

石油及液体石油产品封闭于流体管道内，在一定压力差作用下，以一定的体积流量进行输送。将流量计接入需要对流量进行连续计量的管输测点，同时采用流量计、含水分析仪、密度计、压力变送器、温度变送器以及计算机等构成闭环计量系统，在设定工况下对流量、密度、含水、压力、温度等参数均实时测量，由计算机自动计算出净油量，或者采用质量流量计直接测量管输油品的质量，使流量计及其配套仪表对管道输送油品进行连续不断的计量，通过自动测量计算最终获得标准条件下的油品体积和重量。从图6.7可以看出，工业控制计算机是数据采集系统的中心，各仪器、仪表的输出信号通过传输电缆连接到计算机外围电路端口处，由内部总线送到中央处理单元，经处理和分析，将结果分送存储单元、打印或上传输出。

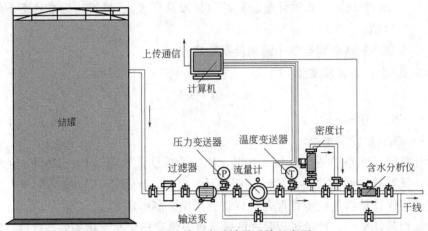

图6.7　原油输送自动计量系统示意图

测量系统的性能由准确度、重复性、分辨力、灵敏度、可靠性和有效性等指标表示。

6.4.2　流量计分类及参数

油品计量中要使用各种流量计。按不同的测量原理，流量计可分为体积流量计和质量流量计两大类，详细分类如图6.8所示。

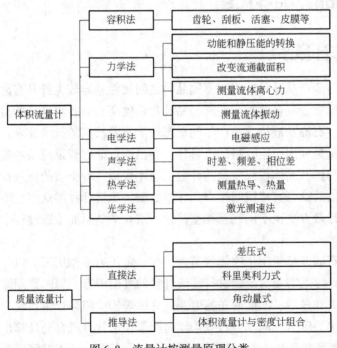

图6.8　流量计按测量原理分类

流量计的技术参数通常指它的静态特性参数和动态特性参数。这两种特性参数是在规定的工况状态下经实验获得的，当状态变化时也要发生变化。

6.4.2.1　静态特性参数

（1）流量计系数 K（MF 值），指测量时基于原理的测量值与实际值之间的关系，在公式表达时，为了使其尽可能地体现仪表的真实性能，对计算公式进行处理而加的系数。不同的流量计有不同的系数。例如，涡轮流量计涡轮旋转时，不断地改变磁路的磁通量，使线圈中产生变化的感应电势，送入放大整形电路，变成脉冲信号。输出脉冲的频率与通过流量计的流量成正比，其比例系数 K 为

$$K=f/q_{v} \tag{6.9}$$

式中　f——涡轮流量计输出脉冲频率；

　　　q_{v}——通过流量计的流量。

该比例系数 K 也称为涡轮流量计的仪表系数。

（2）流出系数 C，表征实际流量与理论流量的比值：

$$C=\frac{Q}{Q_{L}} \tag{6.10}$$

式中　Q——实际流量，由标定装置测得；

　　　Q_{L}——理论流量，由理论计算得到。

（3）流量范围及量程。流量范围是指流量仪表在规定的基本误差内，最小流量至最大流量的范围。量程指流量范围的最大流量值（上限）和最小流量值（下限）之差。最大流量与最小流量的比值称为流量计的量程比，也称为流量计的范围度。

（4）允许误差。流量计在规定的正常工作条件下允许的最大满量程误差称为流量计的允许误差。流量计的允许误差多用相对误差表示。

（5）重复性，指在相同的工作条件下，对同一被测流量进行多次测量，其示值的变化。重复性表示的是流量计随机误差的大小，常用百分数表示。

（6）准确度等级。流量计的示值接近被测流量值的能力，称为流量计的准确度。在符合一定的计量要求，使流量计的误差保持在规定的极限内的流量计的级别称为流量计的准确度等级。流量计的准确度等级用流量计的允许误差的大小表示，即用流量计的允许误差去掉"±"和"%"符号后的数字表示，如流量计的允许误差为"±0.18%"，则准确度等级为 0.2 级（靠近统一划分的等级）。

（7）稳定性和零漂。稳定性是指在规定的工作条件下，流量计的计量特性随时间保持不变的能力。零漂是指流量计在零输入时输出的变化。

（8）灵敏度，指流量计对被测量变化的反应能力。

（9）压力损失，指在最大流量工作条件下，流体流过流量计所引起的不可恢复的压力值。流量计的压力损失通常由流量计进口与出口之间的稳定压差表示。

（10）工作温度，指流量计在运行条件下长期工作所承受的最高温度。

6.4.2.2　动态特性参数

表征动态特性的参数有频率响应参数和时间响应参数。

频率响应是系统对正弦信号的稳态响应特性。系统的频率响应由幅频特性和相频特性

组成。幅频特性表示增益的增减同信号频率的关系；相频特性表示不同信号频率下的相位畸变关系。根据频率响应可以比较直观地评价系统复现信号的能力和过滤噪声的特性。

时间响应参数指输出信号幅度达到稳定值的 63% 所需要的时间。这个时间越短，仪表的动态特性越好。

6.4.3 标准体积管装置

6.4.3.1 工作原理

标准体积管是一种容积式的流量计检定装置。如图 6.9 所示，标准体积管由设在同一内径、内表面经过精密加工且有一定长度的标定段，在管内移动的位移器（活塞或球）、能精确测定位移器位置的两个检测开关及其操作机构组成。它是将被检定的流量计与标准体积管串联，两个检测开关间的标定段容积值预先经过精密测量，利用检测开关给出的信号，记录被检流量计的指示体积值，然后和标准体积管的标定段容积值进行比较来检定流量计，从而确定被检流量计的系数和示值误差。

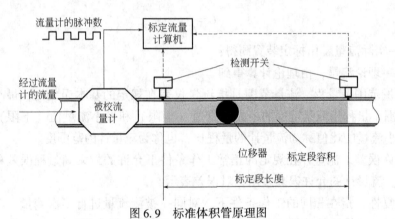

图 6.9　标准体积管原理图

标准体积管的标定法与标准量器法或称量法相比有下面几个优点：

(1) 容易做到检定自动化，能进行大流量的检定，节省人力；

(2) 可以在流量、温度、压力、不同介质等流量计的实际使用状态下进行检定；

(3) 由于容易获得稳定的温度条件，所以温度引起的测量误差几乎没有；

(4) 由于球挤刷管壁，可以忽略像标准量器那样由液体残存量多少所产生的影响；

(5) 没有介质的蒸发误差。

6.4.3.2 标准体积管结构

标准体积管分为活塞式体积管和球式体积管。活塞式体积管的置换体积一般比球式体积管小得多，它能在一个很宽的流量范围内进行快速检定，采用精密检测开关和脉冲插值技术，以达到良好的计量性能。

常见的球式体积管有一球一阀双向体积管、一球无阀单向体积管和三球无阀单向体积管。图 6.10 为一球一阀双向体积管的结构。

球式体积管位移器为中空的弹性橡胶球，球内注水、乙二醇等液体，注液冲压时可以适当膨大。为确保球在运行时与管壁有良好的密封性，球的直径应比标准体积管的内径大

2%～4%。

收发球筒的口径比标准管段大，其作用是在检定开始时检定球能顺利进入标准管段内，同时在检定结束时能降低检定球的速度，最大限度减少标准体积管和管线的震动，延长检定球的使用寿命。标准体积管两端各有一个收（发）球筒，其中一个为快开盲板结构，便于检定球放入或取出。

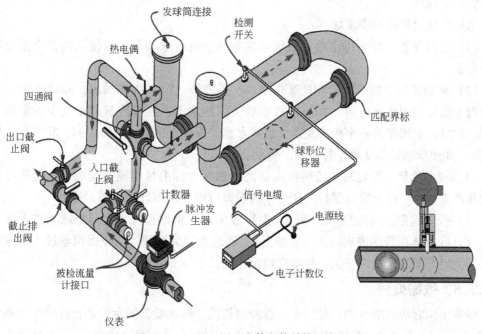

图 6.10　一球一阀双向体积管结构示意图

6.4.3.3　标准体积管的性能测试

标准体积管的性能测试是对标准体积管进行标定前必须进行的一项工作，通过性能测试，证明标准体积管各部分符合设计要求，可以交付标定。各种性能的测试项目如下：

（1）漏失量实验。在工作压力下，当球在标准容积段内运行时，应保证球与标准体积管内壁之间有良好的密封性能。球后的液体超越球而流到球前面的量不得大于标准体积管容积的 0.006%。

（2）标定球互换性实验。标定球在使用过程中，不可避免地要被磨损，这将引起球的过盈量不断地发生变化。标定球的过盈量只要大于允许的最小过盈量，就不会影响标准体积管的标定精度。不大于允许的最小过盈量的标定球具有互换性。

（3）耐压实验。耐压实验是检验标准体积管的本体、配管连接部分以及焊缝等在最大工作压力下是否符合设计要求。耐压实验一般为设计工作压力的 1.25～1.5 倍。

（4）密封性实验。对一球一阀式双向标准体积管，密封性实验是检查四通阀检漏口的阀门密封性能。实验将存水放出，然后让标准体积管升压和降压，观察并计量从检漏口流出的水量，如无泄漏，则密封性能良好，实验合格。

6.4.3.4　标准体积管的检定

标准体积管的检定主要是确定标准体积管的基准容积、复现性和容积精度。标准体积管投用前必须经过检定，以确定其在标准条件下的标准容积。标准体积管应进行周期检定，检定周期取决于使用频率和被计量液体的性质。检定证书上应写明标准体积管的标准容积。检定证书应注明检定日期，并有有资格的人员签字。

双向标准体积管的标准容积是位移器一次往返行程（正反方向的两次运行）所置换的两个检测开关之间标定段内的液体体积之和，并修正到标准参比条件下。检定双向标准体积管用水标法。

水标法检定程序及要求如下：

（1）温度平衡。完全排出检定系统内的空气，进行水循环，以便达到整个系统温度的平衡。

（2）湿润标准量器。将标准量器充满水，排放掉。第二次充满水，并将其中一个标准量器1按规定的放水时间（2min）放水后关闭放水阀，使标准量器1处于标定的准备状态。此时，水流经另一个标准量器2流回水池，保证水的循环。标定时，将水倒入标准量器1，并使标准量器2处于标定的准备状态。

（3）调节流量。检定时要按照将流量调节到两个标准量器能连续倒换，使换向器无溢流和严重飞溅，以及换向器行程所带来的误差可以忽略不计的原则。

（4）投球检定。首先打开旁通阀，操作液压系统将球投入。当标定球刚进入标定管时（这时标准体积管的进出口压力差增大），迅速关闭旁通阀，防止因流量过大标定球在旁通阀关闭之前越过检测开关，使本次检定作废。

6.4.3.5 数据处理

标准体积管的基准容积，是用标准量器测得的。标准量器的示值是指标准参比条件下（温度为 20℃，压力为 101.325kPa）的容积值，但标准量器是在大气压 p_s 和环境温度 t_s 下工作的，因此用标准量器测得的水的容积，只能是标准参比条件下的名义值。实际容积值要进行温度、压力的修正。其计算方法为

$$V_{PS} = V_S \left[1 + \beta_s(t_s - 20) + \beta_w(t_p - t_g) - \beta_p \left(\frac{D}{Et} + p_p F_w \right) \right] \qquad (6.11)$$

式中　V_{PS}——标准体积管在标准状态置换出的基本体积，m^3；

　　　V_S——标准量器示值，m^3；

　　　β_s、β_w、β_p——标准量器材质、水和标准体积管材质的体膨胀系数，$℃^{-1}$；

　　　t_s——标准罐温度（水温），℃；

　　　t_p——标准体积管的壁温，℃；

　　　t_g——体积管内的水温，℃；

　　　p_p——标准体积管内液体的压力，Pa；

　　　D——标准体积管的公称内径，m；

　　　E——标准体积管材质的弹性模量，Pa；

　　　t——标准体积管的壁厚，m；

　　　F_w——水的压缩系数，Pa^{-1}。

对 V_S 累加：$V_S = V_1 + V_2 + \cdots + V_n$，$n$ 根据标准体积管检定多少罐而定。

取多次测量的平均值作为标准体积管的基本体积：

$$V_{\mathrm{m}} = \sum_{i=1}^{n} V_{\mathrm{PS}}(i)/n \qquad (6.12)$$

式中　V_{m}——标准体积管的基本体积，m^3；

　　　$V_{\mathrm{PS}}(i)$——第 i 次检定标准体积管的基本体积，m^3；

　　　n——检定次数。

6.4.4　流量计检定

6.4.4.1　检定的目的

从事油品商业交换的各种流量器具均属国家计量法规规定的强制检定计量器具。为此，必须严格按照相应的检定规程进行周期检定，以判定其是否合格。凡超过有效周期的不得继续使用。同样的计量器具由于使用频率高或者运行时负荷量大，虽在有效检定周期内，也容易失准或超差，应及时送检或者相应缩短检定周期。另外，流量计经检修后，或购销双方对其测量值发生怀疑时，也应进行检定。

检定流量计是确定其是否合格和它的流量计系数（MF值）。所谓流量计是否合格，主要指其检定结果是否符合技术规范要求。

6.4.4.2　检定方法与检定周期

对原油大口径（直径为 50~400mm）流量计的检定一般采用标准体积管，执行 JJG 667《液体容积式流量计检定规程》。其他流量计的检定周期见表 6.3。

表 6.3　常用油品、天然气流量计检定周期表

器具名称	介质	检定周期	规程编号
涡轮流量计	油、气	一年	JJG 1037
超声流量计	油、气	二年	JJG 1030
孔板流量计	气	一年	JJG 640
容积流量计	油、气	半年	JJG 667
质量流量计	油、气	一年	JJG 1038

6.4.4.3　检定设备

1. 检定设备条件

对于原油、成品油管道流量计量，为了确保贸易计量准确可靠，一般均在线用标准体积管进行检定。原油、成品油流量量值溯源系统如图 6.11 所示。

流量计标准计量装置是以标准量器为主要标准器的容积法流量标准装置。图 6.12 是流量计计量检定系统框图。流量计检定是通过控制流过一个流量计的所有流量来确定流量计的误差。检定时，流量计与标准体积管相连，当标准体积管内的球从一个检测开关运动到另一个检测开关时，流量计产生的脉冲就被记录下来。因为标准体积管的容积是已知的，记录的脉冲数就可以用来精确计算流量计测量的流体体积。检定流量计是确定其是否合格和它的流量计系数（MF值）。

2. 附属设备和仪器

附属设备和仪器包括：

（1）数字式计数器；

（2）最小刻度为 0.1 度的二等水银温度计（必须有检定证书）；

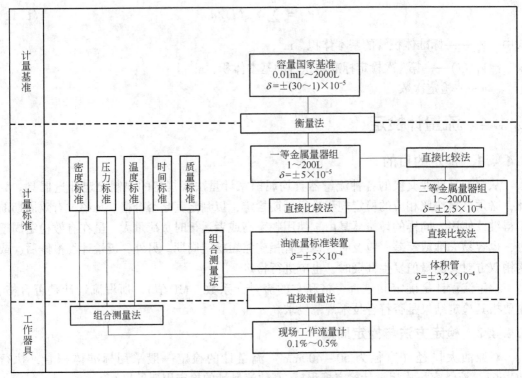

图 6.11　原油、成品油流量量值溯源系统

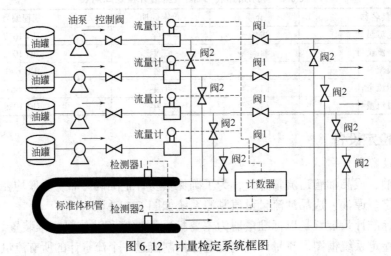

图 6.12　计量检定系统框图

（3）0.4 级标准压力表；

（4）一个能测量球直径的外缘卡尺和最小刻度为 1mm、长度为 1000mm 的钢板尺，配合外缘卡尺测量球体直径；

（5）一个能给球冲水的设备，以便能使球膨胀；

（6）能称量 75kg 的秤，精度要求不高，用于称量充满水的球；

（7）一个取球器，用于把球从标准体积管里取出；

（8）标准体积管上的温度变送器和压力变送器必须在检定有效期。

3. 装置要求

标准体积管流量标准装置应达到的要求。标准体积管流量范围应能覆盖备件流量计的检定流量范围。标准体积管的基准管段容积为标准体积管每小时流量（m^3/h）的 0.5%。

4. 检定环境温度

原油流量计检定温度不宜超过运行温度的±5℃。

6.4.4.4 检定结果的处理

（1）流量计系数（MF）计算公式：

$$K=\frac{Q_s}{Q_i} \tag{6.13}$$

（2）流量计的基本误差计算公式：

$$E=\frac{Q_i-Q_s}{Q_s} \tag{6.14}$$

或者

$$E=\frac{1-K}{K} \tag{6.15}$$

式中 Q_i——流量计指示值，L；

      Q_s——标准体积管在工作温度、工作压力下的标准容积值，L。

（3）流量计的重复性误差计算公式：

$$\delta=(E_{max}-E_{min})\times100\% \tag{6.16}$$

式中 E_{max}——被检流量计在某流量点的最大误差；

      E_{min}——被检流量计在某流量点的最小误差。

6.5   天然气计量

6.5.1   天然气分类与计量方法

6.5.1.1   天然气分类

我国有关天然气品质要求的标准有 3 项，即 GB 17820《天然气》、GB 18047《车用压缩天然气》和 GB/T 13611《城市燃气分类和基本特性》。GB 17820《天然气》适用于管输商品天然气，该标准将天然气按硫和二氧化碳含量分为三类，其中一、二类气体主要用于民用燃料，三类气体主要用作工业原料或燃料。标准要求管输天然气最低高位发热量为 31.4MJ/m^3。

目前，国际天然气贸易计量分为体积计量、质量计量和能量计量三种方法。工业发达国家质量计量和能量计量两种方法都在使用，采用以能量计量为主、体积计量为辅的方式。我国天然气贸易计量是在法定要求的质量指标下以体积或能量的方法进行交接计量，目前基本上以体积计量为主。

6.5.1.2   天然气计量方法

为了满足各种计量的需要，人们根据不同的工作原理研制的流量计多达数十种类型，大致可分为容积式、速度式、差压式、面积式和质量式。各种类型流量计的原理、结构不同，既有独到之处又存在局限性。为达到较好的测量效果，需要针对不同的测量领域、不同的测量介质、不同的工作范围，选择不同种类、不同型号的流量计。

6.5.1.3 能量计量原理

管输商品天然气的高位发热量最小为 33.90MJ/m³，最大为 44.35MJ/m³，二者相差 30.8%。作为燃料天然气的商品价值是其所含的发热量，即天然气销售使用的实质是天然气的能量，而不是体积。当天然气作为燃料时，能量计量显然比体积计量（或质量计量）更科学。

天然气的能量计量是通过两个不相关的测量来完成的，即体积（或质量）流量的测量和体积（或质量）发热量的测量，将这两种测量合成，计算出天然气的能量，其计算式为

$$E = QH_s \tag{6.17}$$

式中　E——一段时间内天然气的能量，MJ；

　　　Q——一段时间内天然气标准状态的体积或质量，m³ 或 kg；

　　　H_s——天然气高位发热量，MJ/m³ 或 MJ/kg。

天然气的能量计量是流量计量、发热量计量和组成分析三部分的组合。流量计量是能量计量的主要部分，如前所述。发热量计量分直接和间接两种方法。

6.5.2 标准参比条件及其计算

对于所有的流量计，都需要用工作条件下和标准参比条件下的密度，把流量计在工作条件下测得的体积流量转换成标准参比条件下的体积流量（或质量，或标准参比条件下的能量）。工作条件下和标准参比条件下的密度可连续测量或通过气体组成计算。密度的计算要求连续测量温度和压力。

GB/T 19205《天然气标准参比条件》是一项重要的基础标准，把用于描述天然气的气质和数量的各种物理性质统一到规定的基准条件。这样，不仅使有关的科研、生产和设计数据具有可比性，也使以能量计量为基准的天然气国际贸易有严格的结算依据。

天然气体积计量的参比标准温度为 293.15K（20℃），参比标准大气压力为 101.325kPa，发热量计量的标准参比条件为 293.15K（20℃），也可采用合同规定的其他参比条件。

6.5.2.1 天然气体积流量计算

计算天然气的相关量，通常用立方米（m³）表示标准参比条件下的体积；用千克（kg）表示质量，用焦耳（J）表示标准参比条件下的能量。这些假设测量提供的是工作条件下以 m³ 为单位的天然气体积 V_f。标准参比条件下的体积 V_n 由式(6.18) 计算：

$$V_n = V_f \frac{\rho_f}{\rho_n} \tag{6.18}$$

式中　ρ_f——工作条件下的天然气密度，kg/m³；

　　　ρ_n——标准参比条件下的天然气密度，kg/m³。

用式(6.19) 计算工作条件下的天然气密度 ρ_f:

$$\rho_f = \frac{p_f M_m}{T_f Z_f R_a} \tag{6.19}$$

式中 p_f——工作条件下压力，Pa；

T_f——工作条件下的热力学温度，K；

Z_f——工作条件下的天然气压缩因子；

M_m——摩尔质量，kg/mol；

R_a——通用气体常数，J/mol。

变换公式为

$$V_n = V_f \frac{p_f T_n Z_n}{p_n T_f Z_f} \tag{6.20}$$

式中 p_n——标准参比条件下的压力，Pa；

T_n——标准参比条件下的热力学温度，K；

Z_n——标准参比条件下的天然气压缩因子。

6.5.2.2　天然气质量流量计算

质量 m 由式(6.21) 计算：

$$m = V_f \rho_f \tag{6.21}$$

或者把方程 (6.19) 所得的工作条件下的密度再代入后得

$$m = V_f \frac{p_f M_m}{T_f Z_f R_a} \tag{6.22}$$

流体流过整个有效截面积的体积流量 q_V 和质量流量 q_m 为

$$q_V = vA \tag{6.23}$$

$$q_m = \rho vA \tag{6.24}$$

式中 v——流体平均流速，m/s；

A——流体流过的有效截面积，m^2。

6.5.2.3　能量测量与计算

根据不同的要求，计量系统的输出量可以是能量单位，其值是气体体积量和相应发热量的乘积。

能量 E_n 可以通过体积或通过质量与发热量 H_{snv} 的乘积计算得到。按体积计算的公式为

$$E_n = V_n H_{snv} \tag{6.25}$$

式中的 V_n 可由公式(6.20) 计算求得。

按质量计算的公式为

$$E_n = m H_{snm} \tag{6.26}$$

式中的 m 可由式(6.21) 或式(6.22) 计算求得。

6.5.2.4　发热量测量与计算

测量天然气在标准参比条件下体积（或质量）发热量，最常用的技术是采用发热量测定仪直接测量或用气相色谱仪间接测量。

1. 直接测量

发热量直接测量有水流式和气流式两种。气流式对设备和环境的要求比水流式严格，但准确度和灵敏度高。美国 20 世纪 70 年代使用水流式，80 年代用气流式取代了水流式。我国煤气发热量直接测量为水流式，采用 GB/T 12206《城镇燃气热值和相对密度测定方法》标准。

2. 间接测量

发热量间接测量是利用组分分析数据进行计算，遵照国标 GB/T 11062《天然气　发热量、密度、相对密度和沃泊指数的计算方法》。标准规定的方法是基于对天然气组分进行全分析，然后计算各组分含量与各自发热量的乘积之和，即为天然气的发热量。

天然气的组分分析可分为在线分析和离线分析两种。由取样和分析两部分组成，对应的标准是 GB/T 13609《天然气取样导则》和 GB/T 13610《天然气的组成分析　气相色谱法》。

在线色谱仪系统包括天然气在线自动取样系统、色谱柱炉、分离柱（色谱柱）、取样环管、柱切换阀、检测器和辅助电子元件、载气（氦气）、校准用标准气，以及用于数据采集、存储、校准和传输的计算机设备。

在线色谱分析仪测量结果的精确性完全取决于一种经过检定的混合气体（校准用标准气）。每瓶标准气应标有气体组成并应附有一份可溯源的分析报告。校准用标准气中每一成分的浓度应与被测管线中气体的浓度相似。

6.5.2.5　密度测量

天然气密度可以用天然气密度计在线直接测量，也可离线间接测量。

在线直接测量是为了获得流过流量计的天然气质量流量。如果要得到天然气的标准体积流量，还需得到标准状态下的天然气密度。对于孔板流量计而言，若样气从密度计的上游取压孔取出，样气流入在线密度计，它应以特别低的流速流入，并保证对压力和差压的测量没有影响。

离线间接测量是在计量站取样口取出有代表性的样气，采用气相色谱仪分析出天然气的全组分分析数据，测量出主管道内天然气静压力和流体温度，然后计算工作状态下的流体密度，其中摩尔质量按标准 GB/T 11062《天然气　发热量、密度、相对密度和沃泊指数的计算方法》计算得到。

6.5.3　计量系统组成

超声流量计计量系统包含超声流量计、温度变送器、压力变送器、色谱分析仪等带不同参数变送器的转换装置和流量计算机。如图 6.13 所示，通过计量橇上的温度变送器、压力变送器、色谱分析仪和超声流量计，将实时工况温度、工况压力、工况流量以及实时天然气组分传送给流量计算机，由流量计算机计算出修正后的实际流量。根据系统的组成，输出量可以是：标准参比条件下的体积和质量、标准参比条件下的能量。在特定的情况下，对压力、温度和气体组成使用定值也是有效的。

对于计量系统及其各单台仪表，要求具有相应的测量准确度。它应使用可溯源至国家基准的方法进行检定、校准。用于贸易计量系统的计量仪表应按国家有关法规进行强检。

校准应在与实际工作条件相近的条件下进行。如果在计算不确定度时考虑到这个因素，也可在不同条件下对计量仪表进行校准。用于校准的标准设备应在法定计量机构进行检定，应使用有证标准气。

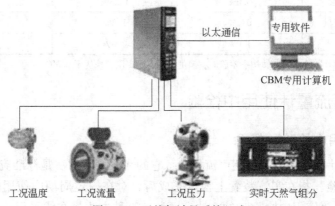

图 6.13　天然气计量系统组成

GB/T 18603《天然气计量系统技术要求》对天然气计量系统的设计和建设、发热量测量、可靠性与校准、投产试运、验收、运行和维护等技术内容作出了技术规定。不同等级的计量系统见表 6.4，计量系统配套仪表准确度见表 6.5。

表 6.4　不同等级的计量系统

设计能力（标准参比条件）q_n，m^3/h	$q_n \leqslant 1000$	$1000 < q_n \leqslant 10000$	$10000 < q_n \leqslant 100000$	$q_n > 100000$
流量计的曲线误差校正		√		√
在线核查（校对）系统				√
温度转换	√	√		√
压力转换	√	√		√
压缩因子转换		√		√
在线发热量和气质测量				√
离线或赋值发热量值测定	√	√		
每一时间周期的流量记录				√
密度测量（代替 P、T、Z）				√
准确度等级	C（3%）	B（2%）	B（2%）或 A（1%）	A（1%）

表 6.5　计量系统配套仪表准确度

测量参数	最大允许误差		
	A 级	B 级	C 级
温度	0.5℃[①]	0.5℃	1.0℃
压力	0.2%	0.5%	1.0%
密度	0.35%	0.7%	1.0%
压缩因子	0.3%	0.3%	0.5%
在线发热量	0.5%	1.0%	1.0%

测量参数	最大允许误差		
	A 级	B 级	C 级
离线或赋值发热量	0.6%	1.25%	2.0%
工作条件下体积流量	0.7%	1.2%	1.5%
计量结果	1.0%	2.0%	3.0%

①当使用超声流量计并计划开展使用中检验时，温度测量不确定度应该优于0.3℃。

6.5.4 超声流量计使用中检验

6.5.4.1 "使用中检验"概念

天然气流量计目前常用的是超声流量计，它的在线检验方法是标准流量计法。超声流量计"使用中检验"指在实流装置上检定完成后，对在检定周期内使用的流量计性能进行的可靠性检查。"使用中检验"的方法有两种，一种方法是在线采用一台标准流量计与之进行比较；另一种方法是以声速比较为基础对流量计进行的在线检验。

超声流量计，特别是时差法多声道超声流量计，具有测量精度高、量程比大、无压损、无可动部件、安装使用方便、维修费用低等诸多优点。按照 JJG 1030《超声流量计检定规程》附录 C "使用中检验"的规定要求，超声流量计检定的检定周期可延为 6 年，但每年需要进行"使用中检验"。

6.5.4.2 声速计算模型

目前，声速比较法的理论依据比较成熟，按照 GB/T 17747.2《天然气压缩因子的计算 第 2 部分：用摩尔组成进行计算》，采用"AGA8 天然气和气体碳氢化合物压缩因子"提出"AGA8-92DC 计算方法"。此方法使用的方程式基于这样的概念：管输天然气的容量性质可由组成来表征和计算。天然气组分、压力和温度用作计算方法的输入数据。用此方程可计算出管道天然气的压缩因子。计算出压缩因子之后，通过"AGA10 天然气和其他气体碳氢化合物的声速"或 ISO 20765-1《天然气—热力学性质的计算》提出的天然气声速计算方程，便可精确计算出超声波在天然气中传播的速度，并参照超声流量计检定规程，首先对流量计状态进行检验，确认无误后，用此理论声速与超声流量计实际测得的声速进行对比，实现检验。

1. 计算压缩因子

压缩因子的计算方程为

$$Z = 1 + B\rho_m - \rho_t \sum_{n=13}^{18} C_n^m + \sum_{n=13}^{58} C_n^m (b_n - c_n k_n \rho_t^{k_n}) \rho_t^{k_n} \exp(-c_n \rho_t^{k_n}) \qquad (6.27)$$

式中　Z——压缩因子；

B——第二维利系数，$m^3 \cdot kmol$；

ρ_m——天然气摩尔密度，$kmol \cdot m^{-3}$；

ρ_t——天然气对比密度；

b_n、c_n、k_n——常数；

C_n^m——温度组分相关函数。

2. 计算声速

在计算压缩因子后，用式(6.28)计算声速：

$$c = \left[\frac{c_p}{c_V} \frac{RT}{M_r} \left(Z + \rho_m \left(\frac{\partial Z}{\partial \rho_m} \right)_T \right) \right]^{\frac{1}{2}}$$ (6.28)

式中 c——声速，$m \cdot s^{-1}$；

c_p——天然气实际状态下的比定压热容，$kJ \cdot kg^{-1} \cdot K^{-1}$；

c_V——天然气实际状态下的比定容热容，$kJ \cdot kg^{-1} \cdot K^{-1}$；

R——气体常数，$MJ \cdot kmol^{-1} \cdot K^{-1}$；

T——管道内温度，K；

M_r——天然气的摩尔质量，$kg \cdot kmol^{-1}$。

6.5.4.3 声速比较检验法

声速比较检验法是超声流量计特有的一种流量计检验方法，通过对流量计测量的声速值进行比较，从而判断流量计测量体积流量的准确度。气体超声流量计是利用超声脉冲在气流中传播的速度与气流的速度有对应的关系，即顺流时的超声脉冲传播速度比逆流时传播的速度要快，这两种超声脉冲传播的时间差越大，则流量也越大的原理。在实际工作过程中，处在上下游的换能器将同时发射超声波脉冲，显然一个是逆流传播，一个是顺流传播。气流的作用将使两束脉冲以不同的传播时间到达接收换能器。由于两束脉冲传播的实际路程相同，传输时间的不同直接反映了气体流速的大小。超声流量计的测量原理如图6.14所示。

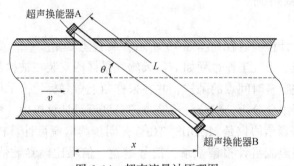

图 6.14   超声流量计原理图

测量过程中，被测介质充满管道，由一个超声换能器 A 发射的超声波脉冲被另一个超声换能器 B 所接收，声道与管轴线间的夹角为 θ，管径为 D，声道长度为 L。当管道中的介质流速不为零时，沿流动方向顺流传播的脉冲将加快速度，而逆流传播的脉冲将减慢。因此，相对于没有气流的情况，顺流（从 A 到 B）传播的时间将缩短，逆流（从 B 到 A）传播的时间会增长，通常认为声波在流体中的实际传播速度是由介质静止状态下声波的传播速度（C_f）和流体轴向平均流速（v_m）在声波传播方向上的分量组成，则顺流传播时间（t_{down}）和逆流传播时间 t_{up} 与各量之间的关系为

$$t_{down} = t_{AB} = \frac{L}{C_f + v_m \cos\phi}$$ (6.29)

$$t_{up} = t_{BA} = \frac{L}{C_f - v_m \cos\phi}$$ (6.30)

利用以上两个公式得出流体流速的表达式：

$$v_{m} = \frac{L}{2\cos\phi}\left(\frac{1}{t_{down}} - \frac{1}{t_{up}}\right)$$ (6.31)

也可以用相似的方法获得声速

$$C_{f} = \frac{L}{2}\left(\frac{1}{t_{down}} + \frac{1}{t_{up}}\right)$$ (6.32)

将测量得到的流体轴向平均流速 V_{m} 乘以过流面积 A，即可得到体积流量 q_V：

$$q_{V} = A \cdot v_{m} = \frac{\pi D^2}{4}v_{m}$$ (6.33)

　　根据超声流量计的测量原理，从式（6.31）、式（6.32）可知，流速和声速都是由 L、t_{down} 和 t_{up} 这几个参数计算得到的。如果能够证明流量计测量的声速值是准确的，就可以判断参与测量声速的参数是准确的，从而可判断流量计测量的体积流量是准确的。判断流量计测量的声速值是否准确，最简单直观的方法就是将实测的声速值与理论计算值相比较。声速比较检验就基于这个原理。

　　在实际测量过程中，超声流量计的实际流量测量计算方法非常复杂，信号处理单元要根据换能器安装位置的不同，每个声道都要选择不同的速度分布校正系数对平均流速进行校正，不同厂家、不同型号的流量计都会选择不同的数学模型和计算方法，但无论采用什么型式，声速和平均流速都可以用测量顺流传播时间 t_{down} 和逆流传播时间 t_{up} 来表示，因此，声速比较检验法对以时差法为原理的封闭管道用超声流量计普遍适用。

6.5.4.4　在线检测系统

1. 硬件系统

　　天然气超声流量计检测装置如图 6.15 所示，装置主要由安装检测软件的防爆计算机和天然气采样器组成。系统工作过程如下：天然气采样器安装在被检超声流量计附近的采样口上，对天然气进行多时间点的采样，并在采样瓶上做好标记。采样完毕后，通过色谱仪对采样的气体进行组分分析，组分分析结果记录到流量计算机中。检测装置通过以太网与流量计算机连接（通信协议是 MODUS_TCP），同步读取流量计算机中管道天然气的组分、压力、温度与超声流量计报警记录、信号增益、信噪比等参数信息并存储到数据库中，结合采集到的数据与数据库中的历史数据，通过检测软件得出检验结果，最后打印检验报表。

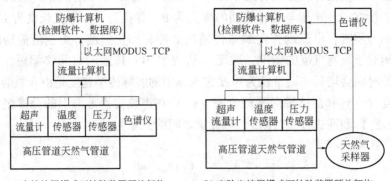

(a) 在线使用模式下检验装置硬件架构　　　(b) 实验室使用模式下检验装置硬件架构

图 6.15　在线和实验室使用模式下检测装置硬件架构

2. 软件系统

在线检测装置软件系统由智能检测软件（包括声速计算对比软件、流量计状态检测软件）和数据库两大部分组成，分为在线使用和实验室使用两种工作模式。

在线使用模式下，用户输入被检流量计编号与检验日期，进入检测界面对相应流量计进行检测，流量计算机使用相应的组态软件（如 S600 使用 config600 软件）对流量计、色谱仪及温度、压力变送器传入的数据（如温度、压力组分、实测声速等）进行组态并对其所在的寄存器重新分配地址，检测系统与流量计算机通信，同步读取流量计算机中天然气的温度、压力、组分以及报警数据、信噪比、信号增益值等参数并存储到数据库。采样结束后，通过记录的各时间点实测声速计算采样时间内的平均实测声速，结合理论声速计算相对误差，如果相对误差在说明书合理范围之外则提醒用户送检。最后打印检测报告。

实验室使用模式主要针对检测现场无法提供色谱仪的情况。在这种情况下，装置使用方法与在线使用模式基本相同，唯一不同的就是在计算理论声速时，需要利用天然气采样装置对管道天然气采样，把样品气送入实验室进行组分分析，再把组分数据手动输入到检测软件中。

6.6 天然气分析

6.6.1 基本概念

天然气分析内容主要是组分浓度分析和物性测定。天然气作为气体混合物，它的组分浓度可以用摩尔分数、体积分数、质量分数表示，见 2.5.3 相关内容。因为体积分数是以标准状态下的测量值为基础得到的，等同于摩尔分数。

（1）摩尔分数：组分物质的量除以混合物中所有组分的物质的量的总和。

（2）体积分数：标准状态下组分占有的体积除以标准状态下测得的混合物的总体积。

（3）质量分数：组分的质量除以混合物的总质量。

在标准状态下，理想气体的摩尔体积为 22.4L/mol，而天然气中某些气体组分在标准状态下的摩尔体积为接近 22.4L/mol 的某个值，见表 6.6，因此，精确进行摩尔分数和体积分数之间的互换，要采用表中的摩尔体积数据。

表 6.6　天然气组分摩尔体积数

组分	摩尔体积，L/mol	组分	摩尔体积，L/mol
甲烷	22.36	氧	22.39
乙烷	22.16	氢	22.43
丙烷	22	空气	22.4
正丁烷	21.5	二氧化氮	22.26
异丁烷	21.78	一氧化氮	22.4
正戊烷	20.87	硫化氢	22.14
氦	22.42	二氧化硫	21.89
氮	22.4	水蒸气	23.45

天然气分析方法有在线分析和实验室分析两种方法。

在线分析是在生产过程中直接对被控制的产品的特性量值进行检测的分析方法，又称过程分析方法，分为4种：

（1）间歇式在线分析：在工艺主流程中引出一个支线，通过自动取样系统，定时将部分样品送入测量系统，直接进行检测。所用仪器有过程气相色谱仪、过程液相色谱仪、流动注射分析仪等。

（2）连续式在线分析：让样品经过取样专用支线连续通过测量系统连续进行检测。所用仪器大部分是光学式分析仪器，如傅里叶变换红外光谱仪、光电二极管阵列紫外可见分光光度计等。

（3）直接在线分析：将化学传感器直接安装在主流程中实时进行检测。所用仪器有光导纤维化学传感器、传感器阵列、超微型光度计等。

（4）非接触在线分析：探测器不与样品接触，而是靠敏感元件把被测介质的物理性质与化学性质转换为电信号进行检测。非接触在线分析是一种理想的分析形式，特别适用于远距离连续监测。用于非接触在线分析的仪器有红外发射光谱、X射线光谱分析、超声波分析等。

实验室分析又称离线分析，是将分析物质从生产现场取样，然后带回实验室对其特性量进行检测的分析方法。

离线分析在时间上有滞后性，得到的是历史性分析数据；而在线分析得到的是实时的分析数据，能真实地反映生产过程的变化，通过反馈线路，可立即用于生产过程的控制和最优化。离线分析通常只是用于产品（包括中间产品）质量的检验；而在线分析可以进行全程质量控制，保证整个生产过程最优化。在线分析是今后天然气管道输运生产过程控制分析的发展方向。

6.6.2 分析标准

管输天然气气质应符合强制性天然气国家质量标准 GB 17820《天然气》。按标准规定，气田或油田采出的天然气经预处理后，通过管道输送的商品天然气共有4项气质指标，即高位发热量、总硫含量（以硫计）、硫化氢含量和二氧化碳含量。4项指标的规定值见表6.7。

表 6.7　天然气技术指标（GB 17820）

项　目		一类	二类
高位发热量[①②]，MJ/m³	≥	34.0	31.4
总硫（以硫计）[①]，mg/m³	≤	20	100
硫化氢[①]，mg/m³	≤	6	20
二氧化碳摩尔分数，%	≤	3.0	4.0

①气体体积的标准参比条件是101.325kPa，20℃。
②高位发热量以干基计。

天然气按硫和二氧化碳含量分为一类、二类和三类。天然气的技术指标应符合表6.7的规定。作为民用燃料的天然气，总硫和硫化氢含量应符合一类气或二类气的技术指标。

GB 50251《输气管道工程设计规范》中给出了明确规定：进入输气管道的气体必须清除机械杂质；水露点应比输送条件下最低环境温度低5℃；烃露点应低于最低环境温度；气体中硫化氢含量不应大于20mg/m³。

6.6.3 在线分析方法

6.6.3.1 气体组分分析

预先设定所分析的组分数和数据处理方式以及色谱柱、检测器、色谱操作条件等，然后在线从管道中取样并进行自动分析，根据要求给出各组分的摩尔分数、发热量、密度和压缩因子等。

有关在线分析的气相色谱分析方法，国际标准化组织已发布了 ISO 6974.4、ISO 6974.5 和 ISO 6974.6 等 3 个国际标准。分析方法是样气和已知标准气在同样的操作条件下，用气相色谱仪进行分离。样品中各组分可以在某个时间改变流过色谱柱载气的方向，获得一组不规则的峰。由标准气的组成值，通过比峰高、峰面积或者两者均对比，计算获得样品的相应组成。

计算方法是测量每个组分的峰高或峰面积，将样气和标准气中相应组分的响应换算到同一衰减。气样中 i 组分的浓度 y_i 计算如下：

$$y_i = y_{si} \frac{H_i}{H_{si}} \tag{6.34}$$

式中　y_{si}——标准气中 i 组分的摩尔分数，%；

　　　H_i——样气中 i 组分的峰面积；

　　　H_{si}——标准气中 i 组分的峰面积。

将每个组分的原始含量值乘以 100，再除以所有组分原始含量值的总和，即为每个组分归一的摩尔分数，所有组分原始含量值的总和与 100.0% 的差值不应超过 1.0%。

6.6.3.2 高位发热量计算

高位发热量指规定量的气体在空气中完全燃烧时所释放出的热量。在燃烧反应发生时，压力 p_1 保持恒定，所有燃烧产物的温度降至与规定的反应物温度 t_1 相同的温度，除燃烧中生成的水在温度 t_1 下全部冷凝为液态外，其余所有燃烧产物均为气态。

已知组成的混合物在燃烧温度 t_1、计量温度 t_2 和压力 p_2 时的理想气体体积发热量按下式计算：

$$\tilde{H}_0[t_1, V(t_2, p_2)] = \bar{H}(t_1) \times \frac{p_2}{RT_2} \tag{6.35}$$

其中　　　　　　　　　　$T_2 = t_1 + 273.15$

式中　$\tilde{H}_0[t_1, V(t_2, p_2)]$——混合物的理想气体体积发热量；

　　　$\bar{H}(t_1)$——混合物的实际发热量；

　　　R——摩尔气体常数，$R = 8.314510 J \cdot mol^{-1} \cdot K^{-1}$；

　　　T_2——热力学温度，K。

气体混合物在燃烧温度 t_1 和压力 p_1、计量温度 t_2 和压力 p_2 时的真实气体体积发热量按下式计算：

$$\tilde{H}[\,t_1,V(t_2,p_2)\,]=\frac{\tilde{H}_0[\,t_1,V(t_2,p_2)\,]}{Z_{\mathrm{mix}}(t_2,p_2)} \qquad (6.36)$$

式中 $\tilde{H}[\,t_1,V(t_2,p_2)\,]$——真实气体体积发热量；

$Z_{\mathrm{mix}}(t_2,p_2)$——在计量参比条件下的压缩因子。

色谱分析仪内置软件可依据 GB 11062《天然气　发热量、密度、相对密度和沃泊指数的计算方法》自动计算高位发热量、低位发热量。

6.6.3.3　硫化氢测定——醋酸铅反应速率法

该法的原理为被水饱和的硫化氢气体以固定的流速通过用醋酸铅溶液饱和的纸带时，硫化氢与醋酸铅反应生成硫化铅，在纸带上形成灰色的色斑。反应速率和所引起的色度变化速率与样品气中硫化氢含量成比例。利用比色原理，通过比较已知硫化氢含量的标准样和未知样在分析仪器上的读数，即可确定样品气中的硫化氢含量。

根据使用仪器的不同，硫化氢测定可分为双光路检测法和单光路检测法。GB/T 11060.3 规定了用双光路检测仪器进行分析的方法。该法适用的硫化氢含量范围为 0.1～22mg/m³，并可通过手动或自动的体积稀释将硫化氢的测量范围扩展到 100%。

在线硫化氢分析仪是基于紫外线照射分光吸收原理。物质分子在特定波长吸收光，当紫外线照射通过样气室，使用贝尔—兰贝特（Beer Lambert）定律，就可知道组分气体分子浓度。使用光学及滤镜系统，利用特定的波长（214nm）测量硫化氢的含量。

硫化氢标准气体用于标定硫化氢分析仪的测量范围。氮气用于对硫化氢分析仪进行标零，即当测量池内进入氮气时，透过的光强 $I=I_0$。正常运行时，测量池内进入含硫化氢的气体时，光电检测器可测出 I 和 I_0。计算公式为

$$A=-\lg T=\lg(I_0/I)=abc \qquad (6.37)$$

式中 I_0——入射光强度（光电检测器可测出）；

I——透射光强度（光电检测器可测出）；

T——透过率；

A——吸光度；

a——摩尔吸收率，常数；

b——测量池的长度（已知）；

c——未知量，即硫化氢的浓度。

6.6.3.4　总硫测量——氢解—速率计比色法

氢解—速率计比色法（GB/T 11060.5《天然气　含硫化合物的测定　第 5 部分：用氢解—速率计比色法测定总硫含量》）是样品气以恒定的速率进入氢解仪的氢气流中，在 1000℃ 或更高的温度下，使样品气中的含硫化合物全部转化为硫化氢，然后用醋酸铅反应速率检测法分析其含量。该法的测定范围为 0.01～22mg/m³，也可以通过稀释将分析范围扩展到较高的含量。

当恒定流量的气体样品经润湿后从浸有醋酸铅的纸带上面流过时，硫化氢与醋酸铅反应生成硫化铅，纸带上出现棕色色斑。反应速率及产生的颜色变化速率与样品中硫化氢浓度成正比。纸带颜色没有变化时，光电检测器输出电压 E 无变化，则一阶导数 $\mathrm{d}E/\mathrm{d}t$ 为零。计算公式为

$$\phi_{x}=(A-B)\phi_{s}/(C-B) \tag{6.38}$$

式中　A——在环境温度和压力下测定未知样品的读数；

B——测定空白样的读数；

C——在环境温度和压力下测定参比标准样品的读数；

ϕ_{s}——参比标准样品中硫化氢的体积分数，10^{-6}；

ϕ_{x}——未知样品中硫化氢的体积分数，10^{-6}。

硫化氢的体积分数换算在 20℃、101.325kPa 下的质量浓度按式(6.39) 计算：

$$\rho=1.417\phi_{x} \tag{6.39}$$

式中　ρ——未知样品中硫化氢的质量浓度，mg/m^3。

6.6.3.5　水露点的测量

晶体振荡式微量水分仪的敏感元件是水感性石英晶体，它是在石英晶体表面涂覆一层对水敏感（容易吸湿也容易脱湿）的物质。当湿性样品气通过石英晶体时，石英表面涂层吸收样品气中的水分，使晶体质量增加，从而使石英晶体振荡频率降低。然后通入干性样品气，干性样品气萃取石英涂层中的水分，使晶体的质量减少，从而使石英晶体的振荡频率增高。在湿气、干气两种状态下振荡频率的差值，与被测气体中水分含量成比例。石英晶体质量变化与频率变化之间有一定的关系，这一关系同样适用于由涂层或水分引起的质量变化，通过它可建立石英晶体检测信号与涂覆晶体性能的定量关系。

石英晶体振荡频率与其表面质量变化的关系为

$$\Delta F=2.3\times10^{6}F^{2}\Delta M \tag{6.40}$$

式中　ΔF——频率变化；

ΔM——质量变化；

F——基准频率。

已知液态水的质量、压力、温度，通过换算可计算出对应的体积量 ΔV（水的体积量）。水的体积量与天然气的体积量（V）之比，即 $\Delta V/V$，即水分含量。

引入工况压力数据，根据 GB/T 22634《天然气水含量和水露点之间的换算》，得出水露点结果。

6.6.3.6　烃露点的测量

根据国家标准 GB/T 20604《天然气词汇》，烃露点是指在规定压力下，高于此温度时无烃类冷凝现象出现的温度。它与水露点的本质区别在于：给定的烃露点下，可能存在一个出现反凝析现象的压力范围。临界冷凝温度规定了可能出现烃类冷凝的最高温度。

反凝析是一种与烃类混合物在临界点附近非理想行为有关的现象，表现为在温度固定时，与液相接触的气相因压力下降而可能被冷凝。由此可见，烃露点及其指标与反凝析现象密切相关。在确定被输送天然气烃露点指标时，必须先研究其相图以确定在该温度下压力发生变化时是否存在反凝析现象。测定天然气烃露点的两种方法为气相色谱法和冷却镜面法。

1. 气相色谱法测定烃露点

在规定压力下，反凝析露点曲线上的临界冷凝温度并非取决于天然气中重烃组分的总量，而是主要取决于其中最重组分的性质与含量。气相色谱法测定烃露点就是利用样品天然气中烃类的组成分析数据，通过状态方程来计算烃露点。

利用气相色谱仪的分析数据计算烃露点时，天然气中的 C_{9+} 组分含量发生 1×10^{-6}（体积比）的变化，其烃露点就可能变化 $0.5℃$。因此，想得到可靠的烃露点测定数据，对仪器设备的灵敏度及重复性要求相当高。国际标准 ISO 23874 对气相色谱法测定天然气烃露点的技术要求给出了详尽规定。

2. 冷却镜面法测定烃露点

另一种工业上常用的烃露点测定方法是冷却镜面法。它属物理测量法，其原理是使样品天然气在规定的压力下（一般为 $2.5 \sim 3.5MPa$）流经一个能人为降低并准确测量其温度的金属镜面，当温度降低至镜面上有烃凝析物产生（结露）时，此时的镜面温度即为该压力下的气体烃露点。按对结露的观测方式不同，该法又可分为目测法和光学自动检测法。

目测法的优点是能清晰而直观地观察到结露现象，而且作为标准方法已积累了较丰富的经验，有经验的操作者可以使测定结果达到相当好的重复性。但此法只能周期性地取点样进行测定，而且测定结果有可能因人而异。

光学自动检测法的最大优点是可以进行在线连续测定，其结果完全排除了人为的影响因素，故目前在工业上已广泛采用。但是，不论目测或光学自动检测，冷却镜面法的主要问题是结露在可以被检测到前必须在镜面上存在一定量的冷凝液烃，从而导致测出的烃露点比理论上（第一分子被冷凝）的烃露点低，而且两者的差值将随不同来源及组成的天然气而变化。

6.6.4　离线分析方法

6.6.4.1　气体组分的分析

按照 GB/T 13609《天然气取样导则》从天然气管道中取样，然后在实验室内用气相色谱仪按 GB/T 13610《天然气的组成分析　气相色谱法》规定的方法分析组成。

6.6.4.2　碘量法硫化氢测定

1. 测定原理

该方法采用标准 GB/T 11060.1，只适用于离线分析。其原理是以过量的醋酸锌溶液吸收样品气中的硫化氢，生成硫化锌沉淀，然后加入过量的碘溶液氧化生成的硫化锌，剩余的碘用硫代硫酸钠标准溶液滴定。

2. 溶液的配制

（1）乙酸锌溶液（5g/L）。

（2）冰乙酸：防止溶液混浊。

（3）3%乙醇：天然气中硫化氢含量在 $50 \sim 5000mg/m^3$ 之间时，在吸收过程中吸收液会出现严重发泡，加入 3%乙醇可克服发泡问题。

3. 硫代硫酸钠标准溶液

硫代硫酸钠一般都含有少量杂质，同时还容易风化、潮解，因此不能直接配制成准确浓度的溶液，只能先配制成近似浓度的溶液，然后标定。

4. 硫代硫酸钠标准滴定溶液 (0.1mol/L) 的标定

硫代硫酸钠滴定溶液的浓度计算式为

$$c = \frac{m}{49.03(V_1 - V_2)} \times 10^3$$ (6.41)

式中　c——硫代硫酸钠滴定溶液的浓度，mol/L；

　　　m——重铬酸钾的质量，g；

　　　V_1——试液滴定时硫代硫酸钠溶液的耗量，mL；

　　　V_2——空白滴定时硫代硫酸钠溶液的耗量，mL；

　　　49.03——$\frac{1}{6}K_2Cr_2O_7$ 的摩尔质量，g/mol。

5. 滴定

（1）碘和硫代硫酸钠的反应在中性或弱酸性溶液中进行，因为在碱性溶液中会发生其他反应；

（2）吸收硫化氢后，必须先加碘，然后再加酸；

（3）做空白实验。

滴定应在无日光直射的环境中进行。

6. 分析结果的计算

1）气样校正体积 V_n 的计算

定量管计量时：

$$V_n = V \frac{p}{101.3} \times \frac{293.2}{273.2 + t}$$ (6.42)

式中　V——定量管管容，mL；

　　　p——取样点的大气压力，kPa；

　　　t——取样点的环境温度，℃。

流量计计量时：

$$V_n = V \frac{p - p_v}{101.3} \times \frac{293.2}{273.2 + t}$$ (6.43)

式中　V——取样体积，mL；

　　　p——取样点的大气压力，kPa；

　　　t——气体平均温度，℃；

　　　p_v——温度 t 时水的饱和蒸气压，kPa。

2）硫化氢含量的计算

质量浓度为

$$\rho = \frac{17.04c(V_1 - V_2)}{V_n} \times 10^3$$ (6.44)

体积分数为

$$\phi = \frac{11.88c(V_1 - V_2)}{V_n}$$ (6.45)

式中　V_1——空白滴定时，硫代硫酸钠溶液消耗量，mL；

V_2——样品滴定时，硫代硫酸钠溶液消耗量，mL；

c——硫代硫酸钠标准溶液的浓度，mol/L；

V_n——气体校正体积，mL；

17.04——½H_2S 摩尔质量，g/mol；

11.88——在20℃和101.3kPa下½H_2S 的摩尔体积，L/mol。

取两个平行测定的算术平均值作为分析结果，所得结果大于或等于1%时保留三位有效数字，小于1%时保留两位有效数字。

6.6.4.3 水露点测定

在线水含量/水露点测定仪即便携式冷镜面露点仪的各项技术指标应符合 GB/T 17283《天然气水露点的测定 冷却镜面凝析湿度计法》的要求，按 JJG 499《精密露点仪检定规程》要求定期进行校准。水含量和水露点之间的换算按照 GB/T 22634《天然气水含量与水露点之间的换算》标准进行。

便携式水露点仪工作原理是：被测气体在恒定压力下以一定流量流经露点仪测定室中的抛光金属镜面，该镜面温度可以人为降低并能准确测量，当气体中的水蒸气随着镜面温度的逐渐降低而达到饱和时，开始析出凝析物，此时所测量到的镜面温度即为该压力下气体的水露点。

可以通过水露点计算气体中的水含量，方法是：

（1）镜面降温，读初露点。打开制冷阀，缓慢降温，镜面温度递减速度不超过1℃/min。（如果水含量非常低，最好不超过5℃/min）。观察镜面和内部温度显示，注意不锈钢镜面中央，当出现第一滴露时，记下初露温度 T_1。

（2）镜面升温，读消露点。关闭制冷阀，将制冷器向外推开，让镜面升温。当镜面水雾完全消失时，记下消露温度 T_2。

（3）水露点 T 的结果计算：

$$T = \frac{T_1 + T_2}{2} \tag{6.46}$$

同一组测试中，初露点与消露点不应相差超过2℃，如超过需重复测量。

6.6.4.4 氧化微库仑法总硫测定

1. 测定原理

氧化微库仑法采用标准 GB/T 11060.4《天然气 含硫化合物的测定 第4部分：用氧化微库仑法测定总硫含量》，其原理是使含硫天然气在900℃±20℃的石英转化管中与氧气混合燃烧，其中含硫化合物转化为二氧化硫后，随氮气进入滴定池发生反应，消耗的碘由电解碘化钾来补充。根据法拉第电解定律，由电解所消耗的电量可计算出样品气中的硫含量，并用标准样进行校正。该法适用于总硫含量为 1~1000mg/m³ 的天然气。

2. 计算硫的转化率

$$F = \frac{W_0}{S_0 V_1} \tag{6.47}$$

式中 F——硫的转化率，%；

W_0——测定读数，mg；

S_0——标准样中硫的含量，mg/m^3；

V_1——进样体积，mL。

转换率不应低于 75%，否则应查明原因。

3. 体积换算

（1）湿基气样的体积 V_n 换算：

$$V_n = \frac{V(p-p_v)}{101.3} \times \frac{293.2}{273.2+t} \qquad (6.48)$$

式中　V_n——气样计算体积，mL；

t——分析进样时的室温，℃；

p——分析进样时的大气压力，kPa；

p_v——温度为 t 时的饱和蒸汽压，kPa；

V——进样体积，mL。

（2）干基气样的体积 V_n 换算：

$$V_n = \frac{Vp}{101.3} \times \frac{293.2}{273.2+t} \qquad (6.49)$$

（3）气样中总硫含量 S 的计算：

$$S = \frac{W}{V_n F} \qquad (6.50)$$

式中　S——气样中总硫含量，mg/m^3；

W——测定值，mg；

F——硫的转化率，%。

6.6.4.5　水含量测定

天然气含水量测量采用 SY/T 7507《天然气中水含量的测定　电解法》。该标准规定了用电解法测定天然气中水含量的方法，适用于水含量体积分数小于 4000×10^{-6} 的天然气。若天然气中无凝液存在且总硫含量小于 $500mg/m^3$，对测定无影响。

电解法测定仪的原理是：样品气以一定的恒速通过电解池，其中的水分被电解池内的五氧化二磷膜层吸收，生成亚磷酸后被电解为氢气和氧气排出，而五氧化二磷得以再生。电解电流的大小正比于样品气中的水含量，故可用电解电流来量度样品气中的水含量。

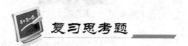 复习思考题

1. 油气计量的原则是什么？简述遵守这些原则的必要性。
2. 什么是油品静态计量，常用的立式金属罐计量方法是什么？
3. 什么是油品动态计量，标准体积管装置的工作原理是什么？
4. 天然气如何分类？天然气计量的标准参比条件是什么？
5. 简述超声流量计的工作原理。
6. 什么是"使用中检验"？
7. 天然气分析的内容是什么？

7 / 油气管道检测仪器

7.1 概述

7.1.1 管道运输简介

油气管道运输分为长距离输气管道运输和长距离输油管道运输。

7.1.1.1 长距离输气管道

长距离输气管道是一个复杂的工程，除了线路和输气站两大部分外，还有通信、自动监控、道路、水电供应、线路维修和其他一些辅助设施和建筑。

如图 7.1 所示，长距离输气管道从矿场附近的井场装置开始，到终点燃气分配站为止。长距离干线输气管道管径大，压力高，距离可达数千千米，年输气量高达数百亿立方米。为了长距离输气，需要不断为气体供给压力能，沿途每隔一定距离需设置一座中间压气站。

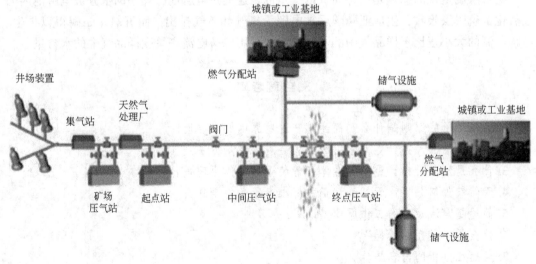

图 7.1　长距离天然气管道输送流程图

7.1.1.2 长距离输油管道

长距离输油管道由输油站、线路和附属设施等组成。

如图 7.2 所示，长距离管道的线路部分包括管道本身，沿线阀室，通过河流、公路、山谷的穿（跨）越构筑物，通信系统等。长距离输油管道由钢管焊接而成，一般采用埋地敷设。为防止土壤对钢管的腐蚀，管外都包有防腐绝缘层，并采用电法保护措施。长距离输油管道上每隔一定距离设有截断阀室，大型穿（跨）越构筑物两端也有，其作用是一旦发生事故可以及时截断管内油品，防止事故扩大并便于抢修。通信系统是长距离输油管道的重要设施，用于全线生产调度及系统监控信息的传输，通信方式包括微波、光纤与卫星通信等。

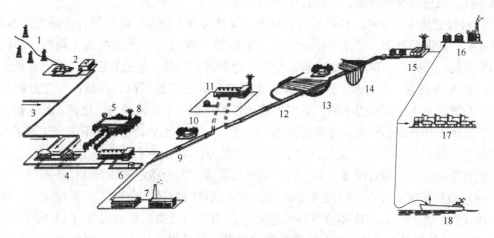

图 7.2　长距离原油管道输送流程图

1—井场；2—转油站；3—来自油田的输油管；4—首站罐区和泵房；5—全线调度中心；6—清管器发放室；
7—首站的锅炉房、机修厂等辅助设施；8—微波通信塔；9—线路阀室；10—管道维修人员住所；
11—中间输油站；12—穿越铁路；13—穿越河流的弯管；14—跨越工程；15—末站；
16—炼厂；17—火车装油栈桥；18—油轮装油码头

7.1.2　油气管道损伤

管道运输是石油天然气最主要的运输方式。长输管道长度可达数千千米甚至更长，压力可达 10MPa 甚至更高。为不妨碍交通和占用土地，管道主要采用埋地敷设，深度一般不小于 0.8m。

由于埋设的隐秘性、穿越区域的广泛性、地理地貌的复杂性，管道容易受到地质及土壤环境腐蚀、输送介质的腐蚀、管道质量缺陷、各种自然灾害的影响，以及城市建设的侵扰和人为的破坏，造成腐蚀、裂纹、变形等损伤，发生管道穿孔、破裂导致油气泄漏。油气管道输送介质是易燃、易爆、有挥发性且含有毒物质的流体，管道泄漏易造成火灾、爆炸等重大恶性事故。管道存在较大的潜在危险，埋地管道的泄漏是影响管道安全的重要因素。

受到检测手段的制约，埋地管道发生损伤或泄漏后，常常难以及时发现故障点，加之目前维修手段有限，往往造成随意开挖、随意报废，从而造成大量的人力、财产损失。为提高管道的使用寿命和安全可靠性，减少事故的发生，管道的腐蚀检测、泄漏检测是必须长期和定期进行的工作。我国《石油天然气管道安全监督与管理暂行规定》中明确规定，新建的石油管道投产 3 年内必须进行全面检测，投入使用后必须定期进行全面检测。

引起管道损伤的主要因素有腐蚀、管材质量、人为破坏、自然灾害等。

（1）腐蚀。油气长输管道运行过程中通常受到来自内、外两个环境的腐蚀。内腐蚀主要由输送介质、管内积液、污物以及管道内应力等联合作用形成；外腐蚀通常因防腐涂层破坏、阴极保护失效产生。埋地管道受所处环境的土壤、杂散电流等因素的影响，会造成管道电化学腐蚀、细菌腐蚀、应力腐蚀和杂散电流腐蚀等。

腐蚀既有可能大面积减薄管道的壁厚，从而导致过度变形或破裂，也有可能直接造成管道穿孔，或应力腐蚀开裂，引发管道泄漏事故。

（2）管道质量。管道材料质量问题和强度计算失误，设备、电气设施的缺陷和故障，焊缝开裂、防腐层处理、管道开挖和回填、管道穿（跨）越等方面的施工缺陷，不仅影响到管道的使用寿命，可能会造成管道变形、弯曲甚至断裂，危及管道安全与可靠性。

（3）人为破坏。人为破坏的情况分为无意破坏和有意破坏两大类情况。无意破坏是施工方与管道业主之间沟通不够，施工中造成管道损伤，主要体现为：建筑、施工损伤管道；在河床上作业损伤管道；违章建筑占压管道。有意破坏主要是某些不法分子为了牟取经济利益，进行各种盗油、盗气活动，主要表现为：不法分子在管道上打孔盗油、气；盗、扒管道防腐层，偷盗仪器仪表、阀门或附属设施；人为蓄意破坏管线设备等。

（4）自然灾害。地质、气候和环境灾害会造成管线拉伸、变形甚至断裂，主要体现为：建（构）筑物倒塌或物体落下将管道砸坏；与输油管道连接的设备（如油罐、油泵等）、支架等的摇晃振动产生相对位移将管道拉断；地基发生不均匀下沉使设备产生相对变位将管道拉断；地层断裂、土壤发生拉伸或压缩使直埋管道剪断、扭曲或挤裂；管道与设备、构筑物发生共振而断裂；地基液化导致地下管道严重变形，有时甚至将大直径管道浮起，将支管拉断；地震引起滑坡等管道损坏。

7.1.3 管道检测技术分类

7.1.3.1 管道检测

油气管道检测指在不停输情况下对油气输送管道的腐蚀、穿孔、裂纹、变形等长期损伤或突发情况进行在线监测和定期检测。检测仪器在沿着管道走向移动过程中，检测不同位置的损伤情况。根据检测仪器放置的位置不同，管道检测可分为管道外检测和内检测。利用地球物理方法，油气管道检测基于电、磁、声、光、力等多种方法，可分为不同的检测方法和仪器。管道内检测无需开挖地面，更加贴近待测目标，且具有更多可实施的检测方法，是目前应用和发展的主流。检测仪器在管道内的运动方式分为主动和被动两种。在不停输的管道中，可在清管流程中，将检测装置安装在与管壁形成密封的清管器上，在管内流体压力下被驱动。对于不停输，但由于管道变形严重，或可变径直径等不适合清管条件的管道，可使用智能球等检测装置，同样被管内流体驱动行走。此外，利用管道机器人，管道检测仪器还可以进行自主运动。

管道检测是在管道投入使用前后以及长期运行过程中所进行的长期在线监测，或按规定进行定期检测。根据所发现的早期缺陷及其发展程度，在获取详细缺陷信息基础上，还可对管道能否继续使用及其安全运行寿命进行评价。

管道检测本质上是无损检测的一类。由于管道内部及表面的结构异常和缺陷会引起施加于其上的电、磁、声、光、力信号的变化，因此可以在不影响管道使用性能，不破坏管道材料结构的条件下，对管道的结构、性质、状态及缺陷的类型、性质、数量、形状、位置、尺寸、分布及其变化进行检查和测试。目前应用的管道检测技术可分类如下。

7.1.3.2　管道检测技术分类方法

1. 依检测仪器工作位置分类

根据管道检测时仪器所处的位置不同，管道检测可分为管道外检测和管道内检测两类。

（1）管道外检测。管道外检测是指利用检测装置在管道外部进行检测，主要目的是掌握管道敷设状态和管道外部情况，检测项目一般包括敷设管道的地貌状况，管道埋深、路由、走向，管道有无裸露悬空、发生位移及外力破坏，外部防腐层状况，管道外壁及其损伤情况，土壤腐蚀状况，阴极保护有效性和有无杂散电流影响等。若不在管道上方地面开挖探坑，对裸露点管道进行检测，外检测是无法提供管道本身的缺陷状况的。

（2）管道内检测。管道内检测是利用管道内检测仪器在管道内随输送介质运动的同时进行检测，通过分析所获数据可以确定管道缺陷信息并对缺陷定位。内检测能够提供关于管道本体材料的内外腐蚀、机械形变、焊缝异常和裂纹等情况。

2. 依检测目的分类

根据管道检测的目的不同，埋地管道开展的检测工作主要包括管道路由探测、外防腐情况检测（防腐层完整性、阴极保护有效性）、外腐蚀环境检测（土壤电阻率、氧化还原电位、pH值、容重以及杂散电流）、管体损伤检测、泄漏检测等。通常定期进行的管道检测工作关注的是埋地管道腐蚀与防护状况检测问题，但对于管道突发的泄漏事故迅速准确地查找泄漏位置，以及日常检测中难于发现的微小泄漏问题，也属于管道检测的重要内容。

3. 依检测方法分类

管道检测根据所用到的物理场和方法特点，可以分为电法检测、磁法检测、声波检测、光学检测等。

7.1.4　管道外检测技术

7.1.4.1　防腐层检测

1. 电流梯度法

如图7.3所示，电流梯度法依据电流衰减信息，反映防腐层的绝缘电阻性能，从而分段评价防腐层老化破损程度。检测时，由信号发射装置给目标管道加载交变的电流信号，电流沿管道传播时，会在管道周围产生交变的磁场；当管道外防腐层完好时，随着电流的传播，电流衰减较小，其在管道周围产生的磁场比较稳定，无电流降低或电流降低较少；当管道存在外防腐层老化、破损时，随着电流的传播，电流衰减增大，在破损处就会有一定量的电流流出，其在管道周围磁场的强度就会减弱；当管道外防腐层老化严重或与金属搭接时，会有大量电流流向大地，使得管道周围产生的感应磁场明显降低。

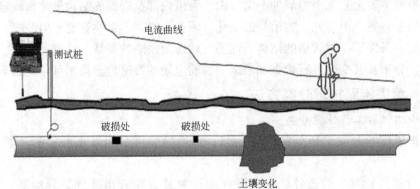

图 7.3　交变电流梯度法检测原理

2. 电位梯度法

电位梯度法能够检测埋地管道外防腐层破损点，评价大体破损程度，并可以精确定位。如图 7.4 所示，检测时，给埋地管道加载电流信号，在埋地管道外防腐层老化破损位置电流会流出，从而在地表形成电位梯度，根据地表电位梯度 ΔU_1、ΔU_2 的形状与位置，利用几何定位方式可以确定防腐层破损点在地表的投影位置，进而定位出外防腐层破损点的位置。

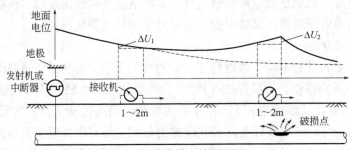

图 7.4　电位梯度检测原理

3. 变频选频法

如图 7.5 所示，该法的理论基础是利用交频信号传输的经典理论，确定交频信号沿单线—大地回路传输的数学模型。埋地管道即可视为单线—大地信号通道。经大量的数学推导发现，防腐层绝缘电阻在交频信号沿单线—大地传输方程中传播常数的实部中。当防腐层材料、结构、管道材料等参数为已知时，防腐层绝缘电阻就可以计算出来。经过进一步数学推导，确立现场测得传播常数的方法，从而实现防腐层绝缘电阻的在线测量。

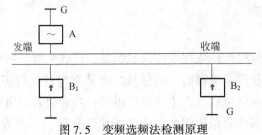

图 7.5　变频选频法检测原理

A—变频信号源；发端 B_1 及收端 B_2—选频指示器；G—接地极

7.1.4.2　阴极保护检测

阴极保护是为了防止油气输运管路被腐蚀的一种防腐蚀措施。阴极保护技术是电化学保护技术的一种，其原理是向被腐蚀金属结构物表面施加一个外加电流，被保护结构物成为阴极，从而使得金属腐蚀发生的电子迁移得到抑制，避免或减弱腐蚀的发生。阴极保护方法主要有两种：牺牲阳极和外加电流。

阴极保护检测主要是检测牺牲阳极的断电电位、输出电流等来判断其是否有效，检测埋地管道任意位置的保护电位，判断其是否在保护范围内。对于失效的牺牲阳极，要进行更换；对于欠保护和过保护的管段，要进行维护。

7.1.4.3　管道泄漏外检测

管道泄漏检测系统，能够及时报告泄漏事故的位置及程度，最大限度地减少经济损失及环境污染。管道泄漏检测根据仪器所处的位置，也可以分为内检测和外检测。

外检测包括人工巡线法、放射物法、人工听诊法、探地雷达法、负压波法、声波相关法、光纤传感法、质量/流量平衡法、瞬变流法等。其中应用最广泛的是负压波法、声波相关法、光纤传感法。

1. 负压波法

如图7.6所示，管道发生泄漏时，该点产生瞬态的压力下降，产生负压波（本质是次声波）并沿管壁以特定的速度传播至管道两端，由压力传感器采集到该负压波，根据负压波的传输速度及到达两端传感器的时间差，即可定位。该方法是目前国际国内应用最成熟的泄漏监测方法。

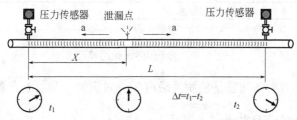

图7.6　负压波法检测原理

a—压力波以相同速度向两端传播；L—两压力传感器之间的距离；t_1、t_2—传感器接收到压力波信号的时间；Δt—传感器接收到压力波信号的时间差；X—泄漏点到近端传感器的距离

2. 声波相关法

管道由于腐蚀、人为打孔出现破裂时，管内高压流体从破裂处喷出，与管壁的相互作用可产生高频的应力波。在管道两端管壁上安装震动传感器（如加速度计、声发射传感器），或者用水听器伸入管内，采集声波，并通过无线网络传输给相关器。当管道无泄漏时，相关系数维持在0左右；当出现泄漏时，相关系数出现变化，同时其峰值位置可体现泄漏点位置。

负压波法与声波法这两种方法具有灵敏、准确、无需建立管道数学模型的优点，且原理简单、适用性强，是目前广泛应用的管道泄漏检测方法。但是由于负压波或声波信号长距离传播后严重衰减，仅对大于总流量1%（气体管道为5%）的突发性泄漏能够有效检测，对于腐蚀、裂纹等缺陷引起的小泄漏，上述两种方法常出现漏报现象。

3.光纤传感法

如图 7.7 所示，光纤传感法利用管道周围敷设的光纤构成的分布式光纤振动传感器检测管道沿线的振动信号，可实现对管道周围第三方施工、打孔盗油等威胁管道安全的事件进行实时监测。基于光纤传感的泄漏检测方法主要有基于光时域反射（OTDR）技术的泄漏检测法、光纤温度传感器泄漏检测法、基于 Sagnac 光纤干涉仪原理的泄漏检测法、基于用准分布式光纤 Bragg 光栅的泄漏检测法和基于 Mach-Zehnder 光纤干涉仪原理的泄漏检测法等。

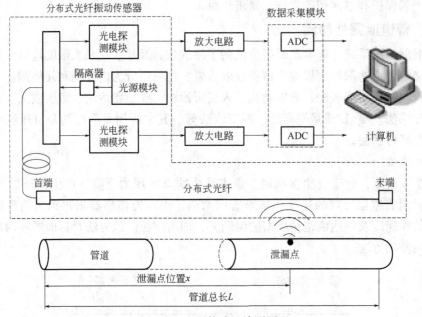

图 7.7 光纤传感法检测原理

现有外检测技术的主要问题是检测灵敏度低，对腐蚀、裂纹、自然泄漏等不敏感。

7.1.5 管道内检测技术

7.1.5.1 内检测技术简述

管道发生腐蚀后，主要表现为管壁减薄、蚀损斑、腐蚀点坑、应力腐蚀裂纹等。管道内检测就是应用各种检测技术真实地检测并记录管道的基本尺寸（壁厚及管径）、管线直度、管道内外腐蚀状况（腐蚀区大小、形状、深度及发生部位）、焊缝缺陷以及裂纹等情况。内检测技术利用搭载无损检测设备的内检测器，投放到管道中，靠近缺陷、泄漏点进行检测，理论上具有很高的检测灵敏度。目前应用较多的是超声内检测技术、漏磁内检测技术、涡流内检测技术等，此外内检测器还可以测量管道内部的几何变形情况。

1.漏磁内检测技术

漏磁内检测技术的应用最为广泛和成熟，适合腐蚀缺陷检测，具有可操作性和安全性较好的优点，在油田管道检测中使用极为广泛。但漏磁内检测只适用于材料表面和近表面的检测，且抗干扰能力差、空间分辨力低，因此，被测管壁不能太厚。

2. 超声内检测技术

超声内检测是用灵敏的仪器接收和处理采集到的声发射信号，通过对声发射源特征参数的分析和研究，推断出材料或结构内部活动缺陷的位置、状态变化程度和发展趋势。

超声内检测是管道腐蚀缺陷深度和位置的直接检测方法，测量精度高，被测对象范围广，检测数据简单，缺陷定位准确且无需校验，检测数据非常适合用于管道最大允许输送压力的计算，为检测后确定管道的使用期限和维修方案提供了极大的方便；适用于大直径、厚管壁管道的检测；能够准确检测出管道的应力腐蚀破裂和管壁内的缺陷如夹杂等。

3. 涡流内检测技术

涡流内检测技术能够检测导电材料的缺陷，对表面裂纹敏感，但由于自身特点，在应用中尚存在一些技术难题，例如透入深度变化会产生类似金属缺损的信号，掩盖真正的信号，对轴向裂纹不敏感，缺陷定量困难。

4. 射线检测技术

射线检测技术即射线照相术，它可以用来检测管道局部腐蚀，借助于标准的图像特性显示仪可以测量壁厚。该技术几乎适用于所有管道材料，对检测物体形状及表面粗糙度无严格要求，而且对管道焊缝中的气孔、夹杂和疏松等体积型缺陷的检测灵敏度较高，对平面缺陷的检测灵敏度较低。射线检测技术的优点是可得到永久性记录，结果比较直观，检测技术简单，辐照范围广，检测时不需去掉管道上的保温层；通常需要把射线源放在受检管道的一侧，照相底片或荧光屏放置在另一侧，故难以用于在线检测；为防止人员受到辐射，射线检测时检测人员必须采取严格的防护措施。射线测厚仪可以在线检测管道的壁厚，随时了解管道关键部位的腐蚀状况，该仪器对于保证管道安全运行是比较实用的。

射线检测技术最早采用的是胶片照相法，得到的图像质量低，而且存在检测工序多、周期长、探测效率低、耗料成本高及检测结果易受人为因素影响等缺点，限制了射线胶片照相法的应用。随着计算机技术、数字图像处理技术及电子测量技术的飞速发展，一些新的射线检测技术不断涌现，主要包括射线实时成像技术、工业计算机断层扫描成像技术（ICT）及数字化射线成像技术。近期，一种新型的 X 射线无损检测方法"X 射线工业电视"被应用到管道焊缝质量的检测中，X 射线工业电视以工业 CCD 摄像机取代原始 X 射线探伤用的胶片，并用监视器（工业电视）实时显示探伤图像。通过采用 X 射线无损探伤计算机辅助评判系统进行焊缝质量检测与分析，可使管道在线检测工作实现智能化和自动化。

5. 基于光学原理的无损检测技术

基于光学原理的无损检测技术在对管道内表面腐蚀、斑点、裂纹等进行快速定位与测量过程中，具有较高的检测精度且易于实现自动化。相比其他检测方法，该方法在实际应用当中有很大的优势。目前在管道内检测中采用较为普遍的光学检测技术包括 CCTV 摄像技术、工业内窥镜检测技术和激光反射测量技术。管道内检测时，仪器放置在管道内，在运动过程中检测管道不同位置的情况。根据管道内检测仪器的运动动力来源的不同，可以分为被动式和主动式两种。

7.1.5.2 清管器

管道在长期输运过程中，会在内壁逐渐积累有害杂质，引起管道内壁腐蚀，增加管壁粗糙度，缩小管道流通截面，造成局部堵塞，降低输送效率。在欲作业的管道中，按作业的要求置入相应系列的清管器。清管器皮碗的外沿与管道内壁弹性密封，用管输介质产生的压差为动力，推动清管器沿管道运行。依靠清管器自身或其所带机具所具有的刮削、冲刷作用来清除管道内的结垢或沉积物。

如图7.8所示，清管器（PIG）是一类用于清管和管道检测的无动力被动式专用工具。它利用管内流动介质（气体、液体）产生的动力，驱动自身在管道内运动，在运动过程中实现清理或检测管道的功能。它可以携带电磁发射装置与地面接收仪器共同构成电子跟踪系统，还可配置其他配套附件，完成各种复杂管道作业任务。

清管器一般有橡胶清管球、皮碗清管器、直板清管器、刮蜡清管器、泡沫清管器、屈曲探测器等六大系列。

随着管道内外腐蚀的检测问题逐渐被重视，为实现在不影响正常输送的条件下对管

图7.8 清管器

道进行检测，将各种无损检测仪器和信息储存单元搭载在清管器上，把原来单纯用于清管作业的清管器改为具有信息采集、数据处理和存储等功能的智能清管器（inner inspection PIG，也叫 Smart PIG）。

智能清管器的优点是在于操作简单、作业时对管道运输工作不产生中断、无需额外动力即可实现长管道里行走功能，适用于大型、大流量、长距离的运输管道；缺陷是无法内置智能控制系统，运动具有随意性，很难满足精密检测的要求。

7.1.5.3 管道机器人

管道机器人分类方式较多，按照其运动方式的不同，可分为四大类：轮动式管道机器人、履带式管道机器人、爬行式管道机器人、脚式管道机器人。

1. 轮动式管道机器人

如图7.9所示，轮动式管道机器人的行走机构主要由滚轮、传动机构和驱动电动机组成，驱动电动机通过传动机构将动力输送到滚轮上，操作人员通过控制电动机实现滚轮的定向滚动，通过滚轮与管道内壁间摩擦力的作用实现机器人的可控运动。

图7.9 轮动式管道机器人

滚轮的运动方式可分为直线滚动和螺旋滚动。直线滚动中，滚轮在管道内的运动轨迹为直线。螺旋滚动中，滚轮在管道内的运动轨迹为螺旋线，用于驱动的滚轮转动的机构放置在机器人的前端或者后端，滚轮的放置方向与机器人的轴心具有一定偏度，驱动电动机带动滚轮机构旋转，滚轮机构在管道内螺旋前进的同时带动机器人整体前进。

滚轮的分布方式可分为平面式机构和空间式机构。平面式机构即机器人的所有滚轮在同一平面上，该结构在垂直方向上的负载能力强，但体积较大，爬坡能力较弱，且在直径较小的弯管或者分叉位置的拐弯能力不足。空间式机构即机器人的滚轮沿轴向均匀分布，通常是三轮呈120°分布，与管道中轴具有较好的同轴度，利于执行机构的作业，且具有较好的垂直攀爬能力。

轮动式管道机器人的缺点在于其驱动力受整体力封闭的限制而难以提高。

2. 履带式管道机器人

履带式管道机器人的行走机构主要由履带、齿轮和驱动电动机组成。履带式管道机器人的行走机构具有比轮动式管道机器人更强的地面附着力，拖拽能力大，可适用于管道内阻力大、湿滑的环境，但受履带结构的限制，机器人的弯道通过能力较弱，因此履带式管道机器人普遍应用于曲率半径较大的大内径管道内。

3. 爬行式管道机器人

如图7.10所示，爬行式管道机器人运用了仿生学原理，参考毛虫、蚯蚓、蛇等爬行动物的运动方式设计而成。目前，爬行式管道机器人主要分为蠕动式机器人和蛇形机器人两大类。蠕动式管道机器人主体分为前端和后端，在前进过程中，首先是后端作为固定端对机体实现支撑固定，前端通过驱动电动机等动力元件产生的推力向前运动直至到达限定的位置，接着前端转为固定端，后端在动力原件的作用下向前端靠近，从而实现机器人蠕动式的前进。蛇形机器人是通过利用摩擦学和动力学等相关理论建立起行波运动学模型，并结合该

图7.10 爬行式管道机器人

运动模型研制出来的新型仿真机器人，是目前被称为"最富于现实感的机器人"。

4. 脚式管道机器人

脚式管道机器人也是运用了仿生学原理，通过参考多腿足动物的移动方式、结构形态设计而成。脚式管道机器人多采用四足、六足或者八足结构，保证整体支撑的稳定可靠，能灵活地在复杂的管道内行进，但这种灵活性的实现取决于对爬行器行走步态的协调和控制。多腿足的脚式管道机器人运转需要多个关节的电动机共同协调运转。为实现控制系统的准确、稳定控制，各关节处需要同时安装多种传感器用以实现对机器人的运动进行实时监测，并且控制系统需要大量的存储空间去对传感器传送回来的数据进行快速计算和存储。脚式管道机器人的整体行动规划复杂，系统研发和制造成本昂贵。

7.2 管道超声检测技术

7.2.1 简述

目前，常用的管道内检测方法有涡流检测、漏磁检测、射线检测和超声检测等。与其他的检测方法相比，超声检测方法的精度高且能够适用于不同管径和复杂环境的管道。根据换能机理的不同，超声检测方法分为压电超声检测和电磁超声检测。由于压电超声检测需要耦合剂且对表面粗糙度的要求较高，无法用于在线检测和低温检测。而电磁超声检测技术具有非接触的特点，实施时无需用甘油等将其与被测管道耦合，因此目前电磁超声检测技术的应用越来越广泛。

超声波通常指频率超过 20kHz，通过机械振动，并在介质中传播，且具备连续传播能力的

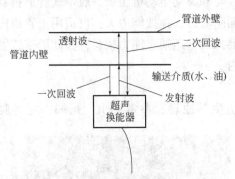

图 7.11 管道腐蚀超声检测原理

机械波或电磁波。通过采集超声波在弹性介质的传播过程中受各物理参数调制的相关信息进行分析和研究，就能反演出待测物体的基本属性。

超声检测技术用于管道腐蚀检测的原理如图 7.11 所示，超声换能器放置于待测管道，管道输送介质（油、水）作为超声换能器与待测管道间的耦合剂。超声换能器向待测管壁发射宽频超声波，利用超声波脉冲反射原理测量管道受腐蚀后的剩余壁厚，当管道受腐蚀引起壁厚发生变化时，超声波就会改变原来的传播规律，通过这些规律的变化分析，就可以得到管道缺陷的有关信息。

由超声传感器垂直向管壁发射一组超声波脉冲，探头会接收到由管壁内表面反射的回波（一次回波），回波时间为 t_1；然后接收到由管壁缺陷或者管壁外表面反射的回波（二次回波），回波时间为 t_2。在管道中假设超声波传播速度是 v，由测量其传播的时差变化就可以计算管道的壁厚。

$$\delta = v\frac{t_2 - t_1}{2} \tag{7.1}$$

计算出管道的实际厚度，进而得到缺陷的深度。为判定实际缺陷存在于管道内壁还是外壁，尚需考虑探头到管道内壁的距离。假设探头到管道内壁的距离为 a，管道实际壁厚为 b，当实际缺陷为外壁腐蚀时，在实际测量中会发现 a 不变，但是壁厚 b 减少；而当出现内壁腐蚀时，测量到的 a 增加，同时壁厚 b 减少。因此，依据距离 a 和壁厚 b 在不同情况下的变化，即能够判别管道是内壁缺陷还是外壁缺陷。

7.2.2 压电超声检测

7.2.2.1 常规压电超声检测

常规压电超声检测器（换能器）基于压电材料的压电效应和逆压电效应，实现周向

导波的激励和接收。其典型结构如图 7.12 所示，主要由匹配层、压电单元（压电陶瓷、高分子压电材料等）、背衬以及外壳等组成。其中，匹配层一方面是保护压电单元不受外部应力及环境影响，另一方面是起到阻抗匹配的作用，最大程度提高超声波的透射率。背衬则起到阻尼块的功效，能够削减接收信号的多次反射。当通过电压引线向压电单元输入电压信号时，由于压电材料的压电效应，会在压电单元本身产生与外加电压信号同频率的机械振动，进而通过耦合剂将压电单元产生的振动传递到被测试件中。根据所选取的压电单元类型，优化设计其极化方向、加载方向、尺寸形状等参数，即能激发出所需要的周向导波。

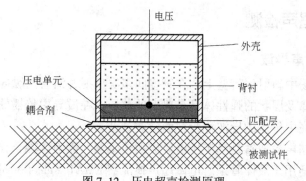

图 7.12　压电超声检测原理

7.2.2.2　超声相控阵检测

超声相控阵检测使用的探头是由若干压电晶片组成阵列换能器，通过电子系统控制阵列中的各个晶片按照一定的延时法则发射和接收超声波，从而实现声束的扫描、偏转与聚焦等功能，超声相控阵检测原理如图 7.13 所示。利用偏转特性，超声相控阵检测技术不仅可以在探头不移动的情况下实现对被检测区域的扫查，而且声束能够以多种角度入射到缺陷上，从而提高缺陷检出率；利用聚焦特性，超声相控阵检测技术可以提高声场信号强度、回波信号幅度和信噪比，从而提高缺陷检出率，以及缺陷深度及长度的测量精度。超声相控阵检测系统是高性能的数字化仪器，能够实现检测全过程信号的记录。通过对信号进行处理，系统能生成和显示不同方向投影的高质量的图像。

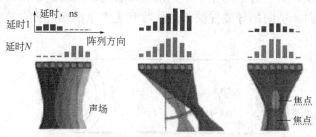

图 7.13　超声相控阵检测原理

美国 GE 公司研制的超声波相控阵管道内检测器有两种检测模式：超声波壁厚测量模式和超声腐蚀检测模式，适用于管径 610~660mm 的成品油管道。该检测器有别于传统检测器的单探头入射管道表面检测的方法，采用探头组的形式来布置探头环，几个相邻并非常靠近（间距 0.4mm 左右）的探头组成一个探头组，一个探头组内的探头按照一定的时间顺序来激发并产生超声波脉冲，而该激发顺序决定了产生的超声波脉冲的方向和角度，因此控制一个探头组内不同探头的激发顺序就可以产生聚焦的超声波脉冲。检测器包括 3 个探头环、44 个探头组，每个探头环提供一种检测模式，可根据不同的管道检测需求来确定探头环。该检测器包括清管器、电源、相控阵传感器、数据处理和储存模块 4 部分。清管器位于整个检测器的头部并装有聚氨酯皮碗，一方面负责清管以确保检测精度；另一方面起密封作用，使得检测器可以在前后压力差的作用下驱动前进。探头仓由 3 个独立的探头环组成，每个探头环的探头布置都能实现超声波信号周向全覆盖。检测器能够实现长 25mm、深 1mm 的裂纹检测，检测准确率超过 90%；最小检测腐蚀面积为 10mm×10mm。

7.2.3 电磁超声检测

7.2.3.1 电磁超声导波

导波是管内波场中斜射到管壁上，在管壁间多次反射并沿管的纵向传播、径向干涉的那些波。圆柱壳、棒及层状的弹性体都是典型的波导。在波导中传播的超声波称为超声导波，在圆柱和圆柱壳中传播的导波称为柱面导波。

传统意义上的超声检测器是基于压电效应的传感器，需液体耦合介质将超声波信号传导至管壁，因此只适用于液体管道。电磁超声换能器 EMAT（electromagnetic acoustic transducer）基于电磁耦合方式直接在被测试件内部形成超声波，具有非接触、无需耦合介质、高效灵活等特点，可应用于高温、有隔离层等特殊场合，不仅能激励周向兰姆波，也能激励周向 SH 波。当声波在薄板中传播时，声波在两个自由边界上均会发生反射，叠加后就形成了兰姆波（Lamb）质点振动发生在与波的传播面相垂直的面内的波为 SV 波，质点振动发生在与波的传播面相平行的面内的波为 SH 波。

常规超声检测管道时，声波信号激发方向为管道径向，频率约为 5MHz，超声导波信号传播方向为沿管道轴向，其检测频率约 50kHz。如图 7.14 所示，超声导波主声束沿管道周向传播为周向导波，沿管道轴向传播为轴向导波，沿管道螺旋向传播为螺旋向导波。电磁超声换能器可收发沿管道周向、轴向及螺旋向传播的超声导波。周向导波检测轴向裂纹缺陷，轴向导波检测周向裂纹缺陷。采用周向和轴向超声导波进行管道斜向裂纹缺陷检测时，经过斜向裂纹缺陷反射后的主声束方向不沿管道的周向和轴向传播，而沿着管道的螺旋方向传播，周向和轴向的导波探头无法接收到主声束沿螺旋方向传播的超声导波。

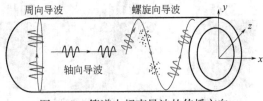

图 7.14　管道中超声导波的传播方向

利用超声原理进行缺陷检测时，超声导波在埋地管道中能传播 8~60m，根据管道外部防腐层状况，其检测距离相差较大，沥青外防腐层甚至只能检测不到 10m。当检测探头发出一定频率超声导波时，此声波会分布在管道圆周方向和整个管壁，并向远处传播，通过检出返回信号包含的信息，管道壁厚的任何变化都会产生反射信号，接收探头会收集回波信号，并确定缺陷。

7.2.3.2 电磁超声SH波传感器原理

超声导波因为在传播过程中衰减小、传播距离远，所以非常适用于管道的长距离检测。电磁超声导波包括Lamb波和SH波。由于SH波在传播过程中衰减小且不发生波形转换，所以SH波检测距离更远，检测效率更高。采用电磁超声SH波传感器可以较好地对管道的周向和轴向缺陷进行检测。

目前电磁超声SH波的激励方式主要有两种，第一种方式基于洛伦兹力原理，采用周期性磁场与跑道形线圈激励；第二种方式基于磁致伸缩原理，采用水平磁场与曲折形线圈激励。

图7.15为基于洛伦兹力的电磁超声SH波传感器（换能器）测试原理。其中周期磁铁提供周期性的垂直磁场，线圈中电流的方向与磁铁排列的方向一致。当在线圈中通以大功率的高频交变电流时，会在被测件的表面感生出涡流，涡流在垂直静态磁场的作用下产生交变的洛伦兹力，被测件表面的质点在洛伦兹力的作用下，产生有规律的高频振动，宏观上表现为以超声波的形式传播。由图7.15可知，超声波沿磁铁排列的方向传播，振动方向与传播方向垂直。磁铁的宽度为d，则磁铁排列的每一个周期为$2d$，周期的大小决定了所激励SH波的波长，即

$$\lambda = 2d \tag{7.2}$$

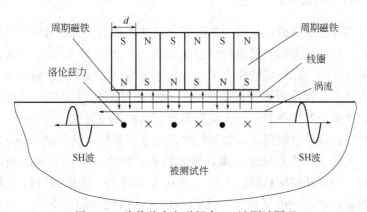

图7.15 洛伦兹力电磁超声SH波测试原理

在被测试件中超声波的波速v、频率f和波长λ的关系为

$$\lambda = \frac{v}{f} \tag{7.3}$$

将公式(7.3)代入公式(7.2)中可得

$$d = \frac{v}{2f} \tag{7.4}$$

当被测工件的材料一定时，超声波在其中的传播速度是一定的，因此所采用的磁铁的宽度由选用的激励频率决定。若设计的传感器激励频率为500kHz，超声在管道中的传播速度以3000m/s计算，则SH波的波长为6mm，如图7.15所示，周期排列的磁铁中磁铁宽度3mm为半波长。

在铁磁性材料当中，主要是以磁致伸缩力为主产生超声波。图7.16是基于磁致伸缩

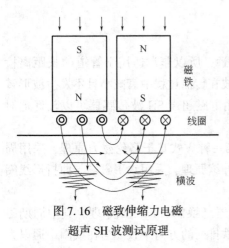

图 7.16　磁致伸缩力电磁
超声 SH 波测试原理

力的电磁超声换能器。线圈中固定频率的交流电流会产生磁场，磁场在铁磁性材料内部产生磁化力，在有规律变化的磁化力的作用下产生磁致伸缩力，磁致伸缩力的作用下产生超声波。

依电磁超声基本结构产生电磁超声的有两种效应：洛伦兹力效应和磁致伸缩效应。高频线圈通以高频激励电流时就会在试件表面形成感应涡流，感应涡流在外加磁场的作用下会受到洛伦兹力的作用产生电磁超声；同样，强大的脉冲电流会向外辐射一个脉冲磁场，脉冲磁场和外加磁场的复合作用会产生磁致伸缩效应，磁致伸缩力的作用也会产生不同波形的电磁超声。洛伦兹力和磁致伸缩力两种效应具体是哪种在起着主要作用，主要是外加磁场的大小、激励电流的频率决定。

7.3　管道漏磁检测技术

7.3.1　漏磁检测原理

漏磁检测原理建立在铁磁性材料的高磁导率特性基础上。管道通常采用钢材制造，是良好的导磁材料，可被强大的磁场进行深度的磁化。如图 7.17 所示，当管道无缺陷存在时，整个钢材是连续的，在磁场的作用下会产生连续的与轴线平行的磁力线通过并全部束缚在管道内。若被检测管道表面或近表面存在缺陷或组织状态变化，根据平面电磁场理论，磁力线会在界面处发生折射。由于缺陷部位横截面积的突变，会导致一部分磁通直接穿越缺陷或在材料内部绕过缺陷，而铁磁性材料与空气磁导率的差异，会导致一部分磁通离开材料表面，通过空气绕过缺陷再重新进入材料，从而在材料表面的缺陷处形成漏磁场。该漏磁场频率与激励频率相同，大小与磁化强度有关。这样通过传感器（霍尔元件或线圈）的检测就能将磁场的变化情况通过电信号转换记录储存下来，作为缺陷定位和定量的直接依据。

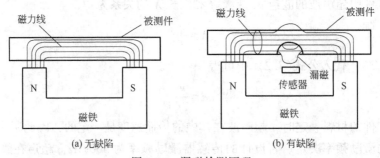

图 7.17　漏磁检测原理

通过被检横截面积 S 的总磁通为

$$\phi_0 = B_0 S \tag{7.5}$$

铁磁性材料的磁感应强度为

$$B_1 = B_0 (\mu_1 / \mu_0) \tag{7.6}$$

式中 μ_1——空气的相对磁导率；

μ_0——铁磁性材料的相对磁导率。

铁磁性材料磁化饱和后，其磁导率远远小于空气的磁导率，当缺陷附近存在磁通量 B_0 通过时，材料内的磁通量密度变大，磁导率下降，导致部分磁力线溢出，穿过缺陷周边部位，最终形成漏磁场。

如图 7.18 所示，磁化器由 U 形导磁材料和激励线圈组成，其中激励线圈绕制在 U 形高导磁材料的两个圆柱上，激励线圈中施加交流电。磁敏感检测元件与磁化器同步运动，同时扫描缺陷区域，最终可以获得缺陷漏磁信号。

磁敏感检测元件通常采用霍尔元件或感应线圈。霍尔元件是基于霍尔效应原理工作的，测量的是绝对磁场的大小，检测灵敏度较高。

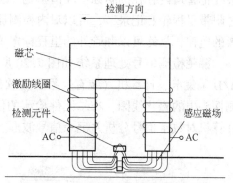

图 7.18 漏磁检测传感器结构示意图

感应线圈是通过切割磁力线产生感应电压，测量的是磁场的相对变化量。感应线圈对空间域上的高频磁场较敏感。磁化的磁场集中在被测构件的表层，探伤的深度随着交流频率的提高而减小。因此交流漏磁检测法可用于检测表面和近表面的裂纹、腐蚀、盲孔等缺陷，具有对表面缺陷信号敏感、易于识别的特点。

7.3.2 漏磁检测系统

管道漏磁检测系统主要分成三个部分，分别是漏磁在线内检测器模块、里程标定模块和数据分析处理模块。其中最重要的部分就是内检测器，如图 7.19 所示。为了有效检测运行中管道的腐蚀，在线检测时，内检测器主要采用节状结构，通过万向节进行连接。在其动力节上，为了有效地防止管道内介质所造成的阻力，会在其上安装一个比管道内径稍大的橡胶碗，可贴合管壁滑动，从而带动装置前进。

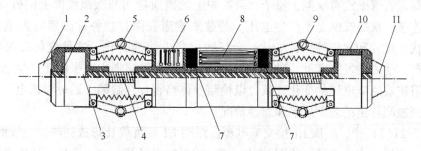

图 7.19 漏磁内检测器结构示意图

1—上接头；2—信号电缆；3—电路盒；4—电缆连接器；5—上扶正器；6—横向探头；
7—磁化器；8—纵向探头；9—下扶正器；10—主体；11—下接头

内检测器主要是以管道运输的介质流动性作为前进动力，通过内检测器在管道不断地前进和检测，从而获得管道的被检测信息，很好地实现对管道腐蚀的无损在线检测。这个系统中主要由牵引节、测量节、信号记录节和电池节组成。它们分别有各自的功能，牵引节主要是提供动力，带动内检测器向前运动。测量节由磁化装置和霍尔元件组成。磁化装置包含永磁铁和钢刷，这样的设计可以对管道进行有效的磁化。霍尔元件对漏磁场进行有效的检测，从而发现管道中存在的缺陷。信号记录节是对测量出来的各种数据进行处理，最终把管道内存在的腐蚀情况清晰地反映出来。电池节提供电源。在内置检测模块中，通过附带里程轮和记录节，可以对内检测器在管道内部运动的具体情况和准确的位置做到有效的监控，最终可以和管外的里程标定单元共同确定管道腐蚀的准确位置。

漏磁检测信号处理系统如图 7.20 所示，包括激励电路、检测探头、信号调理电路、A/D 采集卡、计算机（装有信号分析软件）等。激励电路产生一定频率的交流电供给检测探头中的磁化线圈，霍尔元件检测的信号经信号调理电路后送至 A/D 采集卡，最后由计算机对数字信号分析并记录信号波形。

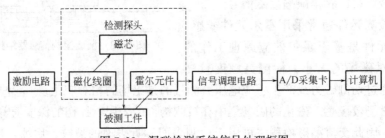

图 7.20　漏磁检测系统信号处理框图

7.4　管道涡流检测技术

7.4.1　涡流检测原理

涡流检测是以电磁场理论为基础的电磁无损探伤方法。该技术的基本原理是：在涡流检测器的两个初级线圈内通以微弱的电流，使钢管表面因电磁感应而产生涡流，用次级线圈进行检测。若管壁没有缺陷，每个初级线圈上的磁通量均与次级线圈上的磁通量相等；由于反相连接，次级线圈上不产生电压。若被测管道表面存在各种因素（如电导率、磁导率、形状、尺寸和缺陷等）的变化，会导致感应电流的变化，这种变化反映出导体的性质和状态，使磁通发生紊乱，磁力线扭曲，次级线圈的磁通失去平衡而产生电压。通过检测线圈阻抗或感应电压的变化，就可以检测导体是否存在缺陷。通过对该电压信号的分析，可得到被测管道的表面缺陷和腐蚀情况。

如图 7.21(a) 中，线圈 L1 接交流电源，线圈 L2 接负载 R 形成回路。当线圈 L1 中电流变化时，在周围产生磁场。线圈 L2 处于线圈 L1 的磁场范围内，产生感应电动势和感应电流。线圈 L2 中的感应电流又会影响线圈 L1，产生感应电流。若改变线圈 L2 中负载 R，则线圈 L1 中的感应电流会随之发生变化。

在实际涡流检测中，若用导电的试件来代替线圈 L2，如图 7.21（b）所示。当线圈 L

接入激励信号，电流发生变化时，试件处于交变磁场中，内部构成闭合回路，通过线圈回路的磁通量发生变化，线圈中就会产生感应电动势，因此在回路中也会产生感应电流。电流的路径往往在导体内自行闭合犹如水中的漩涡，因此称为涡流。涡流信号会产生和线圈L2次生磁场等效的磁场。

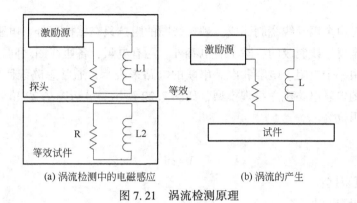

(a) 涡流检测中的电磁感应　　　　　　　　(b) 涡流的产生

图 7.21　涡流检测原理

7.4.2　电流透入深度

直流电通过圆柱导体时，导体横截面上的电流密度基本上是均匀的。但当交流电通过圆柱导体时，横截面上的电流密度不再是均匀的了，而是导体表面电流密度大、中心电流密度小，这种现象称为趋肤效应。电流密度从表面到中心的变化规律为

$$I = I_0 e^{-x\sqrt{\pi f \mu \sigma}} \tag{7.7}$$

式中　I_0——导体表面的电流密度；

　　　I——距离表面深度 x 处的电流密度。

由式(7.7) 可知，电流密度随着离表面的距离增加而减少。当电流密度减少到表面电流密度的 I_0/e 时的深度，称为标准透入深度，用 δ 表示：

$$\delta = \frac{1}{\sqrt{\pi f \mu \sigma}} \tag{7.8}$$

由此可见，导体的磁导率 μ、电导率 σ 和交变电流频率 f 增加，透入深度减小。

在实际工程应用中，标准透入深度 δ 是一个重要数据，因为在 2.6 倍透入深度处，涡流密度一般已经衰减了约 90%。工程中，通常定义 2.6 倍的标准透入深度为涡流的有效深度。其意义是：将 2.6 倍标准透入深度范围内 90% 的涡流视为对涡流检测线圈产生有效影响，而在 2.6 倍标准透入深度以外的总量为 10% 的涡流对线圈产生的效应是可以忽略不计的。

7.4.3　线圈的阻抗分析

涡流检测中，要检测的信号是来自检测线圈的阻抗或次级线圈感应电压的变化。由于影响阻抗和电压的因素很多，各因素的影响程度也各不相同，因此要提取出有意义的信号，必须要有消除干扰因素的手段和方法，以达到消除干扰信号的目的。

阻抗分析法认为，测量线圈的阻抗变化及其相位变化就可得到涡流检测信息。通过

阻抗分析可辨识各个因素对涡流检测信号的影响。涡流无损检测建立在导体内电磁波传播理论基础上。电磁波在导体中传播时，其相位的延迟与其进入导体的深度和折返时间有关。阻抗分析法实质上是根据涡流检测信号有不同相位延迟的特征来区别测试工件中的不连续性。目前阻抗分析法是大部分涡流无损检测设备采用的信号分析方法。

探头线圈是由金属导线绕制而成。理想线圈的阻抗只有感抗部分，电阻为零。但实际上，线圈是用金属导线制成的，除了有电感外，还有电阻，各匝线圈之间还有电容，所以一个线圈可以由一个电阻、电容和电感串联的电路来表示，通常忽略线匝间的分布电容，用电阻和电感的串联电路建立物理模型，如图 7.22 所示。分析图 7.22 单个线圈的等效电路，线圈的复阻抗为

$$Z = R + jX \tag{7.9}$$

其中
$$X = \omega L$$

式中　Z——复阻抗；

　　　　R——线圈电阻；

　　　　X——线圈电抗；

　　　　L——线圈电感；

　　　　ω——角频率，与信号频率 f 的关系为 $\omega = 2\pi f$。

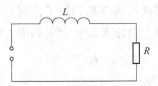

图 7.22　单个线圈的等效电路

被测导体可等效为一个线圈，内部感应可产生涡流。两个线圈相互耦合如图 7.23(a) 所示。在探头线圈（一次线圈）的交变信号激励下，探头线圈中的交变电流通过互感在被测导体（二次线圈）中产生电流，导体中电流又会通过互感影响探头线圈中的电流，等效电路如图 7.23(b) 所示，可以用互感量 M 来表示探头线圈与金属导体间的影响程度。

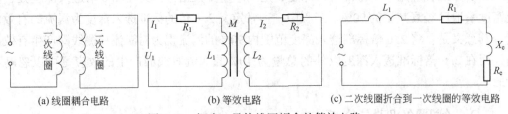

(a) 线圈耦合电路　　　　　　(b) 等效电路　　　　　(c) 二次线圈折合到一次线圈的等效电路

图 7.23　探头、导体线圈耦合的等效电路

假定被测导体为短路线圈，R_2、L_2、$\tilde{I}_2$ 分别表示导体线圈的电阻、电感和电流，M 表示它与探头线圈间的互感，R_1、L_1、$\tilde{I}_1$ 分别表示探头线圈的电阻、电感和电流，$\tilde{U}_1$ 为交流电动势，ω 表示探头线圈中电流信号的角频率，根据电压定理可得

$$\begin{cases} R_1 \tilde{I}_1 + j\omega L_1 \tilde{I}_1 - j\omega M \tilde{I}_2 = \tilde{U}_1 \\ -j\omega M \tilde{I}_1 + R_2 \tilde{I}_2 + j\omega L_2 \tilde{I}_2 = 0 \end{cases} \tag{7.10}$$

解方程组（7.10）可得

$$\tilde{I}_1 = \frac{\tilde{U}_1}{R_1 + \dfrac{\omega^2 M^2}{R_2^2 + \omega^2 L_2^2} R_2 + j\omega \left(L_1 - \dfrac{\omega^2 M^2}{R_2^2 + \omega^2 L_2^2} L_2 \right)} \tag{7.11}$$

由式(7.9)可得探头线圈的总阻抗为

$$Z = \frac{\tilde{U}_1}{\tilde{I}_1} = R_1 + \frac{\omega^2 M^2}{R_2^2 + \omega^2 L_2^2} R_2 + j\omega \left(L_1 - \frac{\omega^2 M^2}{R_2^2 + \omega^2 L_2^2} L_2 \right) \tag{7.12}$$

由此，可以得到探头线圈置于被测试件上时的等效电阻 R 和等效感抗 X 分别为

$$R = R_1 + \frac{\omega^2 M^2}{R_2^2 + \omega^2 L_2^2} R_2 \tag{7.13}$$

$$X = \omega \left(L_1 - \frac{\omega^2 M^2}{R_2^2 + \omega^2 L_2^2} L_2 \right) \tag{7.14}$$

二次线圈感应电流对一次线圈电流、电压的影响，可以用二次线圈电路阻抗通过互感反映到一次线圈的折合阻抗来体现，等效电路如图 7.23(c) 所示。将一次线圈自身阻抗与二次线圈折合阻抗之和称为视在阻抗

$$\begin{cases} Z_s = R_s + jX_s \\ R_s = R = R_1 + R_e \\ X_s = X = X_1 + X_e \end{cases} \tag{7.15}$$

因此，可以得到折合的电阻 R_e 和感抗 X_e：

$$\begin{cases} R_e = \dfrac{\omega^2 M^2}{R_2^2 + \omega^2 L_2^2} R_2 \\ X_e = -\dfrac{\omega^2 M^2}{R_2^2 + \omega^2 L_2^2} L_2 \end{cases} \tag{7.16}$$

应用视在阻抗的概念，当待测导体阻抗发生变化时，其折算到一次线圈电路，引起视在阻抗发生变化，从而导致一次线圈电路的电流和电压的变化。通过对一次线圈阻抗变化进行分析，就能推知二次线圈电路中阻抗的变化，从而得到待测导体的信息。

7.4.4 有效磁导率和特征频率

7.4.4.1 有效磁导率

涡流检测的关键问题是线圈的阻抗分析。由于线圈阻抗变化主要是由磁场变化引起的，对线圈进行阻抗分析时，关键问题是磁场的分析，对检测线圈放入磁场引起变化的情况进行分析，得到检测线圈阻抗及感应电压的变化情况，从而分析出关键的各种影响因素。

有效磁导率的物理意义是把待测导体中各点具有不同的磁场强度和具有相同磁导率等效地假设为各点具有相同的磁场强度和不同的有效磁导率，简化了实际应用中的阻抗分析问题。

在半径为 a、相对磁导率为 μ_r 的长直圆柱导体上，紧贴密绕一螺旋管线圈。这里取坐标 z 轴与螺线管轴线重合，忽略边缘效应，在螺线管中通以交变电流 i，则在螺线管内圆柱导体中会产生以沿径向变化的交变磁场 H_z，它是螺线管线圈空心时其内的激励磁场 H_0 和导体内涡流产生的磁场的矢量叠加。由于趋肤效应，H_z 在圆柱导体横截面上的分布是不均匀的，随着到轴线的距离 r 增大而减弱。圆柱导体内的磁感应强度为

$$\dot{B}_z(r) = \mu_0 \mu_z \dot{H}_z(r) \tag{7.17}$$

式中，加点表示变量的复数形式。根据电磁场理论，可求得 $\dot{H}_z(r)$ 为

$$\dot{H}_z(r) = A_1 \mathrm{I}_0\left(\sqrt{\mathrm{j}}\, kr\right) + A_2 \mathrm{K}_0\left(\sqrt{\mathrm{j}}\, kr\right) \tag{7.18}$$

$$\mathrm{K}_0 \sqrt{\omega\mu\sigma} = \sqrt{\omega\mu_r \mu_0 \sigma}$$

式中　$\mathrm{I}_0(\sqrt{\mathrm{j}}\, kr)$——第一类零阶虚宗贝塞尔（Bessel）函数；

$\quad\quad \mathrm{K}_0(\sqrt{\mathrm{j}}\, kr)$——第二类零阶虚宗贝塞尔函数；

$\quad\quad A_1$、A_2——复常数；

$\quad\quad \sigma$——圆柱导体的电导率。

根据磁场的边界条件以及利用 $\mathrm{K}_0(\sqrt{\mathrm{j}}\, kr)$ 的性质，可以得到

$$\dot{H}_z(r) = H_0 \frac{\mathrm{I}_0(\sqrt{\mathrm{j}}\, kr)}{\mathrm{I}_0(\sqrt{\mathrm{j}}\, ka)} \tag{7.19}$$

因此通过圆柱导体任一截面的磁通量为

$$\dot{\phi} = \int_s B_z \mathrm{d}s = \int_0^a 2\pi r \mu_0 \mu_r \dot{H}_z(r)\,\mathrm{d}r = 2\pi\mu_0\mu_r \dot{H}_0 \frac{a}{\sqrt{\mathrm{j}}\, k} \frac{\mathrm{J}_1(\sqrt{-\mathrm{j}}\, ka)}{\mathrm{J}_0(\sqrt{-\mathrm{j}}\, ka)} \tag{7.20}$$

式中　$\mathrm{J}_0(\sqrt{-\mathrm{j}}\, kr)$、$\mathrm{J}_1(\sqrt{-\mathrm{j}}\, kr)$——零阶和一阶贝塞尔函数。

对于以上情况提出假设模型：圆柱导体的整个截面上有一个恒定不变的磁场 H_0，而磁导率却在截面上沿径向变化，它所产生的磁通等于圆柱导体内真实的物理场所产生的磁通。这样，就用一个恒定的磁场 H_0 和变化着的磁导率替代了实际上变化着的磁场 H_z 和恒定的磁导率 μ，这个变化着的磁导率便称为有效磁导率，用 μ_{eff} 表示。它是一个复数，对于非铁磁性材料来说，其模小于 1。

根据以上假设，磁感应强度为

$$\dot{B} = \mu_0 \mu_r \mu_{\mathrm{eff}} H_0 \tag{7.21}$$

磁通量为

$$\dot{\phi} = \dot{B} S = \mu_0 \mu_r \mu_{\mathrm{eff}} H_0 \pi a^2 \tag{7.22}$$

真实物理场所产生的磁通与假想模型的磁通应相等，即式（7.20）与式（7.22）相等，因而可以求出有效磁导率为

$$\mu_{\mathrm{eff}} = \frac{2}{\sqrt{-\mathrm{j}}\, ka} \frac{\mathrm{J}_1(\sqrt{-\mathrm{j}}\, ka)}{\mathrm{J}_0(\sqrt{-\mathrm{j}}\, ka)} \tag{7.23}$$

由此可见，有效磁导率不是一个常量，而是一个与激励频率 f 以及导体的半径 r、电导率 σ、磁导率 μ 有关的变量，故通过检测线圈感应电压就可以得到被测导体的相关信息。可以看出，探头输出电压的幅值、相位都受到待测试件的影响，涡流检测需要从探头输出电压中提取幅值、相位信息，从而反映出待测试件缺陷信息。

7.4.4.2 特征频率

式 (7.20) 中，贝赛尔函数的虚宗量为

$$\sqrt{-\mathrm{j}}\,ka = \sqrt{-\mathrm{j}\omega\mu\sigma a^2} = \sqrt{-\mathrm{j}2\pi f\mu\sigma a^2} \tag{7.24}$$

把有效磁导率 μ_{eff} 表达式中贝赛尔函数虚宗量的模为 1 时对应的频率定义为特征频率（或界限频率），用 f_{g} 表示。

$$\left|\sqrt{-\mathrm{j}}\,ka\right| = \sqrt{2\pi f\mu\sigma a^2} = 1 \tag{7.25}$$

则

$$f_{\mathrm{g}} = \frac{1}{2\pi\mu\sigma a^2} \tag{7.26}$$

对于一般的试验频率 f，很显然有下面的关系式成立：

$$ka = \sqrt{f/f_{\mathrm{g}}} \tag{7.27}$$

因此，在分析检测线圈阻抗时，常取 f/f_{g} 作为参数。

7.4.5 线圈的分类

涡流检测中使用的传感器是线圈，是用来连接测试仪器和被测试件的敏感元件。在检测中，首先需要有一个激励线圈，以便交变电流通过时，在线圈周围及试件内激励交变电磁场；同时，为了把在激励场作用下受工件内部性能或缺陷等因素影响所调制的信号检测出来，还需要一个测量线圈。通常在不需要区分线圈功能时，把激励线圈和测量线圈通称为检测线圈。

按检测线圈和试件的相互位置，检测线圈可分为外穿过式线圈、内通过式线圈和放置式线圈，如图 7.24 所示。

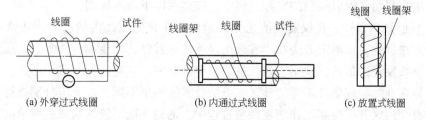

(a) 外穿过式线圈　　　　(b) 内通过式线圈　　　　(c) 放置式线圈

图 7.24　按位置分类的检测线圈

（1）外穿过式线圈：被测物体置于线圈内部，一般应用于管形、棒形等形状的试件表面的裂纹进行检测，对这类形状的试件易实现自动化、快速的检测。

（2）内通过式线圈：线圈位于被检测试件内部，主要用于检测试件内表面缺陷信息，对于管材或者内部中空的待测材料较为合适。

（3）放置式线圈：线圈放置于待测试件表面进行检测，具有体积小、灵敏度高、可

以检测复杂表面缺陷等优点。而目前涡流整列探头也是由多个放置式线圈以不同组合方式构成的。

按绕制方式，检测线圈可以分为绝对式线圈、差动式(标准比较式)线圈、自差动式(自比较式)线圈，如图 7.25 所示。

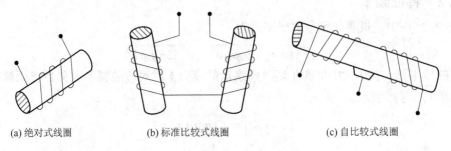

(a) 绝对式线圈　　　　(b) 标准比较式线圈　　　　(c) 自比较式线圈

图 7.25　按绕制方式分类的检测线圈

绝对式线圈只有一个检测线圈，通过检测线圈电压的变化或线圈的阻抗来检测试件是否存在缺陷。

差动式线圈是将标准试件与待测试件放在完全相同但反向连接的线圈中。若检测试件与标准试件不同，则线圈有输出，这样就实现了缺陷检测。

自差动式线圈与差动式线圈原理类似，但采用待测试件两个不同部分进行对比。若存在缺陷，那么线圈输出信号就会出现急剧的变化。

7.5　管道路由探测技术与仪器

7.5.1　管道探测基本原则

油气管道探测技术特点决定了工作原则，对于不同的管线、不同的环境需要采用相应的技术方法。在油气管道探测的实际过程中，需遵循以下基本原则：

(1) 从已知到未知。在仪器探测工作开始前，应首先在区内的已知管线敷设情况的地方进行方法试验，以确定方法技术和选用仪器的有效性、精度和有关参数。通过方法试验确定最小收发距、最佳收发距、最佳发射频率和功率，并确定定深修正系数。不同类型的管线仪器在地球物理条件不同的地区，方法技术的效果不同，因此应分别进行试验，然后推广到整个测区开展探测工作。在探测过程中，遇到不同的管线材质或疑难问题，应随时进行方法试验，提高探测的精度。

(2) 由易到难，从简单到复杂。开展探测工作时，应首先选择管线少、干扰少、条件比较简单的区域进行，然后逐步推进到条件相对复杂的地区。

(3) 管线探测的技术方法有很多种，实际应用时在保证探测质量的前提下，应优先选择简单、快捷、安全有效、成本低的方法。

(4) 在管线分布复杂区域，通过单一的技术方法很难或无法辨别管线的敷设状况，需要根据相应的复杂程度采用适当的综合方法，以提高对管线的分辨率和探测结果的可靠程度。

7.5.2 管道路由探测方法

地下管线按其材质可大致分为两大类：一是铸铁管、钢管等金属管线；二是水泥管、陶瓷管和工程塑料构成的非金属管道。目前常用的地下管线探测方法大都是利用上述管线与周围介质的物理特性（导电性、导磁性、密度、波阻抗和导热性等）差异进行探测，不同的探测方法适用于不同材质的管道和不同的地质条件。

管道路由探测是在不开挖探坑，或地表极小部分开挖的情况下（小面积开挖以裸露部分目标管道来连接仪器），快速准确地探测出地下管道的位置、走向、深度。

管道路由探测方法主要有钎探法、磁效应法、电磁感应法、电阻率法、探地雷达、声波法、地震波法等。由于实际应用中存在各种限制条件，较有代表性的方法主要有利用电磁定位仪 EML（electromagnet locator）的电磁探测法、利用探地雷达 GPR（ground probing/penetrating radar）的电磁波法和磁探测法等。

7.5.2.1 电磁探测法

电磁探测法利用探测目标（管线）与周围介质的导电性、导磁性和介电性的差异，根据电磁学的原理，观测和研究人工或天然形成的电磁场的分布规律（频率特性和时间特性），进而推断地下管线的位置状态。在利用该法探测地下金属管线的位置信息时，首先需要架设管线的长度大于地下管线的埋深，可以近似认为其长度无限长。那么，直导线在空间产生的磁场 B 便可以用公式来描述：

$$B = \frac{\mu_0 I}{2\pi r_0} = k\frac{I}{r_0} \tag{7.28}$$

式中 μ_0——介质的磁导率；

I——电流；

r_0——空间某点至导线的垂直距离。

由式（7.28）可以看出，在无限长的导线当中，电流在自由空间的磁力线垂直于导线的横截面，而其横截面是一组以导线为圆心的同心圆。

在各种电磁探测方法中，根据电磁场方式的不同，电磁探测法可分为感应法和直接充电法两种。

感应法的前提假设是地下管线与周围介质之间有明显的电性差异。当地面发射机发出的电磁信号（一次磁场）遇到地下金属管线及其周围介质后，管线本身及导电介质均会产生感应电流。但由于金属管线的导电性远大于周围介质的导电性，所以管线内的电流大于介质的电流，因此可认为管线相当于通电金属导线。此时地下管线中的二次谐变电流将产生二次磁场，可在地面上通过接收线圈可观测到。这样就可以根据如前所述的二次磁场的分布规律，通过解释分析，得出地下管线的位置和埋深。感应法具有探测精度高、适用范围宽、工作方式灵活、成本低、效率高等优点，得到较广泛的应用。

直接充电法也称为夹钳法，指把人工电流通过出露点连接到地下管线，来接收电流产生电磁场信号，最终实现探测地下管线信息的目的。这种方法比较简单，也可以产生比较强的电磁场，但是由于一些条件的限制，目前还无法在工程中直接进行使用。

7.5.2.2 电磁波法

电磁波法又称探地雷达法，是利用超高频电磁波探测地下介质分布的一种地球物理探测方法，可以探测地下的金属和非金属目标。探地雷达是利用高频电磁波以宽频带短脉冲形式由地面通过发射天线（T）送入地下，由于周围介质与管线的电导率和介电常数等物理性质存在明显差异，脉冲波在界面上产生反射和绕射回波。接收天线（R）在收到这种回波后，通过光缆将信号传输到控制台，经计算机处理后，将雷达图像显示出来，并通过对雷达波形的分析、判断，来确定地下管线的位置和埋深。该方法探测原理如图 7.26 所示。

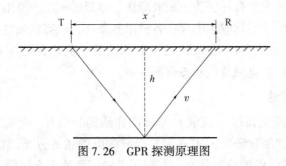

图 7.26　GPR 探测原理图

在地下管线探测中，电磁波法常用于探查电磁感应类仪器难以奏效的非金属管道，如地下人防巷道、排水管道、塑料燃气管道、中水管道等。电磁波行程为

$$x = \frac{1}{2}vt = \frac{1}{2}\frac{c}{\sqrt{\varepsilon_0}}t \tag{7.29}$$

探测深度为

$$h = \frac{1}{2}\sqrt{\frac{c^2t^2}{\varepsilon_0} - x^2} \tag{7.30}$$

式中　x——收发天线中点的距离；

t——脉冲波行程时间；

h——管线埋深；

v——电磁波在介质中的传播速度，可以用宽角法直接测量；

ε_0——地下介质的相对介电常数；

c——光速。

探地雷达采集的数据以脉冲反射波的波形形式记录，可在雷达屏幕上用灰度或彩色图像表示波形，由操作人员目视读取、判断雷达图像或者采用模式识别的方法进行目标自动识别。该方法具有操作简便、精度高的优点，在地下管线测量领域得到了普遍青睐。但是该方法要求土壤介质对电磁波的透过性好，因此在某些地质条件下应用受到了限制。

7.5.2.3 磁探测法

磁探测法基于磁感应的原理。铁质管道在地球磁场的作用下被磁化，管道磁化后的磁性强弱与管道的铁磁性材料有关。钢（铁）管的磁性较强，非铁质管则无磁性。磁化的铁质管道就成了一根磁性管道，而且因为钢铁的磁化率最强而形成它自身的磁场，与周围物质的磁性差异很明显，通过地面观测铁质管道的磁场的分布，便可以发现铁质管道并推算出管道的埋深。

7.5.3 管道定位与测深

7.5.3.1 平面定位原理

平面定位法适用于预埋金属标记线的非金属管道和金属管道测量。

平面定位原理如图 7.27 所示，有两种模式：

(1) 当水平线圈接收的信号强度达到极大值时，竖直线圈中心位于管线的正上方；

(2) 当竖直线圈接收的信号强度达到极小值时，竖直线圈中心位于管线的正上方。

7.5.3.2 测深原理

1. 45°角法（等腰直角三角形法）

如图 7.28 所示，将水平线圈旋转 45°，从管线正上方沿垂直于管线方向分别向左、右移动，当接收的信号强度达到峰值时，分别记下位置 x，测量左右两点间距的一半即为管线埋深 h。

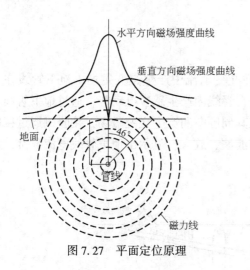
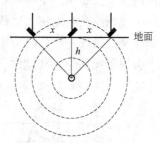

图 7.27　平面定位原理　　　　图 7.28　45°角法测深原理

2. 解析法测深

如图 7.29 所示，利用具有固定间距 L 的上下两个水平线圈接收的磁场强度 B 和 B_1，反演管线埋深 h：

$$h = \frac{B_1 L}{B - B_1} \tag{7.31}$$

3. 半极值法测深

如图 7.30 所示，当水平线圈中心位于管线正上方时，记住此处的信号强度值，然后沿垂直于管线方向移动水平探头，当信号强度值减少至峰值的 50% 时记下该点位置，测量左右两个峰值 50% 位置间距的一半即为管线埋深：

$$B_1 x = \frac{1}{2} B h \tag{7.32}$$

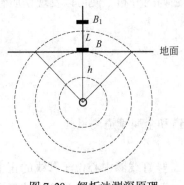

图 7.29 解析法测深原理

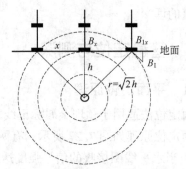

图 7.30 半极值法测深原理

4. 70%法测深

与半极值法测深类似，当水平线圈中心位于管线正上方时，记住此处的信号强度值，然后沿垂直于管线方向移动水平探头，当信号强度值减少至峰值的 70%时记下该点位置，测量左右两个峰值 70%位置间距即为管线埋深。

7.5.4 油气管道探测仪器

7.5.4.1 典型金属管线探测仪

如图 7.31 所示，发射机中的发射线圈在交变电流中产生交变磁场，地下管线在一定空间范围内对交变磁场产生等效切割作用，在管线内产生感应电动势，通过地下管线与大地构成的电流回路产生电流。管线电流又在其周围空间产生交变磁场，接收机通过接收探头的线圈在交变磁场中产生感应电流，通过滤波、放大，显示出地下管线电流异常，从而探测地下金属管线的位置和埋深。

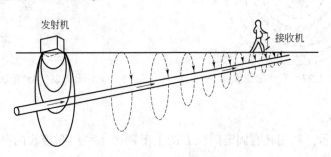

图 7.31 电磁法工作原理

金属管线探测仪器由发射机、接收机、采集电路和处理软件组成。进行探测时，由发射机发出电流或电磁波信号，通过不同的连接方式将发射信号传送到地下被探测金属管道上，目标管道构成一定距离的信号电流回路。

发射机向管道施加信号有三种方式：直连法、夹钳法和感应法。

直连法将发射机输出端与目标管道裸露在外的电气连接点（螺栓等）相连接，直接加载交变电流于管道上。

夹钳法将与发射机连接的夹钳套住出露管线位置，发射机信号直接施加于管线上。

感应法将发射机放置于目标管道正上方地面，发射机内有发射线圈，竖立方向与电缆走向一致。发射线圈通电流会产生感应磁场，处于感应磁场范围的管道表面随即产生感应电流。

采集电路对采样信号进行滤波等处理，用软件分析采集到的信号，根据峰值法（信号最强时为管道正上方）或波谷法（信号最低时为管道正上方）完成对管道的定位。

该法检测成本较低，操作简单，探测效率、探测精度高，但是易受电磁干扰，只能探测金属管线。

7.5.4.2 主要管道探测仪器产品

（1）金属管线探测仪包括雷迪 RD 系列、MetroTech 系列、赛宝系列、国产 SL 480A 探管仪、国产 BK6A 探管仪等；

（2）地质雷达包括加拿大 EKKO 系列、瑞典 MALA 系列、意大利 DS 系列、美国 SIR 系列、雷迪 RD1000 等；

（3）磁法探测仪器包括赛宝井盖探测仪、地质大学金属探测仪系列等。

7.6 管道泄漏检测技术与仪器

7.6.1 泄漏检测主要方法

管道泄漏检测系统是对原油输送管道全天时监测，一旦管线发生穿孔泄漏及时报警并且准确定位的工控系统。泄漏检测方法主要有两类：直接检测法和间接检测法。

7.6.1.1 直接检测法

直接检测法是在过去人工分段式巡检的基础上，携带泄漏检测工具，或利用安装在管道外边的检测装置，直接检测到漏出管外的输送气体或者其挥发气体，从而达到泄漏检测的目的。直接检测法包括红外成像法、气体检测法、智能爬行器检测法和电缆检测法等。

（1）热红外成像法。当输气管道发生泄漏时，泄漏点周围地面温度将发生变化。通过热红外线遥感摄像装置可以记录到管道周围的地热辐射效应，再利用光谱分析则可以检测出泄漏位置。这种方法检测的灵敏度较高，对泄漏点可较精确地进行定位，但不适用埋地较深的管道检测。

（2）智能爬行器检测法。智能爬行器是以无损探伤为原理进行录像观察的仪器设备，可进入管道内部，边爬行边检测管壁腐蚀情况、机械损伤程度及相应位置，为预测和判断是否泄漏提供依据。以漏磁检测为例，通过检测器上的磁铁将经过的管道磁化，对管道各缺陷处磁通泄漏情况进行记录，即可分析确定管道破损情况。此方法适用于弯头较少、连接处口径大的管道，能够较准确地判断泄漏，并根据管道状况预测泄漏。但该法投资较大，一般用于服役时间较长的整条管道进行全面检测。

（3）气体检测法。气体检测法是采用以接触燃烧为原理的可燃性气体检测仪器。这种方法的优点是受污染、温度或者机械运行影响较小，检测灵敏度较高，目前是检测输气管道的主要检测仪器；缺点是较易引发燃烧或爆炸事故，且不适合长距离连续检测。

7.6.1.2　间接检测法

间接检测法是通过泄漏造成压力、流量、声音等物理参数发生变化，从而判断管道是否发生泄漏的方法。间接检测法主要包括流量或质量平衡法、压力测量信号定位法和实时模型法等。

（1）基于物质平衡的定位方法。基于物质平衡的定位方法是较为普遍及实用的方法。该方法是根据质量守恒原理进行定位的，如若进入流量大于流出流量，则可以判断出该输气管道中间存在泄漏点。这种方法检测的精度会受到流量计精度的影响，且不能对漏点进行定位。

（2）压差泄漏检测技术。当长输管道发生泄漏时，泄漏口旁边的物质所受的压力会逐渐加强，进而会使得通过此处的原油的压力下降，但是由于液体的流动速度不会因为压力的改变马上发生变化，最终导致相关的液体流出管外。在整个管道当中，管道的泄漏将引起管道中上游的流量慢慢增大，上游和下游的压力会相应逐渐减小。泄漏点处的压降较大，之后向外围逐渐递减。利用压差泄漏检测技术就能对运营管道中的液体泄漏进行检测。但是，这种方法只适用于稳定性、非压缩性的流体，并且仅能够测出较大的漏洞，更不能准确地进行泄漏定位。

（3）压力波传播速度检测技术。这种定位主要是利用原油管道中原油走向的压力波速进行定位。当正常运行的管道某个地方的波速突然增大，并且液体的流动速度明显增大，这就说明这个地方液体的密度相应减小了，以此可以判断这个地方就很有可能发生了管道泄漏。通过先进的互联网技术与压力波传播速度检测技术的结合，利用计算机技术对压力波传播速度进行记录，找到存在峰值的地点，这个地方就很有可能是管道的泄漏地点。

（4）声波检漏法。当管道发生泄漏时，管道中的流体通过泄漏点外泄时会产生噪声。该噪声将沿管道向两端传播，强度随距离会按指数规律衰减。在输送管道上安装声音传感器捕捉噪声信号，通过对噪声信号的分析处理，判断是否发生泄漏并确定泄漏点的位置。由于受到噪声传播距离的限制，若要对长距离的输送管道进行泄漏检测，则需按一定的间隔安装许多声音传感器。随着分布式光纤声学传感器的应用，一根光纤可代替许多声音传感器，这将降低检测系统的成本，并且提高泄漏检测的精度。

（5）实时模型法。管道泄漏定位技术中，利用数学模型的方法，将技术与数学结合起来，通过对各种数据的收集和组合，最终形成一套最佳的原油管道泄漏定位的方法。例如，实时模型法认为流体长输管道是一个复杂的水力与热力系统，根据瞬变流的水力模型和热力模型及沿程摩阻的达西公式建立起管道的实时模型，以测量的压力、流量等参数作为边界条件，利用模型估计出管道内的压力、流量等参数值。估计值与实测值比较，当偏差大于给定值时，即认为发生了泄漏。

7.6.1.3　自动定位检测技术

近年来，随着信息技术的发展和计算机科技普及力度的增大，其在石油天然气长输管道泄漏检测中也发挥出了重要的作用。应用信息技术而研发的 SCADA 系统可以实现石油天然气长输管道实时在线检测，大大简化了检测过程，节约了人力和物力，实现了检测的高效化。SCADA 系统检测的原理是通过对系统进行数据收集和分析处理，给检测提供科学依据。国外目前一般都是先根据石油天然气长输管道的实际运行状况来对管道进行仿真模拟检测，确定有效的检测方案后再启动 SCADA 系统实现检测。

7.6.2 压力梯度法泄漏检测

原油输送管道是油田生产的生命线。如果管线发生穿孔，将会导致原油（天然气）漏失、环境污染等一系列不良后果。巡线、停产、抢险、补漏，需动用大量人力物力，花费大量时间，其经济损失非常巨大。如果采取先进的科技手段，对输油管线进行实时监测，迅速准确地判断出泄漏位置，就能使突发事件得到及时处理，使损失降到最低限度，从而确保国家财产免受损失和油田生产的正常运行，其意义是积极的。

当输送管道发生泄漏时，以泄漏处为界，视输送管道为上、下游两个管道。由于输送管道内外压差的存在，泄漏处的液体迅速流失，压力突降。当以泄漏前的压力作为参考标准时，泄漏时产生的减压波就称为负压波。该负压波将以一定的速度向管道两端传播，经过若干时间后分别被上、下游的压力传感器检测到。根据检测到的负压波的波形特征，就可以判断是否发生了泄漏，再根据负压波传到上、下游传感器的时间差和负压波的传播速度就可以进行泄漏点的定位。负压波不需要数学模型，计算量小，适用于发生快速的、突发性泄漏的场合，并且大多数只用压力信号，特别适用于管道泄漏检测。

对于瞬态流动的情况，利用压力梯度的方法进行泄漏检测的基本原理如图 7.32 所示。在管道上、下游两端各设置两个压力传感器检测压力信号，通过上、下游的压力信号分别计算出上、下游管道的压力梯度，确定泄漏点的位置。

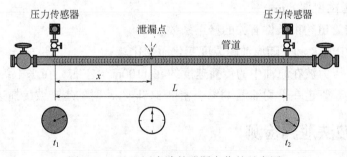

图 7.32 基于压力波的泄漏定位的示意图

如图 7.33 所示，当没有发生泄漏时，沿管线的压力梯度呈斜直线；当发生泄漏时，泄漏点前的流量变大，压力梯度变陡，泄漏点后的流量变小，压力梯度变平，沿管道的压力梯度呈折线状。由此以现场实测的起点压力和流量数据作为边界条件，可以模拟出一条管线沿线的压力变化曲线；同样以现场实测的终点压力、流量数据作为边界条件，也可以模拟出一条管线沿线的压力变化曲线。这两条压力变化曲线必将有一个交点，而这个交点从理论上就是管

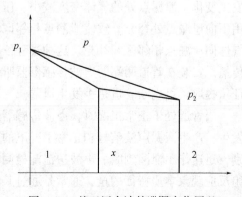

图 7.33 基于压力波的泄漏定位原理

线的泄漏点：

$$x = \frac{L + t_1 v - t_2 v}{2} = \frac{1}{2}(L - v\Delta t) \tag{7.33}$$

其中

$$\Delta t = t_2 - t_1$$

考虑管内流体速度对压力波传播速度的影响，式(7.33) 修正为

$$x = \frac{L(v-a) + (v^2 - a^2)(t_2 - t_1)}{2v} \tag{7.34}$$

压力波在管道内传播的速度决定于液体的弹性、液体的密度和管材的弹性：

$$v = \sqrt{\frac{K/\rho}{1 + [(K/E)D/e]C_1}} \tag{7.35}$$

式中 X——泄漏点距起点压力传感器的位置，m；

  L——起点压力传感器与终点压力传感器之间的距离，m；

  v——压力波在管内液体中的传播速度，m/s；

  a——管内液体流动速度，m/s；

  t_2、t_1——压力传感器收到压力波时间，s；

  Δt——沿流动方向的起点压力波与终点波到达的时间差，s；

  K——液体的体积弹性系数，Pa；

  ρ——流体的密度，kg/m^3；

  E——管材的弹性系数，Pa；

  D——管道的直径，m；

  e——管道的壁厚，m；

  C_1——与管道约束条件有关的修正系数。

式(7.35) 中的 K 和 ρ 随原油的温度变化而变化。

一般来说，压力波在原油中的传播速度约在 1100m/s 左右，在水中约 1500m/s 左右。例如，大庆原油某管道在平均油温 44℃ 、密度 845kg/m^3 时的水击波传播速度为 1029m/s。

7.6.3   声波法泄漏检测

当输气管道的某一点发生破裂，管内气体会从破裂点流出，导致管内气体的流动参数发生变化。泄漏点处的气体密度减小，压力降低。泄漏点两边相邻区域的气体在压差的作用下向泄漏点处补充。致使泄漏点相邻区域内的气体密度减小，压力降低，进而更远处的气体向泄漏点相邻区间补充。这种过程依次向管道上下游传播，从而形成声波在管道内的传播。安装在管道两端的声波传感器监听并采集传来的声波信号，通过对声波信号进行特征量提取，可判断管道是否发生泄漏。

当管道处于正常工况时，声波传感器采集的信号被作为背景噪声，而管道一旦有泄漏发生，产生泄漏声波信号和正常工况下的背景噪声会一同传到声波传感器，经过对比和鉴别，迅速作出泄漏判断。声波法泄漏检测的关键是寻找到泄漏信号的特征量。特征量是一组反应现象本质特征的量，通常是通过某种算法得到。管道发生泄漏和没有发生泄漏，特征量的值有明显的区别，故可以将未发生泄漏时的特征量值作为阈值，和管线运行时得到

的特征量值作比较，进行泄漏判断。在泄漏判断完成并报警以后，应对泄漏进行定位，具体的定位方法，目前研究的主流是基于声速以及时间差计算泄漏点位置的方法，当前的研究主要集中于对声速的求解以及对时间差计算精度的改进。

7.6.3.1 传统的泄漏定位方法

输气管道发生泄漏，泄漏声波从泄漏点向管道两端传播，根据声波传播到管道起点、终点的时间差值和声波在管道中的传播速度即可确定泄漏点的位置。声波泄漏点定位的原理如图7.34所示。

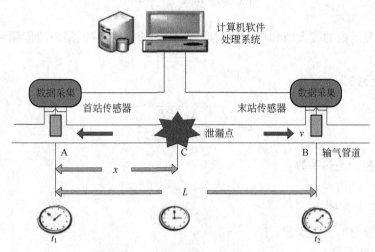

图 7.34 声波泄漏点定位原理图

泄漏定位公式为

$$x = \frac{L(c-a_1)+(c-a_1)(c+a_2)\Delta t}{c-a_1+c+a_2} \tag{7.36}$$

其中

$$\Delta t = t_2 - t_1$$

式中 c——声速；

　　　L——首末站传感器之间的距离；

　　　a_1——泄漏点与首站传感器之间管段内气体流速；

　　　a_2——泄漏点与末站传感器之间管段内气体流速；

　　　Δt——同一泄漏声波传播到首末站传感器的时间差值。

从式(7.36)中可以看出，泄漏位置确定的关键因素有两个：声波在管道介质中的传播速度和泄漏声波传播到首末站传感器的时间差值。时间差一般通过互相关法求解。

互相关公式如下：

$$r_{12}(\tau) = \frac{1}{T} \int_{-T/2}^{T/2} q_1(t) q_2(t+\tau) \, \mathrm{d}t \tag{7.37}$$

其中

$$T = L/c$$

$$\tau \in (-T/2, +T/2)$$

式中 $q_1(t)$——传到管道一端的声波信号;

        $q_2(t)$——传到管道另一端的声波信号;

        T——泄漏声波在首末站传感器之间传播的周期;

        c——声波在管道介质中的传播速度。

管道未发生泄漏时,利用互相关公式得到的相关函数 $r_{12}(\tau)$ 将维持在某一值附近;泄漏发生后,设当 $\tau=\tau_0$ 时 $r_{12}(\tau)$ 将达到最大值,即

$$r_{12}(\tau_0) = \max \frac{1}{T} r_{12}(\tau) \tag{7.38}$$

通过求相关函数的极大值和极大值对应的时间,即可求得泄漏声波传播到首末站传感器的时间差值。

声波传播公式为

$$c = \sqrt{\frac{K_V ZRT}{1 + DK_V p/(eE_0)}} \tag{7.39}$$

式中 K_V——容积绝热系数;

        p——气体压力;

        D——管道直径;

        E_0——管材的弹性模量;

        e——管壁厚度;

        Z——压缩因子;

        T——温度;

        R——气体常数。

7.6.3.2 基于声波传播规律的泄漏定位方法

输气管道发生泄漏,泄漏声波从泄漏点向管道两端传播,传播规律符合指数衰减规律。根据声波正向和逆向传播的两个公式,可以得到声波从泄漏点向上下游传播时的幅值衰减特性,如图 7.35 所示。

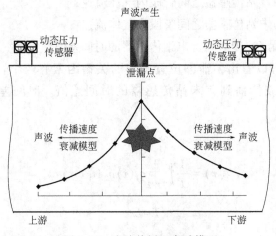

图 7.35 声波传播和衰减模型

如图7.35所示，上游和下游声波幅值可分别通过以下两式表示：

$$p_1 = p_0 \exp\left(-\frac{\alpha + \xi M}{1 - M}|x|\right) \tag{7.40}$$

$$p_2 = p_0 \exp\left(-\frac{\alpha + \xi M}{1 + M}(L - |x|)\right) \tag{7.41}$$

则新的定位公式为

$$|x| = \frac{\ln(p_2/p_1) + \alpha^+ L}{\alpha^+ + \alpha^-} \tag{7.42}$$

式中　α——理论衰减因子；

α^+——下游顺流衰减因子；

α^-——上游逆流衰减因子。

与传统泄漏定位方法相比，基于声波幅值的定位方法更简洁、更直接。传统定位方法中声波幅值用于求解时间差，新方法中声波幅值直接用于定位。

但声波幅值与泄漏位置、泄漏量密切相关，声波传播规律的研究还与管道构件、气体流动等相关，因此针对该方法的研究并不成熟，且该方法的定位精度对声波衰减模型以及声波幅值的提取要求较高，因此在声波产生机理、声波传播规律、声波信号处理以及传感器技术等方面都需要进一步研究。

7.6.4　管道泄漏监测报警定位系统

7.6.4.1　系统主要构成

如图7.36所示，管道泄漏监测报警定位系统主要构成如下：

(1) 检测设备，包括流量计、传感器、压力变送器等；

(2) 站控计算机，包括数据采集站、PLC、RTU、工控机等；

(3) 通信网络，包括 GPS 天线、路由器、交换机、光缆等；

(4) 远程控制终端，包括服务器、客户终端（如实时数据库和运算处理用于报警和定位计算，人机界面用于操作监视等）。

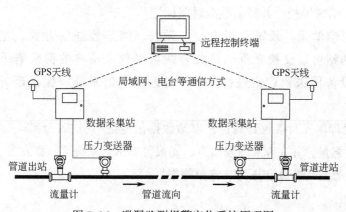

图7.36　泄漏监测报警定位系统原理图

7.6.4.2 系统工作原理

管道泄漏监测报警定位系统以负压波法为基本方法，利用管道瞬态模型，采用流量报警、压力定位，以及流量+压力综合分析报警、定位（根据现场实际情况确定报警、定位的分析方式）。

当管道发生泄漏时，管道内外的压差使泄漏处的压力突降，泄漏处周围的液体由于压差的存在向泄漏处补充，在管道内突然形成负压波动。此负压波从泄漏点向管道上、下端传播，并以指数率衰减，逐渐归于平静。这种压力波动和正常压力波动的态势截然不同，具有比较陡峭的前沿。两端的高敏压力变送器接收到该波信号并被采集系统采录。系统将结合压力和流量的变化特征，判断泄漏是否发生，通过测量泄漏时产生的瞬时压力波到达上、下端的时间差和管道内压力波的传播速度计算出泄漏点的位置。为了克服管道噪声等因素的干扰，采用小波变换和相关分析负压波的传播规律及管道内的噪声、水击波等变换特点，并结合管道管壁的弹性和液体的物理参数、物理特性进行分析、处理、计算。对于一般输送原油的钢质管道而言，负压波传播速度约为 1000~1200m/s。该项技术的分析方法对于突发性泄漏比较敏感，适合监视因人为引起的泄漏，但对于缓慢的腐蚀渗漏不十分敏感。

该系统根据压力波响应的时间差、管道长度、压力传播速度，建立基本的数学理论模型。系统又根据因管道物理参数、被输介质的理化性质以及温度衰减等因素对压力波的传递速度造成的衰减变化，进行了必要的补偿和修正。

7.6.4.3 系统单元功能

输油管道泄漏监测报警定位系统可概括为数据采集单元、数据通信单元、分析处理单元三大部分。各单元功能如下：

（1）数据采集单元。在首（输出）、末（接收）站安装有数据采集单元，分别对首站出口、末站进口的压力、流量、温度进行高速采集、预处理。末站进口的压力、流量、温度经高速采集、预处理后压缩、打包，再由通信系统发送给远程控制终端进行分析、处理。数据采集应保证高速、准确。要求各型号处理设备处理能力强、稳定性好、实时性强、漂移小、可高速不间断运行。必要时可将多组数据打包处理，但要保证首末站数据的同步性，可采取 GPS 等校时并添加数据时间标记。

（2）数据通信单元。系统采用有线、无线、网络等通信方式。在首、末站安装通信设备，使两站可以交换数据。单条管线可采取末站将数据采集单元预处理后的数据通过通信设备传送到首站进行分析、处理。通信系统应保证延时较小，通常应小于 50ms。

（3）分析处理单元对接收到的首、末站数据信息进行分析、计算、处理，确定泄漏时间、位置和泄漏量，并在 90s 内发出声、光报警提示。系统应界面友好，实时显示所监测管段的压力、流量等曲线和压力、流量等数据。

7.7 阴极保护技术与仪器

7.7.1 腐蚀及分类

7.7.1.1 金属腐蚀的定义

从广义上讲，腐蚀是材料和环境相互作用而导致的失效。这个定义包含了所有的天然和人造材料，例如塑料、陶瓷和金属。我们通常所研究的腐蚀是金属的腐蚀。金属腐蚀是金属与周围介质发生化学或电化学作用所引起的金属损失的现象和过程。

7.7.1.2 腐蚀的原理

腐蚀的基本原理是腐蚀原电池理论。如图 7.37 所示，由于不同金属本身的电偶序（即电位）存在着差别，当两种金属处于同一电解质中并由导体连接时，腐蚀电池就形成了。电流通过导体和电解质形成电流回路，此时两种金属之间的电位差越大，则电路产生的电压越大。腐蚀电池一旦形成，阳极金属表面因不断地失去电子，发生氧化反应，使金属原子转化为正离子，形成以氢氧化物为主的化合物，也就是说，阳极遭到了腐蚀；而阴极金属则相反，它不断地从阳极处得到电子，其表面因富集了电子，金属表面发生还原反应，没有腐蚀现象发生。

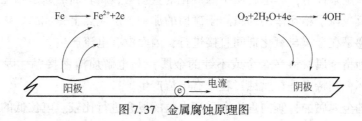

图 7.37 金属腐蚀原理图

以铁基金属材料的腐蚀为例，其腐蚀过程的电化学反应可表示如下：

在阳极发生氧化反应：$Fe \longrightarrow Fe^{2+}+2e$

在阴极发生还原反应：$O_2+2H_2O+4e \longrightarrow 4OH^-$

$$2H_2O+2e \longrightarrow H_2+2OH^-$$

腐蚀电池形成的充分必要条件为：

（1）必须有阴极和阳极；

（2）阴极和阳极之间必须有电位差；

（3）阴极和阳极之间必须有金属的电流通道；

（4）阴极和阳极必须浸在同一电解质中，该电解质中有流动的自由离子。

每种金属浸在一定的介质中都有一定的电位，称为该金属的腐蚀电位（自然电位）。腐蚀电位可表示金属失去电子的相对难易。腐蚀电位越低越容易失去电子，失去电子的部位称为阳极区，得到电子的部位称为阴极区。阳极区由于失去电子（如铁原子失去电子而变成铁离子溶入土壤）受到腐蚀而阴极区得到电子受到保护。相对于饱和硫酸铜参比电极（CSE），不同金属在土壤中的腐蚀电位见表 7.1。

表 7.1　不同金属在土壤中的腐蚀电位

金　属	电位，V
高纯镁	−1.75
镁合金（6%Al，3%Zn，0.15%Mn）	−1.60
锌	−1.10
铝合金（5%Zn）	−1.05
纯铝	−0.80
低碳钢（表面光亮）	−0.50~0.80
低碳钢（表面锈蚀）	−0.20~0.50
铸铁	−0.50
混凝土中的低碳钢	−0.20
铜	−0.2

7.7.1.3　腐蚀的分类

腐蚀按材料的类型可分为金属腐蚀和非金属腐蚀，就腐蚀破坏的形态可分为全面腐蚀和局部腐蚀。全面腐蚀是一种常见的腐蚀形态，包括均匀的和不均匀全面腐蚀。

金属管道常见的腐蚀按其作用原理可分为化学腐蚀和电化学腐蚀两种。

化学腐蚀指金属表面与周围介质（非电解质）直接发生纯化学作用而产生的破坏。化学腐蚀是在一定条件下，非电解质中的氧化剂直接与金属表面的原子相互作用，即氧化还原反应是在反应粒子相互作用的瞬间于碰撞的那一个反应点上完成的。在化学腐蚀过程中，电子的传递是在金属与氧化剂间直接进行，因而没有电流产生。

电化学腐蚀指金属材料（合金或不纯的金属）与电解质溶液接触，因发生电化学反应而产生的破坏，其特点是在腐蚀过程中有电流产生。

对于所有的金属腐蚀，倾向理论上采用电位的概念进行比较。电位低的金属，活性较强，容易发生腐蚀。电位高的金属活性相对较弱，腐蚀倾向性小。

7.7.2　阴极保护原理与方法

7.7.2.1　阴极保护定义

阴极保护是基于电化学腐蚀原理的一种防腐蚀手段。美国腐蚀工程师协会（NACE）对阴极保护的定义是：通过施加外加的电动势，把电极的腐蚀电位移向氧化性较低的电位而使腐蚀速率降低。牺牲阳极阴极保护就是在金属构筑物上连接或焊接电位较低的金属，如铝、锌或镁。阳极材料不断消耗，释放出的电流供给被保护金属构筑物而阴极极化，从而实现保护。外加电流阴极保护是通过外加直流电源向被保护金属通以阴极电流，使之阴极极化。该方式主要用于保护大型或处于高土壤电阻率土壤中的金属结构。

7.7.2.2　阴极保护原理

阴极保护是为了防止油气输运管路被腐蚀的一种防腐蚀措施。阴极保护技术是电化学保护技术的一种，其原理是向被腐蚀金属结构物表面施加一个外加电流，被保护结构物成为阴极，从而使得金属腐蚀发生的电子迁移得到抑制，避免或减弱腐蚀的发生。

如图 7.38 所示，在管道的金属外皮上人为接入负电极，在一定距离之外的电极上接正电极，确保管路的金属外表对地具有负电位。这样就不会出现电流通过管路的金属外表向外流出的现象，从而起到减弱管路腐蚀、保护管路的作用。

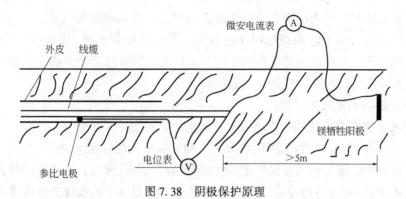

图 7.38 阴极保护原理

阴极保护是一种控制金属电化学腐蚀的保护方法。在阴极保护系统构成的电池中，氧化反应集中发生在阳极上，从而抑制了作为阴极的被保护金属上的腐蚀。阴极保护是一种基于电化学腐蚀原理而发展的一种电化学保护技术，可从电极反应、极化曲线和极化图以及电位—pH 图等诸方面理解。

图 7.39 给出了铁在 NaCl 水溶液（或土壤）中于金属界面处发生的电化学腐蚀反应过程，以及阴极保护系统通过镁阳极或外电源产生的外加负电流对这些反应过程的作用影响，说明了各种反应质点和反应产物的存在和传递。由于阴极保护系统通过牺牲阳极或外电源，能对金属提供足够量的电子（施加所需的负电流），使金属界面呈负电性并达到足够低的电极电位，从而抑制氧化反应（$Fe \longrightarrow Fe^{2+} + 2e$）；此时还原反应所需电子完全从牺牲阳极或外电源获得。由此实现了阴极保护，停止了金属的腐蚀过程。

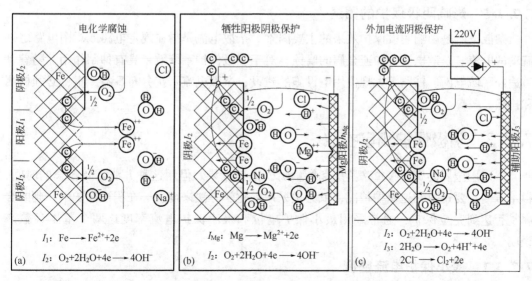

图 7.39 电化学腐蚀及保护的反应过程

阴极保护是一种控制钢质储罐和管道腐蚀的有效方法，它有效弥补了涂层缺陷而引起的腐蚀，能大大延长储罐和管道的使用寿命。根据美国一家阴极保护工程公司提供的资料，从经济上考虑，阴极保护是钢质储罐防腐蚀最经济的手段之一。

7.7.2.3　阴极保护方法

多年的实践证明，最为经济有效的腐蚀控制措施主要是覆盖层（涂层）加阴极保护。与国外相比，我国75%的防蚀费用用在涂装上，而电化学保护使用的相对较低。管道应根据腐蚀机理的不同和所处环境条件的不同，采用相应的腐蚀控制方法。在油气管道保护过程中应用最为广泛的控制金属腐蚀的方法如下：

（1）在金属表面覆盖保护层；

（2）改变金属内部组成结构而增强抗腐蚀能力，如制成不锈钢；

（3）电化学保护法：牺牲阳极阴极保护法和外加电流阴极保护法。

在管道保护中，常采用阴极保护技术延缓金属构筑物的腐蚀，主要有两种方法：牺牲阳极阴极保护和外加电流阴极保护。这两种方法都是通过一个阴极保护电流源向受到腐蚀或存在腐蚀、需要保护的金属体，提供足够的与原腐蚀电流方向相反的保护电流，使之恰好抵消金属内原本存在的腐蚀电流。两种方法的差别只在于产生保护电流的方式和"源"不同。一种是利用电位更低的金属或合金，另一种则利用直流电源。

7.7.2.4　管道实施阴极保护的基本条件

（1）管道必须处于有电解质的环境中，以便能建立起连续的电路。如土壤、海水、河流等介质中都可以进行阴极保护。

（2）管道必须电绝缘。首先，管道必须要采用良好的防腐层尽可能将管道与电解质绝缘，否则会需要较大的保护电流密度。其次，要将管道与非保护金属构筑物电绝缘，否则电流将流失到其他金属构筑物上，造成其他金属构筑物的腐蚀以及管道阴极保护效果的降低。

（3）管道必须保持纵向电连续性。

7.7.2.5　影响阴极保护的因素

杂散电流是影响阴极保护效果的主要因素。杂散电流是指在规定电路或意图电路之外流动的电流。杂散电流会加速金属的腐蚀，对于阴极保护系统效果具有抑制作用。随着管道途经区域电网、铁路等大规模用电设施的建设，杂散电流干扰分布日益严重，必须检测和排除。

7.7.3　阴极保护测量参数

常采用金属的腐蚀失重来鉴定和衡量阴极保护效果。但用这种方法需要较长的时间，很不方便。要迅速知道保护情况，就必须采用电化学方法来衡量。在阴极保护中，判断金属是否达到完全保护，通常采用最小保护电位和最小保护电流密度这两个基本参数来说明。

7.7.3.1　最小保护电流密度

使金属腐蚀下降到最低程度或停止时所需要的保护电流密度，称为最小保护电流密度。

新建沥青管道最小保护电流密度为 $30\sim50\mu A/m^2$，环氧粉末的管道一般为 $10\sim30\mu A/m^2$，新建储罐罐底板最小保护电流密度为 $1\sim5mA/m^2$ 表示，老罐为 $5\sim10mA/m^2$。

7.7.3.2 最小保护电位

为使腐蚀过程停止，金属经阴极极化后所必须达到的绝对值最小的负电位值，称为最小保护电位。最小保护电位也与金属的种类、腐蚀介质的组成、温度、腐蚀介质浓度等有关。最小保护电位值常常用来判断阴极保护是否充分的基准，因此是监控阴极保护的重要参数。实践中，最小保护电位即是金属在土壤中的腐蚀电位。如测定在土壤中的最小保护电位为-0.85V（相对饱和硫酸铜参比电极）。实践中，钢铁的保护电位常取-0.85V（CSE），也就是说，当金属处于比-0.85V（CSE）更低的电位时，该金属就受到了保护，腐蚀可以忽略。

7.7.3.3 最大保护电位

在阴极保护中，所允许施加的阴极极化的绝对值最大的负电位值，在此电位下管道的防腐层不受到破坏，此电位值就是最大保护电位。阴极保护电位越大，防腐程度越高，单站保护距离也越长，但是过大的电位将使被保护管道的防腐绝缘层与管道金属表面的黏结力受到破坏，产生阴极剥离，严重时可以出现金属"氢破裂"。同时太大的电位将消耗过多的保护电流，形成能量浪费。管道是否过保护，要根据管道的断电电位来判断。根据规范要求，管道的断电电位应该控制在-0.85~1.20V（CSE）之间。

7.7.3.4 自然电位

自然电位是金属埋入土壤后，在无外部电流影响时的对地电位。自然电位随着金属结构的材质、表面状况和土质状况、含水量等因素的不同而异，一般有涂层埋地管道的自然电位在-0.4~0.7V（CSE）之间，在雨季土壤湿润时，自然电位会偏低，一般取平均值-0.55V（CSE）。

7.7.3.5 瞬时断电电位

在断掉被保护结构的外加电源或牺牲阳极 $0.2\sim0.5s$ 中之内读取的结构对地电位，称为瞬时断电电位。由于此时没有外加电流从介质中流向被保护结构，所以，所测电位为结构的实际极化电位，不含 IR 降（介质中的电压降）。由于在断开被保护结构阴极保护系统时，结构对地电位受电感影响，会有一个正向脉冲，所以，应选取 $0.2\sim0.5s$ 之内的电位读数。

7.7.3.6 IR 降

由阴极保护电流在土壤中流动而引起的电压降称为 IR 降。在日常进行管道保护电位测量时，所测电位由管道的自然电位、阴极极化、土壤中 IR 降组成。为了有效评价阴极保护状况，我们所关心的是管道的极化电位（不含 IR 降），因此，必须消除测量中的 IR 降，才能知道管道的实际极化电位。

7.7.3.7 通电电位

阴极保护系统正常工作时测量到的管道电位称为通电电位，其中含有自然电位、IR 降、阴极极化。

7.7.3.8 阴极极化

管道施加阴极保护后，管道电位从自然电位向负电位偏移，该偏移量称为阴极极化。

7.7.4 牺牲阳极阴极保护系统

7.7.4.1 牺牲阳极阴极保护概念

在土壤等电解质环境中，将被保护金属和一种电位更低的金属或合金（即牺牲阳极）相连，使被保护体阴极极化，以降低腐蚀速率，这种方法称为牺牲阳极阴极保护。牺牲阳极因其电极电位比被保护体的更低，当与被保护体电连接后将优先腐蚀溶解，释放出的电子在被保护体表面发生阴极还原反应，抑制了被保护体的阳极溶解过程，从而对被保护体提供了有效的阴极保护。

在被保护金属与牺牲阳极所形成的大地电池中，被保护金属体为阴极，牺牲阳极的电位往往低于被保护金属体的电位值，在保护电池中是阳极，被腐蚀消耗，故此称为"牺牲阳极"，从而实现了对阴极的被保护金属体的防护。

牺牲阳极材料有高纯镁（其电位为$-1.75V$）、高纯锌（其电位为$-1.1V$）、工业纯铝（其电位为$-0.8V$）。

牺牲阳极阴极保护方法简便易行，不需要外加电源，很少产生腐蚀干扰，广泛应用于保护小型（电流一般小于1A）或处于低土壤电阻率环境下（土壤电阻率小于$100\Omega \cdot m$）的金属结构，如城市管网、小型储罐等。根据国内有关资料的报道，对于牺牲阳极的使用有很多失败的教训，认为牺牲阳极的使用寿命一般不会超过3年，最多5年。牺牲阳极阴极保护失败的主要原因是阳极表面生成一层不导电的硬壳，限制了阳极的电流输出。产生该问题的主要原因是阳极成分达不到规范要求，其次是阳极所处位置土壤电阻率太高。因此，设计牺牲阳极阴极保护系统时，除了严格控制阳极成分外，一定要选择土壤电阻率低的阳极床位置。

7.7.4.2 牺牲阳极阴极保护原理

如图7.40所示，牺牲阳极阴极保护就是在金属构筑物上连接或焊接电位较低的金属，如铝、锌或镁。阳极材料不断消耗，释放出的电流供给被保护金属构筑物而阴极极化，从而实现保护。

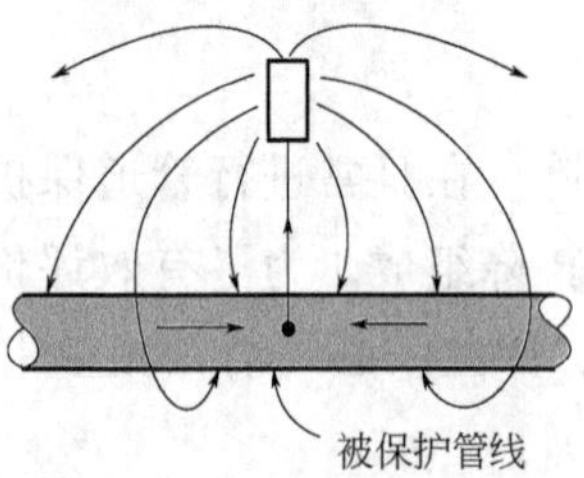

图7.40 牺牲阳极保护原理图

牺牲阳极阴极保护主要优点是：适用范围广，尤其是中短距离和复杂的管网，阳极输出电流小，发生阴极剥离的可能性小，随管道安装一起施工时工程量较小，运行期间维护工作简单；缺点是阳极输出电流不能调节，可控性较小。

牺牲阳极法阴极保护主要用于长输管道的阀室、隧道或套管内的管道、站场内的工艺管道、新建管道的临时保护。

7.7.5　外加电流阴极保护系统

7.7.5.1　外加电流阴极保护原理

外加电流阴极保护是通过外加直流电源以及辅助阳极，给金属补充大量的电子，使被保护金属整体处于电子过剩的状态，金属表面各点达到同一负电位，被保护金属结构电位低于周围环境，如图 7.41 所示。该方式主要用于保护大型或处于高土壤电阻率土壤中的金属结构，如油气长输埋地管道、大型罐群等。

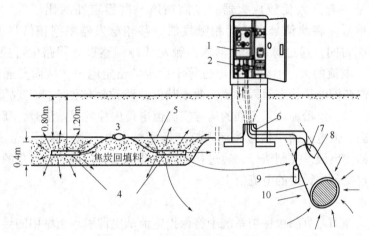

图 7.41　外加电流阴极保护原理图

1—恒电位仪；2—箱体；3—套管；4—辅助阳极；5—阳极电缆（+）；6—电源；

7—电压表接头；8—恒电位仪接头（−）；9—参比电极；10—管道

外部电源通过埋地的辅助阳极将保护电流引入地下，通过土壤提供给被保护金属。被保护金属在大地中仍为阴极，其表面只发生还原反应，不会再发生金属离子化的氧化反应，使腐蚀受到抑制。而辅助阳极表面则发生失电子氧化反应，因此，辅助阳极本身存在消耗。

强制电流阴极保护驱动电压高，输出电流大，有效保护范围广，适用于被保护面积大的长距离、大口径管道。

外加电流阴极保护是利用外部电源对被保护体施加阴极电流，为其表面上进行的还原反应提供电子，从而抑制被保护体自身的腐蚀过程。

外加电流阴极保护的主要特点有：

（1）用于长输管线和区域性管网的保护；

（2）输出电流大，一次性投资相对较小；

（3）安装工程量较小，可对旧管道补加阴极保护；

（4）运行期间需要专业人员维护；

（5）容易实现远程自动化监控。

7.7.5.2　外加电流阴极保护系统的主要设施

外加电流阴极保护系统主要由整流电源、阳极地床（由多支阳极组成的阴极保护接地极)、参比电极、连接电缆组成。

1. 整流电源

整流电源能够不断地向被保护金属构筑物提供阴极保护电流，要求电源设备安全可靠；电源电压连续可调；能够适应当地的工作环境（温度、湿度、日照、风沙）；功率与被保护构筑物相匹配；操作维护简单。目前常用的阴极保护整流电源有太阳能电池、整流器、恒电位仪等，国内多用恒电位仪。恒电位仪不仅能够恒电位输出，还能恒电流输出。用户可以根据需要调节。

当仪器处于"自动"工作状态时，机内给定信号（控制信号）和经阻抗变换器隔离后的参比信号一起送入比较放大器。经高精度、高稳定性的比较放大器比较放大，输出误差控制信号，将此信号送入移相触发器。移相触发器根据该信号的大小，自动调节脉冲的移相时间。通过脉冲变压器输出触发脉冲调整极化回路中可控硅的导通角，改变输出电压、电流的大小，使保护电位等于设定的给定电位，从而实现恒电位保护。

当仪器工作在恒电位状态而因参比失效或其他故障致使仪器不能实现恒电位控制时，经一定时间延迟后，仪器确认采集到的信号实属恒电位失控的误差信号，就将自动转换为恒电流工作状态。恒电流给定信号和经阻抗变换后输出电流取样信号一起送入比较放大器。比较放大器输出误差控制信号，通过移相触发器调整可控硅的导通角的大小，使仪器的输出电流恒定在预先设定的电流值上。

2. 阳极地床

辅助阳极是外加电流阴极保护系统中将保护电流从电源引入土壤中的导电体。通过辅助阳极把保护电流送入土壤，经土壤流入被保护的管道，使管道表面进行阴极极化（防止电化学腐蚀）。电流再由管道流入电源负极形成一个回路。这一回路形成了一个电解池，管道在回路中为负极，处于还原环境中，防止腐蚀，而辅助阳极进行氧化反应遭受腐蚀。常用的阳极材料有高硅铸铁、石墨、钢铁、柔性阳极。

3. 参比电极

为了对各种金属的电极电位进行比较，必须有一个公共的对比电极，其电极电位具有良好的稳定性，构造简单，通常有饱和硫酸铜参比电极、锌电极等。参比电极的作用是与恒电位仪组成信号源，应尽量靠近管道埋设。

7.7.5.3 测量仪器

测量仪器由无线数据收发器和阴极保护数据采集器两部分组成。阴极保护数据采集器负责测量管道的保护电位，以及恒电位仪的输出电压、输出电流。而无线数据收发器负责把测量所得数据通过通信网络传送到计算机，再通过软件对数据进行处理，分析出所需结果。基于上述功能，而从低功耗、抑制干扰、采样精度、速度等多方面权衡确定仪器软硬件的设计以及芯片的选型。

测量仪器整体框架如图7.42所示。其中计算机通过232接口与GSM接收模块构成监控中心，负责给无线数据收发器发送操作指令，并接收、处理无线数据收发器发送的数据。无线数据收发器与阴极保护监测器以及所需监测的埋地管道构成了远程阴极保护监测系统。GSM接收模块接收计算机发送指令后通过GSM网络以短信形式把指令发送给无线数据收发器，无线数据收发器接收并分析指令再通过485接口控制阴极保护监测器采集埋地管道指定的参数，并根据指令内容将数据信息缓存在收发器中或者通过GSM网络以短消息的形式实时传送到监控中心中。计算机通过 232 接口读取 GSM 接收模块中的数据并自动保存到数据库。

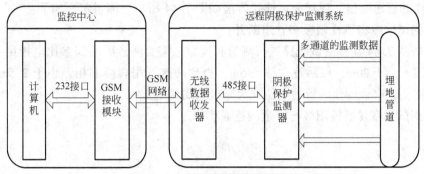

图 7.42　测量仪整体框架图

测量仪器具有以下特点：

（1）仪器由高品质的 CMOS 和 BiFET 集成电路组成，包括低功耗 MCU 芯片、多路切换器、时钟芯片、串口芯片、仪表放大器以及 24 位 A/D 转换器、大容量 Flash 存储器等。

（2）仪器采用先进的电源管理模块，能够在非测量期间进入低功耗状态，并在时钟或外部信号唤醒时进入工作状态，延长电池使用时间，还可采用太阳能电池供电，方便无人值守。

（3）计算机控制，全自动测量，携带方便。

7.7.6　阴极保护有效性检测方法

7.7.6.1　牺牲阳极开路电位测量

牺牲阳极开路电位是指牺牲阳极断开和管道的连接状态下测试的牺牲阳极对地的电位，采用地表参比法测试，现场测试接线如图 7.43 所示。测试步骤如下：

（1）测试前应将牺牲阳极和管道断开；

（2）按图 7.43 连接测试线路进行测量和读数；

（3）测试后恢复牺牲阳极与管道的连通状态。

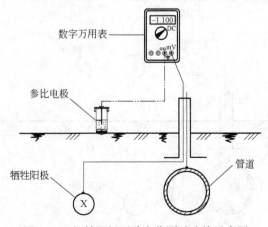

图 7.43　牺牲阳极开路电位测试连接示意图

7.7.6.2 牺牲阳极闭路电位测量

牺牲阳极闭路电位是指牺牲阳极在与管道正常连接的情况下，测试牺牲阳极附近管道对远方大地的管地电位。现场测试连接方法如图 7.44 所示。测量步骤如下：

（1）测试前应将牺牲阳极和管道断开；

（2）按图 7.44 连接测试线路进行测量和读数，需要注意硫酸铜参比电极第一个安放点距离管道不小于 20m，以后逐次移动 5m，直到两次万用表读书相差小于 2.5mV，参比电极不再移动，取最远处的管地电位作为阳极的闭路电位；

（3）测试后恢复牺牲阳极与管道的连通状态。

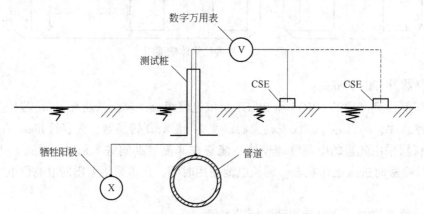

图 7.44　牺牲阳极闭路电位测试连接示意图

7.7.6.3 牺牲阳极输出电流测量

牺牲阳极输出电流的测试目的是为了判断牺牲阳极是否老化、失效及是否发生牺牲逆转；牺牲阳极和焊接电缆是否良好（可同时结合开路电位）及判断地床干湿程度，借此评价牺牲阳极阴极保护系统的状况。牺牲阳极输出电流的测试采用直接测试法，连接方法如图 7.45 所示。测试步骤如下：

（1）按照图 7.45 连接好电路；

（2）直测法应选用 4 位半的数字万用表，用 10A DC 量程直接读出电流值；

（3）读取电流值即为牺牲阳极的输出电流。

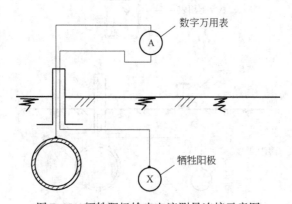

图 7.45　牺牲阳极输出电流测量连接示意图

7.7.6.4 密间隔电位测量

密间隔电位（CIPS）可以测量埋地管道沿线任意位置的通断电位，判断其保护电位是否在有效范围内。

1. CIPS测量原理

CIPS测量采用断电法测保护电位，去除IR降的影响，获得真实的管地电位。本方法测得的断电电位是消除了由保护电流所引起IR降后的管道真实的保护电位。

CIPS仪器系统由一个测量主机和两个$Cu/CuSO_4$半电池探杖以及一个尾线轮组成，其测量示意图如图7.46所示。

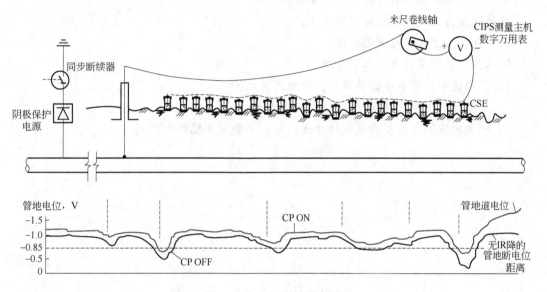

图7.46　CIPS测量示意图

测量前在阴极保护电流源上串联电流断续器，设置合适的通断电时间，并通过GPS实现同步通断。管地电位测量时在被测管道的测试桩上引一根细线用作参比信号，$Cu/CuSO_4$参比电极探头放置在管线正上方，沿管道的走向行走，一般以每隔2~3m测量一组电位。根据电位的变化情况来评价管道阴极保护的状况。该仪器自动记录测点电位，将存储在仪器内的测量数据传输到计算机中分析处理。

2. CIPS测量技术要点

（1）为了保证电极探头在管道正上方，应使用管线仪对管道定位。

（2）每隔2~3m检测并记录管道管地通断电位，直到到达下一个测试桩，按此完成全线管地电位的测量。

（3）在检测过程中要确保两个参比电极（探杖）与土壤接触良好，确保电位数据有效。

（4）在检测发现问题点的地方停止记录，待检查完毕后再开始自动记录数据。

（5）使用GPS坐标测量、米尺卷线轴等方法测量硫酸铜参比电极安放管道沿线的距离，对沿线的标志物、参照物及位置等信息进行记录，对管道通电电位（VON）和断电电位（VOFF）异常位置处（如图7.47中的CP ON、CP OFF）做好标记与记录。

1. 试述长距离输油管道系统与长距离输气管道系统的差别。
2. 管道检测技术如何分类，有哪些管道内检测技术？
3. 试述管道超声检测技术的原理。
4. 试述管道漏磁检测技术的原理。
5. 试述管道涡流检测技术的原理。
6. 试述管道路由探测的内容和实现方法。
7. 简述压力梯度法泄漏检测的原理。
8. 简述声波法泄漏检测的原理。
9. 腐蚀的原理是什么，如何分类？
10. 阴极保护的基本参数有哪些，是如何定义的？
11. 简述牺牲阳极阴极保护的原理。
12. 外加电流阴极保护的原理是什么，现场是如何实现的？

参 考 文 献

[1] 赵仕俊.石油仪器概论.北京：石油工业出版社，2011

[2] 佳布 D，唐纳森 E C.油层物理.沈平平，秦积舜，等译.北京：石油工业出版社，2007

[3] 袁子龙，狄帮让，肖忠祥.地震勘探仪器原理.北京：石油工业出版社，2006

[4] 庞巨丰.测井原理及仪器.北京：科学出版社，2008

[5] 李长俊.天然气管道输送.北京：石油工业出版社，2008

[6] 中石油职工技能鉴定中心.油品计量工.东营：中国石油大学出版社，2012

[7] 柴细元，等.地层评价与测井技术新进展：第 56 届 SPWLA 年会综述.测井技术，2015，39（5）

[8] 程建远，等.地震勘探仪的发展历程与趋势.煤炭科学技术，2013，41（1）

[9] 张元中.新世纪第二个五年测井技术的若干进展.地球物理学进展，2012，27（3）：1133-1142

[10] 王珏.随钻定向测量仪器应用研究.中国设备工程，2019（16）：97-98

[11] 陈晓静.国内外 MWD 仪器的发展和应用.中国石油和化工标准与质量，2018，38（14）：92-93

[12] 鄢志丹，耿艳峰，魏春明，等.连续波脉冲随钻数据传输系统设计与实现.电子测量与仪器学报，2018，32（12）：85-92

[13] 李根生，宋先知，田守嶒.智能钻井技术研究现状及发展趋势.石油钻探技术，2019：1-17

[14] 周方成，么秋菊，张新塑，等.智能钻井发展现状研究.石油矿场机械，2019，48（6）：83-87

[15] 付天明.Geo-Pilot 旋转导向系统发展与应用研究.石油矿场机械，2014，43（5）：77-80

[16] 张辉.EarthStar 超深电阻率随钻测井技术.石油钻探技术，2018，46（5）：124

[17] 杨兴琴.高分辨率光学成像测井 OPTV（Optical Televiewer）：页岩气藏开发.测井技术（01）：72

[18] 李淑霞，郝永卯，陈月明.多孔介质中天然气水合物注热盐水分解实验研究.太原理工大学学报，2010，41（5）：680-683

[19] 赵仕俊，安莹，余霄鹏.天然气水合物开发模拟实验技术与方法.海洋地质前沿，2013，29（5）：56-63

[20] 赵仕俊，徐美，李申申.天然气水合物物性分析测试技术.石油仪器，2013（4）：1-5

[21] 李玉星，刘翠伟.基于声波的输气管道泄漏监测技术研究进展.科学通报，2017，62（7）：650-658

[22] 孙华峰.复杂储层描述的数字岩石物理方法及应用研究.北京：中国石油大学（北京），2017

［23］ Dong qiong Guo, Chao Hou. Development of PDC drill bits for MWD directional drilling in underground coal mine. Procedia Earth and Planetary Science, 2011: 440-445

［24］ Zhidan Yan, Chunming Wei, Yanfeng Geng, et al. Design of a rotary valve orifice for a continuous wave mud pulse generator. Precision Engineering, 2015, 41 (3): 111-118

［25］ Switzer D A, Liu J L, Logan A W, et al. Downhole electromagnetic and mud pulse telemetry apparatus. US Patent 20140240140, 2014

［26］ Yoshihiro Konno, Hiroyuki Oyama, Takashi Uchiumi, et al. Dissociation behavior of methane hydrate in sandy cores below the quadruple point. Proceedings of the 7th International Conference on Gas Hydrates (ICGH 2011), Edinburgh, Scotland, United Kingdom, July 17-21, 2011

［27］ 石油岩心分析实验仪器设备分类：SY/T 6232

［28］ 岩心流动性试验仪器通用技术条件：SY/T 6703

［29］ 导流能力测量仪：SY/T 7376

［30］ 天然气计量系统技术要求：GB/T 18603

［31］ 天然气：GB/T 17820

［32］ 用气体超声流量计测量天然气流量：GB/T 18604

［33］ 石油和液体石油产品温度测量 手工法：GB/T 8972

［34］ 石油液体手工取样法：GB/T 4756

［35］ 石油计量表：GB/T 4765